“十二五”普通高等教育本科国家级规划教材

教育部大学计算机课程改革项目规划教材

大学计算机

Daxue Jisuanji

（第5版）

王移芝　许宏丽　魏慧琴　金　一　编著

高等教育出版社·北京

内容提要

本书是教育部大学计算机课程改革项目“基于计算思维能力培养的大学计算机基础教育系列精品课程建设”研究的主要成果之一。面对大数据时代，结合人才培养与计算机教育改革的新思想、新要求，在两届教学实践中总结并提炼出了本书内容。本书以计算文化与计算基础为主线，从计算平台（硬件、软件与网络）、算法设计到问题求解与实现这样一条脉络，在课程内容与教学手段上都有所突破，以达到培养思维能力与提高学习能力的目的，让学习者学会像计算机科学家一样思考与解决问题。本书对上一版教材的教学内容、体系结构做了重大的修改，加强了对问题求解的知识性、基本原理和应用方法的介绍，突出了对学生分析问题、解决问题和应用能力的训练。尤其是引入了算法与Python语言，其目的是加强对问题求解算法的分析与实现，并通过一系列实验案例，使学生能在实践中理解和巩固所学的知识，达到理论与实践的结合，不断提升计算思维能力和数据处理的综合应用能力。

本书结构清晰，内容描述简洁，循序渐进，案例选择充实得当，适合作为高等学校大一新生的第一门计算机课程的教材，也可作为计算机爱好者的自学用书。

图书在版编目（CIP）数据

大学计算机／王移芝等编著．--5版．--北京：高等教育出版社，2015.8（2017.8重印）

ISBN 978-7-04-043324-1

Ⅰ．①大…　Ⅱ．①王…　Ⅲ．①电子计算机－高等学校－教材　Ⅳ．①TP3

中国版本图书馆CIP数据核字（2015）第155066号

策划编辑　唐德凯　　责任编辑　唐德凯　　封面设计　张　志　　版式设计　童　丹

插图绘制　杜晓丹　　责任校对　李大鹏　　责任印制　耿　轩

出版发行　高等教育出版社　　网　址　http://www.hep.edu.cn

社　址　北京市西城区德外大街4号　　http://www.hep.com.cn

邮政编码　100120　　网上订购　http://www.landraco.com

印　刷　北京市鑫霸印务有限公司　　http://www.landraco.com.cn

开　本　850mm×1168mm　1/16

印　张　20.25　　版　次　2004年7月第1版

字　数　470千字　　2015年8月第5版

购书热线　010-58581118　　印　次　2017年8月第4次印刷

咨询电话　400-810-0598　　定　价　32.00元

物 料 号　43324-00

○ 与本书配套的数字课程资源使用说明

与本书配套的数字课程资源发布在高等教育出版社易课程网站，请登录网站后开始课程学习。

一、注册/登录

访问 http://abook.hep.com.cn/，单击“注册”按钮，在注册页面输入用户名、密码及常用的邮箱进行注册。已注册的用户直接输入用户名和密码登录即可进入“我的课程”页面。

二、课程绑定

单击“我的课程”页面右上方的“绑定课程”按钮，正确输入教材封底防伪标签上的 20 位密码，单击“确定”按钮完成课程绑定。

三、访问课程

在“正在学习”列表中选择已绑定的课程，单击“进入课程”按钮即可浏览或下载与本书配套的课程资源。刚绑定的课程请在“申请学习”列表中选择相应课程并单击“进入课程”按钮。

二、资源使用

与本书配套的易课程数字课程资源按照章、节知识树的形式构成，每节配有电子教案、拓展知识、微视频等内容的资源，内容标题为：

1. 电子教案：教师上课使用的与课程和教材紧密配套的教学 PPT，可供教师下载使用，也可供学生课前预习或课后复习使用。

2. 拓展知识：为丰富教材资源，数字课程中还配套有与教材中知识点内容紧密结合的拓展知识，使学生能够巩固学习成果。

3. 微视频：内容基本覆盖了知识点的讲述和各案例的实际操作讲解，能够让学习者随时随地使用移动通信设备观看比较直观的视频讲解。这些微视频以二维码的形式在书中出现，扫描后即可观看。相应微视频资源在易课程的“微视频”栏目中也可观看。

○ 序

随着互联网和云计算等现代科学技术的深入发展，基于大数据的信息处理问题在人类的科技发展和日常生活中的作用越来越突出，人才培养更加注意思维与求解问题的综合能力，计算思维的培养不仅仅是个人能力提升的问题，而且是影响到国家未来发展的一个重要问题。教育部高等教育司自2012年11月设立了“以计算思维为切入点的大学计算机课程改革”项目，全国共计22项，王移芝教授承担了其中“基于计算思维能力培养的大学计算机基础教育系列精品课程建设”项目的任务。该项目在项目组成员的齐心协力的努力下，经过两年的教学实践，已经顺利结题，取得了很好的实践效果与宝贵经验，为大学计算机课程改革做出了有代表性的探索。本教材就是在这样的成果基础上形成的。

本次教材的改版，我看到有两个方面的突出特色。

一方面，教学内容体系有创新。本书突破了以软件为中心组织教材的传统框架，而是采用“文化”+“平台”+“应用”的思路，构造了从计算文化、计算基础到计算平台（计算机硬件、计算机软件与计算机网络），再由问题求解算法设计与描述、程序设计方法到算法验证与实现（使用Python语言）的这样一条脉络，着眼于培养学生利用计算机解决实际问题的计算思维能力。同时，教材很注意讲授计算机理论与技术发展的历史，使得学生在学习过程中，可以深刻体会到一门科学的发展动力和轨迹，对于理解计算思维有很好的启发作用。本教材在通过教授知识来讲授思维方面提供了很好的范例。

其次，教材内容与MOOC资源紧密配套。本教材的作者团队由国家教学名师领衔，承担着多门国家精品课程的建设任务，在结合新的教育理念和教育方法的基础上，于2015年5月份在教育部“中国大学MOOC”平台成功上线MOOC课程。借助现代科技，改变传统的学习方式，有利于实现全方位的无障碍的学习，提高学习效率，这是代表着新的教学改革方向的有益实践。

从教材的字里行间能够感受到北京交通大学计算机基础教学团队多年来的经验积累，感谢王移芝教授带领的团队在教学改革上付出的心血，以及在教学上卓有成效的工作。希望这些成果能够在更多的高校中得到使用，并在不断实践的过程中逐步提升和完善，为大学计算机系列课程的改革工作做出贡献。

合肥工业大学教授

教育部高等学校大学计算机课程教学指导委员会主任委员

2015年6月8日

前　言

在“十二五”期间，计算机基础教育面临新的发展机遇和挑战，其主要特点是：计算机教育要贯彻计算思维的理念，使计算机课程如同数学、物理一样，着眼于培养和构建学生思维能力与解决问题的能力。本书正是基于这种教育理念，结合项目研究成果，在两届教学实践的基础上进行总结提炼，由国家级教学团队的一线教师，根据教育教学改革新理念、新思想、新要求，并结合几十年教育教学改革的经验与成果组织编写的。通过项目研究对本课程的教学目标与教学内容不断重新审视，使其内容更适应计算机基础教学的规律，更加满足人才培养的需求与特点，体现了思路创新、结构创新和内容创新，为大学计算机课程的教学带来了新意。全书内容丰富，文笔流畅，通俗易懂，其主要特色如下。

以培养计算思维能力为核心，开拓计算机基础教学新视野。以计算文化与计算基础为主线，从计算平台（包括计算机硬件、计算机软件和计算机网络）、算法设计到问题求解及算法实现这条脉络，在课程内容与教学手段都有所突破，以达到培养思维能力与提高学习能力的目的。本书对上一版教材的教学内容、体系结构做了重大的修改，加强了对问题求解的知识性、基本原理和应用方法的介绍，以及学生的分析问题、解决问题和应用能力的训练。尤其是引入了算法与 Python 语言，其目的是加强对问题求解算法的分析、设计与实现，并通过一系列实验案例，使学生能在实践中理解和巩固所学的知识，达到理论与实践的结合，不断提升计算思维能力和数据处理的综合应用能力。充分体现“重基础、强能力、学以致用”的教育思想，将计算思维渗透在计算机基础教学中，开拓计算机基础教学新视野。

以综合类高校非计算机专业需求为基础，强化学生对问题求解方法与分析能力的培养。结合信息化社会对人才培养需求的定位，开展基于知识学习能力与运用能力的培养，从实际问题出发，引导并加强学生对问题求解的分析与解决能力的训练。通过一系列实验案例，使学生能在实践中理解和巩固所学的基础知识，学会像计算机科学家一样思考与解决问题，不断提升计算思维能力。

以混合式教学模式为手段，辅以多元化的教学资源。考虑到大学学科设置的多样化、学生基础的差异性，充分利用现代教育技术手段，配有与教材相结合的微视频、拓展知识等教学资源，同时辅以 MOOC 在线学习辅助课程学习，为学生个性化自主学习提供良好的支撑。

本书主要包括文化篇、基础篇和应用篇三部分内容。文化篇由计算文化与计算基础两章组成；基础篇主要介绍计算平台，由计算机硬件、计算机软件和计算机网络三章组成；应用篇由数据处理与管理、算法与程序设计、Python 程序设计基础和问题求解综合应用四章组成。在实际教学中可根据教学对象和教学时数进行适当调整，也可以按模块分单元组织教学，以便更充分地发挥教师自身的优势。具体教学安排可以参照附录 B 教学安排参照表，教材整体内容组织结构如下图所示。

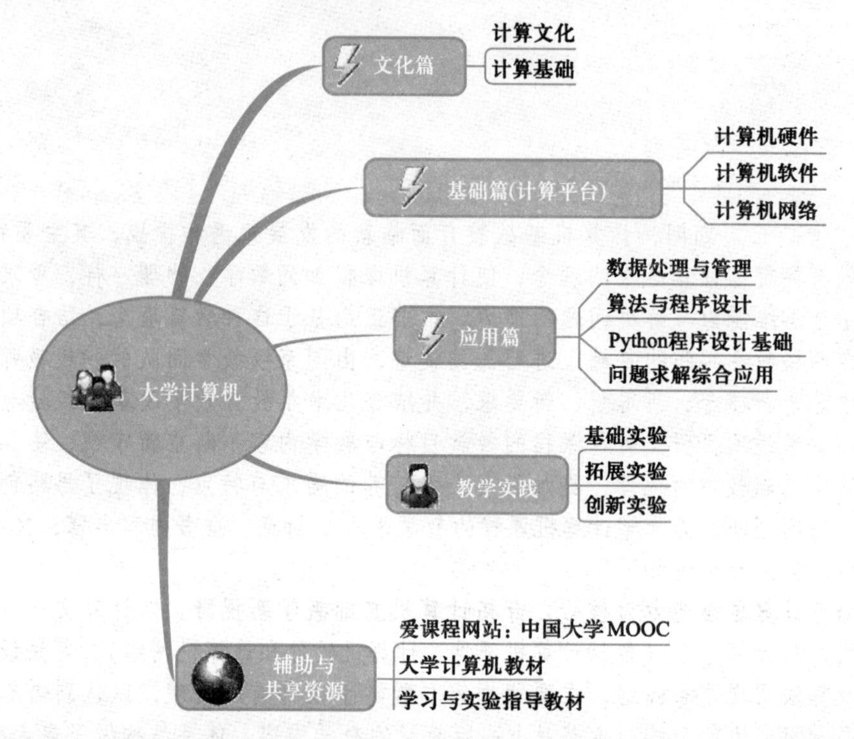

本书第 1、2、6、9 章由王移芝编写，第 3、7 章由金一编写，第 4 章由许宏丽编写，第 5、8 章由魏慧琴编写，全书由王移芝教授统稿。与各章内容配套的数字资源均可通过高等教育出版社的易课程网站进行访问。

北京交通大学计算机与信息技术学院罗四维教授对本书的编写提出了许多宝贵的意见和建议，并仔细地审阅了全书，在此表示衷心的感谢。作者教学团队的任课教师对全书的修改提出了许多宝贵的建议，在此也一并表示感谢。同时向在本书的编写过程中给予热情帮助和支持的各位同仁、专家、教师和广大读者表示诚挚的谢意。

由于作者水平有限，书中难免有不妥之处，恳请各位专家和读者批评指正。

作 者

2015 年 4 月

○目　　录

文　化　篇

第1章　计算文化

第2章　计算基础

基　础　篇

第3章　计算机硬件

第 4 章　计算机软件

第 5 章　计算机网络

应　用　篇

第 6 章　数据处理与管理

第 7 章 算法与程序设计

第 8 章 Python 程序设计基础

第 9 章 问题求解综合应用

文　化　篇

本篇导读

✦ 第 1 章 计算文化，主要介绍信息与文化、计算与计算思维、计算机基础知识与安全。

✦ 第 2 章 计算基础，主要介绍数据在计算机中的表示方法、数制间的转换与计算机编码。

本篇结构示意

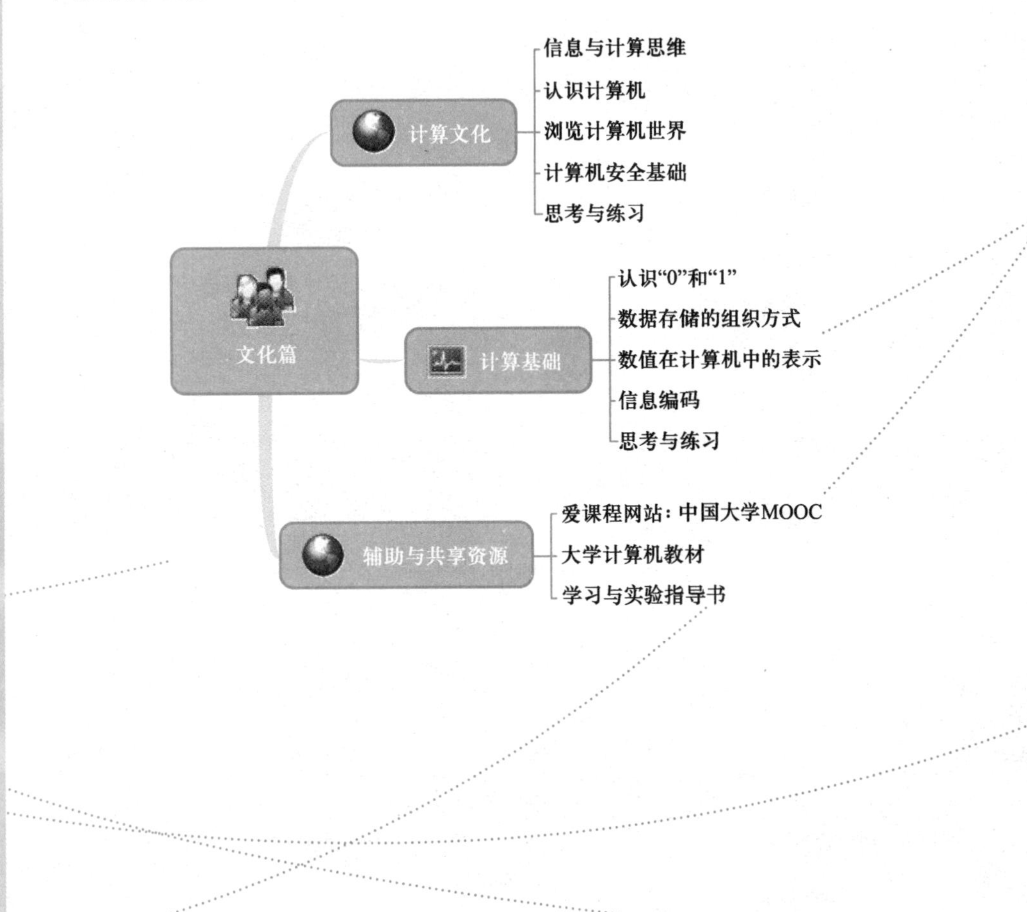

第 1 章
计算文化

电子教案

本章导读

面对大数据时代，计算机科学技术对社会的影响已经是人所共识的事实。无论一个人从事什么职业，无论是在何时何地做何事情，都会越来越强烈地感受到计算机的存在，感受到计算机发展对人类行为方式的影响以及对自身能力的挑战，人人事事都要靠数据说话，应用计算机进行数据处理已经遍布于人类工作、学习与生活之中。计算机是问题求解与数据处理的必备工具，可以有效地构建与提升人类的计算思维模式，计算机已经成为人类生存的一种文化，一种无处不在的计算文化。

本章学习导图

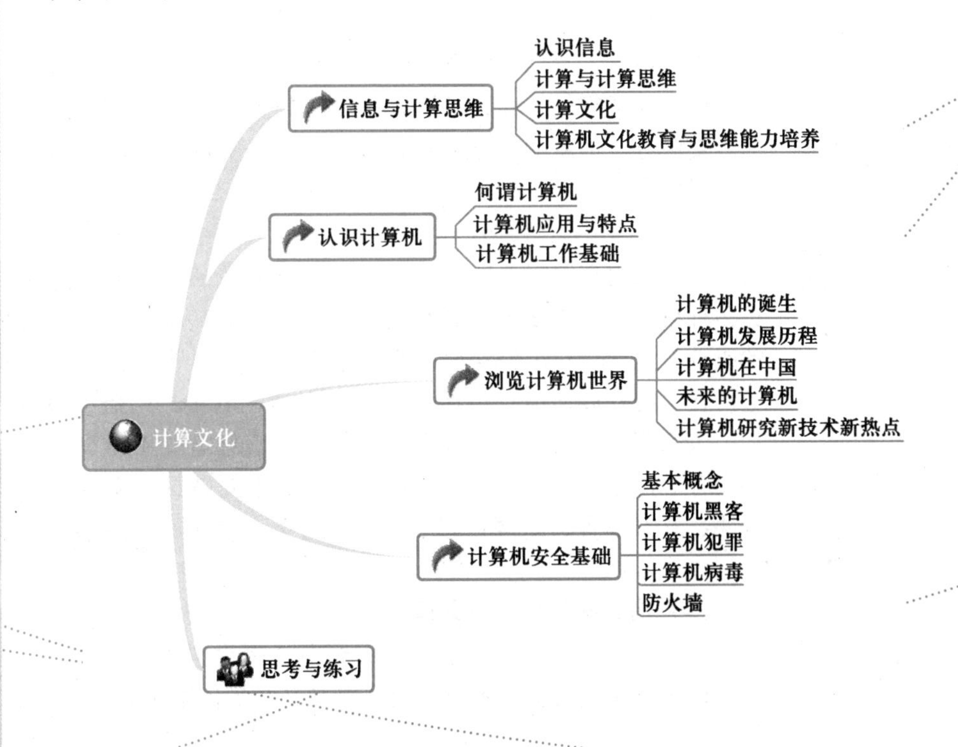

1.1 信息与计算思维

1.1.1 认识信息

1. 概述

信息一词来源于拉丁文“information”，并且在英文、法文、德文、西班牙文中同字，在俄文、南斯拉夫文中同音，表明了它在世界范围内的广泛性。信息是人们表示一定意义的符号的集合，是客观存在的一切事物通过物质载体所发生的消息、情报和信号中所包含的一切可传递的符号，如数字、文字、表格/图表、图形/图像、动画/声音等。在信息化社会里，计算机的存在总是和信息的计算、加工与处理、存储与检索等分不开。可以说，没有计算机就没有信息化，没有计算机科学、通信和网络技术的综合应用，就没有日益发展的信息化社会。

2. 信息的主要特征

（1）信息无处不在

客观世界的一切事物都在不断地运动变化着，并表现出不同的特征和差异，这些特征变化就是客观事实，并通过各种各样的信息形式反映出来。从有人类存在以来，人们就一直在利用大自然中无穷无尽的信息资源。信息就在人们身边，人们生活在充满信息的环境中，自觉或不自觉地接受并传递着各种各样的信息。读书、看报可以获得信息，与朋友和同学交谈、家庭聚会可以获得信息，看电视、听广播、运动或者散步也可以获得信息。在接受大量信息的同时，人们自身也在不断地传递信息。事实上，给别人打电话、写信、发电子邮件，甚至自己的表情或一言一行都是在向别人传递信息。信息就像空气一样，虽然有些信息看不见摸不着，但它却不停地在人们身边流动，为人类服务。信息就在每个人身边，人们需要信息、研究信息，人类生存一时一刻都离不开信息。

（2）信息的可传递性和共享性

信息无论在空间上还是在时间上都具有可传递性和可共享性。例如，人们可以通过多种渠道、采用多种方式传递信息。在信息传递中，人们可以依赖语言、文字、表情或动作进行，对于公众信息的传递则可以通过报纸、杂志、文件等实现。随着现代通信技术的发展，信息传递可以通过电话、电报、广播、通信卫星、计算机网络等多种手段实现。在信息传递过程中，其自身信息量并不减少，而且同一信息可供给多个接收者。这也是信息区别于物质的另一个重要特征，即信息的可共享性。例如，教师授课、专家报告、新闻广播、音乐会、影视和网站等都是典型的信息传递与共享的实例。

（3）信息必须依附于载体

信息是事物运动的状态和方式而不是事物本身，因此，它不能独立存在，必须借助某种符号才能表现出来，而这些符号又必须依附于某种载体上。

同一信息的载体是可以变换的。例如，选举某位同学担任班长，表示“同意”这一信息，在不同的场合，可以用举手、鼓掌、在选票上该同学的名字前画圈等多种方式实现。显然，信息的表示符号和物质载体可以变换，但任何信息都不能脱离开具体的符号及其物质载体而单独存在。所以说，没有物质载体，信息就不能存储和传播。人类除了运用大脑进行信息存储外，还要运用语言、文字、图形图像、符号等方式记载信息。如果要使信息长期保存，就必须利用纸张、胶卷、磁盘等物体作为信息的载体加以存储，再通过电视、收音机、计算机网络等信息传输媒介进行传播。

（4）信息的可处理性

信息是可以加工处理的，既可以被编辑、压缩、存储及有序化，也可以由一种状态转换成另一种状态，如由一个数据表转换成一张图表或一幅图形。在使用过程中，经过计算、综合与分析等处理，原有信息可以实现增值，也可以更有效地服务于不同的人群或不同的领域。例如，新生入学时的“学生登记表”内容包括：编号、姓名、性别、出生日期、民族、学习经历、家庭主要成员、身体状况、家庭住址、邮编等信息。这些信息经过选择、重组、分析、统计后，可以分别为学生处、团委、图书馆、医务室、教务处以及财务部门等使用。

1.1.2 计算与计算思维

1. 概述

面对信息与知识爆炸的时代，大数据无处不在，数据处理的核心是计算；计算已不再只和计算机有关，它就在每个人身边。计算是什么？计算改变了什么？计算技术发生了什么变化？

图灵说“计算就是基于规则的符号串变换”。例如：$5+2\times3=11$，这是遵循数学中算术表达式的规则，只要知道规则就会变换。人们身边形形色色的自然现象都可以看成是计算。例如，太阳从东边升起西边落下，这是一种自然现象，但它也是计算，它实际上是地球围绕着太阳转，它的位置、状态在发生变化，遵循万有引力定律，由一个位置到另一个位置。

随着计算方法及计算工具的不断发展，计算技术发生了巨大的变化，从古代的石子、木棒、算盘到现代的计算器，再到今天的计算机等，所有这些对推动人类社会进步发挥了巨大的作用，改变着人类生存的方方面面，如网络教学、移动学习、智能家居、网上购物、视频会议等。

所以说，计算改变了人类生存的方方面面，改变了世界。计算是人类文明最古老而又最伟大的成就之一。

2. 计算是什么？

就计算机而言，计算是利用计算机解决问题的过程，计算机科学是关于计算的学问。正如数学家在证明数学定理时具有独特的数学思维，工程师在设计产品时具有独特的工程思维，艺术家在创作诗歌、音乐与绘画时具有独特的艺术思维。计算机科学家在用计算机解决问题时，也有自己独特的思维方式和解决方法，人们把它统称为计算思维。从问题的分析、数学建模到算法设计，再到计算机编程直至运行实现，计算思维贯穿于计算的全过程。培养计算思维，就能够像计算机科学家一样具有思考和解决问题的能力。

3. 计算思维

对计算思维的说法很多，但就计算机科学来讲，计算机科学家在用计算机解决问题时形成的特有思维方式和解决方法称为计算思维。也就是说，计算思维是运用计算机科学的基本概念进行问题求解、系统设计以及人类行为理解等涵盖计算机科学之广度的一系列思维活动。

计算思维是人的思想和方法，旨在利用计算机解决问题，而不是使人类像计算机一样去机械地做事。作为“思想和方法”，计算思维是一种解决问题与分析问题的能力，是通过不断的学习与实践逐步形成的。正如计算机是一台物理的设备，机械而笨拙，但人类的思想可以赋予计算机以活力，人类利用自己的计算思维指挥计算机解决问题、构造系统，尤其是解决以往做不到的事或过去无法实现的系统。

总之，计算思维是人人都要掌握的一种解决问题的能力，也可以说，是大数据网络时代，人人必备的一种文化——思维文化。

计算已成为人类生存的文化，遍布于人们的周围，是人类生存的智慧。计算机是实现计算的必备工具，需要人们去思考、去设计、去掌握它，更好地利用和使用计算机的计算功能，会给人类的生活带来奇妙而又神奇的力量。

1.1.3 计算机文化

1. 何谓文化

“文化”通常有两种理解：一种是一般意义上的理解，认为只要是能对人类的生活方式产生广泛影响的事物就属于文化，如“语言文化”，有了语言文化，就可以实现人类的交流。此外，还有“饮食文化”、“茶文化”、“酒文化”、“电视文化”和“汽车文化”等，都属于文化的范畴。第二种是严格意义上的理解，认为应当具有信息传递和知识传授功能，并对人类社会从生产方式、工作方式、学习方式到生活方式都能产生广泛而深刻影响的事物才能称得上是文化。如语言文字的应用、计算机的日益普及和Internet的迅速发展，即属于这一类。也就是说，严格意义上的文化应具有广泛性、传递性、教育性及深刻性等属性。所谓广泛性主要体现在既涉及全社会的每一个人、每一个家庭，又涉及全社会的每一个行业、每一个应用领域；传递性是指这种事物应当具有传递信息和交流思想的功能；教育性是指这种事物应能成为存储知识和获取知识的手段；深刻性是指事物的普及应用会给社会带来深刻的影响，即不是只带来社会某一方面、某个部门或某个领域的改良与变革，而是带来整个社会方方面面的根本性变革。

2. 计算机文化

世界上有关“计算机文化”的提法最早出现在20世纪80年代初。1981年在瑞士洛桑召开的第三次世界计算机教育大会上，苏联学者伊尔肖夫首次提出：“计算机程序设计语言是第二文化”。这个观点如同一声春雷在会上引起巨大反响，几乎得到所有与会专家的支持，从那时开始，“计算机文化”的说法就在世界各国流传开来。我国出席这次会议的代表也对此做出积极的响应，并向我国政府提出在中小学开展计算机教育的建议。根据这些代表的建议，1982年教育部做出决定：在清华大学、北京大学和北京师范大学等5所大学的附属中学试点开设BASIC（Beginner's All-purpose Symbolic Instruction Code）语言选修课，这就是我国中小学计算机教育的起源。

20世纪80年代中期以后，国际上的计算机教育专家逐渐认识到"计算机文化"的内涵并不等同于计算机程序设计语言，因此以其为基础的"计算机文化"的提法曾一度低落。后来随着多媒体技术、校园计算机网络和Internet的日益普及，"计算机文化"的说法又被重新提了出来。显然，"计算机文化"在20世纪80年代和90年代的两度流行，尽管提法相同，但其社会背景和内在含义已发生了根本性的变化。

当前，计算机科学技术已经融入各个学科中，出现了云计算、物联网等新型交叉学科，再度把计算机作为一种"文化"，其意义更加深远。它不仅指信息化社会中一个人的科技水平与能力，还代表着一个群体，甚至是一个国家整体的科技水平与能力。计算机技术的应用领域几乎无所不在，成为人们工作、生活、学习不可或缺的重要组成部分，并由此形成了独特的计算机文化。所以说，计算机文化是人类社会的生存方式因使用计算机而发生根本性变化所产生的一种崭新文化形态。这种文化形态主要体现在三方面：一是计算机理论及其技术对自然科学、社会科学的广泛渗透所表现的丰富文化内涵；二是计算机的软、硬件设备，作为人类所创造的物质设备丰富了人类文化的物质设备品种；三是计算机应用深入人类社会的方方面面，从而创造和形成的科学思想、科学方法、科学精神、价值标准等成为一种崭新的文化观念。

当人类跨入21世纪时，又迎来了以网络为中心的信息时代。作为计算机文化的一个重要组成部分，网络文化已成为人们生活的一部分，深刻地影响着人们的生活，同样，也给人类带来了前所未有的挑战。信息时代是互联网的时代，网络已经成为人们学习、工作与生活的重要手段。信息时代造就了微电子、数据通信、计算机、软件技术4大产业，围绕网络互联，实现计算机网、电视网、电话网的三网合一，极大地丰富了计算机文化的内涵，让每一个人都能领略计算机文化的无穷魅力，体味着计算机文化的浩瀚。

今天，计算机文化已成为人类现代文化的一个重要组成部分，正确地理解运用计算科学及其社会影响，已成为当代大学生必备的基本文化素养。

1.1.4　计算机文化教育与思维能力培养

1. 计算机文化教育对学生思维品质的影响

计算机文化作为当今最具活力的一种崭新文化形态，已经将一个人经过文化教育后所应具有的能力由传统的读、写、算上升到了一个新高度，加快了人类社会前进的步伐，其所产生的思想观念、所带来的物质基础条件以及计算机文化教育的普及，有力地推动了人类社会的进步与发展，同时，也带来了崭新的学习观念。而计算机文化教育是指通过对计算机的学习实现人类计算思维能力的构建，包括基本的信息素养与学习能力，即能够"自觉"地学习计算机的相关技术和知识，以使人们有兴趣和会用计算机来解决实际问题，从而终身受益。

计算机文化教育对学生思维品质的影响主要体现在以下几个方面。

（1）有助于培养学生的创造性思维

创造性思维是人在解决问题的活动中所表现出的独特、新颖并有价值的思维成果。学生在解题、写作、绘画等学习活动中会得到创造性思维的训练，而计算机教育的特殊性无疑对学生创造性思维的培养更有优势。由于在计算机程序设计的教学中，算法描述语言既不同于自然语言，也不同于数学语言，其描述的方法也不同于人们通常对事物的描述方法。因此，在设计程序解决实际问题时，摒弃了大量其他学科教学中所形成的常规思维模式，例如，在累加运算中使用了源于数学但又有别于数学的语句“X = X+1”，在编程解决问题中所使用的各种方法和策略（如排序算法、搜索算法、穷举算法等）都打破了以往常规的思维方式，既有新鲜感，又能激发学生的创造欲望。

（2）有助于发展学生的抽象思维

用概念、判断、推理的形式进行的思维就是抽象思维。计算机教学中的程序设计是以抽象思维为基础的，要通过程序设计解决实际问题，首先，要对问题进行分析，选择适当的算法，通过对实际问题的分析研究，归纳出一般性的规律，构建数学模型；然后，通过计算机语言编写计算机源程序，描述与解决算法；再经过对源程序的调试与运行，验证算法，并通过试算得到问题的最终正确结果。在程序设计中大量使用判断、归纳、推理等思维方法，将一般规律经过高度抽象的思维过程后表述出来，形成计算机程序。例如，用筛选法找出 $1 \sim N$ 之间的所有素数。这就要求学生了解素数的概念和判别素数的方法，具有自动生成 $1 \sim N$ 之间自然数的方法等数学基本知识。再从简单情况入手，归纳出搜索素数的方法和途径，总结抽象出规律，构建数学模型，最后编程并运行程序，解决问题。这些过程，都有助于锻炼和发展学生的抽象思维。

（3）有助于强化学生思维训练，促进学生思维品质优化

计算机是一门操作性很强的学科，学生通过上机操作，使手、眼、心、脑并用而形成强烈的专注，使大脑皮层高度兴奋，从而将所学的知识高效内化。在计算机语言学习中，学生通过上机调试与运行程序，体会各种指令的功能，分析程序运行过程，及时验证及反馈运行结果，都容易使学生产生成就感，激发学生的求知欲望，逐步形成一个感知心智活动的良性循环，从而培养出勇于进取的精神和独立探索的能力。通过程序模块化设计思维的训练，使学生逐步学会将一个复杂问题分解为若干简单问题来解决，从而形成良好的结构思维品质。另外，由于计算机运行的高度自动化，精确地按程序执行，因此，在程序设计或操作中需要严谨的科学态度，稍有疏忽便会出错，即便是一个小小的符号都不能忽略，只有检查更正后才能正确运行。这个反复调试程序的过程，实际上是一个锻炼思维、磨炼意志的过程，其中既含心智因素又含技能因素。因此，计算机的学习过程也是一个培养坚忍不拔的意志、强化计算思维、增强毅力的自我修养过程。

2. 计算机能力是学生在社会生存的需要

计算机能力是指利用计算机解决实际问题的能力，如文字处理能力、数据分析能力、各类软件的使用与应用开发能力、资料数据查询与获取能力、信息的检索与筛选能力等。

在21世纪的今天，信息技术的广泛应用已经引起了人们生产方式、生活方式乃至思想观念的巨大变化，推动了人类社会的发展和文明的进步。信息已成为社会发展的重要战略资源和决策资源。信息化水平已成为衡量一个国家现代化程度和综合国力的重要标志，人人都需要具有信息处理的能力。所以说，在信息化社会里，学习计算机科学技术将会更好地培养学生的思维能力和综合素质，以适应社会发展的需要，为今后走进社会奠定坚实的基础。

3. 计算机教育对其他学科的作用

今天，几乎所有专业都与计算机息息相关，计算机教育不仅仅是针对计算机专业的学生，也不仅仅停留在掌握基础知识和基本技能上，而是针对所有专业学生都要学习和掌握计算机科学知识和科学计算。过去教育的核心主要是使教育对象具有“能写会算”的基本功，现在针对信息化社会的要求提出了要培养在计算机上“能写会算”的人，也就是计算机素养，即读计算机的书、写计算机程序、具有计算机应用能力。

计算机教育着眼于培养学生构建思维能力，使其具有用现代化工具和方法分析问题、解决专业问题的能力，进而发展学生的思维品质与创新意识。例如，数学作为思维美学，在培养学生逻辑思维、抽象思维能力上发挥了重要作用。而计算机程序设计也具有抽象性、逻辑性和系统性，其解决问题过程也有理论基础和基本的研究方法。更为重要的是，计算机科学利用最新的科技手段与现代化的研究方法研究问题、解决问题，这一点正好作为数学教育的补充和完善。再如，利用计算机辅助证明数学中“四色问题”等一些古老问题。另外，在程序设计中常采用的分割问题的方法，以及穷举、递归、搜索算法和各种解决问题的策略，对学生学习理科知识，解决物理、化学、生物等学科的问题都有着极大的帮助。

四色问题又称四色猜想、四色定理，是世界近代三大数学难题之一。地图四色定理（Four Color Theorem）最早由一位叫古得里（FrancisGuthrie）的英国大学生提出来的。德·摩尔根（Augustus De Morgan）1852年10月23日致哈密顿的一封信提供了有关四色定理来源的最原始的记载。他在信中简述了自己证明四色定理的设想与感受。一个多世纪以来，数学家们为证明这条定理绞尽脑汁，所引进的概念与方法刺激了拓扑学与图论的生长与发展。1976年，美国数学家阿佩尔（K. Appel）与哈肯（W. Haken）宣告借助电子计算机获得了四色定理的证明，开创了用计算机证明数学定理的先河。

1.2　认识计算机

计算机科学技术的飞速发展与计算机的广泛应用彻底改变了人们传统的工作、学习和生活方式，同时也影响着教育的理念、教学的模式，推动着人类社会的发展和人类文明的进步，把人类带入一个全新的信息文化时代。作为21世纪的大学生，在信息化社会里生活、学习和工作，必须要了解和掌握获取信息、加工信息和再生信息的方法和能力。计算机作为信息处理的必要计算工具，是培养具有现代科学思维精神和能力的三大必修基础课程（数学、物理、计算机）之一，是 21 世纪每个人都应该掌握的一种科学技术和计算文化。

1.2.1 何谓计算机

1. 计算机概述

当用计算机进行数据处理时，首先，需将要解决的实际问题进行分析、抽样，构建数学模型；然后用计算机语言编写计算机程序，通过输入设备将程序和原始数据输入到计算机的存储器中；接下来，计算机中的运算器根据控制器发出的信号按程序的要求一步一步地进行各种运算，直到存入的整个程序执行完毕，将计算结果显示在显示器上或通过打印机打印出来。显然，计算机是由电控制下的各种设备的集合体。

计算机不仅可以进行加、减、乘、除等算术运算，而且可以进行逻辑运算和对运算结果进行判断从而决定执行什么操作。正是由于具有这种逻辑运算和推理判断的能力，使计算机成为一种特殊机器的专用名词，而不再是简单的计算工具。为了强调计算机的这些特点，有些人把它称为“电脑”，以说明它既有记忆能力、计算能力，又有逻辑推理和判断能力。当然，这种逻辑推理与判断能力是在人的设计安排下进行的。

计算机除了具有计算功能，还能进行数据处理。在信息化社会中，尤其是大数据时代，各行各业、随时随地都会产生大量的信息，而人们为了获取信息、传送信息、检索信息和再生信息，就必须将信息转换成计算机可以处理的数据并进行有效的组织和管理。所以说，计算机又是信息处理与加工的必备工具。

因此，可以给计算机下这样一个定义：计算机是一种能按照事先存储的程序，自动、高速地进行大量数值计算和各种数据处理的电子设备。

2. 计算机系统的组成

随着计算机技术的发展和应用，尤其是微处理器的发展，计算机的类型越来越多样化，如果从计算机的规模和处理能力上可分为高性能计算机、大中型计算机、小型计算机、微型计算机、服务器等。然而，任何一台完整的计算机系统都包括硬件和软件两部分。组成一台计算机的物理设备的总称叫做硬件系统，是实实在在的物体，是计算机工作的基础。指挥计算机工作的各种程序的集合称为软件系统，是控制和操作计算机工作的核心。所以说，硬件是基础，软件是灵魂，二者协同工作才能充分发挥计算机的功能特点。计算机系统的组成结构如图 1-1 所示。

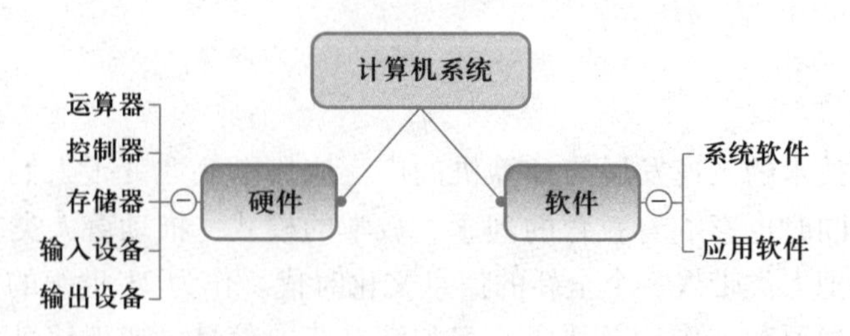

图 1-1　计算机系统的组成结构

目前，微型计算机与小型计算机乃至大中型机之间的界限已经越来越模糊。无论按哪一种方法分类，各类计算机之间的主要区别仍然是运算速度、存储容量及设备体积等。

1.2.2　计算机应用与特点

1. 计算机的应用

随着计算机技术的不断发展和功能的不断增强，计算机的应用领域越来越广泛，应用水平也越来越高，已经深入到人类生活的方方面面，其主要应用如下：

（1）科学计算

科学计算也称为数值计算，是指用于解决科学研究和工程技术中提出的数学问题。通过计算机可以解决人工无法解决的复杂计算问题。从计算机诞生起的 70 多年来，一些现代尖端科学技术的发展，都是建立在计算机应用的基础上，如卫星轨迹计算、气象预报等。

（2）数据处理

数据处理是计算机应用最广泛的一个领域，是指对数据进行存储与加工、分类与统计、查询及报表等，也称为非数值处理或事务处理。一般来说，科学计算的数据量不大，但计算过程比较复杂，计算精度要求高且要绝对准确。而数据处理计算方法较简单，但数据量很大。在数据处理中，需要利用计算机来加工、管理与操作任何形式的数据资料，如企业管理资料、物资管理资料、数据报表与统计、账目计算与汇总、信息情报检索与传输等。难以想象，如果没有计算机，这些海量的数据资源将如何进行处理。

（3）过程控制

过程控制也称为实时控制，是指利用传感器实时采集检测数据，然后通过计算机计算出最佳值并据此迅速地对控制对象进行自动控制或自动调节，如对数控机床和生产流水线的控制。在生产工作中，有很多控制问题是人们无法亲自操作的，有了计算机就可以精确地进行控制，从而代替人来完成繁重或危险的工作。

（4）人工智能

人工智能是指用计算机模拟人类的智能活动，包括模拟人脑学习、推理、判断、理解、问题求解等过程，辅助人们进行决策，如专家系统。人工智能是计算机科学研究领域最前沿的学科，近几年来已应用于机器人、医疗诊断等领域。

（5）计算机辅助工程

计算机辅助工程是以计算机为工具，配备专用软件辅助人们完成特定的工作任务，以提高工作效率和工作质量。主要包括：计算机辅助设计（Computer – Aided Design，CAD）技术，计算机辅助制造（Computer – Aided Manufacturing，CAM）技术，电子设计自动化（Electronic Design Automation，EDA）技术。计算机辅助教学（Computer – Aided Instruction，CAI）、计算机辅助测试（Computer – Aided Test，CAT）和计算机管理教学（Computer – Management Instruction，CMI）等。

（6）电子商务

电子商务是指通过计算机和网络进行商务活动，是在 Internet 与各种资源相结合的背景下应运而生的一种网上商务活动。电子商务出现于 1996 年前后，起步时间虽然不长，但因其高效率、低成本、高收益和全球性等特点，很快受到各国政府和企业的广泛重视，有着广阔的发展前景。目前，世界各地的许多公司已经开始通过 Internet 进行商业交易，通过网络与顾客、批发商和供货商联系，并在网上进行业务往来。当然，电子商务系统也面临诸如保密性、安全性和可靠性等问题，但这些问题会随着技术的发展和社会的进步被逐步解决。

（7）文化教育

利用信息高速公路实现远距离教学、辅助教学、终身教育等，为教育带动经济发展创造了良好的条件。它改变了传统的以教师课堂传授为主、学生被动学习的方式，使学习内容和形式更加丰富灵活；同时也加强了信息处理、计算机、通信技术和多媒体等多方面的教育，提高了全民族的文化素质与信息化意识。计算机信息技术使人们的工作和生活方式发生了巨大的变化，人们可以随时随地通过计算机和网络，以多种方式浏览世界各地当天的报纸与新闻，进行网上购物与学习，收发电子邮件，聊天，等等。

（8）娱乐

计算机已经走进千家万户，在工作之余人们可以利用计算机欣赏电影和音乐，进行游戏娱乐等活动。这标志着计算机的应用已经普及到人们生活的方方面面，提高了生活的趣味与娱乐范围，使人们享受更高品质的生活。

当然，随着计算机网络应用的不断发展，又产生了更多、更广泛的应用，如博客、微博、微信、网络社区等。

2. 计算机的特点

计算机之所以具有如此强大的生命力，并得以飞速发展，是因为计算机本身具有许多特点和优势，具体体现在如下 5 个方面。

（1）运算速度快

运算速度是计算机性能的重要指标之一，一般使用计算机一秒钟时间内所能执行加法运算的次数衡量计算机的处理速度。第一代计算机的处理速度一般在每秒几十次到几千次，目前已达每秒亿亿次。例如，我国的“天河二号”为每秒亿亿次超级计算机。对微型计算机而言，常以 CPU（Central Processing Unit，中央处理器）的主频（Hz）表示计算机的运行速度，例如，早期的微型计算机（XT 机或 286 机）主频为 4.77 MHz；现在的微型计算机，如酷睿系列主频为 2.60 GHz，甚至更高。

Hz（赫兹）表示频率，在计算机中表示芯片的晶振频率，因德国物理学家赫兹而得名。1 Hz 代表 1 秒钟振动一次，其值越高表示速度越快、耗电越多。将 K、M、G 放在单位前面，一般表示较大的数字，如 kHz、MHz、GHz。其中：1 k = 1 000、1 M = 1 000 ×1 000、1 G =1 000 ×1 000 ×1 000。

（2）计算精度高

由于计算机内部采用二进制，数的精度主要由表示数的二进制码的位数来决定。随着计算机字长的增加，数值计算更加精确，一般计算机可以有十几位以上的有效数字。通常，在科学和工程计算课题中对精确度的要求特别高，如利用计算机计算圆周率，可达到小数点后数百万位。现代计算机提供多种表示数的能力，如单精度浮点数、双精度浮点数等，以满足对各种计算精确度的要求。

（3）存储能力强

计算机的存储设备可以把原始数据、中间结果、计算结果、程序等数据存储起来以备使用。存储信息的多少取决于所配存储设备的容量。目前的计算机不仅提供了大容量的内存储设备（内存），来存储计算机运行时的数据，同时还提供各种外部存储设备（外存），以长期保存和备份数据，如硬盘、U 盘和光盘等。外存是内存的延伸，就一个存储设备来说，存储量是有限的，但配有多少个外存取决于个人的需要，从这个意义上来讲，可以说计算机的存储能力是海量的，且只要存储介质不被破坏，其数据就会永久保存。

（4）逻辑判断能力

计算机不仅能进行算术运算，同时也能进行各种逻辑运算，具有逻辑判断能力，并能根据判断的结果自动决定下一步执行的操作，从而解决各种各样的问题。布尔代数是建立计算机的逻辑基础，或者说计算机就是一个逻辑机。计算机的逻辑判断能力也是计算机智能化的基本条件，需要注意的是计算机的逻辑判断能力是在人的设计与安排下进行的。

（5）自动工作的能力

由于完成任务的程序和数据存储在计算机中，一旦向计算机发出运行命令，计算机就能在程序的控制下，按事先规定的操作步骤一步一步地执行，直到完成指定的任务为止。这一切都是由计算机自动完成的，不需要人工干预，这也是计算机区别于其他计算工具的本质特征。

1.2.3　计算机工作基础

1. 计算机系统层次结构

一个完整的计算系统包括硬件、软件和数据。硬件和软件是按一定的层次关系组织起来的，用于实现数据处理的平台。最内层是硬件，然后是系统软件中的操作系统，而操作系统的外层为其他软件，最外层是用户处理数据的各种应用程序。

操作系统向下控制硬件，向上支持其他软件，即所有其他软件都必须在操作系统的支持下才能运行。也就是说，操作系统最终把用户与物理设备隔开了，凡是对计算机的操作一律转化为对操作系统的使用，所以用户使用计算机就变成使用操作系统了。这种层次关系为软件开发、扩充和使用提供了强有力的手段。计算机系统的层次结构如图 1–2 所示。

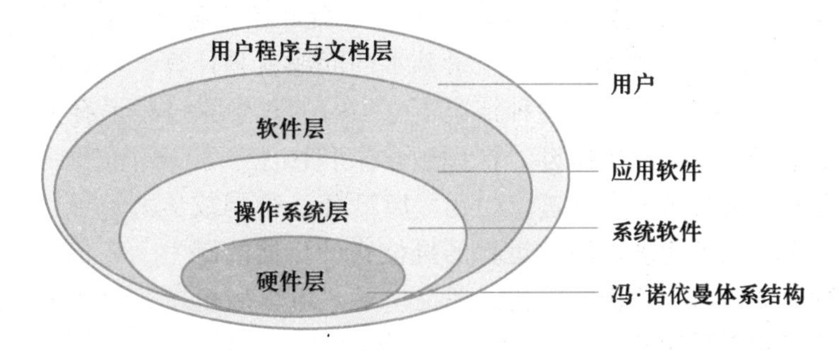

图 1–2　计算机系统的层次结构

2. 计算机工作过程

计算机工作过程与人脑工作的过程非常相似，其核心是基于指令的执行过程，大体上是，先通过输入设备将程序、命令和数据送入内存，再由控制器进行分析，运算器进行处理和执行这些命令，最后由输出设备输出计算结果，如图 1–3 所示。

微视频 1–1
计算机工作过程

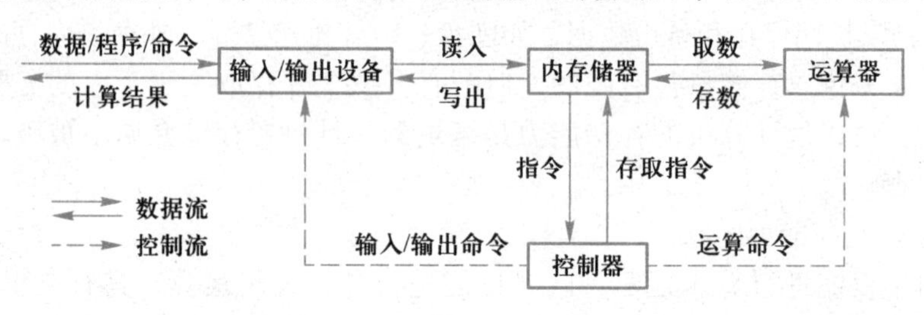

图 1–3　计算机工作过程

由此可见，计算机由物理设备（硬件）和告诉计算机做什么的程序（软件）组合在一起完成计算与数据处理，两者缺一不可。

1.3　浏览计算机世界

世界公认的第一台计算机“ENIAC”于 1946 年在美国诞生，从此开辟了人类使用电子计算工具的新纪元。从电子管、晶体管到大规模集成电路，尤其是微型计算机的发展，从 8086、Pentium 到今日的酷睿系列，展示了计算机的发展历程。计算机的出现是人类文明发展到一定阶段社会生产、生活各个方面需求和发展的必然产物。计算机的出现和发展完全改变了人类生存的方式，由此带来了整个社会翻天覆地的变化。计算机文化来源于计算机技术，正是后者的发展，孕育并推动了计算机文化的产生和成长；而计算机文化的普及，又反过来促进了计算机技术的进步与计算机应用的扩展。

1.3.1　计算机的诞生

1. 概述

在人类文明的发展过程中，人们发明了各种专用的计算工具，其中算筹和算盘就是古代人类寻求计算工具的辉煌成就。从工业革命开始，各种机械设备被发明出来，而要很好地设计和制造这些设备，一个最基本的问题就是计算，人类需要解决的计算问题越来越多、越来越复杂。在这种情况下，当时的科学家进行了有关计算工具的研究，并取得了丰富的成果。1642 年，法国数学家和物理学家帕斯卡发明了第一台机械的齿轮式加法器，它解决了自动进位问题。1673 年，德国数学家莱布尼兹发明了乘除法器，这些工作促成了能进行四则运算的机械式计算器的诞生。莱布尼兹不仅发明了手动的可进行四则运算的通用计算机，还提出了“可以用机械替代人进行烦琐重复的计算工作”这一重要思想。

在随后的年代里，人们一直在不断地研究各种能够完成计算的机器，想方设法扩充和完善这些装置的功能。英国发明家查里斯·巴贝齐在这方面取得了卓越的成就，他在1822年设计了一台差分机，利用机器代替人来编制数表，经过长达10年的努力将其变成了现实。

英国发明家查里斯·巴贝齐在19世纪30年代设计了差分机和分析机，不仅可以执行数字运算，还可以执行逻辑运算。他所设计的分析机已经有了今天计算机的基本框架，其设计思想也具有现代计算机的概念，但是受当时的技术限制，巴贝齐的计算机器没有完成。

2. 人类对自动化设备需求的早期成果

人类在自动化设备发展史上最重要的里程碑是自动计时工具，包括钟表的发明。西方一些能工巧匠采用各种机械原理，制造出许多自动化的小工艺品，“机械式的八音盒”就是其中之一。随着大工业的发展，许多自动机械被发明出来，从蒸汽机到各种编织机，特别是提花织机等，都是用自动活动的设备代替人类活动的成果。随之引出计算过程的自动化问题，希望用自动进行的过程代替人工实施的复杂计算，巴贝齐的计算机器就是典型的追求自动化与计算结合的实例。

1884年美国人荷尔曼·豪利瑞斯受到提花织机的启发，想到用穿孔卡片来表示数据，制造出制表机并获得专利，这种机器被成功地应用于美国1890年的人口普查中，这些发展直接促使了后来IBM公司（International Business Machines Corporation）的诞生。1938年，德国科学家朱斯成功制造了第一台二进制Z-1型计算机。在研制的Z系列计算机中，Z-3型计算机是世界第一台通用程序控制机电式计算机，它不仅全部采用继电器，同时采用了浮点记数法、带数字存储地址的指令形式等。1944年，美国麻省理工学院科学家艾肯成功研制了一台机电式计算机，它被命名为自动顺序控制计算器MARK-Ⅰ。1947年，艾肯又研制出运算速度更快的机电式计算机MARK-Ⅱ。到1949年，由于当时电子管技术已取得重大进步，艾肯研制出了采用电子管的计算机MARK-Ⅲ。

自动化的计算机器需要有它赖以生存的基础，巴贝齐的工作可以看成是采用机械方式实现计算过程的最高成就。但是，由于计算过程的复杂性，这个工作没有真正取得成功。随着19世纪到20世纪电学和电子学的发展，人们看到了另一条实现自动计算过程的途径。德国发明家康拉德·祖思在第二次世界大战期间用机电方式制造了一系列计算机，美国科学家霍华德·邓肯也提出用机电方式实现自动机器。随着现代社会的发展，科学和技术的进步都对新的计算工具提出了强烈的需求，军事和战争的需要也是一个重要因素。所有这些都为今天计算机的发展奠定了良好的基础。

3. 计算机奠基人

众所周知，在计算机发展的过程中有两位杰出的科学家：阿兰·图灵和冯·诺依曼。

图灵在1936年发表了著名的论文《论可计算数及其在判定问题中的应用》，提出了对数字计算机具有深远影响的图灵机（Turing Machine）模型。冯·诺依曼于1945年提出了数字计算机的冯·诺依曼体系结构，其基本结构一直到今天还在使用。

4. 图灵奖

"图灵奖"是美国计算机协会（Association for Computer Machinery，ACM）于1966年设立的，设立的初衷是因为计算机技术的飞速发展，尤其到20世纪60年代，已成为一个独立的有影响的学科，信息产业逐步形成，但在这一产业中却没有一项类似"诺贝尔奖"的奖项来促进计算机学科的进一步发展，于是"图灵奖"便应运而生，它被公认为计算机界的"诺贝尔奖"。而用"图灵"命名是为了纪念计算机科学的先驱、英国科学家阿兰·图灵。

拓展知识
图灵奖简介

ACM成立于1947年，也就是世界上第一台电子计算机ENIAC诞生后的第二年，美国一些有远见的科学家意识到它对于社会进步和人类文明的巨大意义，因此发起成立了这个协会，以推动计算机科学技术的发展和学术交流。1966年设立了第一个奖项"图灵奖"，专门奖励在计算机科学研究中做出创造性贡献、推动计算机科学技术发展的杰出科学家。从1966—2014年的49届图灵奖中，共计有61名科学家获此殊荣。

5. 计算机的诞生

世界公认的第一台计算机于1946年2月15日在美国宣告诞生，该机命名为ENIAC（Electronic Numerical Integrator And Computer），意思是"电子数值积分计算机"。当时研究和开发ENIAC的主要目的是为军事服务。承担ENIAC研制和开发任务的"莫尔小组"由埃克特、莫克利、戈尔斯坦、博克斯4位科学家和工程师组成，总工程师埃克特当时仅24岁。

ENIAC一共使用了18 000个电子管，1 500个继电器；机重约30吨，耗电150千瓦，占地面积为170平方米；每秒钟可做5 000次加减法或400次乘法运算，相当于手工计算速度的20万倍，如图1-4所示。

图1-4　世界公认的第一台计算机—ENIAC

1.3.2 计算机发展历程

1. 概述

自ENIAC诞生起的70多年来，计算机获得了突飞猛进的发展。人们依据计算机所使用的电子器件，将计算机的发展划分成电子管、晶体管、集成电路、大规模和超大规模集成电路4个阶段。每一阶段的变革在技术上都是一次新的突破，在性能上都是一次质的飞跃。所以说，到目前为止计算机的发展主要经历了电子管计算机、晶体管计算机、集成电路计算机、大规模和超大规模集成电路计算机4代变革。

2. 第一代计算机（1946—1954）

ENIAC的逻辑器件采用电子管，所以称为电子管计算机。它的内存容量仅有几千字节，不仅运算速度低，且成本很高。之后相继出现了一批电子管计算机，主要用于科学计算。1950年问世的离散变量自动电子计算机（Electronic Discrete Variable Automatic Computer，EDVAC）首次实现了冯·诺依曼体系“存储程序和二进制”这两个重要设想。在这个时期，没有系统软件，只能用机器语言和汇编语言编程。计算机只能在少数尖端领域中得到应用，一般多用于科学、军事和财务等方面的计算。尽管存在这些局限性，但它却奠定了计算机发展的基础。可以说EDVAC是第一台具有现代意义的通用计算机，与ENIAC不同的是EDVAC首次使用二进制，整台计算机共使用大约6 000个电子管、12 000个二极管，功率为56千瓦，占地面积为45.5平方米，机重为7 850公斤，使用时需要30个技术人员同时操作。鉴于冯·诺依曼在发明电子计算机中所起的关键性作用，他被誉为“计算机之父”。

冯·诺依曼以技术顾问形式加入EDVAC的研制，总结和详细说明了EDVAC的逻辑设计。1945年6月，冯·诺依曼起草并发表了长达101页的总结报告，这就是著名的“关于EDVAC的报告草案”，报告提出的计算机体系结构一直延续至今，即冯·诺依曼体系结构。报告广泛而具体地介绍了研制电子计算机和程序设计的新思想，冯·诺依曼对EDVAC中的两大设计思想作了进一步的论证，为计算机的设计建立了一座里程碑。这份报告是计算机发展史上一个划时代的文献，它向世界宣告：电子计算机的时代开始了。

3. 第二代计算机（1954—1964）

美国贝尔实验室于1954年研制成功第一台使用晶体管的第二代计算机TRADIC（Transistor Digital Computer），主要是增加了浮点运算，计算能力实现了一次飞跃。第二代计算机与第一代相比有很大的改进，计算机的逻辑器件采用晶体管，存储器采用磁芯和磁鼓，内存容量扩大到几十K字节。晶体管的平均寿命是电子管的100～1 000倍，耗电却只有电子管的1/10，体积比电子管减少一个数量级，运算速度明显提高，每秒可以执行几万次到几十万次的加法运算，且机械强度较高。由于具备这些优点，所以晶体管计算机很快取代了电子管计算机，并开始批量生产。

晶体管的发明，为半导体和微电子产业的发展指明了方向。与电子管相比，晶体管体积小、重量轻、寿命长、发热少、功耗低，电子线路的结构大大改观，运算速度大幅度提高。第二代计算机除了大量用于科学计算外，还逐渐被工商企业用来进行商务处理。在这个时期，出现了监控程序，提出了操作系统的概念，出现了高级语言，如FORTRAN、ALGOL 60等。

1947 年，贝尔实验室的肖克莱、巴丁、布拉顿发明了点触型晶体管；1950 年，又发明了面结型晶体管。发明晶体管的肖克莱在加利福尼亚创立了当地第一家半导体公司，这一地区后来被称为硅谷，他们 3 人于 1956 年共同获得诺贝尔物理学奖。

4. 第三代计算机（1964—1970）

第三代计算机的逻辑器件采用集成电路，这种器件把几十个或几百个分立的电子元器件集中做在一块几平方毫米的硅片上（称为集成电路芯片），使计算机的体积和耗电大大减小，运算速度却大幅提高，每秒钟可以执行几十万次到一百万次的加法运算，性能和稳定性进一步提高。

集成电路的问世催生了微电子产业，这个时期的系统软件也有了很大发展，出现了分时操作系统和会话式语言，软件开发采用结构化程序设计方法，为研制复杂的软件提供了技术上的保证。IBM 公司于 1964 年研制出计算机历史上最成功的机型之一——IBM S/360，称为“蓝色巨人”，它具有较强的通用性，适用于各方面的用户。

5. 第四代计算机（1970 年至今）

从 1970 年至今的计算机基本上都属于第四代计算机，采用大规模或超大规模集成电路。随着技术的发展，计算机的计算性能飞速提高，应用范围渗透到社会的每个角落，计算机开始分成巨型机、大中型机、小型机和微型机。随着微处理器的问世和发展，微型计算机开始普及，计算机逐渐走进千家万户。

采用大规模集成电路（Large Scale Integration，LSI），在一个 4 mm^2 的硅片上，至少可以容纳相当于 2 000 个晶体管的电子元器件。金属氧化物半导体电路（Metal Oxide Silicon，MOS）也在这一时期出现。这两种电路的出现，进一步降低了计算机的成本，其体积也进一步缩小，存储设备进一步改善，功能和可靠性得到进一步提高。同时计算机内部的结构也有很大的改进，采用了“模块化”的设计思想，即按执行的功能划分成比较小的处理部件，更加便于维护。

20 世纪 70 年代末期开始出现超大规模集成电路（Very Large Scale Integration，VLSI），在一个小硅片上容纳相当于几万到几十万个晶体管的电子元器件。这些以超大规模集成电路构成的计算机日益小型化和微型化，应用的普及和更新速度更加迅猛，产品覆盖巨型机、大中型机、小型机、工作站和微型计算机等多种类型。在这个时期，操作系统不断完善，应用软件已成为现代工业的一部分，计算机的发展进入了以计算机网络为特征的时代。

从 20 世纪 80 年代开始，发达国家开始研制第五代计算机，研究的目标是能够打破以往计算机固有的体系结构，使计算机能够具有像人一样的思维、推理和判断能力，向智能化方向发展，实现接近人的思考方式。

6. 微型计算机的发展

微型计算机，简称微机或 PC（Personal Computer），是 1971 年出现的，属于第四代计算机。其突出特点是将运算器和控制器做在一块集成电路芯片上，一般称为微处理器（Micro Processor Unit，MPU）。根据微处理器的集成规模和功能，又形成了微机的不同发展阶段，如 Intel 80286、Pentium 以及今天的酷睿系列。

微型计算机具有体积小、重量轻、功耗小、可靠性强、对使用环境要求低、价格低廉、易于成批生产等特点，所以，微型计算机一出现，就显示出它强大的生命力。

世界上第一台微型计算机是由美国 Intel 公司年轻的工程师马西安·霍夫（M. E. Hoff）于 1971 年 11 月研制成功的。它把计算机的全部电路做在 4 个芯片上：4 位微处理器 Intel 4004、320 位（40 字节）的随机存取存储器、256 字节的只读存储器和 10 位的寄存器，它们通过总线连接起来，于是就组成了世界上第一台 4 位微型计算机——MCS－4。其 4004 微处理器包含 2 300 个晶体管，尺寸规格为 3 mm × 4 mm，计算性能远远超过 ENIAC，从此揭开了微型计算机发展的序幕。

1.3.3 计算机在中国

1. 计算机的鼻祖：算筹和算盘

我国春秋时期出现的算筹是世界上最古老的计算工具。据《汉书·律历志》记载：算筹是圆形竹棍，它长 23.86 厘米、横切面直径是 0.23 厘米。到公元 6 至 7 世纪的隋朝，算筹长度缩短，圆棍改成方的或扁的。根据文献记载，算筹除竹筹外，还有木筹、铁筹、玉筹和牙筹等。计算的时候摆成纵式和横式两种数字，按照纵横相间的原则表示任何自然数，从而进行加、减、乘、除、开方以及其他代数运算。负数出现后，算筹分红黑两种，红筹表示正数，黑筹表示负数。这种运算工具和运算方法在当时世界上是独一无二的。在长期使用算筹的基础上又发明了算盘，成为中国传统的计算工具，这也是人们为何称算筹和算盘为中国计算机鼻祖的原因。

有研究者认为，算盘基本具备了现代计算器的主要结构特征。例如，拨动算盘珠，也就是向算盘输入数据，这时算盘起着“存储器”的作用；运算时，珠算口诀起着“运算指令”的作用，而算盘则起着“运算器”的作用……当然，算盘珠毕竟要靠人手来拨动，其运算速度远远比不上电子计算器，也根本谈不上“自动运算”。但是，人们往往把算盘的发明与中国古代四大发明相提并论，算盘也是中华民族对人类的一大贡献。

随着计算机的产生，算盘的作用日渐弱化，逐渐淡出人们的视野，但是它并没有退出历史舞台，而是被教育人士看重。不少教育机构发现，算盘是一种很有效的智力开发工具，珠算已在世界范围内作为一种“新文化”被推广。

2. 中国人最妙的发明之一：十进制

中国人于公元前 14 世纪，发明了十进计数制，到了商朝，中国人就已经能够用 0～9 十个数字来表示任意大的自然数。这种计数法简洁明了，已是国际通用的计数法。英国皇家学会会员李约瑟教授认为：“如果没有十进制，就几乎不能出现我们现在这个统一的世界了”。十进制在计算科学和计算技术的发展中起了非常重要的作用，充分展示了中国古代劳动人民的独创性，在世界计算史上有着重要的地位。

3. 中国计算机的发展

1958 年我国的第一台数字电子计算机“103 机”诞生，拉开了我国计算机发展的序幕，经历了微机、小型机、大型机乃至巨型机的发展历程。1995 年，曙光 1000 大规模并行计算机系统“MPP”问世，达到了国际先进水平；2000 年，我国自行研制成功高性能计算机“神威 I”，其主要技术指标和性能指标达到国际先进水平，我国成为继美国、日本之后，世界上第三个具备研制高性能计算机能力的国家；2004 年，由中科院计算所、曙光公司和上海超级计算中心联合研制的 10 万亿次超级计算机曙光 4000A 在人民大会堂正式发布，并成功进入当时全球超级计算机 TOP 500 排行榜前十。2008 年，我国百万亿次超级计算机“曙光 5000”问世，中国高性能计算机的研发迈上了新的台阶。这标志着中国已拥有国产品牌的百万亿次超级计算机，上海超级计算中心也成为世界最大的通用计算平台。2009 年，我国生产的第一台千万亿次超级计算机“天河一号”在湖南长沙亮相，使我国拥有了历史上计算速度最快的设备。

超级计算机又称高性能计算机、巨型计算机，是世界公认的高新技术制高点和 21 世纪最重要的科学领域之一。2010 年 11 月 14 日，天河一号创“世界纪录协会”世界最快的计算机世界纪录，国际 TOP500 组织在网站上公布了最新全球超级计算机前 500 强排行榜，中国首台千万亿次超级计算机系统“天河一号”位居世界第一，如图 1-5 所示。2014 年 11 月 17 日公布的全球超级计算机 500 强榜单中，“天河二号”再次获得冠军。

图 1-5　天河一号

1.3.4　未来的计算机

随着科学技术的进步，计算机与网络技术飞速发展，已经进入了一个快速而又崭新的时代，计算机已经从功能单一、体积较大发展到了功能复杂、体积微小、资源网络化等。

计算机的未来充满了变数，将趋向超高速、超小型、平行处理和智能化发展，其间要经历很多新的突破。可以预测，未来的计算机将是微电子技术、光学技术、超导技术和电子仿生技术相互结合的产物，可能会出现人工智能计算机、多处理机、超导计算机、纳米计算机、光计算机、生物计算机、量子计算机等。

总之，在新技术、新思想、新应用的驱动下，云计算、移动互联网、物联网等产业呈现出蓬勃发展的态势，全球 IT 产业正经历着一场深刻的变革。21 世纪的计算机将会发展到一个更高、更先进的水平，计算机技术将会再次给世界带来巨大的变化。

1.3.5　计算机研究新技术新热点

1. 云计算

云计算（Cloud Computing）是信息技术的一个新热点，更是一种新的思想方法。它将计算任务分布在大量计算机构成的资源池上，使各种应用系统能够根据需要获取计算力、存储空间和信息服务。云计算中的“云”是一个形象的比喻，人们以云可大可小、可以飘来飘去的这些特点来形容云计算中服务能力和信息资源的伸缩性以及后台服务设施位置的透明性。云计算是基于互联网的相关服务的增加、使用和交付模式，通常涉及通过互联网来提供动态易扩展且经常是虚拟化的资源。用户通过计算机、笔记本电脑、手机等方式接入数据中心，按自己的需求进行运算。

对云计算的定义有多种说法，现阶段广为人们所接受的是美国国家标准与技术研究院（NIST）的定义：云计算是一种按使用量付费的模式，这种模式提供可用的、便捷的、按需的网络访问，进入可配置的计算资源共享池（资源包括网络、服务器、存储、应用软件和服务），这些资源能够被快速提供，只需投入很少的管理工作，或与服务供应商进行很少的交互。

云计算有很多优点，对于个人用户，它提供了最可靠、最安全的数据存储中心，不用担心数据丢失、病毒入侵等问题；对用户端的终端设备要求低，可以轻松实现不同设备间的数据与应用共享。另外，它为人们使用网络提供了近乎无限多的可能。对于中小企业来说，“云”为它们送来了大企业级的技术，并且升级方便，使商业成本大大降低。简单地说，当今最强大、最具革新意义的技术已不再为大型企业所独有。“云”让每个普通人都能以极低的成本接触到顶尖的计算机技术。

2. 移动互联网

移动互联网，简单说就是将移动通信和互联网二者结合起来成为一体。在最近几年里，移动通信和互联网已成为当今世界发展最快、市场潜力最大的两大产业，其增长速度是任何人未曾预料到的。

移动互联网是一个全国性的、以宽带IP为技术核心的，可同时提供语音、传真、数据、图像、多媒体等高品质电信服务的新一代开放的电信基础网络，是国家信息化建设的重要组成部分。移动互联网的应用特点是“小巧轻便”与“通信便捷”，它正逐渐渗透到人们生活、工作与学习等各个领域。移动环境下的网页浏览、文件下载、定位服务、在线游戏、电子商务等丰富多彩的互联网应用迅猛发展，正在深刻改变信息时代的社会生活。

3. 物联网

物联网被称为继计算机和互联网之后，世界信息产业的第三次浪潮，代表着当前和今后相当一段时间内信息网络的发展方向。从一般的计算机网络到互联网，从互联网到物联网，信息网络已经从人与人之间的沟通发展到人与物、物与物之间的沟通，功能和作用日益强大，对社会的影响也越发深远。

物联网英文名称是“The Internet of Things”，顾名思义，物联网就是物物相连的互联网。这里有两层含义：第一，物联网的核心和基础仍然是互联网，是在互联网基础上延伸和扩展的网络；第二，其用户端延伸和扩展到任何物品与物品之间都可以进行信息交换和通信。因此，物联网是一个基于互联网、传统电信网等信息承载体，让所有能够被独立寻址的普通物理对象实现互联互通的网络，可实现对物品的智能化识别、定位、跟踪、监控和管理。它具有普通对象设备化、自治终端互联化和普适服务智能化的重要特征。应用创新是物联网发展的核心，以用户体验为核心的创新是物联网发展的灵魂，现在的物联网应用领域已经扩展到了智能交通、仓储物流、环境保护、平安家居、个人健康等多个领域。

4. 可穿戴设备

可穿戴设备，或称穿戴式设备，即直接穿在身上或是整合到用户的衣服或配件的一种便携式设备。它不仅仅是一种硬件设备，更是通过软件支持以及数据交互、云端交互来实现强大的功能，可穿戴设备将会对人们的生活、感知带来很大的转变。

可穿戴设备多以具备部分计算功能、可连接手机及各类终端的便携式配件的形式存在，主流的产品包括以手腕为支撑的Watch类（包括手表和腕带等产品），以脚为支撑的Shoes类（包括鞋、袜子或者其他腿上佩戴的产品），以头部为支撑的Glass类（包括眼镜、头盔、头带等），以及智能服装、书包、拐杖、配饰等各类非主流产品形态。可穿戴设备的产生始于2012年谷歌眼镜的亮相，2012年也被称作"智能可穿戴设备元年"。

穿戴式技术在国际计算机学术界和工业界一直都备受关注，只不过由于其成本高和技术复杂，很多相关设备仅仅停留在概念领域。随着移动互联网的发展、技术的进步和高性能低功耗处理芯片的推出等，部分穿戴式设备已经从概念化走向商用化，新式穿戴式设备不断推出，谷歌、苹果、微软、索尼、奥林巴斯、摩托罗拉等诸多科技公司也都开始在这个全新的领域进行深入探索。

5. 第六感科技

第六感科技是可穿戴设备的发展方向之一，是由美国麻省理工学院媒体实验室Pranav Mistry发明。这项技术将现实与虚拟在某种程度上融为一体，整个系统由四个套在手指上的彩色标记环、一个小型摄像头、一个便携式投影仪以及一台便携式计算机组成。在工作状态，摄像头会追踪标记环的运动并反馈给计算机，经计算机系统处理之后，再将结果投影到任何合适的显示位置。人不必坐在电脑桌前面对一个固定的显示屏幕，而是可以随时随地实现人机交互，实现终极的用户界面，即没有界面。自从计算机诞生以来，数字世界便伴随着人们一起成长，但是数字世界与现实世界之间总是需要借助打印机、显示器、U盘、键盘、耳机等设备进行互通。从现在看，数字世界与现实世界之间的桥梁或者说互通的大门已然打开，人们能够在数字世界与现实世界之间随意"穿梭"的梦想也近在咫尺。它将真实与虚拟结合为一体，使用摄像头将真实世界的东西拖到虚拟世界当中，加以识别、判断，用一个摄像头作为眼睛，让软件和互联网成为大脑，并且用投影仪将其展示在任何平面上。它不像是人们熟知的计算机，更像是人们的第三只眼睛和被延伸了的大脑。几部随处都可以看到的设备，加上一点点软件魔法，就成了一种潜力惊人的工具。

应用第六感科技的技术，在人们旅游放松的假期，第六感装置可以充当人们的相机。当人们用手指做出一个取景框，第六感装置便将景色拍下来存储。第六感科技使读报成了真正意义上"图文并茂"的享受。随着指尖的移动，人们可以收看体育赛事、新闻播报以及人物访谈等相关的视频。总之，第六感科技通过虚拟键盘+投影屏幕，可以实现"想看就看，想写就写"；通过图像识别+手势识别，可以实现"现实世界与数字世界的桥梁"；通过手势识别+摄像头=照相机，可以实现"想拍就拍，想看就看"。第六感科技与虚拟键盘示意如图1–6、图1–7所示。

图1-6　终极的用户界面就是没有界面

图1-7　虚拟键盘

1.4　计算机安全基础

随着计算机技术及网络技术的不断发展，伴随而来的计算机安全问题越来越引起人们的关注。例如，计算机病毒、计算机犯罪与计算机黑客，网络上传播的不健康与虚假的信息等，严重影响并危害着人类生存的方方面面。计算机系统一旦遭受破坏，将给使用者或社会造成重大经济损失，并严重影响人们的正常工作与生活。因此，加强计算机系统安全工作，传播计算机文化知识精华是信息化建设的重要工作之一，是每个公民义不容辞的责任，更是当代大学生应尽的责任与义务。

1.4.1　基本概念

1. 什么是计算机安全

说起“安全”，人们常常会想到诸如“人身安全、财务安全”等生活中经常遇到的问题，那么什么是计算机安全呢？国际标准化组织（International Organization for Standardization，ISO）将“计算机安全”定义为：“为数据处理系统所采取的技术和管理的安全保护，保护计算机硬件、软件、数据不因偶然的或恶意的原因而遭到破坏、更改、泄露。”也有人将“计算机安全”定义为：“计算机的硬件、软件和数据受到保护，不因偶然和恶意的原因而遭到破坏、更改和泄露，系统连续正常运行。”我国公安部计算机管理监察司的定义是：“计算机安全是指计算机资产安全，即计算机系统资源和信息资源不受自然和人为有害因素的威胁和危害。”

随着计算机与网络应用的普及，计算机系统面临的安全问题越来越严重，攻击的手段越来越多、越来越隐蔽。各种各样的不安全因素和事件越来越多地显现出来，例如：软、硬件故障，工作人员误操作等人为或偶然事故构成的威胁；利用计算机实施盗窃、诈骗等违法犯罪活动的威胁；网络攻击和计算机病毒构成的威胁；计算机黑客以及信息战的威胁；等等。

所以说，计算机安全主要涉及物理安全、系统安全和数据安全 3 个方面。

2. 物理安全

物理安全主要是指计算机所在的环境，如机房或实验室，会受到各种不安全因素的威胁。例如：电磁波辐射；自然灾害，如雷电、地震、火灾、水灾，停电断电、电磁干扰；操作失误，如删除文件、格式化硬盘、程序设计错误、误操作等；计算机机房环境的安全，包括水、电、空调中断或不正常，这些都可能对计算机安全带来威胁。

3. 系统安全

系统安全主要包括计算机的软、硬件故障，系统平台安全与恶意软件的威胁。

硬件故障主要指设备自身的问题，如电子元器件老化、电源不稳、设备环境差等，都会使计算机或网络的部分设备暂时或永久失效，这些故障具有突发性的特点。软件故障主要指软件本身，如软件设计之初，由于自身的庞大和复杂性，不可避免地会出现错误和漏洞，再加上盗版软件的传播使用、人为的恶意攻击等，常常会出现各种各样意想不到的安全故障。软件故障不仅会影响计算机的正常工作，所存在的漏洞还会被黑客用来攻击计算机系统。

系统平台安全主要是指操作系统的安全，如系统中用户账号和口令的设置、文件和目录存取权限设置、系统安全管理设置、服务程序使用管理的措施。

恶意软件是继病毒、垃圾邮件后互联网上的又一个全球性问题，是直接植入系统，破坏和盗取系统数据的恶意程序。恶意软件的传播严重影响了互联网用户的正常上网，侵犯了互联网用户的正当权益，妨碍了互联网的应用，给互联网带来了严重的安全隐患。特洛伊木马和蠕虫都是典型的恶意软件。

4. 数据安全

数据安全主要是指保障信息本身不会被泄露和破坏。信息泄露常常是由于偶然或人为因素，在进行数据处理或传输过程中一些重要数据为别人所获，造成泄密事件；信息破坏是指由于偶然因素或人为故意地破坏数据的正确性、完整性和可用性，其危害极大。当然，还包括一些有害的信息。如含有恶意攻击、破坏安定团结等危害国家安全的信息；宣扬封建迷信、淫秽色情、凶杀、教唆犯罪等危害社会治安秩序内容的信息。

5. 计算机网络发展带来的安全问题

随着信息化的浪潮席卷全球，世界正经历着以计算机网络技术为核心的信息革命，信息网络将成为整个社会的神经系统，它正在改变着人们传统的生产、生活乃至学习方式，从而也导致了各种各样的安全问题。

今天的计算机网络跨越城市、国家和地区，实现了网络扩充与异型网互联，形成了广域网（Wide Area Network，WAN），使计算机网络深入到科研、文化、经济与国防的各个领域，推动着社会的发展。但是，这种发展也带来了一些负面影响，网络的开放性增加了网络安全的脆弱性和复杂性，信息资源的共享和分布处理增加了网络受攻击的可能性。

总之，随着网络安全问题的日益严重，安全已不仅仅是某些厂商或个人的问题，而是所有网络用户的问题，也可以说是整个社会的问题。全体网络用户，人人有责任、有义务文明使用网络，以确保网络的安全。

1.4.2　计算机黑客

1. 何谓黑客

黑客（Hacker）是指专门研究、发现计算机和网络漏洞的计算机爱好者，他们伴随着计算机和网络的发展而产生并成长。黑客对计算机有着狂热的兴趣和执著的追求，他们不断地研究计算机和网络知识，发现计算机和网络中存在的漏洞，喜欢挑战高难度的网络系统并从中找到漏洞，然后向管理员提出解决和修补漏洞的方法。

黑客最早出现在20世纪50年代的麻省理工学院和贝尔实验室。最初的黑客一般都是一些高级的技术人员，他们热衷于挑战、崇尚自由并主张信息资源的共享。黑客的存在客观上是由于计算机技术的不健全，从某种意义上来讲，计算机的安全需要更多黑客去维护。但是到了今天，黑客一词已被用于泛指那些专门利用计算机漏洞搞破坏或恶作剧的人，对这些人的正确英文叫法是Cracker，有人也翻译成“骇客”或“入侵者”，也正是由于入侵者的出现玷污了黑客的声誉，使人们把黑客和入侵者混为一谈，黑客被人们认为是在网上到处搞破坏的人。

2. 黑客的危害性

黑客的危害性一言难尽，大多数的黑客都喜欢利用别人的名义去干坏事。在国外，黑客则喜欢对国际性的大企业下手，如窃取机密或重要资料等。黑客的危害性小则个人计算机受到影响，大则一个企业、一个地区甚至是一个国家，都会因受到各种干扰而导致整个网络系统的瘫痪，其经济损失不可估量。

3. 如何防范黑客

黑客往往是通过对服务器进行扫描来寻找服务器存在的问题或漏洞，一旦发现就会实施攻击行为。这就要求对服务器的管理采取必要的手段以防止和预防黑客对其攻击。

常用的防范黑客措施有：屏蔽IP地址，利用防火墙过滤信息包，经常升级系统版本，及时备份重要数据，使用加密机制传输数据等。尤其是对一些重要信息，如个人信用卡、密码等，在客户端与服务器之间传送时，为防止黑客监听与截获，应先经过加密处理后再进行发送。对于现在网络上流行的各种加密机制，都已经出现了不同的破解方法。因此在加密的选择上应该寻找破解困难、技术性较强或优秀的密码加密机制，这样会对黑客起到很好的防范作用。

1.4.3　计算机犯罪

1. 何谓计算机犯罪

计算机犯罪是指利用计算机作为犯罪工具进行的犯罪活动，例如，利用计算机网络窃取国家机密、盗取他人信用卡密码、传播复制色情内容等，它是一种与时代同步发展的高技术手段的犯罪活动。世界上第一例有案可查的计算机犯罪案例，于1958年发生在美国的硅谷，但是直到1966年才被发现。中国第一例涉及计算机的犯罪是利用计算机贪污，发生于1986年，而被破获的第一例计算机犯罪则发生在1996年。

从首例计算机犯罪被发现至今，计算机犯罪的类型和发案率都在逐年大幅度上升，方法和手段成倍增加，开始由以计算机为犯罪工具的犯罪向以计算机信息系统为犯罪对象的犯罪发展，并呈愈演愈烈之势，而后者无论是在对社会的危害性还是后果的严重性都远远大于前者。正如一些专家所言，“未来信息化社会犯罪的形式将主要是计算机犯罪”，计算机犯罪也将是未来国际恐怖活动的一种主要手段。

2. 计算机犯罪的手段与特点

目前比较普遍的计算机犯罪手段主要有5类：一是“黑客非法侵入”，破坏计算机信息系统正常运行；二是网上制作、复制和传播有害信息，传播计算机病毒、黄色淫秽信息等，从思想上危害青少年的健康成长；三是利用计算机实施金融诈骗、盗窃、贪污和挪用公款，造成各种金融危机；四是非法盗用计算机资源，盗用账号、窃取国家秘密或企业商业机密等，造成单位或企业的混乱，扰乱生产；五是利用互联网进行恐吓和敲诈，破坏国际合作，造成国际化的经济危机。

计算机犯罪作为一种刑事犯罪，具有与传统犯罪相同的共性特征。但是，作为一种与高科技相伴而生的犯罪，它又有许多与传统犯罪相异的特征，具体表现在智能性、隐蔽性、危害性、广域性、诉讼的困难性和司法的滞后性等方面。

3. 如何防范计算机犯罪

计算机犯罪不同于任何一种普通刑事犯罪的高科技犯罪，随着计算机应用的广泛和深入，计算机犯罪的手段也日趋新颖化、多样化和隐蔽化，更使得打击计算机违法犯罪和保护网络安全的工作量越来越大，而且也越来越困难。这就要求既要相应增加警力，又要进一步提高打击计算机犯罪的能力，同时还要注重研究和开发打击新型计算机犯罪的技术。

防范计算机犯罪可以通过制定专门的反计算机犯罪法，加强反计算机犯罪机构（侦查、司法、预防、研究等）的工作力度，建立健全国际合作体系，增强安全防范意识和加强计算机职业道德教育等几个方面进行。

各计算机信息系统使用单位，应加强对工作人员的思想教育，树立良好的职业道德，确保自身不模仿、不进行各种计算机犯罪行为。积极采取各种措施堵住管理中的漏洞，防止计算机违法犯罪案件的发生，制止有害数据的使用和传播。

1.4.4 计算机病毒

1. 概述

随着个人计算机的蓬勃发展，计算机已经由最初的用于科学计算逐步发展到每个家庭、每个办公桌面必备的计算工具，它给人们的工作、学习与生活带来了前所未有的方便与快捷。特别是 Internet 的发展，将计算机技术的应用带到了一个空前的境界，使人们的信息交流突破了地域的限制，更加充分地享受了科技给人类带来的进步。然而，计算机病毒、木马、蠕虫等有害程序也如幽灵一般纷纷而至，令人防不胜防，越来越严重地威胁到人们对计算机的使用。所以说，计算机病毒不单单是计算机学术问题，更是一个严重的社会问题。

2. 计算机病毒定义

所谓计算机病毒，是一种在计算机系统运行过程中能把自身精确复制或有修改地复制到其他程序内的程序。它隐藏在计算机数据资源中，利用系统资源进行繁殖，满足一定条件即被激活，破坏或干扰计算机系统的正常运行，从而给计算机系统造成一定损害甚至严重破坏。这种程序的活动方式与生物学中的病毒相似，所以被称为“计算机病毒”。

在《中华人民共和国计算机信息系统安全保护条例》中，定义计算机病毒为：“编制或者在计算机程序中插入的破坏计算机功能或者毁坏数据，影响计算机使用，并能自我复制的一组计算机指令或者程序代码。”

3. 计算机病毒的特点

从计算机病毒的定义可以看出，计算机病毒感染性强、破坏性大，是目前针对个人计算机的主要威胁之一。它主要来源于从事计算机工作的人员和业余爱好者的恶作剧、寻开心制造出的病毒或软件，公司及用户为保护自己的软件被非法复制而采取的报复性惩罚措施等。同时，计算机的网络化也增加了病毒的危害性和清除的困难性。所以，计算机病毒具有程序性、传染性、潜伏性、表现性和破坏性、可触发性和针对性等特点。

事实上，没有一种计算机病毒能传染所有的计算机系统或程序，病毒的设计具有一定的针对性。例如，有传染微机的，有传染 COMMAND. COM 文件的，有传染扩展名为 COM 或 EXE 文件的，等等。这就要求技术人员要针对不同类型的病毒进行相应的预防措施。

4. 计算机病毒的预防

防治计算机病毒的关键是做好预防工作，即防患于未然。而预防工作从宏观上来讲是一个系统工程，要求全社会共同努力。从国家来说，应当健全法律、法规来惩治病毒制造者，这样可减少病毒的产生。从各级单位来说，应当制定出一套具体措施，以防止病毒的传播。从个人角度来说，每个人都要严格遵守病毒防治的有关规定，不断增长知识，积累防治病毒的经验；不仅不能成为病毒的制造者，而且也不要成为病毒的传播者；要学会及早发现病毒，做到早发现、早处置，以减少损失。

预防病毒的主要手段：一是从管理上对病毒进行预防，如谨慎使用公用软件和共享软件，限制计算机网络上可执行代码的交换，尽量不运行来源不明的程序等。二是从技术上对病毒进行预防。任何计算机病毒对系统的入侵都是利用 RAM 提供的自由空间及操作系统所提供的相应中断功能来达到传染目的。因此，可以通过增加硬件设备来保护系统，此硬件设备既能监视 RAM 中的常驻程序，又能阻止对外存储器的异常写操作，这样就能实现对计算机病毒预防的目的。目前普遍使用的防病毒卡就是一种防病毒的硬件保护手段，将它插在主机板的 I/O 插槽上，可在系统的整个运行过程中密切监视系统的异常状态。三是利用计算机病毒疫苗进行预防。计算机病毒疫苗是一种能够监视系统的运行，在发现某些病毒入侵时可以防止或禁止病毒入侵，当发现非法操作时及时警告用户的软件。

5. 清除病毒

严格讲，计算机病毒的清除是计算机病毒检测的延伸，是计算机病毒检测技术发展的必然结果，也是病毒传染程序的一种逆过程。清除病毒是在检测发现特定的计算机病毒的基础上，根据具体病毒的清除方法从传染的程序中除去计算机病毒代码并恢复文件的原有结构信息。如果发现计算机被病毒感染了，则应立即清除掉。通常采用人工处理或反病毒软件方式进行清除。

人工处理的方法有：用正常的文件覆盖被病毒感染的文件；删除被病毒感染的文件；重新格式化磁盘，但这种方法有一定的危险性，容易造成对文件数据的破坏。

用反病毒软件对病毒进行清除是一种较好的方法，也是最省工省时的检测与清除方法。常用的反病毒软件有 360 杀毒软件、瑞星杀毒软件、金山毒霸等。这些反病毒软件操作简单、提示丰富、行之有效，但每种反病毒软件都是针对某些病毒的，并不能清除所有病毒。所以不同的病毒需要用不同的反病毒软件进行清除。用户要根据自己的需要选择检测工具和杀毒软件，并要详细阅读使用说明书，按照软件中提供的功能菜单进行安装与运行，使其达到有效检测和清除病毒的目的。

6. 漏洞与补丁程序

在网络应用中，人们经常需要安装补丁程序进行系统升级，那么什么是补丁程序呢？这就要从漏洞说起。漏洞（Bug）是指某个程序（包括操作系统）在设计时因未考虑周全，当程序遇到一个看似合理、但实际无法处理的问题时而引发的不可预见的错误，这就是漏洞。漏洞常常会导致两类结果的发生：一是对用户操作造成不便，如不明原因的死机或丢失文件等；二是给用户带来安全隐患，这些漏洞容易被恶意用户利用而造成信息泄露，如黑客利用网络服务器操作系统的漏洞攻击网站等。

一般的软件都或多或少地存在漏洞，软件系统越复杂，存在漏洞的可能性就越大。当一个软件在发布之后被发现存在漏洞，软件的开发商就会通过升级软件的方式，即经常说的打补丁（Patch），对有问题的软件进行修复，而这些用于升级的软件包就称为漏洞的补丁程序。

一般来说，给一个操作系统或应用软件安装补丁最佳的办法就是经常主动地访问软件提供商的网站，看看是否有最新的补丁程序推出。这些补丁程序往往是以压缩包的方式存在于服务器中的，及时下载最新补丁并按提示进行操作，可以有效避免各种基于系统漏洞的错误和攻击。

就 Windows 系统来说，如果不习惯到微软公司提供的网站查询补丁信息，还可以采取另外两种方法：一是在微软官方网站上订阅电子邮件更新通知；二是在 Windows XP、Windows 7 等系统中，都内置有“Automatic Updates”服务，该服务会在每次计算机启动过程中主动访问微软公司的网站，查询最新补丁情况，有了它基本上可以在第一时间获得并安装最新补丁。

微视频 1-2
防火墙

1.4.5 防火墙

1. 概述

随着网络技术的应用普及，计算机安全所涉及的方面越来越广泛。网络应用使得空间、时间上分散、独立的信息形成了庞大的信息资源系统。如何保障计算机网络运行环境的安全、保障信息的安全、保障计算机功能的正常发挥，就需要为维护计算机信息系统安全运行采取必要的手段，相应的安全技术应运而生，防火墙则是目前最常用的一种访问控制技术。

2. 防火墙简介

古时候，人们常在住处之间砌起一道砖墙，一旦火灾发生，它能够防止火势蔓延到别的地方，这种墙称为防火墙。在Internet中，防火墙是保障安全的首要手段，它有助于建立一个网络安全协议，并通过网络配置、主机系统、路由器以及身份认证等手段实现该安全协议。防火墙系统的主要目标是控制出入一个网络的权限，迫使所有的连接都通过防火墙，以便接受检查。这种概念被引申为内部网与Internet之间所设的安全系统。

所以说，防火墙（Firewall）是指一个由软件和硬件设备组合而成、在内部网和外部网之间、专用网与公共网之间的界面上构造的保护屏障，主要用于加强两个或多个网络间的边界防卫能力。它在公共网络和专用网络之间设立一道隔离墙，在此检查是否允许进出专用网络的信息通过，或是否允许用户的服务请求，从而阻止对信息资源的非法访问和非授权用户的进入，如图1-8所示。

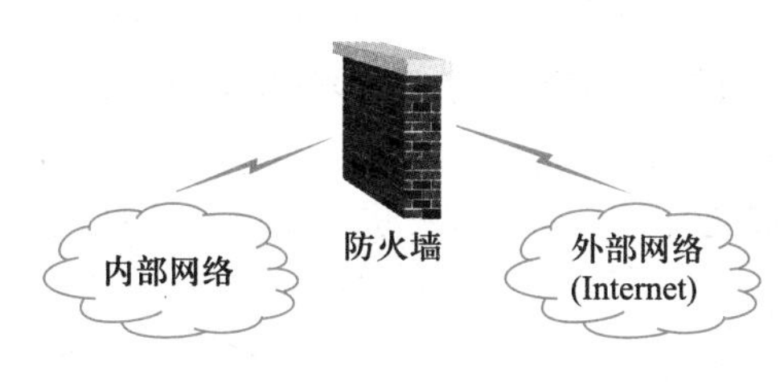

图1-8 防火墙系统示意

思考与练习

1. 简答题

（1）在计算机的发展过程中有哪些重要的人物和事件，其成功的基础是什么？

（2）通过了解计算机的发展历程，你认为未来的计算机会具有什么特征？

（3）什么是计算机病毒、计算机犯罪与计算机黑客？其危害性主要体现在哪些方面？如何防范？

2. 填空题

（1）一个完整的计算机系统由两部分组成，它们是硬件和________。

（2）计算机病毒是指人为故意编制的一段________。

（3）根据计算机所使用的电子器件，计算机的发展主要经历了四代变革，它们是电子管、晶体管、集成电路和________。

3. 选择题

（1）在下面对计算机特点的说法中，不正确的说法是（　　）。

A）运算速度快　　　　B）计算精度高

C）存储能力强　　　　D）硬件设备的价格越来越高

（2）微型计算机的发展经历了从集成电路到超大规模集成电路等几代的变革，各代变革主要是基于（　　）。

A）存储器　　B）输入/输出设备　　C）微处理器　　D）操作系统

（3）计算机病毒是（　　）。

A）机器故障　　B）一段程序代码　　C）生物病毒　　D）传染病

（4）计算机安全主要包括（　　）。

A）硬件设备、软件系统与数据　　B）操作系统和数据结构

C）计算机程序和指令系统　　D）CPU 和内存

4. 网上练习

（1）请上网查找并记录有关图灵奖的信息，列出华人或美籍华人获奖者名单。

（2）请上网查找并举例说明有关云计算等新技术的应用。

（3）请上网查找预防计算机病毒的最佳方案，写出自己的看法。

5. 课外阅读

（1）O'LEARY T J. 计算机科学引论（2008 影印版）[M]. 北京：高等教育出版社，2008.

（2）帕金斯计算机文化 [M]. 北京：机械工业出版社，2011.

第 2 章

计算基础

本章导读

电子教案

在信息与知识爆炸的时代，大数据无处不在，数据处理的核心是计算；计算已不再只和计算机有关，它就在人们身边，改变人类学习方式（网络教学、移动学习等）、生活方式（智能家居、网上购物等）、工作方式（视频会议等）等。 也就是说，计算改变了人们的方方面面，改变了世界；计算是人类文明最古老而又最伟大的成就之一。

本章学习导图

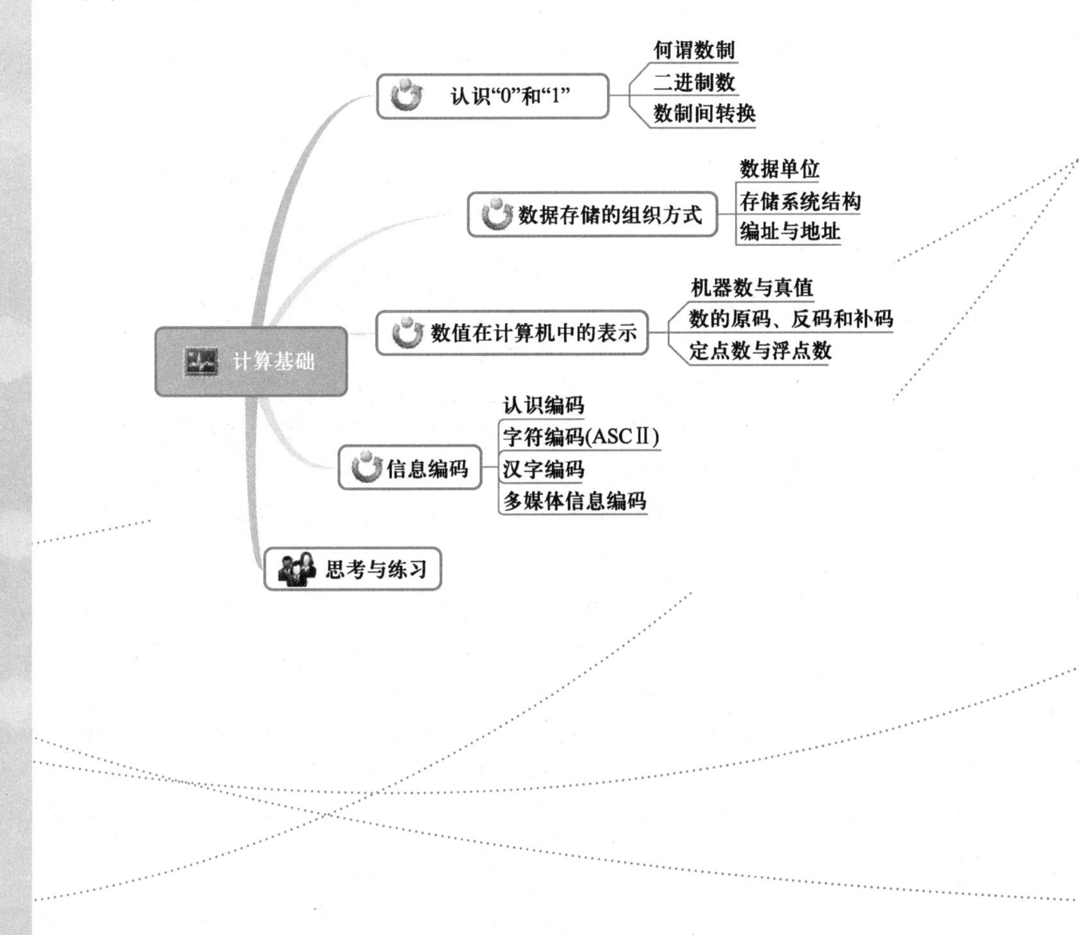

2.1 认识“0”和“1”

在人类生活中经常会出现一些二选一的情况，例如，开灯或关灯、男性或女性、对与错、高与低、大与小等。这些可以分别用电源“开/关”、中文“真/假”、英文“T/F”或“Y/N”、数字“0/1”来表示，它们既简单又便于理解。

因为计算机是由电来驱动工作的，而电路实现“开/关”可以用数字“0/1”来表示，既“0”表示开，“1”表示关。所以，在计算机系统中所有信息的转换电路都可化成“0/1”的形式，也就是说在计算机系统中所有数据的存储、加工、传输都可以电子元器件的不同状态来表示，即用电信号的高/低电平表示。

2.1.1 何谓数制

1. 数制的定义

按进位的原则进行计数称为进位计数制，简称“数制”。在日常生活中经常要用到数制，通常以十进制进行计数。除了十进制计数以外，在生活中还有许多非十进制的计数方法。例如，一年有12个月，用的是十二进制计数法；计时用60秒为1分钟、60分钟为1小时，用的是六十进制计数法；1个星期有七天，用的是七进制计数法，等等。当然，在生活中还有许多其他各种各样的进制计数法。

在计算机系统中采用二进制，其主要原因是由于电路设计简单、运算简单、工作可靠和逻辑性强。

2. 数制的规律

数制虽然有多种类型，但不论是哪一种数制，其计数和运算都有共同的规律和特点。

（1）逢 N 进一

N 是指数制中所需要的数字字符的总个数，称为基数。如人们日常生活常用0、1、2、3、4、5、6、7、8、9十个不同的符号来表示数值，即数字字符的总个数有10个，它是十进制的基数，表示逢十进一。

（2）位权表示法

位权是指一个数字在某个固定位置上所代表的值，简称权。处在不同位置上的数字所代表的值不同，每个数字的位置决定了它的值。而位权与基数的关系是：各进位制中位权的值是基数的若干次幂。因此，用任何一种数制表示的数都可以写成按位权展开的多项式之和。

例如，十进制数123.78可以用如下形式表示。

$$(123.78)_{10} = 1\times10^{2} + 2\times10^{1} + 3\times10^{0} + 7\times10^{-1} + 8\times10^{-2}$$

在这个例子中，显然，1在百位，表示100（即 1×10^{2}）；2在十位，表示20（即 2×10^{1}）；3在个位，表示3（即 3×10^{0}）；7在小数点后第1位，表示0.7（即 7×10^{-1}）；8在小数点后第2位，表示0.08（即 8×10^{-2}）。

位权表示法的原则是：数字的总个数为基数，每个数字都要乘以基数的幂次，而该幂次由每个数所在的位置决定。排列方式是以小数点为界，整数部分自右向左分别为0次幂，1次幂，2次幂，…，小数部分自左向右分别为负1次幂，负2次幂，负3次幂，…。

对于多位数，处在某一位上的“i”所表示的数值的大小，称为该位的位权。例如，十进制第1位的位权为1，第2位的位权为10，第3位的位权为100；而二进制第1位的位权为1，第2位的位权为2，第3位的位权为4，对于 n 进制数，整数部分第 i 位的位权为“n^{i-1}”，而小数部分第 j 位的位权为“n^{-j}”。

3. 常用的数制

在日常生活中，人们习惯使用十进制数，而计算机内部采用二进制数。由于二进制数与八进制数和十六进制数正好有倍数的关系，即2^3等于8、2^4等于16，所以在计算机应用中也常常使用八进制数和十六进制数。

（1）十进制数

按“逢十进一”的原则进行计数，称为十进制数，即每位计到10时，本位变为0，相邻高位加1，即向高位进1。对于任意一个十进制数，可用小数点把数分成整数部分和小数部分。

十进制数的特点是：数字的个数等于基数“10”，逢十进一，借一当十；最小数字是0，最大数字是9；有10个数字字符，即0、1、2、3、4、5、6、7、8、9；在数的表示中，每个数字都要乘以基数10的幂次。

例如，十进制数“328.16”按位权展开式可用如下形式表示：

$$(328.16)_{10} = 3\times10^2+2\times10^1+8\times10^0+1\times10^{-1}+6\times10^{-2}$$

十进制数的性质是：小数点向右移一位，数就扩大为原来的10倍；反之，小数点向左移一位，数就缩小为原来的1/10。

（2）二进制数

按“逢二进一”的原则进行计数，称为二进制数，即每位计满2时向高位进1。

二进制数的特点是：数字的个数等于基数2；最小数字是0，最大数字是1，只有两个数字字符，即0、1；在数的表示中，每个数字都要乘以基数2的幂次，这就是每一位被赋予的权，整数第一位的权为2^0，第二位是2^1，第三位是2^2，后面的以此类推。显然，幂次由该数字所在位置决定。

例如，二进制数“1001.101”按位权展开式可用如下形式表示：

$$(1001.101)_2 = 1\times2^3+0\times2^2+0\times2^1+1\times2^0+1\times2^{-1}+0\times2^{-2}+1\times2^{-3}$$

二进制数的性质是：小数点向右移一位，数就扩大2倍；反之，小数点向左移一位，数就缩小为原来的1/2。例如，把二进制数110.101的小数点向右移一位，变为1101.01，是原来数的2倍；把110.101的小数点向左移一位，变为11.0101，是原来数的1/2。即

$$(1101.01)_2 = 110.101\times(10)_2$$

$$(11.0101)_2 = 110.101\times(1/10)_2$$

（3）八进制数

八进制数有8个字符，基数是8，数字字符为0、1、2、3、4、5、6、7，计数时

“逢八进一”。

例如，八进制数“716”按位权展开式可用如下形式表示：

$$(716)_8 = 7 \times 8^2 + 1 \times 8^1 + 6 \times 8^0$$

（4）十六进制数

十六进制数有 16 个字符，基数是 16，数字字符为 0、1、2、3、4、5、6、7、8、9、A、B、C、D、E、F。计数时“逢十六进一”，其中 A、B、C、D、E、F 分别表示 10、11、12、13、14、15。

例如，十六进制数“EA4”按位权展开式可用如下形式表示：

$$(\text{EA4})_{16} = 14 \times 16^2 + 10 \times 16^1 + 4 \times 16^0$$

2.1.2 二进制数

1. 采用二进制数的优点

在计算机中采用二进制数具有如下优点。

① 二进制数只需要使用两个不同的数字符号，任何具有两种不同状态的物理元器件都可以用二进制表示。事实上，人们很早就知道很多元器件有两个状态，如电容器的充电和放电，继电器触点的接通和断开，晶体管的导通和截止等。电信号的两种状态表现为电位的高低电平，制造两种状态的电子元器件比制造多种状态的电子元器件（如 10 种状态）要简单，成本也更低。计算机使用的数字电路器件（半导体器件）工作在“开通”和“断开”两种状态，或者说是“高电平”和“低电平”。那么，自然可以想象多个只有“0”和“1”两个状态的电路器件组合在一起，并伴有进位功能就可以表示二进制数，于是便产生了用于计算机系统中的二进制系统。

② 采用二进制，用逻辑上的“1”和“0”表示电信号的高低电平，这一点不仅适应了数字电路的性质，同时使用逻辑代数作为数学工具，也为计算机的设计提供了方便，如图 2-1 所示。

③ 从运算操作的简便性上考虑，二进制也是最方便的一种计数制。对于十进制数人们必须背熟 10 个数字的两数相加和相乘规则，而二进制数只有两个数字（0 和 1），在进行算术运算时非常简便，相应的计算机电路也就简单了。

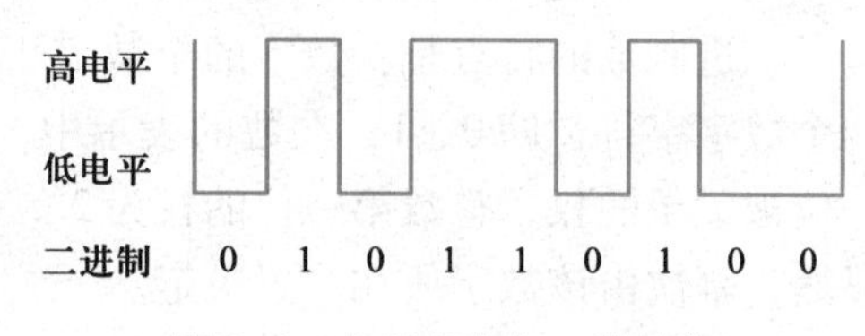

图 2-1 电平状态与二进制数

④ 计算机采用二进制数可以节省存储器件，可以从一个简单的推导中得到这样的结论：设 N 是数的位数，R 是数的基数，那么 R^N 就是这些位数所能表示的最大信息量。如 3 位十进制数 10^3 能表示 0 ~ 999 这 1 000 个数。为了实现这些稳定的状态所需要的器件数量正比于 NR，十进制数 10^3 需要的器件数量 $NR = 3 \times 10 = 30$，采用二进制同样表示 1 000 个数，则需要 10 位（$2^{10} = 1\ 024$），因此 $NR = 10 \times 2 = 20$。显然，采用二进制数表示比十进制数表示所需要的器件数量少。

2. 二进制算术运算

二进制算术运算与十进制运算类似，同样可以进行四则运算，其操作简单、直观，更容易实现。

二进制求和法则如下：

$0+0=0$

$0+1=1$

$1+0=1$

$1+1=10$（逢二进一）

二进制求差法则如下：

$0-0=0$

$1-0=1$

$0-1=1$（高位借一、借一当二）

$1-1=0$

二进制求积法则如下：

$0\times0=0$

$0\times1=0$

$1\times0=0$

$1\times1=1$

二进制求商法则如下：

$0\div0=0$

$0\div1=0$

$1\div0$（无意义）

$1\div1=1$

例如，在进行两数相加时，首先写出被加数和加数，与计算两个十进制数的加法相同，然后，按照由低位到高位的顺序，根据二进制求和法则把两个数逐位相加即可。

【例 2-1】求 11001101 +10011 的值。

解：

$$\begin{array}{r} 11001101 \\ +)\quad 10011 \\ \hline 11100000 \end{array}$$

结果：11001101 +10011 =11100000。

3. 二进制逻辑运算

逻辑是指“条件”与“结论”之间的关系，逻辑运算是针对“因果关系”进行分析的一种运算，运算结果不表示数值的大小，而是条件成立还是不成立的结果，称为逻辑量。

计算机中的逻辑关系是一种二值逻辑，二值逻辑用二进制的“0”与“1”表示非常容易。例如，“条件成立”与“不成立”、“真”与“假”、“是”与“否”等都可以用二进制的“0”与“1”表示。若干位二进制数组成的逻辑数据，位与位之间无“位权”的内在联系，对两个逻辑数据进行运算时，每位之间相互独立，运算是按位进行的，不存在算术运算中的进位与借位，运算结果也是逻辑数据。

逻辑代数是实现逻辑运算的数学工具，也称布尔代数。逻辑代数以逻辑变量为研究对象，与普通代数有许多相似之处，有一套运算规则，但与普通代数也有区别，逻辑代数演算的是逻辑关系，而普通代数演算的是数值关系。

逻辑代数有 3 种基本的逻辑关系：与、或、非。任何其他复杂的逻辑关系都可由这 3 种基本关系组合而成。

（1）逻辑“与”

做一件事情取决于多种条件，只有当所有条件都成立时才去做，否则，就不做，这种因果关系称为逻辑“与”。用来表达和推演逻辑“与”关系的运算称为“与”运算，在不同的软件中用不同的符号表示，如 AND、∧、∩等。

“与”运算规则如下：

$0 \wedge 0 = 0$

$0 \wedge 1 = 0$

$1 \wedge 0 = 0$

$1 \wedge 1 = 1$

【例 2-2】 设 $X = 10111010$，$Y = 11101011$，求 $X \wedge Y$ 的值。

解：

$$\begin{array}{r} 10111010 \\ \wedge)\ 11101011 \\ \hline 10101010 \end{array}$$

结果：$X \wedge Y = 10101010$。

（2）逻辑“或”

做一件事情取决于多种条件，只要其中有一个条件得到满足就去做，这种因果关系称为逻辑“或”。“或”运算通常用符号 OR、∨、∪等来表示。

“或”运算规则如下：

$0 \vee 0 = 0$

$0 \vee 1 = 1$

$1 \vee 0 = 1$

$1 \vee 1 = 1$

【例 2-3】 设 $X = 11011010$，$Y = 11101011$，求 $X \vee Y$ 的值。

解：

$$\begin{array}{r} 11011010 \\ \vee)\ 11101011 \\ \hline 11111011 \end{array}$$

结果：$X \vee Y = 11111011$。

（3）逻辑“非”

逻辑“非”是对一个条件值实现逻辑否定，即“求反”运算，“真”变“假”、“假”变“真”。表示逻辑“非”常在逻辑变量的上面加一横线，如“非”A 写成 $\overline{A}$。对某二进制数进行“非”运算，实际上就是对它的各位按位求反。

“非”运算规则如下：

$\overline{1} = 0$

$\overline{0} = 1$

逻辑值又称为真值，包括“真”（T）和“假”（F），或者用“1”和“0”表示。3 种基本逻辑关系真值表如表 2-1 所示。其中，符号“∧”表示“与”运算，符号“∨”表示“或”运算，符号“-”表示“非”运算。

表 2-1　逻辑运算真值表

a	b	a∧b	a∨b	$\bar{a}$
T	T	T	T	F
T	F	F	T	F
F	T	F	T	T
F	F	F	F	T

4. 二进制小数

在二进制数中带有小数点的数称为二进制小数，即用小数点左边的数字表示数值的整数部分，小数点右边的数字表示数值的小数部分，它们可以用类似前述的方式来说明，只不过每一位都被赋予了小数的权值。具体地说，小数点右面第一位权为$\frac{1}{2}$，第二位是$\frac{1}{4}$，第三位是$\frac{1}{8}$，后面的以此类推。注意，这只是前面所说明规则的延续，每一位的权都是它右面位的两倍。有了每一位的权，带有小数点的二进制数与不带小数点时一样操作，在表示中将每一位都与它对应的权相乘。例如，二进制形式 101.101 数的值为 $5\frac{5}{8}$，如表 2-2 所示。

表 2-2　二进制小数示例（101.101）

位　值	1	0	1	.	1	0	1
权值	4	2	1		$\frac{1}{2}$	$\frac{1}{4}$	$\frac{1}{8}$
十进制值	4	0	1		$\frac{1}{2}$	0	$\frac{1}{8}$
合计	二进制形式 101.101 数的值 $=4+1+\frac{1}{2}+\frac{1}{8}=5\frac{5}{8}$						

对于带小数的加法，十进制中的方法同样适用于二进制，即两个带小数点的二进制数相加，只要将小数点对齐，按十进制加法同样的步骤进行即可。

【例 2-4】 求 1001.011 + 10011.01 的值。

解：

```
    1001.011
+) 10011.01
-----------
   11100.101
```

结果：1001.011 + 10011.01 = 11100.101。

2.1.3 数制间转换

将数由一种数制转换成另一种数制称为数制间的转换。由于计算机采用二进制，而在日常生活或数学中人们习惯使用十进制，所以在使用计算机进行数据处理时就必须把输入的十进制数转换成计算机所能接受的二进制数，计算机在运行结束后，再把二进制数转换为人们所习惯的十进制数输出。

1. 十进制数转换成非十进制数

将十进制数转换成非十进制数需要将整数部分和小数部分分别进行。

（1）十进制整数转换成非十进制整数

十进制整数化为非十进制整数采用“余数法”，即除基数取余数。把十进制整数逐次用相应进制数的基数去除，直到商是 0 为止，然后将所得到的余数由下而上排列即可。

微视频 2-1
十进制整数转换二进制整数

【例 2-5】 把十进制整数 75 转换成二进制数。

设 $$(75)_{10}=(K_nK_{n-1}K_{n-2}\cdots K_1K_0)_2$$

现在的任务是要确定 $K_nK_{n-1}K_{n-2}\cdots K_1K_0$ 的值。按照二进制的定义，上式可以写成

$$(75)_{10}=(K_n2^n+K_{n-1}2^{n-1}+K_{n-2}2^{n-2}+\cdots+K_12+K_0)$$
$$=2(K_n2^{n-1}+K_{n-1}2^{n-2}+K_{n-2}2^{n-3}+\cdots+K_22+K_1)+K_0$$

上式两边同除以 2 得到

$$75/2=(K_n2^{n-1}+K_{n-1}2^{n-2}+K_{n-2}2^{n-3}+\cdots+K_22+K_1)+K_0/2$$

该式表明 K_0 是 75/2 的余数，故 $K_0=1$。

此式又可以写成

$$(75-1)/2=37=2(K_n2^{n-2}+K_{n-1}2^{n-3}+K_{n-2}2^{n-4}+\cdots+K_32+K_2)+K_1$$

同理可以求得 $K_1=1$。如此进行下去求得所有的 K_n。该方法就是所谓的“余数法”，如表 2-3 所示。

表 2-3 余数法示例

求解步骤	算术表达式	被除数（商）	除数（基数）	余数	K_n
第 1 步	75/2 = 37	75	2	1	K_0
第 2 步	37/2 = 18	37	2	1	K_1
第 3 步	18/2 = 9	18	2	0	K_2
第 4 步	9/2 = 4	9	2	1	K_3
第 5 步	4/2 = 2	4	2	0	K_4
第 6 步	2/2 = 1	2	2	0	K_5
第 7 步	1/2 = 0	1	2	1	K_6
结果：$(75)_{10}=(K_6K_5K_4K_3K_2K_1K_0)_2=(1001011)_2$					

（2）十进制小数转换成非十进制小数

十进制小数转换成非十进制小数采用“进位法”，即乘基数取整数。也就是把十进制小数不断用相应进制的基数去乘，直到小数的当前值等于 0 或满足所要求的精度为止，最后将所得到的乘积的整数部分由上而下排列。

微视频 2-2
十进制小数转换为二进制小数

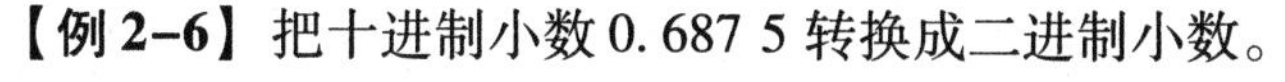

【例 2-6】把十进制小数 0.687 5 转换成二进制小数。

设
$$(0.6875)_{10}=(0.K_{-1}K_{-2}K_{-3}\cdots K_{-m})_2$$

现在的任务是要确定 $K_{-1}K_{-2}K_{-3}\cdots K_{-m}$ 的值。按照二进制的定义，上式可以写成：

$$(0.6875)_{10}=K_{-1}2^{-1}+K_{-2}2^{-2}+\cdots+K_{-m}2^{-m}$$

将上式两边同乘以 2 得到：

$$1.375=K_{-1}+(K_{-2}2^{-1}+K_{-3}2^{-2}+\cdots+K_{-m}2^{-m+1})$$

该式中右边括号内的数是小于 1 的，也就是小数点后面的数。这样

$$K_{-1}=1$$
$$0.375=(K_{-2}2^{-1}+K_{-3}2^{-2}+\cdots+K_{-m}2^{-m+1})$$

同样将上式两边同乘以 2 得到：

$$0.75=K_{-2}+(K_{-3}2^{-1}+K_{-4}2^{-2}+\cdots+K_{-m}2^{-m+2})$$

这样又可以得到：

$$K_{-2}=0$$
$$0.75=(K_{-3}2^{-1}+K_{-4}2^{-2}+\cdots+K_{-m}2^{-m+2})$$

如此进行下去求得所有的 K_{-m}。这就是十进制小数转换成非十进制小数的“进位法”，如表 2-4 所示。

表 2-4　进位法示例（一）

求解步骤	算术表达式	基数	整数	K_{-m}
第 1 步	$0.6875\times2=1.3750$	2	1	K_{-1}
第 2 步	$0.3750\times2=0.7500$	2	0	K_{-2}
第 3 步	$0.7500\times2=1.5000$	2	1	K_{-3}
第 4 步	$0.500\times2=1.0000$	2	1	K_{-4}
结果：$(0.6875)_{10}=(0.K_{-1}K_{-2}K_{-3}K_{-4})_2=(0.1011)_2$				

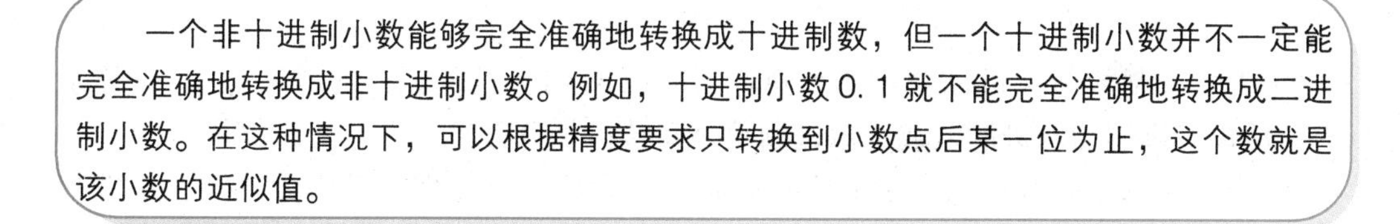

一个非十进制小数能够完全准确地转换成十进制数，但一个十进制小数并不一定能完全准确地转换成非十进制小数。例如，十进制小数 0.1 就不能完全准确地转换成二进制小数。在这种情况下，可以根据精度要求只转换到小数点后某一位为止，这个数就是该小数的近似值。

【例 2-7】将十进制小数 0.32 转换成二进制小数，取小数点后 4 位，如表 2-5 所示。

表 2-5 进位法示例（二）

求解步骤	算术表达式	基 数	整 数	K_{-m}
第 1 步	$0.32\times2=0.64$	2	0	K_{-1}
第 2 步	$0.64\times2=1.28$	2	1	K_{-2}
第 3 步	$0.28\times2=0.56$	2	0	K_{-3}
第 4 步	$0.56\times2=1.12$	2	1	K_{-4}
结果：$(0.32)_{10}\approx(0.K_{-1}K_{-2}K_{-3}K_{-4})_2=(0.0101)_2$				

在进行转换时，如果一个数既有整数部分，又有小数部分，应将整数部分和小数部分分别进行转换，然后再组合起来。

【例 2-8】将十进制数 317.32 转换成二进制数。

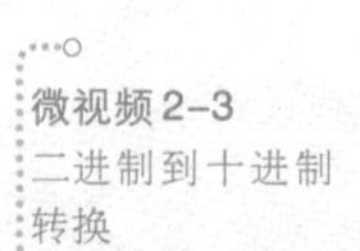

解：
$$(317)_{10}=(100111101)_2$$
$$(0.32)_{10}=(0.0101)_2$$

结果：$(317.32)_{10}=(100111101.0101)_2$

2. 非十进制数转换成十进制数

非十进制数转换成十进制数采用“位权法”，即把各非十进制数按权展开，然后求和。转换方式可以用如下公式表示：

$$(F)_{10}=a_1\times x^{n-1}+a_2\times x^{n-2}+\cdots+a_{m-1}\times x^1+a_m\times x^0+a_{m+1}\times x^{-1}+\cdots\cdots$$

式中：a_1、a_2、…、a_{m-1}、a_m、a_{m+1} 为各项的系数；x 为基数；n 为项数。

微视频 2-4
非十进制到十进制转换

【例 2-9】将二进制数 1001110.11 转换成十进制数。

解：
$$(1001110.11)_2=1\times2^6+0\times2^5+0\times2^4+1\times2^3+1\times2^2+1\times2^1+0\times2^0+1\times2^{-1}+1\times2^{-2}=64+0+0+8+4+2+0+0.5+0.25=(78.75)_{10}$$

【例 2-10】将八进制数 1075 转换成十进制数。

解：
$$(1075)_8=1\times8^3+0\times8^2+7\times8^1+5\times8^0=512+0+56+5=(573)_{10}$$

微视频 2-5
二进制到八进制转换

3. 二进制数与八、十六进制数之间的转换

由于二进制数与八进制数和十六进制数正好有倍数的关系，（2^3 等于 8、2^4 等于 16），所以二进制与八进制数或十六进制数之间转换十分方便。

因为 3 位二进制数可以表示 1 位八进制的最大数，所以把二进制数转换为八进制数时，按“3 位并 1 位”的方法进行。也就是说，以小数点为界，将整数部分从右向左每 3 位一组，最高一组不足 3 位时，在最左端添 0 补足 3 位；小数部分从左向右，每 3 位一组，最低一组不足 3 位时，在最右端添 0 补足 3 位。然后，将各组的 3 位二进制数按 2^2、2^1、2^0 权展开后相加，得到 1 位八进制数。反之，在将八进制数转换成二进制数时，只要把每位八进制数用对应的 3 位二进制数展开表示即可，即“1 位拆 3 位”。

【例 2-11】 将二进制数 101111010111. 01111 转换成八进制数。

微视频 2-6
八进制到二进制转换

解：

101	111	010	111	.	011	110（最低位添0）
↓	↓	↓	↓		↓	↓
5	7	2	7	.	3	6

结果：$(101\ 111\ 010\ 111\ .011\ 11)_2 = (5727.36)_8$

同理，4 位二进制数可以表示 1 位十六进制的最大数，所以把二进制数转换为十六进制数时，按“4 位并 1 位”的方法进行。反之，将十六进制数转换成二进制数时，只要把每位十六进制数用对应的 4 位二进制数展开表示即可，即“1 位拆 4 位”。

【例 2-12】 将十六进制数 60ED. 5A6 转换为二进制数。

解：

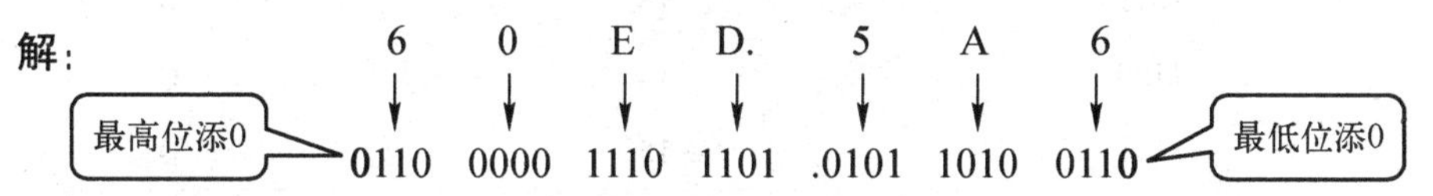

结果：$(60ED.5A6)_{16} = (110\ 00001110\ 1101.0101\ 1010\ 011)_2$

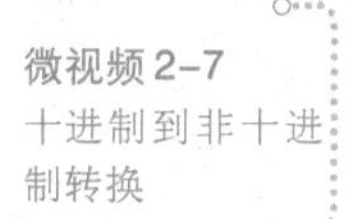

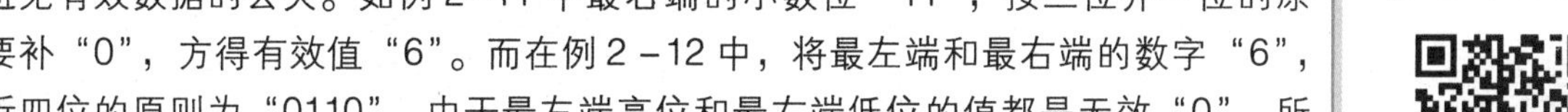

由八进制或十六进制转换为二进制时，如果高位或低位不足位数时需要添“0”补齐，以避免有效数据的丢失。如例 2-11 中最右端的小数位“11”，按三位并一位的原则，需要补“0”，方得有效值“6”。而在例 2-12 中，将最左端和最右端的数字“6”，按一位拆四位的原则为“0110”，由于最左端高位和最右端低位的值都是无效“0”，所以结果中就可以省略。

4. 常用数制的对应关系

（1）常用数制的基数和数字符号

常用数制的基数和数字符号如表 2-6 所示。

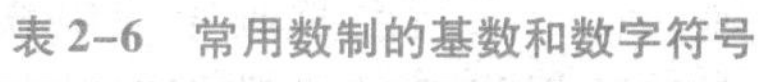

表 2-6 常用数制的基数和数字符号

	十 进 制	二 进 制	八 进 制	十 六 进 制
基数	10	2	8	16
数字符号	0 ~ 9	0, 1	0 ~ 7	0 ~ 9, A, B, C, D, E, F

（2）常用数制的对应关系

常用数制的对应关系如表 2-7 所示。

表 2-7 常用数制对应关系

十 进 制	二 进 制	八 进 制	十六进制
0	0	0	0
1	1	1	1
2	10	2	2
3	11	3	3
4	100	4	4
5	101	5	5
6	110	6	6
7	111	7	7
8	1000	10	8
9	1001	11	9
10	1010	12	A
11	1011	13	B
12	1100	14	C
13	1101	15	D
14	1110	16	E
15	1111	17	F
16	10000	20	10

2.2 数据存储的组织方式

早期研制计算机的目的主要是用于科学计算，而计算机发展到今天，它已经不再仅仅是一台简单用于计算的机器了，其应用范围已扩展到各行各业，已经成为帮助教师、设计师、音乐家甚至是画家或电视节目制作人等完成一系列工作的有效工具。尤其是面对数据为王的大数据时代，研究热点从计算速度转向为大数据处理能力，问题求解的核心是以数据处理为中心。显然，计算机所处理的数据包含了生活中的方方面面。但不论是哪一种类型的数据，在进行数据处理时，这些数据在计算机中都是以二进制方式存储的。一串二进制数既可表示数字量，也可表示一个字符、汉字、图形图像或其他内容。每串二进制数代表的数据不同，含义也不同。那么，在进行数据处理时，计算机的存储设备是如何存储这些数据的呢？

2.2.1 数据单位

1. 位

位（bit）是计算机存储设备的最小单位，简写为“b”，音译为“比特”，表示二进制中的1位。一个二进制位只能表示2^0种状态，即只能存放二进制数“0”或“1”。

2. 字节

字节（Byte）是计算机用于描述存储容量和传输容量的一种计量单位，即以字节为单位解释信息，简写为“B”，音译为“拜特”。8个二进制位编为一组称为一个字节，即1 B＝8 b。通常所说的某台计算机的内存容量是128 MB，则表示该机的主存容量为128兆字节，简写成128 MB，也就是说有128兆个存储单元，每个单元包含8位二进制数。在计算机内部，数据传送也按字节的倍数进行。

通常，一个ASCII码字符占1个字节；一个汉字占2个字节；一个整型数占2个字节；一个实型数占4个字节，组成浮点形式存放在计算机的存储设备中。

3. 字长

一般说来，CPU一次处理的二进制数称为一个计算机的“字”，而这组二进制数的位数就是“字长”。字长与计算机的功能和用途有很大的关系，直接反映了一台计算机的计算精度。对计算机硬件来说，字是CPU与I/O设备和存储器之间传送数据的基本单位，字长是数据总线的宽度，即数据总线一次可同时传送数据的位数。不同类型的计算机，其字长是不同的，且总是8的整数倍。常用的字长有8位、16位、32位和64位等，也就是常说的8位机、16位机、32位机……。字长是衡量计算机性能的一个重要指标，例如，8位的CPU一次只能处理一个字节，32位的CPU一次可以处理4个字节。显然，字长越长，一次处理的数字位数越多，速度也就越快。

现在计算机的CPU大多是64位，但多数都以32位字长运行，都没能发挥字长的优越性，其原因就是它必须与软件（如64位的操作系统等）相辅相成。也就是说，字长受软件系统的制约。例如，在32位软件系统中，即便是64位字长的CPU，也只能当32位用。

通常，一个字节的每一位自右向左依次编号。例如，对于16位机，各位依次编号为$b_0 \sim b_{15}$；对于32位机，各位依次编号为$b_0 \sim b_{31}$。

位、字节和字长之间的关系如图2-2所示。

图2-2　位、字节和字长示意

2.2.2 存储设备结构

用来存储数据的设备称为计算机的存储设备，主要包括内存、硬盘、光盘及 U 盘等。不论是哪一种设备，存储设备的最小单位是“位”，存储数据的基本单位是“字节”，也就是说按字节组织存放数据。

1. 存储单元

在计算机中，当一个数据作为一个整体存入或取出时，这个数据存放在一个或几个字节中。物理存储单元的特点是：只有往存储单元送新数据时，该存储单元的内容才会用新值代替旧值，否则，永远保持原有数据。

2. 存储容量

存储容量是指某个存储设备所能容纳的二进制数据量的总和，是衡量计算机存储能力的重要指标，通常用字节来计算和表示，常用的单位有 B、KB、MB、GB、TB 等。

内存容量是指为计算机系统所配置的主存（RAM）总字节数，如 128 MB、1 GB 等。外存多以硬盘、光盘和 U 盘为主，每个设备所能容纳的数据量的总字节数称为外存容量，如 800 MB、80 GB。

目前，高档微机的内存容量已从几百 MB 发展到 GB，外存容量已从几百 GB 发展到 TB，甚至更大。从某种意义上讲，外存容量是无限的，即用户可根据需要购买任意外存设备。常用存储单位之间的换算对应关系如表 2-8 所示。

表 2-8 存储单位换算关系

单 位	对应关系	数 量 级	备 注
b（bit：位）	1 b = 一个二进制位	1 b = 2^0（10^0）	“0”或“1”
B（Byte：字节）	1 B = 8 b	1 B = 2^3	
KB（千字节）	1 KB = 1 024 B	1 K = 2^{10}（10^3）	
MB（兆字节）	1 MB = 1 024 KB	1M = 2^{20}（10^6）	
GB（吉字节）	1 GB = 1 024 MB	1 G = 2^{30}（10^9）	超大规模
TB（太字节）	1 TB = 1 024 GB	1 T = 2^{40}（10^{12}）	海量数据
PB（拍字节）	1PB = 1 024 TB	1P = 2^{50}（10^{15}）	大数据
……	……	……	……

2.2.3 编址与地址

1. 基本概念

每个存储设备都是由一系列存储单元组成的，为了对存储设备进行有效的管理，区别存储设备中的存储单元，就需要对各个存储单元编号。这些都是由操作系统完成的，其中对计算机存储单元编号的过程称为“编址”，用于组织管理存储设备；而存储单元的编号称为地址，用于数据访问，即通过地址访问存储单元中的数据。这就如同家居楼房，通过房间的门牌号码来区分每个住户单元，其门牌号码就称为楼房的地址。

2. 地址表示

在计算机系统中，地址也是用二进制编码且以字节为单位表示的，为便于识别与应用，通常用十六进制表示。地址号与存储单元是一一对应的，CPU 通过存储单元地址访问存储单元中的数据，地址所对应的存储单元中的信息是 CPU 操作的对象，即数据或指令本身。其存储体结构与地址的表示如图 2-3 所示。

图 2-3　存储体结构与地址表示

2.3　数值在计算机中的表示

在日常生活中经常会遇到数值计算问题，如实发工资、医药费、水电费、学费等，其计算结果为一个确切的数值，而且有正、负值之分。这些数值在数学上，通常用符号“+”表示正值、用符号“-”表示负值，放在数值的最左边，且当数值为正值时，可以省略“+”号。有时，还会遇到带有小数点的数。那么这些数在计算机中，又是如何表示的呢？

2.3.1　机器数与真值

1. 数据类型

在计算机中处理的数据分为数值型和非数值型两类，数值型数据是指数学中的代数值，具有量的含义，如，552、-123.55 或 $\frac{2}{5}$ 等；非数值型数据是指输入到计算机中的所有其他信息，没有量的含义，如作为职工编号的数字 0~9、大写字母 A~Z 或小写字母 a~z、汉字、图形图像、声音及其一切可印刷的符号 +、-、!、#、%、》等。

然而，由于计算机采用二进制，所以这些数据信息在计算机内部都必须以二进制编码的形式表示。也就是说，一切输入到计算机中的数据都是由 0 和 1 两个数字组合而成，包括数学中的“+”和“-”符号在计算机中也要由 0 和 1 来表示，即数学符号数字化。

2. 机器数与真值

在数学中，将“+”或“-”符号放在数的绝对值之前来区分该数是正数还是负数，而在计算机内部却使用符号位，用二进制数字“0”表示正数，用二进制数字“1”表示负数，放在数的最左边。这种把符号数值化了的数称为机器数，而把原来的数值称为机器数的真值。

通常，机器数按字节的倍数存放。例如，求十进制数字“+3”与“-3”的机器数。

因为：$(3)_{10}=(11)_2$

假如用一个字节表示，其存储格式如图 2-4 所示。

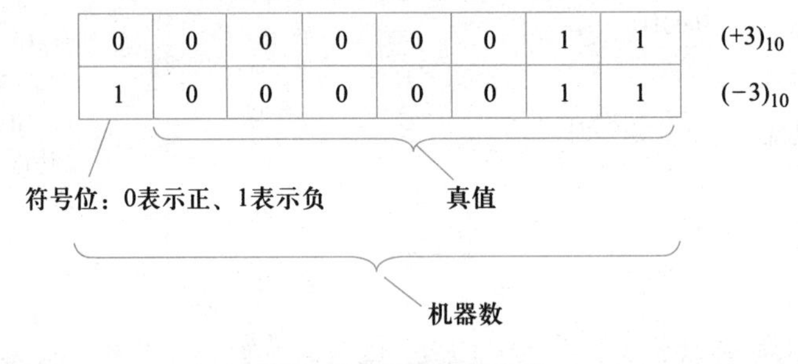

图 2-4　机器数与真值

2.3.2　数的原码、反码和补码

在计算机中，对有符号的机器数通常用原码、反码和补码 3 种方式表示，其主要目的是解决减法运算。任何正数的原码、反码和补码的形式完全相同，负数则各自有不同的表示形式。

1. 原码

正数的符号位用 0 表示，负数的符号位用 1 表示，有效值部分用二进制绝对值表示，这种表示称为原码表示。显然，原码表示与机器数表示形式一致。这种数的表示方法对 0 会出现两种表示方法，即正的 0（0 0…00）和负的 0（10 …00）。

例如：

$$X=(+77)_{10}$$

$$Y=(-77)_{10}$$

因为：

$$(77)_{10}=(1001101)_2$$

则：

$$(X)_{原}=0\quad 1001\,101$$

$$(Y)_{原}=\underline{1}\quad \underline{1001\,101}$$

符号位　数值

用 4 位（bit）二进制，可以表示的原码正/负数如下所示：

-7	1	1	1	1
-6	1	1	1	0
-5	1	1	0	1
-4	1	1	0	0
-3	1	0	1	1
-2	1	0	1	0
-1	1	0	0	1
-0	1	0	0	0
+0	0	0	0	0
+1	0	0	0	1
+2	0	0	1	0
+3	0	0	1	1
+4	0	1	0	0
+5	0	1	0	1
+6	0	1	1	0
+7	0	1	1	1

用原码表示一个数简单、直观，与真值之间转换方便。但不能用它直接对两个同号数相减或两个异号数相加，否则会导致计算结果错误。例如，将十进制数“+36”与“-45”的两个原码直接相加，其结果为多少？

首先，从数学上，可以直接得出计算结果应为“-9”，但转换为原码并直接相加，其结果却是“-81”，显然不正确。

求解过程如下。

因为：

$$X=+36(X)_{原}=00100100$$
$$Y=-45(Y)_{原}=10101101$$

所以：

$$\begin{array}{r} 00100100 \\ +)\ 10101101 \\ \hline 11010001 \end{array}$$

其结果符号位为“1”表示是负数，真值为“1010001”，等于十进制数“-81”，由此可见这种方法是不正确的。

为了使在原码情况下运算能得到正确结果，还需要附加一些必要的操作，这便使得原码运算变得复杂。因此，为解决此问题及运算方便，在计算机中通常将减法运算转换为加法运算，即减去一个数变成加上一个负数，由此引入了反码和补码的概念。

2. 反码

正数的反码是其原码本身，而负数的反码是对原码除符号位外各位取反，即“0”

变“1”、“1”变“0”。为此，数值“0”的反码会出现两种表示，即正的0（0 0…00）和负的0（1 1…11）。反码通常作为求补过程的中间值，通过反码可以简单地得到补码表示形式。

【例 2-13】 求十进制数“+39”与“-39”的反码。

因为：$(39)_{10}=(100111)_2$

若用1个字节表示，则“+39”与“-39”的反码为：

$$X=(+39)_{10}=>(X)_{原}=(X)_{反}=00100111$$

$$Y=(-39)_{10}=>(Y)_{原}=10100111=>(Y)_{反}=11011000$$

用4位（bit）二进制，可以表示的反码正/负数如下所示：

-7	1	0	0	0
-6	1	0	0	1
-5	1	0	1	0
-4	1	0	1	1
-3	1	1	0	0
-2	1	1	0	1
-1	1	1	1	0
-0	1	1	1	1
+0	0	0	0	0
+1	0	0	0	1
+2	0	0	1	0
+3	0	0	1	1
+4	0	1	0	0
+5	0	1	0	1
+6	0	1	1	0
+7	0	1	1	1

通过上述例子可知，正数的反码和原码相同，负数的反码是对该数的原码除符号位外各位取反，即“0”变“1”，“1”变“0”。

可以验证，任何一个数的反码的反码即是原码本身。

3. 补码

在介绍补码之前，先看一个生活中经常使用钟表的例子。如果现在的时间是下午5点整，可钟表指向下午9点整，为此需要校准钟表时间。校准的方法有两种，一是将时针倒退（逆时针）4个格；另一个是将时针前进（顺时针）8个格，都可以使时针指到下午5的位置。显然，倒退4个格（减4）和前进8个格（加8）是等价的，即8是（-4）对12的补数。在数学上常表示为：

$$-4\equiv +8 \pmod{12}$$

mod 12 表示是以 12 为模，该式在数学上称为同余式。

设 n 为自然数，如果两个整数 a 和 b 之差能被 n 整除，则 a 和 b 对模 n 同余，记作：$a \equiv b \pmod{n}$。而这种表示同余关系的数学表达式称为同余式。

从钟表例子和同余式的概念可知：对一确定的模，某一个数减去小于模的一个数，可以用加上该数的负数与其模之和（补数）来代替。即：

$$9-4 \equiv 5 \quad (\text{mod } 12)$$

$$9+8=17 \equiv 5 \quad (\text{mod } 12)$$

所以，可以通过反码加 1 得到补码，在此情况下没有正 0 和负 0 的区别，即补码“0”的表示只有一种形式。

【例 2-14】 求十进制数“-5”的补码。

因为：

$$(5)_{10}=(101)_2$$

若用 1 个字节表示，则“-5”的反码为：

$$X=(-5)_{10} => (X)_{原}=1\ 0000101 => (X)_{反}=1\ 1111010$$

再根据“反码加 1”得到补码。

所以：

$$X=(-5)_{10} => (X)_{原}=1\ 0000101 => (X)_{反}=1\ 1111010 \quad => (X)_{补}=1\ 1111011$$

4 位（bit）二进制，可以表示的补码正/负数如下所示：

-8	1	0	0	0
-7	1	0	0	1
-6	1	0	1	0
-5	1	0	1	1
-4	1	1	0	0
-3	1	1	0	1
-2	1	1	1	0
-1	1	1	1	1
0	0	0	0	0
+1	0	0	0	1
+2	0	0	1	0
+3	0	0	1	1
+4	0	1	0	0
+5	0	1	0	1
+6	0	1	1	0
+7	0	1	1	1

通过上述例子可知，正数的补码和原码相同，负数的补码是其反码加 1。

引入补码的概念之后，所有的减法运算都可以用加法来实现，并且两数的补码之“和”等于两数“和”的补码，从而解决了上述直接对两个同号数相减或两个异号数相加而导致的计算错误。因此，在计算机中，加减法基本上都是采用补码进行运算。

【例 2-15】将计算十进制数“36”与“45”的差，转换成计算“36”与“-45”的和，其中“36”与“-45”都用补码表示，即 36-45=36+（-45）。求解过程如下。

因为：　　$(36)_{10}=(100100)_2$　$(45)_{10}=(101101)_2$

则：　　$X=(36)_{10} => (X)_{原}=(X)_{反}=(X)_{补}=0\ 0100100$

$Y=(-45)_{10} => (Y)_{原}=1\ 0101101 => (Y)_{反}=1\ 1010010 => (Y)_{补}=1\ 1010011$

再将两个补码相加，即

$$(X)_{补}+(Y)_{补}=0\ 0100100+1\ 1010011=(1\ 1110111)_{补}$$

运算示意如下：

$$\begin{array}{r} 0\ 0\ 1\ 0\ 0\ 1\ 0\ 0 \\ +)\ 1\ 1\ 0\ 1\ 0\ 0\ 1\ 1 \\ \hline 1\ 1\ 1\ 1\ 0\ 1\ 1\ 1 \end{array}$$

因为符号位为“1”，表示结果为负数，而且是补码表示，对它再进行一次求补运算就得到结果的原码表示，即：

$$(11110111)_{补} => (10001000)_{反} => (10001001)_{原} => (-9)_{10}$$

从数学上 36 与 45 的差等于 -9，所以结果正确。

由此可以看出，在计算机中加减法运算都可以统一转换成补码的加法运算，其符号位也参与运算，这是十分方便的。

4. 机器数的取值范围

通常，根据机器数所占字节数决定数值的取值范围。例如，用一个字节存放的机器数，其取值范围为：1 0000000～0 1111111，即十进制数的 -128～127（-2^7～2^7-1）。

这里，$(10000000)_{补}=(-128)_{10}$，$(01111111)_{补}=(127)_{10}$。

因为，在补码中用“-128”代替了“-0”，所以补码表示范围为“-128～127”共 256 个值。

所以，$(00000000)_{补}$表示 0；$(10000000)_{补}$表示的是 -128，即 10000000 取反后为 11111111，再加一就变成了 10000000（进位溢出），也就是 128，再添负号就是 -128。

2.3.3　定点数与浮点数

在实际生活中的数值除了有正、负数之外还有带小数的数值，当所要处理的数值含有小数部分时，计算机不仅要解决数值的表示，还要解决数值中小数点的表示问题。在计算机系统中，不是采用某个二进制位来表示小数点，而是用隐含规定小数点位置的方式来表示。同时，根据小数点的位置是否固定，数的表示方法可分为定点数和浮点数两种类型。

1. 定点数

（1）基本概念

小数点固定的数称为定点数，分为定点整数（纯整数）和定点小数（纯小数）。

定点整数是将小数点位置固定在数值的最右端，定点小数是将小数点位置固定在有效数值的最左端，即符号位之后。

由此可见，定点整数和定点小数在计算机中的表示形式没有什么区别，小数点完全靠事先约定而隐含在不同位置，如图 2-5 所示。

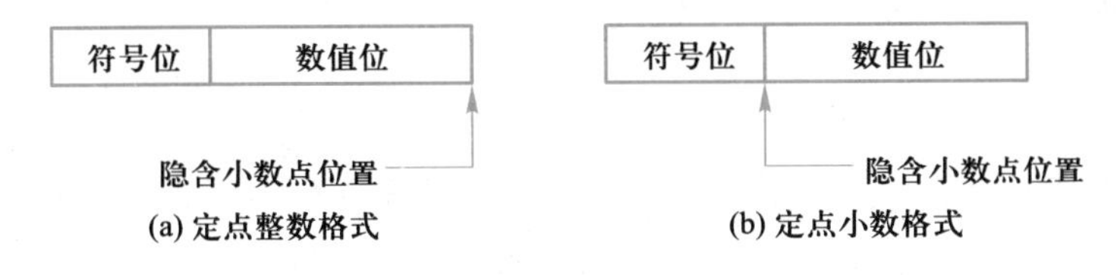

图 2-5　定点数格式

（2）定点数可表示的数值范围

定点数可以表示的数值范围如表 2-9 所示。

表 2-9　定点数可表示的数值范围

码　制	定点整数		定点小数		备　注
	最大数	最小数	最大数	最小数	
原码	2^n-1	$-(2^n-1)$	$1-2^{-n}$	$-(1-2^{-n})$	式中 n 不包括小数点或符号位
补码	2^n-1	-2^n	$1-2^{-n}$	-1	

假定用两个字节表示定点小数，且左端高位为符号位，则：

原码取值范围为：$\underbrace{0\ 111111111111111}_{2^{-1}+2^{-2}+\cdots+2^{-15}=1-2^{-15}} \sim \underbrace{1\ 111111111111111}_{-(1-2^{-15})}$

补码取值范围为：$\underbrace{0\ 111111111111111}_{1-2^{-15}} \sim \underbrace{1\ 000000000000000}_{-1}$

由于计算机中的初始数值、中间结果或最后结果可能在很大范围内变动，如果仅用定点整数或定点小数表示数值，则运算结果不仅容易溢出，即超出计算机所能表示的数值范围，而且还容易丢失精度。尤其是遇到很大或很小的数时，更难表示和运算，由此引出了浮点数。采用浮点数不仅可以解决数据溢出、丢失精度等问题，还可以解决很大或很小的数值运算问题。

2. 浮点数

浮点数是指小数点位置不固定的数，它既有整数部分又有小数部分，其最大的特点是比定点数表示的数值范围大。

通常，在计算机中把浮点数分成阶码（也称为指数）和尾数两部分来表示，其中阶码用二进制定点整数表示，尾数用二进制定点小数表示，阶码的长度决定数的范围，尾数的长度决定数的精度。为保证不损失有效数字，通常还对尾数进行规格化处理，即保证尾数的最高位为 1，实际数值通过阶码进行调整。

浮点数的格式多种多样，例如，用 4 个字节表示浮点数，阶码部分为 8 位补码定点整数，尾数部分为 24 位补码定点小数。

【例 2-16】求二进制数“+110111”的浮点表示。

首先，通过规格化把二进制数“+110111”化简成“$2^6 \times 0.110111$”，则阶码为6（二进制定点整数“+110”），尾数为“+0.110111”，其浮点数表示形式如图2-6所示。

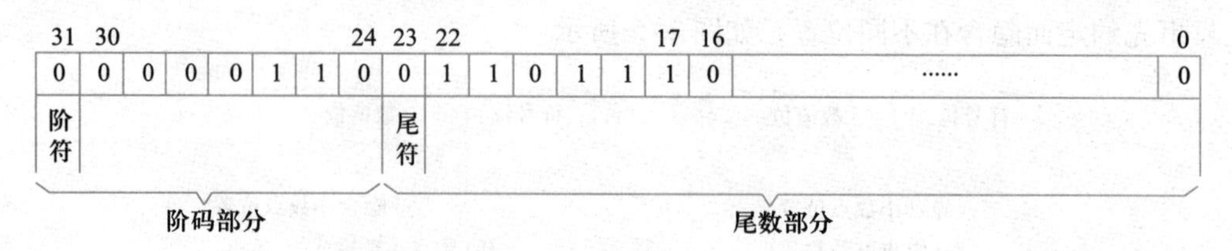

图2-6　浮点数存储示例

2.4　信息编码

提起“编码”，人们并不会感到陌生，马上就会联想到“身份证号、职工编号、学生学号、图书编号、汽车编号、电话号码”等，这些编码都是由一系列数字组成，且不同类型的号码长度、数值范围、编码规则都是不一样的。尽管这些号码基本上都是由一系列数字组成，但却没有数值的含义，仅仅代表了一个具体身份。那么，对这些编号的组织编排是否需要按一定的方式或条件进行呢？本节将解决这些问题。

2.4.1　认识编码

1. 何谓编码

首先，通过身份证号来了解一下编码。我国的身份证号代表中华人民共和国国籍的公民身份，一般有15位和18位两种编码，如图2-7所示。

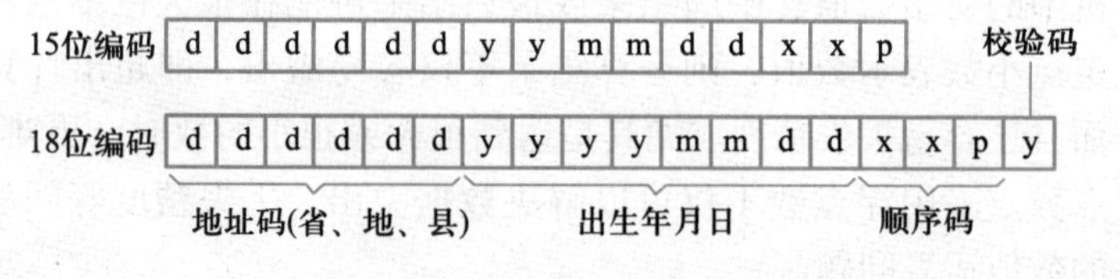

图2-7　身份证号码编码示意

其中，15位和18位编码中的地址码是不相同，这与各省、市、地、县结构有关，如北京地区没有县级，直属市级；在15位编码中，6位出生年月日的年份只有两位，丢弃了年份的前两位，而在18位编码中增加了这两位；xxp为顺序码，表示在同一地址码所标识的区域范围内对同年、同月、同日出生的人编定的顺序号，顺序码的奇数分配给男性，偶数分配给女性；18位中末尾的y为校验码，其值取决于校验结果，方法是将前17位的ASCII码值经位移、异或算法等计算，当运算结果不在“0~9”范围内时，其值表示为“x”、否则为“0~9”中的值。例如，身份证号为“ddddddyyyymmdd601x”或为“ddddddyyyymmdd6026”。

通过上述例子，可以理解编码的基本概念和含义，还可以进一步了解编码中每一项的分类与取值来源，包括地址码为何有 6 位，6 位地址码中每位的含义是什么。例如，“110105”代表北京市朝阳区、“110108”代表北京市海淀区等，这些都是根据需要事先约定好的编码规则。

2. 计算机编码

计算机是以二进制方式组织、存放信息的，计算机编码就是指对输入到计算机中的各种数值和非数值型数据用二进制数进行编码的方式。对于不同机器、不同类型的数据其编码方式是不同的，编码的方法也很多。为了使信息的表示、交换、存储或加工处理方便，在计算机系统中通常采用统一的编码方式，因此制定了编码的国家标准或国际标准，如位数不等的二进制码、BCD 码、ASCII 码、汉字编码、图形图像编码等。计算机使用这些编码在计算机内部和外部设备之间以及计算机之间进行信息交换。

2.4.2　二 – 十进制编码

1. 何谓二 – 十进制编码

在计算机中，为了适应人们的日常习惯，采用十进制数方式对数值进行输入和输出。这样，在计算机中就要将十进制数变换为二进制数，即用 0 和 1 的不同组合来表示十进制数。将十进制数变换为二进制数的方法很多，但是不管采用哪种方法的编码，统称为二 – 十进制编码，即 BCD（Binary Coded Decimal）码。

2. 二 – 十进制编码规则

在二 – 十进制编码中，最常用的是 8421 码。它采用 4 位二进制编码表示 1 位十进制数，其中 4 位二进制数中由高位到低位的每一位权值分别是：2^3、2^2、2^1、2^0，即 8、4、2、1。

BCD 码比较直观，只要熟悉 4 位二进制编码表示 1 位十进制数，可以很容易实现十进制与 BCD 码之间的转换。BCD 码在形式上是 0 和 1 组成的二进制形式，而实际上它表示的是十进制数，只不过是每位十进制数用 4 位二进制编码表示而已，运算规则和数制都是十进制。

例如，十进制数 3259 的 8421 码可表示为 0011001001011001，计算过程如表 2–10 所示。

表 2–10　8421 编码示例

十进制数	3				2				5				9			
二 – 十进制编码（8421 码）	0	0	1	1	0	0	1	0	0	1	0	1	1	0	0	1
位权	2^3	2^2	2^1	2^0	2^3	2^2	2^1	2^0	2^3	2^2	2^1	2^0	2^3	2^2	2^1	2^0

又如 $(0101\ 1001\ 0000.0110\ 1001)_{BCD}$，它所对应的十进制数是 590.69。

BCD 码与二进制之间的转换不是直接进行的，要先经过十进制，即将 BCD 码先转换成十进制，然后再转换成二进制；反之亦然。

2.4.3 字符编码

1. 何谓字符编码

字符编码是指对一切输入到计算机中的字符进行二进制编码的方式。由于字符是计算机中使用最多的非数值型数据，是人与计算机进行通信、交互的重要信息，国际上广泛采用的是美国信息交换标准码，即 ASCII（American Standard Code for Information Interchange）码。

2. ASCII 码类型

ASCII 码有 7 位码和 8 位码两种形式。7 位 ASCII 码是用 7 位二进制数进行编码，可以表示 128 个字符。因为，1 位二进制数可以表示两种状态，即 0 或 1（$2^1=2$）；2 位二进制数可以表示 4 种状态，即 00、01、10、11($2^2=4$)；以此类推，7 位二进制数可以表示 128 种状态（$2^7=128$）。每种状态都唯一对应一个 7 位的二进制码，这些码可以排列成一个十进制序号，即从 0～127。

ASCII 码的 128 个符号是这样分配的：0～32 及 127（共 34 个）为控制字符，主要用于换行、回车等功能字符；33～126（共 94 个）为字符，其中 48～57 为 0～9 十个数字符号，65～90 为 26 个英文大写字母，97～122 为 26 个英文小写字母，其余为一些标点符号、运算符号等。例如，大写字母 A 的 ASCII 码值为十进制数“65”，即二进制数“1000001”，小写字母 a 的 ASCII 码值为十进制数“97”，即二进制数“1100001”。这些字符大致满足了各种编程语言、西文文字、常见控制命令等的需要，ASCII 码规则见附录 A。

3. ASCII 码应用

通常，为了使用方便，在计算机的存储单元中，对于 7 位的 ASCII 码常用一个字节来表示（8 个二进制位），其最高位（b_7）作为奇偶校验位，如图 2-8 所示。

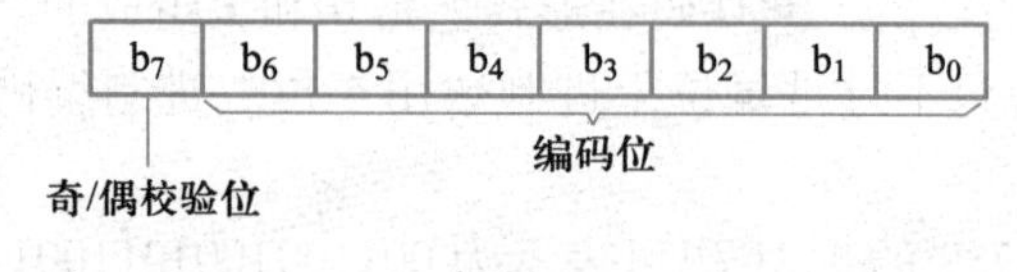

图 2-8 一个字节的 ASCII 码表示

奇偶校验是指在代码传送过程中，用来检验是否出现错误的一种方法。一般分为奇校验和偶校验两种。奇校验规定，正确的代码一个字节中 1 的个数必须是奇数；若非奇数，则在最高位 b_7 添 1 来满足；否则，高位 b_7 为 0。偶校验规定，正确的代码一个字节中 1 的个数必须是偶数；若非偶数，则在最高位 b_7 添 1 来满足；否则，高位 b_7 为 0。

【例 2-17】 描述“COPY”4 个字符的 ASCII 码值及其存储格式。

首先，通过参看附录 A 的 ASCII 码表，可以分别得知“COPY”4 个字符的 ASCII 码值。然后，按照 7 位 ASCII 码一个字节存放一个值的规定，确定“COPY”要用 4 个字节表示。最后，再假定字节最高位“b_7”用做奇校验，所以存储格式如表 2-11 所示。

表 2-11 ASCII 码应用示例

字 母	ASCII 码值	存储格式（一个字节）
C	$(67)_{10}=(1000011)_2$	0 1 0 0 0 0 1 1
O	$(79)_{10}=(1001111)_2$	0 1 0 0 1 1 1 1
P	$(80)_{10}=(1010000)_2$	1 1 0 1 0 0 0 0
Y	$(89)_{10}=(1011001)_2$	1 1 0 1 1 0 0 1

【例 2-18】 求二进制数“101001”的 ASCII 码字符，当采用偶校验时，b_7 应为什么。

首先，将二进制数“101001”转换成十进制数，为“41”；然后，再通过参看附录 A 的 ASCII 码表，得知十进制数“41”表示符号“）”；最后，按题目要求采用偶校验，再根据偶校验规则，传送时必须保证一个字节中 1 的个数是偶数，所以 b_7 应为 1。

2.4.4 汉字编码

1. 基本概念

计算机在处理汉字时也要将其转化为二进制代码，这就需要对汉字进行编码。可以抽象地将计算机处理的所有文字信息（汉语词组、英文单词、数字、符号等）看成由一些基本字和符号组成的字符串，如英文单词“Word”可分成“W”、“o”、“r”、“d” 4 个字符，而中文词组“信息”则由“信”和“息”两个汉字组成。每个基本字符编制成一组二进制代码，这就如同在学校里每一个学生都有一个学号一样，计算机对文字信息的处理就是对其代码进行操作。

西文是拼音文字，基本符号比较少，编码比较容易。因此，在一个计算机系统中，输入、内部处理、存储和输出都可以使用同一代码，如 ASCII 码。而汉字的输入、转换和存储方法尽管与西文相似，但由于汉字数量多，编码比拼音文字困难，所以其输入、内部处理、存储和打印输出使用不同的编码。

2. 汉字编码

（1）国标码

计算机处理汉字所用的编码标准是我国于 1980 年颁布的国家标准 GB 2312－1980，即《中华人民共和国国家标准信息交换汉字编码》，简称国标码（也称交换码 GB2312）。它于 1981 年 5 月 1 日实施，是一个简化字的编码规范。通常所说的区位码输入法就是基于国标码得到的，其最大特点就是具有唯一值，即没有重码。

在国标码表中，共收录了一、二级汉字和图形符号 7 445 个，每个汉字由两个字节构成。其中，图形符号 682 个，分布在 01～15 区；一级汉字（常用汉字）3 755 个，按汉语拼音字母顺序排列，分布在 16～55 区；二级汉字（不常用汉字）

3 008 个，按偏旁部首排列，分布在 56 ~ 87 区；88 区以后为空白区，以待扩展使用。

国标码与 ASCII 码属同一制式，可以认为它是扩展的 ASCII 码。在 7 位 ASCII 码中可以表示 128 个符号，其中字符代码有 94 个。国标码以 94 个字符代码为基础，其中任何两个代码组成一个汉字交换码，即由两个字节表示一个汉字字符，第一个字节称为“区”，第二个字节称为“位”。这样，该字符集共有 94 个区，每个区有 94 个位，最多可以组成 94 ×94 共 8 836 个字。

（2）Big5 码

Big5 码是针对繁体汉字的汉字编码，目前在我国台湾、香港的计算机系统中得到普遍应用，每个汉字也是由两个字节组成。

（3）GBK 码

GBK 码是 GB 码的扩展字符编码，对多达 2 万多的简繁汉字进行了编码，全称《汉字内码扩展规范》（GBK），由中华人民共和国全国信息技术标准化技术委员会于 1995 年 12 月 1 日制订。GB 即“国标”，K 是“扩展”的汉语拼音第一个字母。GBK 向下与 GB 2312 编码兼容，向上支持 ISO 10646. 1 国际标准，是前者向后者过渡过程中的一个承上启下的标准。

ISO10646 是国际标准化组织 ISO 公布的一个编码标准，即 UCS（Universal Multilpe－Octet Coded Character Set），是一个包括世界上各种语言的书面形式，以及附加符号的编码体系。

GBK 采用双字节表示，共收入 21 886 个汉字和图形符号，其中汉字 21 003 个，图形符号 883 个。

为了满足信息处理的需要，在国标码的基础上，2000 年 3 月我国又推出了《信息技术 · 信息交换用汉字编码字符集 · 基本集的扩充》新国家标准，共收录了 27 000 多个汉字，包括藏、蒙、维吾尔等主要少数民族文字，采用单、双、四字节混合编码，总编码空间占 150 万个码位以上，基本上解决了计算机汉字和少数民族文字的使用标准问题。

3. 汉字输入码

汉字输入码（也称机外码）主要解决如何使用西文标准键盘把汉字输入到计算机中的问题，有各种不同的输入码，目前最常用的是拼音编码和字形编码。

（1）拼音编码

拼音编码是按照拼音规则来输入汉字的，不需要特殊记忆，符合人的思维习惯，只要会拼音就可以输入汉字。例如，常用的智能 ABC、微软拼音、搜狗拼音、全拼或双拼等都属于拼音编码。拼音输入法的主要问题：一是同音字太多，重码率高、输入效率低；二是对于不认识的生字难于处理；三是要求用户的拼音准确。

（2）字形编码

字形编码是以汉字的形状确定的编码，即按汉字的笔画用字母或数字进行编码，如五笔字型、八画、表形码等，都属于此类编码。字形编码最大的特点是重码少，不受方言干扰，只要经过一段时间的训练，输入汉字的效率会很高。大多数打字员都采用字形编码进行汉字输入。尤其是字形编码不涉及拼音，所以也深受普通话发音不准的用户欢迎。字形编码的主要问题是需要记忆的东西较多，如文字偏旁部首的组合规则，需要专门的训练学习才能掌握，而且长时间不用也会忘记，所以适合于专职的文字录入人员。

区位码输入法由区号和位号共 4 位十进制数组成，两位区号在高位，两位位号在低位。区位码可以唯一确定某一个汉字或字符，反之任何一个汉字或字符都对应唯一的区位码。如汉字“啊”的区位码是“1601”，即在 16 区的第 01 位；符号“。”的区位码是“0103”。区位码最大的特点就是没有重码，虽然不是一种常用的汉字输入方式，但对于其他输入方法难以找到的汉字，通过区位码表却很容易得到。

4. 机内码

机内码（也称内码）是指计算机内部存储、处理汉字所用的编码，即汉字系统中使用的二进制字符编码，是沟通输入、输出与系统平台之间的交换码，通过内码可以达到通用和高效率传输文本的目的。通常，输入码通过输入设备（如键盘）被计算机接收后，由汉字操作系统的“输入码转换模块”转换为机内码。

5. 字形码

字形码（汉字字库）是指文字信息的输出编码，也就是通常所说的汉字字库，是使用计算机时显示或打印汉字的图像源。计算机对各种文字信息进行二进制编码处理后，必须通过字形码转换为人能看懂且能表示为各种字形、字体的文字格式，然后通过输出设备输出。通常，汉字字库分点阵与矢量两种。

（1）点阵字库

点阵字库把每一个汉字都分成 16×16、24×24 等个点，然后用每个点的虚实来表示汉字的轮廓，常用来作为显示字库使用。这类字库最大的缺点是不能放大，一旦放大后就会出现文字边缘的锯齿。

在点阵字库字形码中，不论一个字的笔画是多少，都可以用一组点阵表示。每个点即二进制的一个位，由“0”和“1”表示不同状态。例如，明、暗或不同颜色等特征表现字的形和体。根据输出字符的要求不同，字符点的多少也不同。点阵越大、点数越多，分辨率就越高，输出的字形也就越清晰美观。汉字字形常用的有 16×16、24×24、32×32、128×128 点阵等。以 16×16 点阵为例，每个汉字就要占用 32 个字节。例如，汉字“王”的存储格式如图 2-9 所示。

（2）矢量字库

矢量字库保存的是对每一个汉字的描述信息，例如一个笔画的起始、终止坐标，半径，弧度等。在显示、打印这一类字库时，要经过一系列的数学运算才能输出结果，但是这一类字库保存的汉字理论上可以被无限地放大，放大后笔画轮廓仍然能保持圆滑，打印时使用的字库均为此类字库。

Windows 使用的字库也分为点阵字库和矢量字库两类，在 FONTS 目录下，如果字体扩展名为 FON，表示该文件为点阵字库，扩展名为 TTF 则表示为矢量字库。可以通过文件属性了解并查看字体文件类型。例如，在 Windows 7 下的 C:\Windows\

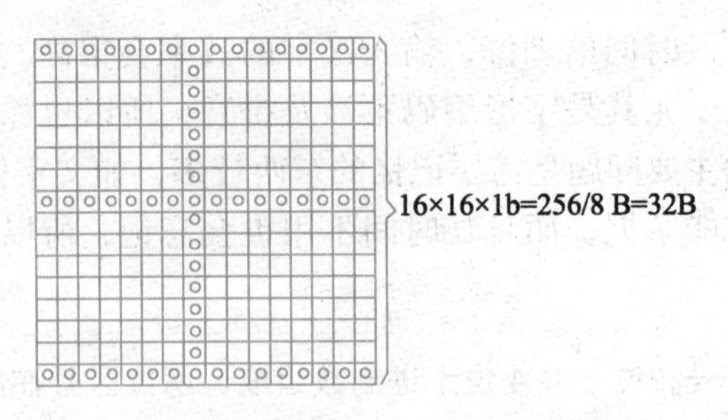

图 2–9　汉字“王”存储示意

Fonts 中，选中“华文隶书常规”并右击鼠标，在弹出的快捷菜单中选择“属性”命令，弹出“STLITI. TTF 属性”对话框，从中可以看到文件类型为“TTF”，如图 2–10 所示。

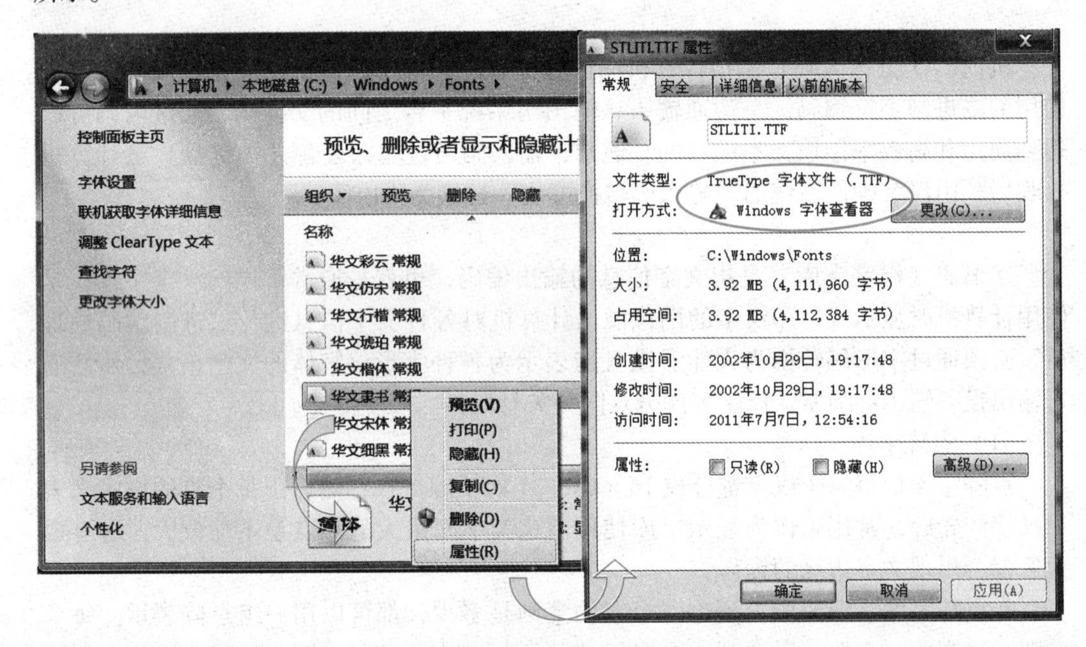

图 2–10　查看字库类型标识示例

2.4.5　多媒体编码

多媒体（Multimedia）是多种媒体的复合，多媒体信息是指以文字、声音、图形图像为载体的信息，对于这些信息也需要进行二进制编码。

1. 编码过程

声音是通过空气传播的一种波，是随时间连续变化的物理量。图像是物体的投射光或反射光通过人的视觉系统在人脑中形成的印象或认识，是随时间、地点变化的光波。声音和图像都是一种波，它们在时间和幅度上都是连续的。通常，把在时间和幅度上都是连续的信号称为模拟信号。因为在计算机中是用有限字长的单元来存储与处理信息，所以计算机无法处理模拟信号。因此，在计算机处理、存储图像和声音之前，必须将其转化为数字信号，即信号的数字化。那么什么是数字信号呢？简单地说，时间和幅度都用离散的数字表示的信号就称为数字信号。对图像和声音的数字信号进行编码后，即可实现计算机对图像和声音的处理。

模拟信号转换成数字信号，是通过采样和量化实现的，图像和声音的编码过程如图 2-11 所示。

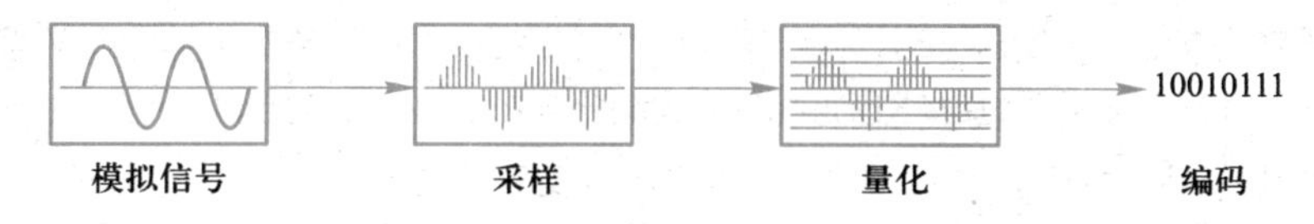

图 2-11　图像和声音的编码流程示意

采样（Sampling）也称抽样，是编码的第一步，是对模拟信号进行周期性扫描，把时间上连续的模拟信号转换成时间上离散的数字信号。也就是在某些特定的时刻对这种模拟信号进行幅度测量（即采样），这些特定时刻采样得到的信号称为离散时间信号。采样是在时间轴上对模拟信号进行离散化，采样后所得出的一系列离散的抽样数值称为样本序列。抽样必须遵循奈奎斯特抽样定理，该模拟信号经过抽样后还应当包含原信号中所有信息，也就是说能无失真地恢复原模拟信号。

奈奎斯特抽样定理：若频带宽度是有限的，要从抽样信号中无失真地恢复原信号，抽样频率应大于 2 倍信号最高频率。当抽样频率小于 2 倍频谱最高频率时，信号的频谱有混叠。当抽样频率大于 2 倍频谱最高频率时，信号的频谱无混叠。例如，采样频率为 64 kHz 时，当信号频率小于 32 kHz 时，混叠信号可以被低通滤波器过滤掉。

量化是把模拟信号在幅度轴上的连续值变为离散值，也就是把经过抽样得到的瞬时值将其幅度离散，通常是用二进制表示。如果把信号幅度取值的数目加以限定，用有限个数值描述信号幅度，即实现了量化。例如，假设输入电压的范围是 0.0～0.7 V，并假设它的取值只限定在 0，0.1，0.2，…，0.7 共 8 个值。如果采样得到的幅度值是 0.123 V，它的取值就应为 0.1 V。如果采样得到的幅度值是 0.26 V，它的取值就计为 0.3（假定采用四舍五入），以此类推，这个过程称为“量化”，这种得到的数值就称为离散数值。

编码是指将采样、量化之后得到的有关声音和图像信号的数据使用二进制描述的过程，这样计算机就可以进行编辑、存储、传输或作为其他应用了。但是，数字化的图像、音视频等信息的数据量是很大的。例如，一幅中等分辨率为 640×480 像素、为 24 位/像素的真彩色图像，其数据量约为每帧 7.3728 Mb。若要达到每秒 25 帧的全动态显示要求，每秒所需的数据量为 184 Mb，而且要求系统的数据传输速率必须达到 184 Mbps，这在目前是无法达到的。所以，对于图像、音视频数据如果不进行处理，计算机系统几乎无法对它进行存取和交换。因此，在多媒体计算机系统中，为了达到令人满意的图像、视频画面质量和听觉效果，必须解决图像、音视频信号数据的大容量存储和实时传输问题。解决的方法除了提高计算机本身的性能及通信信道的带宽外，更重要的是对媒体信息进行有效的编码。也就是说，图像和声音的编码是通过采用特定技术使得描述相应对象的二进制符号数量达到最少。

单位的表示：K 表示千位，Kb 表示的是多少千个位，ps 是指每秒。一般的公司都是以 Kb（注意是小写的 b）来表示网络带宽的，即 Kbps 表示每秒千比特。由于 8 比特等于 1 字节，KBps 是指 1 秒钟在网络上传输文件的大小是多少个字节，则 1 KB =8 Kb，用在网络带宽上就是 1 KBps =8 Kbps。所以，电信 ADSL 网络带宽 1 兆（M）实际上的单位换算就是 1 Mbps/s =1 024 Kbps/s、1 024 Kb ÷8/s =128 KBps，也就是说 ADSL 既可以说是 1 兆（M）宽带，也可以说成 128 KBps 宽带，这两者意思是一样的。

2. 音频信息的数字化

声音是随时间连续变化的波，这种波传到人们的耳朵，引起耳膜振动，这就是人们听到的声音。声波振幅的大小表示了声音音量的强弱，波形中两个相邻波峰之间的距离称为振动周期，它表示完成一次完整的振动过程所需的时间，周期的大小体现了振动进行的速度。振动频率是由在一秒钟内振动周期数决定的，单位为赫兹（Hz），每秒钟振动 1 000 个周期则为 1 000 赫兹，即 1 kHz。

模拟（Analog）技术其实就是通过某种媒介物质，如磁带，将能够听到的各种声音记载到媒介上。再通过对这个媒介上的声音信号应用还原技术，恢复录制时的原始声音，称为模拟音频技术。而把类似声音这种连续变化的信号称为模拟信号，这种技术的工作原理是依靠声音去振动采集设备中的碳颗粒。这些碳颗粒保持在一个连通的电流中，电流在碳颗粒保持不动的时候是恒定的。一旦有声音穿过，这些碳颗粒就会产生运动，造成的结果便是电流发生变化，将这些处于变化中的电流记载下来，就得到了模拟声音信号。再把这些记录下来的电信号通过一些手段处理转录，最后灌制成磁带。

在计算机中，所能处理的对象都是数字化的信息，要使计算机能够处理如声音这类的模拟信号，必须先将这种模拟信号转换成二进制的数字信号，即在捕捉声音（如录音）时用固定的时间间隔对声波进行采样（离散化处理或称数字化处理），这个过程称为模/数（A/D）转换。反之，将数字信号转换成模拟信号的过程称为数/模（D/A）转换。每秒钟的采样数称为采样频率，它类似于将声波平均分割成若干份。

目前，通用的音频采样频率有 3 个：44. 1 kHz、22. 05 kHz 和 11. 025 kHz。显而易见，采样的频率越高，即把声波等分得越细，经过离散数字化的声波越接近于原始的波形，也就意味着声音的保真度越高，声音的质量越好，但占用的存储空间也越多。由于在声波上每个采样点都标记了该点的振幅值，因此若把这些点的振幅转换为二进制表示，则声音就被数字化了。例如，8 位采样是指将每个采样点划分为 256（2^8）等份。同理，16 位采样则是将每个采样点细分为 65 536（2^{16}）等份。这种等份的划分方式称为采样精度。采样的精度越高，声音的保真度越高，声音的质量越好，但占用的存储空间也越多。例如，对一个正弦波采样，当正弦波分割成 26 份，需要存储 26 个二进制数值，如图 2-12 所示。其中，横坐标为采样时间，纵坐标为采样幅度，计算机将每一间隔幅度值（即长方形的高度）按照二进制数值存入存储器。

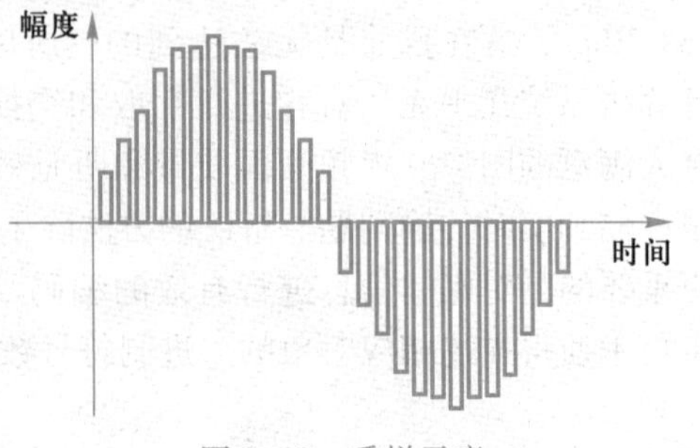

图 2-12　采样示意

什么是音频编码？其实人们常常使用的MP3音乐格式就是一种有损的音频编码。编码是为满足人们对声音的复制、存储和传输的需要，将数字音频信号采用一些特殊的编码技术来满足不同的需求。编码中包含有损压缩和无损压缩两种编码技术，有损压缩是为了获得一个比较高的压缩比而开发的编码技术，这种技术的音频音质效果损失大，但音频文件占用空间比较小；无损压缩则追求音质的高还原性，文件占用空间相对就大。

3. 视频信息的数字化

人们所看到的视频信息实际上是由许多幅单一的画面所构成的，每一幅画面称为一帧。帧是构成视频信息的最小、最基本的单位。视频信息的采样和数字化的原理与音频信息数字化相似，也用两个指标来衡量，一是采样频率，二是采样深度。

采样频率是在一定时间、以一定的速度对单帧视频信号的捕获量，即以每秒所捕获的画面帧数来衡量。例如，要捕获一段连续画面时，可以用每秒25～30帧的采样速度对该视频信号进行采样。采样深度是经采样后每帧中的一个像素所包含的颜色位（即色彩值）。例如，采样深度为8位，则每帧中的一个像素可达到256级单色灰度。

例如，带有灰度的一帧图像由8×8个像素构成，深度为8位，即每一个像素需要一个8位二进制数字来表示其灰度。计算机存储这样一帧灰度图像需要8×8×8位二进制数字，如图2-13所示。

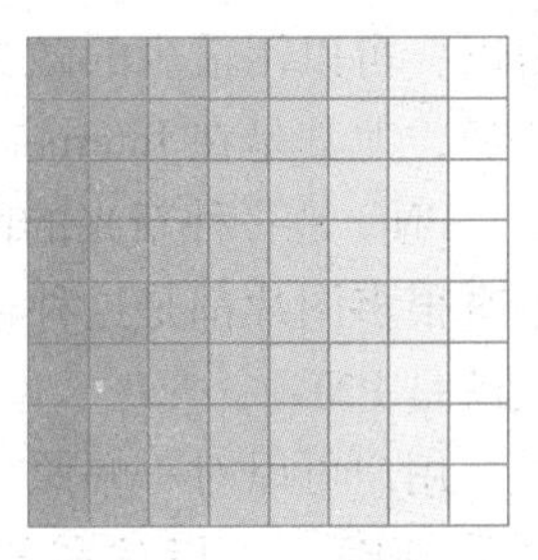

图2-13 灰度图像示意

一幅二维图像可以表示为将一个二维亮度函数，通过采样和量化而得到的一个二维数组。这样一个二维数组的数据量通常很大，从而给存储、处理和传输都带来了许多困难。为此，需要采用一些新的表达方法，以减少一幅图像所需要的数据量，这就是图像编码所要解决的主要问题。声音和图像压缩数据量的主要方法是消除冗余数据，从数学角度来讲是要将原始图像转化为尽可能不相关的数据集。这个转换要在图像进行存储、处理和传输之前进行，之后需要将压缩了的图像解压缩以重建原始图像或其近似图像。

4. 图像编码格式

国际标准化组织（ISO）和国际电报电话咨询委员会（International Telegraph and Telephone Consultative Committee，CCITT）联合成立的“联合照片专家组”（Joint Photographic Experts Group），于1991年对静止图像编码提出JPEG标准，它是国际上彩色、灰度、静止图像的第一个国际标准，适用于黑白及彩色照片、彩色传真和印刷图片。

JPEG标准支持很高的图像分辨率和量化精度，包括无损和多种类型的有损模式，通常可以压缩10～40倍，压缩比可用参数调整。在压缩比达到25∶1时，还原的图像与原始图像相比，肉眼很难区分其中的差别。JPEG算法与彩色空间无关，其算法处理的彩色图像是单独的彩色分量图像。因此，它可以压缩来自不同彩色空间的数据，如RGB（Red、Green、Blue）和CMYK（Cyan、Magenta、Yellow、Black）。

RGB色彩模式是工业界的一种颜色标准，分别代表红、绿、蓝3个通道的颜色。通过对红（R）、绿（G）、蓝（B）3个颜色通道的变化以及它们相互之间的叠加来得到各式各样的颜色。RGB 标准几乎包括了人类视力所能感知的所有颜色，是目前应用最广的颜色系统之一。

CMYK 也称为印刷色彩模式，是一种依靠反光的色彩模式，与 RGB 类似，CMY 是 3 种印刷油墨名称的首字母：青色（Cyan）、品红色（Magenta）、黄色（Yellow）。而 K 取的是 black 最后一个字母，之所以不取首字母，是为了避免与蓝色（Blue）混淆。从理论上来说，只需要 CMY 3 种油墨就足够了，它们 3 个加在一起就可以得到黑色。

常见的图像编码格式有 BMP、PCX、GIF、JPEG、PNG 等。

BMP 格式是图像最常用的表示方法，又称为位图，其文件扩展名为“. BMP”，是一种与硬件设备无关的图像文件格式，也是 Windows 系统下的标准格式。这种格式结构简单，未经过压缩，一般文件比较大，大多数软件都支持这种格式。“位图表示”是将一幅图像分割成栅格，栅格的每一点（像素）的取值都单独记录，位图区域中数据点的位置确定了数据点表示的像素。

JPEG 图像也是应用最广泛的图片格式之一，它采用一种特殊的有损压缩算法，将不易被人眼察觉的图像颜色删除，从而达到较大的压缩比，如可达到 2：1 甚至 40：1。可以用不同的压缩比例对这种文件压缩，其压缩技术十分先进，对图像质量影响不大。所以，可以用最少的磁盘空间得到较好的图像质量。由于它性能优异，所以应用非常广泛，尤其是在 Internet 上，JPEG 更是主流图像格式。

PNG 是一种新兴的网络图形格式，采用无损压缩的方式，与 JPEG 格式类似，网页中有很多图片都是这种格式。由于其文件占用空间小，目前很多图像处理软件默认格式就是 PNG。

用户可以对一幅照片采用不同压缩方法，然后对所得到的结果进行比较，例如分别采用 BMP、JPEG 和 PNG 格式，再比较查看这 3 张图片的属性和视觉质量，从而进一步了解各种图像压缩方式。

5. 音/视频编码格式

音/视频编码数据在文件中的存储形式、排列顺序等称为音/视频文件格式，因应用需求不同，存在着多种多样的音/视频文件格式，有些文件格式可以存储多种不同的音/视频编码数据，也有些文件格式是为某一种音/视频编码特制的。

常见的音/视频编码格式有 WAV、MP3、MP4 等。

WAV 是微软公司（Microsoft）开发的一种声音文件格式，是录音时使用的标准的 Windows 文件格式，文件扩展名为“. WAV”，数据本身的格式为 PCM 或压缩型。它符合 RIFF（Resource Interchange File Format）文件规范，用于保存 Windows 平台的音频信息资源，所以广泛应用于 Windows 系统中。标准格式化的 WAV 文件和 CD 格式一样，也是 44. 1 kHz 的取样频率，16 位量化数字，因此声音文件质量和 CD 相差无几。WAV 格式可以存储多种不同编码的声音数据，但常用于存放 1 ~ 2 声道的 PCM 编码声音数据，不进行压缩编码，可以保持原始数据的最好音质。通常，可以使用 Windows 的媒体播放器打开 WAV 文件。

MP3 文件格式是现今应用最多的音频文件格式，是 MP3 播放机所支持的最主要格式，专门用于存储 MP3 编码声音数据。为提供版权声明，在 MP3 文件格式中加入了标签。但标签未加密，可被任意修改。标签还可用于存储歌曲名、专辑名等信息。MP3

歌曲文件内不带有歌词，可以在外部配合一个文本格式的歌词文件，两个文件配合使用，可以使音频播放软件边播放边同步显示歌词内容，歌词文件常见的是 LRC（Lyric）格式。

MP4（MPEG Audio Video Layer 4）是一种音频兼视频的压缩格式，是 MP3 的升级版本，也指 MP4 格式的便携式视频播放器。

MP4（音视频文件格式）是一套用于音频、视频信息的压缩编码标准，由国际标准化组织（ISO）和国际电工委员会（IEC）下属的"动态图像专家组"（Moving Picture Experts Group，即 MPEG）制定。MPEG－4 格式的主要用于网络、光盘、语音发送（视频电话）以及电视广播。

MPEG－4 是 MPEG 格式的一个压缩标准。现在经常说的 MP4 是指支持 MPEG－4 标准的便携式播放器。MPEG 文件格式是运动图像压缩算法的国际标准，目前有三个压缩标准，分别是 MPEG－1、MPEG－2、和 MPEG－4。MPEG－4 包含了 MPEG－1 及 MPEG－2 的绝大部分功能及其他格式的长处，同时增加了对虚拟现实模型语言（VRML）的支持、面向对象的合成档案以及数字版权管理等功能。

思考与练习

1. 简答题

（1）计算机中的信息为何采用二进制?

（2）何谓 ASCII 码?

（3）什么是国标码、机内码、机外码以及字形码?

2. 填空题

（1）$(218)_{10}$＝(________)$_2$＝(________)$_8$＝(________)$_{16}$。

（2）$(-138)_{10}$的原码为________，反码为________，补码为________。

（3）$(9806)_{10}$的 8421 码为________。

（4）在计算机系统中对有符号的数字，通常采用原码、反码和________表示。

（5）1 GB ＝________ MB ＝________ KB ＝________ B。

3. 选择题

（1）在下列不同进制的 4 个数中，最小的一个数是（　　）。

A）$(44)_{10}$　　B）$(57)_8$　　C）$(5A)_{16}$　　D）$(110111)_2$

（2）将十进制数"252.71875"，转换成二进制数是（　　）。

A）10011101.10111　　B）11111100.01011

C）10001100.111011　　D）11111100.10111

（3）下列十进制数中能用 8 位二进制表示的是（　　）。

A）128　　B）257　　C）256　　D）255

（4）通常，图像和声音的编码过程为（　　）。

A）模拟信号→数字信号　　　B）模拟信号→采样→量化→编码

C）数字信号→模拟信号　　　D）编码→采样→量化→编码

（5）国际上广泛采用的美国信息交换标准码是指（　　）。

A）国标码　　B）西文字符　　C）ASCII 码　　D）所有字符编码

4. 网上练习

（1）请上网查找汉字编码技术的发展过程。

（2）举例说明身边的某一编码，说明其编码方式、规则与取值范围，以及为何这样编码。

5. 课外阅读

唐朔飞．计算机组成原理［M］．2 版．北京：高等教育出版社，2008.

基　础　篇

本篇导读

✦ 第 3 章 计算机硬件，主要介绍计算机硬件体系结构，微机系统核心设备。

✦ 第 4 章 计算机软件，主要介绍何为软件，操作系统的功能结构及其进程管理等。

✦ 第 5 章 计算机网络，主要介绍计算机网络基础知识和 Internet 基础与应用。

本篇结构示意

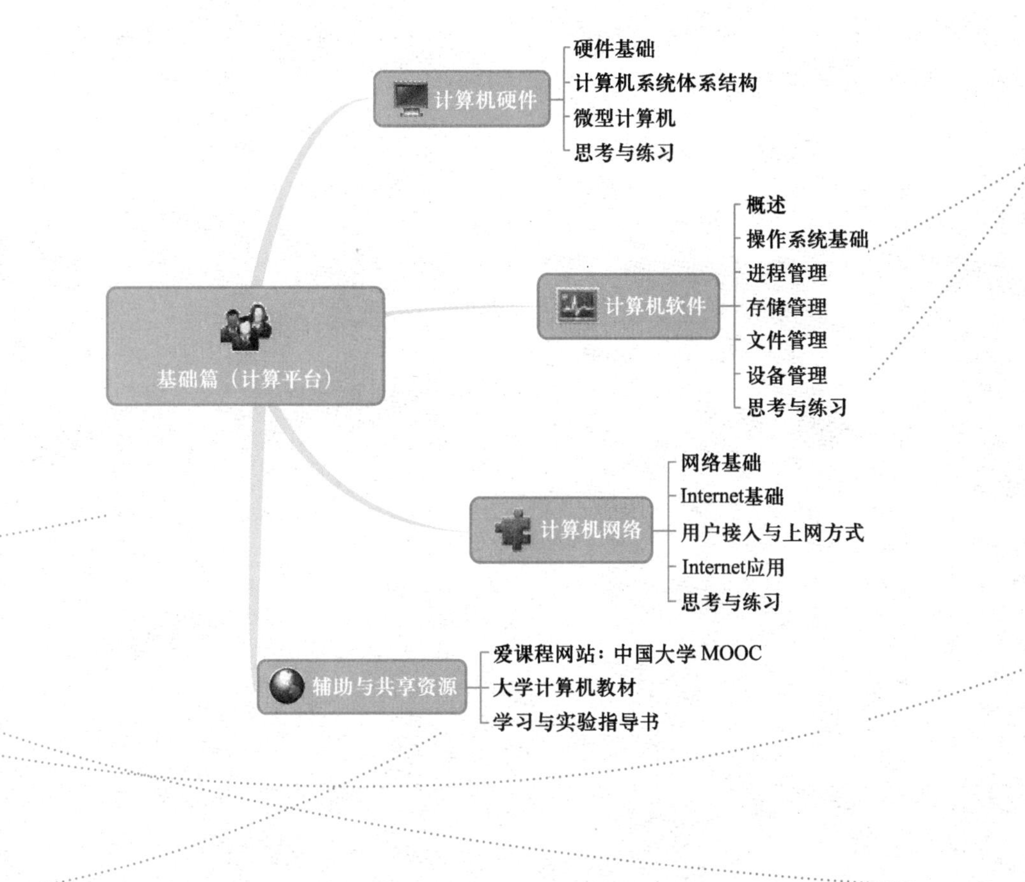

第3章
计算机硬件

本章导读

电子教案

硬件是看得见摸得着的实实在在的物体，计算机硬件（Computer Hardware）是指计算机系统中由电子、机械和光电元器件等组成的各种物理装置的总称。这些物理装置按系统结构的要求构成一个有机整体为计算机软件运行提供物质基础，包括CPU、内存、外部存储设备和输入/输出设备。

本章将介绍计算机硬件系统的组织结构，并以微型计算机为例从单机到网络介绍其硬件基本组成结构与功能部件。学习与掌握计算机硬件平台，更有利于人们理解和使用计算机设备。

本章学习导图

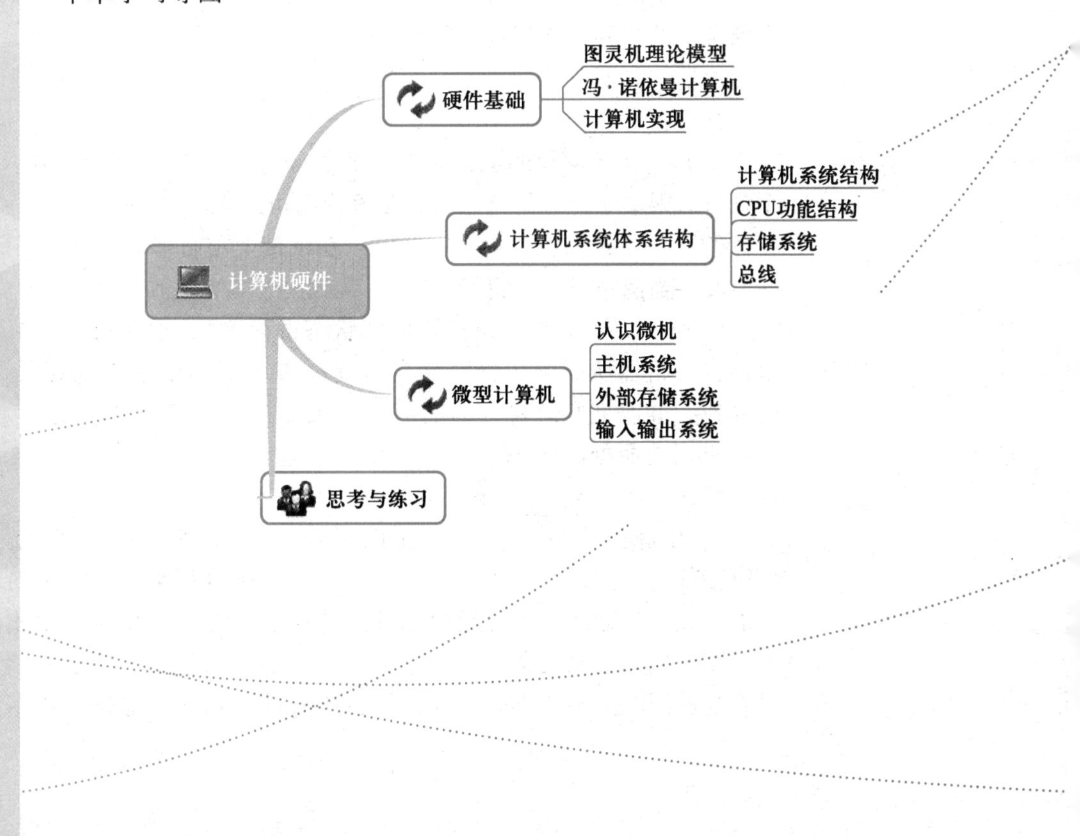

3.1 硬件基础

任何新技术的产生都有其发展过程，计算机的诞生也是从理论到实现这样一个过程。没有蓝图、没有设想、没有创新，就不会有计算机的发明。最初的电子数字计算机是怎样设计的呢？计算机是怎样发展到无时无处不在的今天的呢？

3.1.1 图灵机理论模型

说到电子数字计算机的诞生过程，就不能不提到英国数学家阿兰·图灵和匈牙利科学家冯·诺依曼，他们是现代计算机的奠基人，对计算机的发展有着深远的影响。

阿兰·图灵是英国著名的数学家，1936 年他发表了著名的论文《论可计算数及其在判定问题中的应用》，提出了对数字计算机具有深远影响的"图灵机"模型，这一模型为计算机的发展奠定了理论基础。"图灵机"不是一种具体的机器，而是一种思想和理论模型，也称为图灵机模型。它的目的是制造一种十分简单但运算能力极强的计算装置，用来计算所有能想象到的可计算函数。图灵机的基本思想是用机器来模拟人们用纸笔进行数学运算的过程，这样的过程可视为两种简单的动作：在纸上写入或擦除某个符号，把注意力从纸的一个位置移动到另一个位置。为了模拟人的这种运算过程，图灵构造出一台假想的机器，如图 3-1 所示。

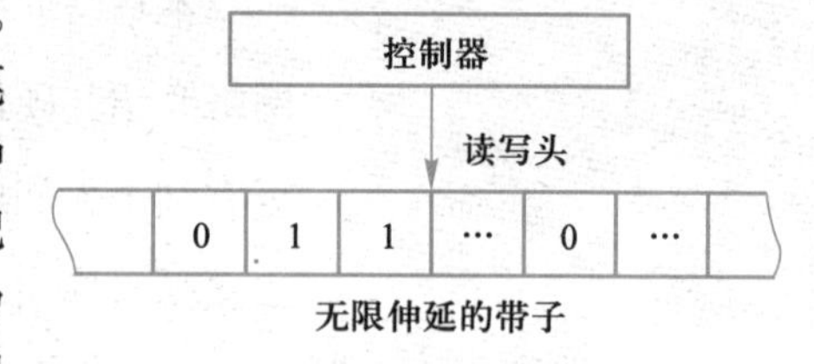

图 3-1　图灵机模型概念示意图

其中：

（1）一条无限长的纸带，纸带被划分为一个接一个的小格子，每个格子上包含一个来自有限集字母表的符号，纸带理论上可以无限伸展。

（2）一个读写头，该读写头可以在纸带上左右移动，读出当前所指格子上的符号，并能改变当前格子上的符号。

（3）一个控制器（包括程序和状态寄存器），程序可以理解为一套控制规则，它根据当前机器所处的状态以及当前读写头所指的格子上的符号来确定读写头下一步的动作，并改变状态寄存器的值，令机器进入一个新的状态。状态寄存器用来保存图灵机当前所处的状态，图灵机所有可能状态的数目是有限的，并且有一个特殊的停机状态。

图灵机模型将输入集合、输出集合、内部状态、程序结合成一种抽象计算模型，可以精确定义可计算函数。可以将多个图灵机进行组合，从最简单的图灵机构造出复杂的图灵机，因此一切可能的机械式计算过程都可以由图灵机实现。还可以构建一个通用图灵机，因此完全没有必要去分别制造加法机器、乘法机器等，只要能造出一种具有与通用图灵机功能等价的机器，所有计算问题就能迎刃而解。图灵机模型为计算机的发展奠定了理论基础。正是因为有了图灵机模型，人类才发明了有史以来最伟大的科学计算设备——计算机。

3.1.2　冯·诺依曼计算机

从20世纪初开始，物理学和电子学科学家们就为制造可以进行数值计算的机器应该采用什么样的结构而进行激烈的争论，并且被十进制这个人类习惯的计数方法所困扰。1946年2月15日，第一台计算机ENIAC在美国宾夕法尼亚大学问世，它的诞生为人类开辟了一个崭新的信息时代。但是，它的设计存在着一些缺陷，没有最大限度地发挥电子技术的巨大潜力。因此，美籍匈牙利科学家冯·诺依曼开始着手改进这些缺陷，他发表了一个全新的《存储程序通用电子计算机方案》（EDVAC）并于1950年实现，其设计特点可以归纳为以下几点。

（1）计算机由运算器、控制器、存储器、输入设备和输出设备5个基本部件组成。

（2）数据和指令采用二进制代码表示。

（3）采用“存储程序”方式，即事先编制程序（包括指令和数据），将程序预先存入存储器中，使计算机在工作中能自动地从存储器中取出程序代码和操作数，并加以执行。

冯·诺依曼提出的计算机体系结构如图3-2所示。

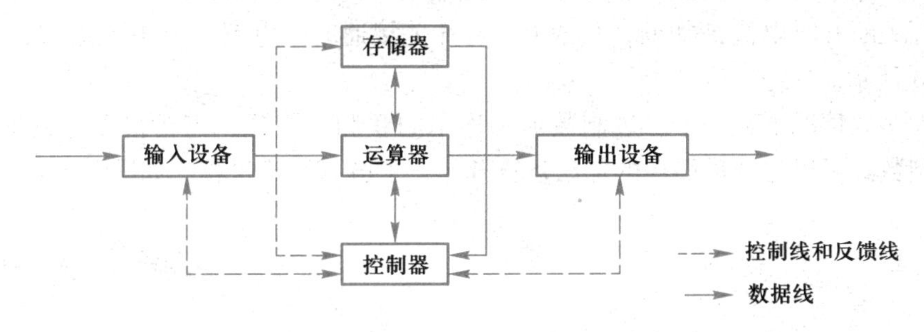

图3-2　冯·诺依曼体系结构

其中：

控制器是计算机的指令控制中心，用来分析指令、协调I/O操作和内存访问。控制器从存储器中逐条取出指令、分析指令，然后根据指令要求完成相应操作，产生一系列控制命令，使计算机各部分自动、连续、协调动作，作为一个有机的整体，实现数据和程序的输入、运算并输出结果。

运算器是计算机的核心设备之一，用来进行算术运算和逻辑运算，是计算机的主体。在控制器的控制下，运算器接收待运算的数据，完成程序指令制定的基于二进制数的算术运算或逻辑运算。

存储器用来存储程序、数据、运算的中间结果及最后结果，计算机中的各种信息都要存放在存储设备中。

输入设备用来完成数据的输入功能，即向计算机输送程序、数据以及各种信息。输出设备用来完成数据的输出，即将计算机工作的中间或最终的处理结果传送到外部设备。

冯·诺依曼体系结构是现代计算机的基础，当前各种类型的计算机大都基于此结构。随着计算机应用领域的迅速扩大，对计算机性能的要求越来越高。虽然冯·诺依曼体系结构在计算机发展史上占据着主导地位，但是改进计算机的体系结构是提高计算机性能的重要途径之一。近年来为获得更高性能，出现了一些新的计算机体系结构，虽然有些仍处于实验探索中，但在一定程度上提高了计算机的计算性能，促进了计算机体系结构的发展。

3.1.3 计算机实现

1. 用电信号表示数字

虽然有了计算机理论模型，但怎样把它变成一个实实在在的设备呢？这需要综合应用人类在物理学、数学、逻辑学、材料学等领域里取得的成果。计算机看起来是神奇的、智慧的，但其本质还是一种设备。要了解这种前所未有的特殊的电子装置，首先需要了解它的硬件是如何实现的。

在机械计算机的时代，人们将一些零件（如算盘珠子）移动到合适的位置来表示数字。但对电子计算机来说，需要用电信号来表示数字并进行计算。通过前面章节的学习可以知道，计算机采用二进制主要是因为硬件实现方便、可靠性高，因为电流的通、断，或电压的高、低正好能够表示二进制的0和1两个数码。例如，用开关来实现：当开关断开时电流被切断，代表0；当开关接通时，电路中有电流通过，代表1，如图3–3所示。

在大多数情况下，一个二进制数由一连串的0和1组成，需要很多开关来表示这个二进制数。可以先从最简单的加法运算开始，了解其运算过程，如图3–4所示。

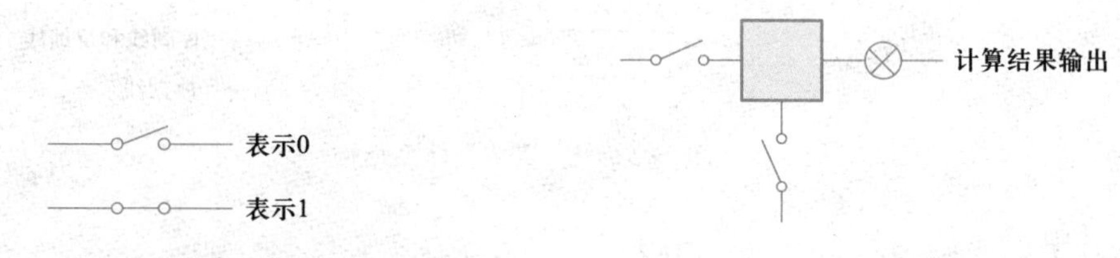

图3–3　使用开关来表示二进制数　　　　图3–4　二进制加法运算示例

在图3–4中，中间的矩形框表示运算部件，运算部件的左边和下边各有一个开关，用于输入两个参与运算的二进制数。运算部件右边就是输出结果，可以把小灯泡接在一根输出上，这样通过灯泡的亮和不亮来代表输出的结果是0还是1。当然，简单的加法器没有考虑到进位，只是用电路实现了二进制加法，称为半加器。利用简单的半加器，可以实现二进制的加法进位，即全加器，把多个全加器连接起来就可以进行多位二进制数的加法运算了。

2. 数字电路基础

加法器的内部是什么呢？怎样实现开关的自动化呢？这就要回顾电和磁的特性。

当一根电线有电流通过时，就会在其周围产生微弱的磁场，电能生磁的现象称为电流的磁效应。那么就可以通过电流的有无来控制磁性的有无，继而来控制机械部分。

继电器就是采用这个原理，它通过电磁转换实现机械的吸合、释放的开关作用，可以实现电路的自动导通与切断。

二进制逻辑运算是计算机实现计算的基础。布尔代数是实现逻辑运算的数学工具，它有3种基本的逻辑关系：与、或、非，其他复杂的逻辑关系都由这3种基本关系组合而成。然而，计算机如何和逻辑关系结合起来呢？1938年，克劳德·艾尔伍德·香农（Claude Elwood Shannon）发表了著名论文《继电器和开关电路的符号分析》，首次把布尔代数和电学结合起来，即把布尔代数的“真”与“假”和电路系统的“开”与“关”对应起来，用1和0表示，创立了开关电路领域，并证明了可以通过继电器电路来实现布尔代数的逻辑运算。

如何从基本逻辑运算实现加、减、乘、除运算呢？简单地说，使用与、或、非3种基本逻辑可以构成异或逻辑，异或逻辑运算可以实现二进制数的加法运算，体现了计算机进行二进制运算的基本关系和实现过程。异或逻辑实现的加法运算可进一步扩展为减法运算（使用补码）以及乘、除法运算。香农还提出了实现加、减、乘、除等运算的电子电路的设计方法。这些成果奠定了数字电路的理论基础。

3. 元器件发展

用继电器制造的电路，虽然可以实现逻辑运算，但是它的工作需要电流的驱动，而开和关却是一个机械过程，因此精度不高、速度慢、操作复杂。如何让计算机实现纯电子化的运算是当时计算机先驱者们主要思考的问题。第一支电子管发明于1904年，被用于电话、电报及无线电通信。直到1937年，电子管才开始应用于计算装置上，利用电子管的栅极来控制阳极与阴极的通断。因为电子管的状态变化是纯电子的，速度比继电器快。

随着半导体材料的使用，晶体管开始应用在计算机上。晶体管就是用半导体材料（如锗和硅）制成的固体电子器件，它不仅可以实现电子管的功能，而且构件功耗低、不需预热、可靠性高、更加省电、体积更小且轻巧耐用。所以现在常以晶体管为基础来描述数字电路，使用晶体管可以实现与逻辑、或逻辑、非逻辑这3种基本逻辑，从而构成计算的基础，进而实现更加复杂的逻辑运算。

大量晶体管的使用促进了集成电路的发展。集成电路是一种微型电子器件或部件，它采用一定的工艺，把一个电路中所需的晶体管、二极管等元器件及布线连接在一起，制作在一小块或几小块半导体晶片或介质基片上，然后封装在一个管壳内，成为具有所需电路功能的微型结构。所有元器件在结构上已组成一个整体，使电子元器件向着微小型化、低功耗和高可靠性方面迈进了一大步。随着制作工艺的不断改进，又产生了大规模集成电路和超大规模集成电路，使计算机硬件体积越来越小，功能越来越强。

3.2 计算机系统体系结构

计算机技术飞速变更已成为计算机持续发展的特征。这些变更涉及计算机技术的多个方面，特别是集成电路技术的更新换代。尽管在计算机领域存在多样性和多变性，但某些基本原理却贯穿始终。

计算机系统结构是指程序员看到的系统的属性，换句话说，是指对程序的逻辑运行有直接影响的属性。计算机体系是指实现系统结构技术要求的操作单元和它们的相互连接。例如，系统结构属性包括指令系统、用于表示各种数据类型（如数字、字符）的比特位数、输入输出机制和寄存器寻址技术；计算机体系属性包括对于程序员透明的硬件细节，如控制信号、计算机和外设之间的接口、存储器技术的应用等。

3.2.1 计算机系统结构

1. 计算机结构

计算机包括数百万个基本的电子元器件，是一个复杂的系统。那么，如何才能简洁地描述这个系统，使人们对计算机有一个清楚的认识？关键是要把计算机这个复杂系统的层次分清。从描述的角度，有两个选择：自底向上进行完整的描述，或者从顶层开始将系统分解为多个子部分。

计算机是与其外部环境在许多方面相互作用的实体，一般来说，所有的与外部环境的连接可以分为外部设备和通信线路两部分，如图 3-5 所示。

图 3-5　计算机与外部环境的连接

对计算机系统自顶向下的结构描述，可以看到顶层结构有中央处理单元（CPU）、主存、输入输出系统和系统互连 4 个主要的组成部分，如图 3-6 所示。其中，主存也称内存，用来存储运行数据和程序；输入/输出系统用来在计算机和其外部环境间传送数据；系统互连提供处理器、主存、输入输出之间的通信机制。

一台计算机可能包含了上述 4 个组成部分的一个或多个。例如，一般计算机只有一个 CPU，但是，近几年在一个计算机系统中使用多 CPU 的产品越来越多，计算机系统的一些设计问题也与多 CPU 的出现有关。

CPU 主要由寄存器、控制单元、CPU 互连和 ALU 4 部分组成，如图 3-7 所示。

实现控制单元有多种方法，目前最常用的是微程序控制方法。使用这种方法的控制单元的结构由排序逻辑、控制存储器、控制部件寄存器及译码器 3 部分组成，如图 3-8 所示。

2. 计算机的功能结构

总体来说，计算机具有数据处理、数据存储、数据传输和控制机构 4 个基本功能结构，如图 3-9 所示。

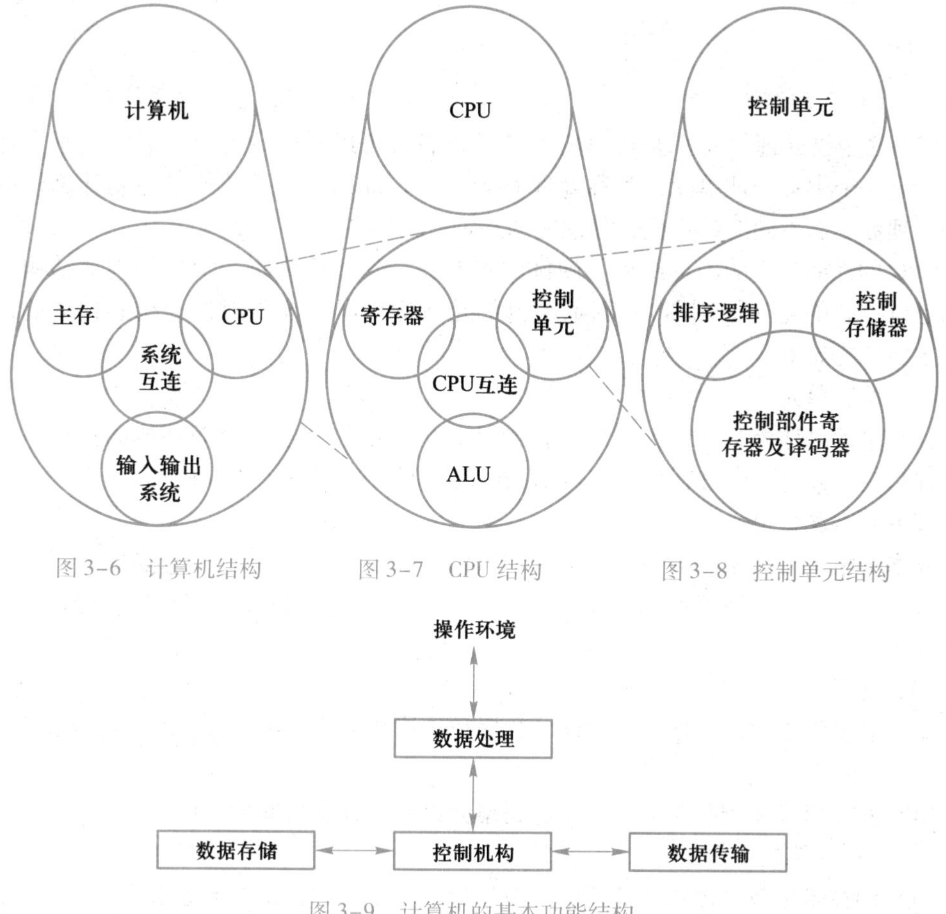

图 3-6　计算机结构　　图 3-7　CPU 结构　　图 3-8　控制单元结构

图 3-9　计算机的基本功能结构

（1）数据存储功能结构

计算机存储数据的功能主要实现将所有需要计算机加工的数据都保存在计算机的存储介质上，包括计算机运行所需的系统文件与数据等。

（2）数据处理功能结构

计算机数据处理的功能主要完成数据的组织、加工、检索及其运算等任务。这些数据能够以多种形式呈现，处理的需求也非常广泛。

（3）数据传输功能结构

计算机必须能够在其内部和外部之间传送数据。计算机的操作环境是由充当数据源或目的的各种设备组成。当数据由任何设备发送到其他外部设备时，都与计算机有直接的联系，此过程就是输入输出过程。当数据从本地向远端设备或从远端设备向本地设备传输时，就形成了传送过程，也就是数据通信过程。

（4）控制机构

在计算机系统内部，由控制机构管理计算机的资源并且协调其功能部件的运行以响应指令的要求，控制机构根据计算机指令来控制数据处理、数据存储以及数据传输。

3.2.2 CPU 功能结构

1. CPU 内部结构与功能

CPU（中央处理单元）是计算机的核心设备，可以看作计算机的心脏。每台计算机至少有一个中央处理单元，简称处理器或 CPU。CPU 的主要功能是控制计算机的操作和处理数据。不同的计算机，其性能的差别首先体现在 CPU 的性能上。

CPU 的性能与它的内部结构、硬件配置有关。到目前为止，CPU 的内部结构基本上都是以控制单元（控制器）、算术逻辑单元（运算器）及寄存器为核心构成的，各部件主要功能如下。

（1）控制单元

控制单元也称控制器，主要用于控制计算机的操作和数据处理功能的执行，如读取各种指令，并对指令进行分析，做出相应的控制；协调 I/O 操作和内存访问等。

（2）算术逻辑单元

算术逻辑单元（Arithmetic and Logic Unit，ALU）也称运算器，主要用于完成计算机的数据处理功能，如算术运算（加、减、乘、除）、逻辑运算（逻辑加、逻辑乘、非运算）。

（3）寄存器

寄存器用于临时存储指令、地址、数据和计算结果等，提供数据的内部存储。

（4）CPU 互连

CPU 互联提供在控制单元、算术逻辑单元以及寄存器之间的通信机制。

2. CPU 主要技术参数

CPU 的技术参数是评价其性能的有效指标，其主要的技术参数如下。

（1）字长

CPU 在一个指令周期内一次处理二进制数的位数，称为字长。

（2）主频

CPU 主频是 CPU 内核（整数和浮点运算器）电路的实际运行频率。早期 CPU 的主频一般以 MHz 为单位，而目前的 CPU 主频一般以 GHz 为单位。

（3）Cache 的速率

一般来讲，Cache 分一级与二级，也有三级的。L1 Cache 内置在 CPU 芯片上，可提高 CPU 的运行效率，由静态 RAM 组成。L2 Cache 放在主板上，运行频率为主频的 1/2。当然，随着技术发展，也有的把 L2 Cache 放在 CPU 芯片内，运行速度与主频相同。

目前 CPU 主频已经达到 6 GHz，时钟周期 0.16 ns，门延迟小于 0.01 ns。Pentium 芯片面积可达 500 mm，即 23 mm × 23 mm，而信号在导体中传递速度小于光速的 50%，极限速度为 30 km/s/2 = 1.5 mm/0.01 ns。由此可见，器件速度提高的余地已经很小，提高处理器速度将更多地依靠系统结构的发展，如采用更深度的流水线和并行处理技术。

随着半导体技术的不断发展，CPU 芯片的价格逐年下降，而可靠性越来越高，芯片可靠性达到 10^8 小时，即可以连续使用 1 万年以上。

3.2.3 存储系统

1. 存储系统概述

计算机中的各种信息都要存放在存储器中，计算机采用多种形式的存储器构成一个存储系统进行数据的存储。存储系统是计算机的重要组成部分，存储系统是根据各个存储设备容量的大小、存取速度的快慢、成本价格的高低等因素按照一定的体系结构组织起来的。

根据存储器在计算机中所处的不同位置，可分为主存储器（也称内存储器，简称内存）和辅助存储器（也称外存储器，简称外存）。从存储介质构成原理角度，存储器可分为磁表面存储器、半导体存储器、光介质存储器和磁光介质存储器等，半导体存储器是最常用的存储介质。

2. 半导体存储器

最常见的半导体存储器是随机存取存储器（Random Access Memory，RAM），其具有两点显著的特点：一是可通过电信号简单、迅速地进行读写；二是易失性，必须持续供电才能保持其数据，一旦供电中断，数据随即丢失。所以 RAM 适用于临时存储数据。

RAM 可分为静态（Static Random Access Memory，SRAM）和动态（Dynamic Random Access Memory，DRAM）两种。DRAM 由若干存储单元组成，通过对每个单元的电容充电实现数据的存储。电容中电荷存在与否表示二进制 1 或 0。因为电容有自然放电的趋势，所以 DRAM 必须定期刷新才能保持数据，为此在使用 DRAM 时一定要有刷新电路。SRAM 使用触发器逻辑门的原理来存储二进制数值，只要维持供电，数据就能一直保存，不需要刷新电路。

不论 DRAM 还是 SRAM 都是易失的，但是，DRAM 比 SRAM 的存储单元简单且体积更小，故 DRAM 能达到更高的集成度，造价低于相应的 SRAM。虽然 DRAM 需要额外的刷新电路支持，但根据综合评价的结果，在使用大容量存储器的情况下一般用 DRAM。不过 SRAM 的读写速度总体上要比 DRAM 快些。

与 RAM 形成鲜明对照的是只读存储器（Read Only Memory，ROM）。ROM 可以永久保存数据，在通常情况下只可以读出 ROM 中的数据但不能写入。

PROM（Programmable Read Only Memory）和 ROM 一样，也是非易失的只读存储器。所不同的是，PROM 的数据写入步骤是在芯片制造完成后，由供应商或用户根据特殊需要把那些不需要变更的程序和数据烧制在芯片中，这就是可编程的含义，但是只能写入一次，写入操作须借助特殊装置，用电来完成。EPROM（Erasable Programmable Read Only Memory）是可擦除可编程只读存储器，其存储的内容可以通过紫外线擦除器擦除，并可重新写入新的内容。由于可以反复修改，且运行时数据是非易失的，使得其灵活性更接近用户。EEPROM（Electrically Erasable Programmable Read Only Memory）是用电进行可擦除可编程的只读存储器，在擦除和编程方面更加方便。

近年来出现了闪存（Flash Memory），也称快擦型存储器，它具有 EEPROM 的特点，但它能在字节水平上进行删除和重写而不是擦写整个芯片，因此，闪存就比 EEP-

ROM 的更新速度快。由于其断电时仍能保存数据，因此通常被用来保存设置信息，如计算机的 BIOS（Basic Input/Output System，基本输入输出系统）。

U 盘作为新一代的存储设备被广泛使用，其存储介质使用的就是闪存介质。

3. 存储系统的层次结构

在一台实际的计算机中，通常有多种存储器，如通用寄存器、Cache、主存储器、硬盘存储器、光盘存储器等。尽管随着时代的发展存储器技术在不断进步，但是在存储器的容量、速度和价格之间始终存在矛盾。存储设备读写速度越快，平均价格越高；存储设备容量越大，平均价格越低，访问速度也就越慢。在实际使用中，为了满足人们对存储器访问速度快、价格低、容量大的需求，在计算机系统中采用了多种类型的存储器构成层次结构的存储系统。也就是说，两个或两个以上速度、容量和价格各不相同的存储器用硬件、软件或软件与硬件相结合的方法连接起来成为一个存储系统。这个存储系统对应用程序员是透明的，并且，从应用程序员的角度看，它是一个存储器，这个存储器的速度接近速度最快的存储器，存储容量与容量最大的存储器相等，单位容量的价格接近最便宜的存储器。所以说，组成存储系统的关键是把速度、容量和价格不同的多个物理存储器组织成一个存储器，这个存储器的速度最快，存储容量最大，单位容量的价格最便宜。

存储系统采用了层次结构组织，主要由容量较小、价格较贵、速度较快的 Cache、内存储器和容量较大、价格较便宜的外存储器构成。最高层是处理器中的寄存器，接下来的一层是高速缓存（Cache）或者二级高速缓存，即一级高速缓存和二级高速缓存。高速缓存的下一层是主存，通常采用动态随机存储器（DRAM），再往下便是外部存储器，其中典型的是一个硬盘，在该级之下包括一级或多级可移动介质，如光盘、磁带、U 盘、移动硬盘等。

最快、最小也最贵的存储器是处理器内部的寄存器，一般一个处理器包括几十至几百个寄存器。下一级高速缓存（Cache）通常是主存的一个扩展缓存，其容量较小，但速度快。对程序员或处理器而言，缓存通常是不可见的，它是一个在主存和处理器寄存器之间传递数据以提高性能的部件。主存（RAM），是计算机内部主要的存储器。

在一般的计算机系统中，有 Cache 存储系统和虚拟存储系统两种。Cache 存储系统由 Cache 和主存储器构成，主要目的是提高存储器速度，如图 3-10 所示。虚拟存储系统是由主存储器和硬盘构成，主要目的是扩大存储器容量，如图 3-11 所示。

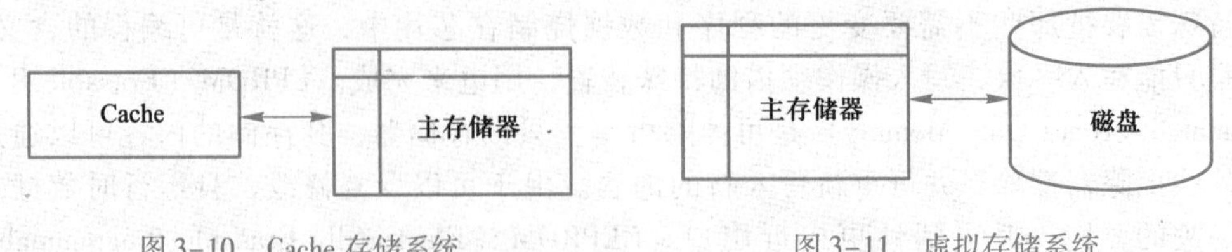

图 3-10　Cache 存储系统　　图 3-11　虚拟存储系统

大多数数据存储在大容量外部存储设备上，其中最常见的是硬盘和可移动存储介质，如可移动硬盘、光盘或 U 盘。通常用硬盘对主存提供扩展，即虚拟存储器。各级存储器的关系如图 3-12 所示。

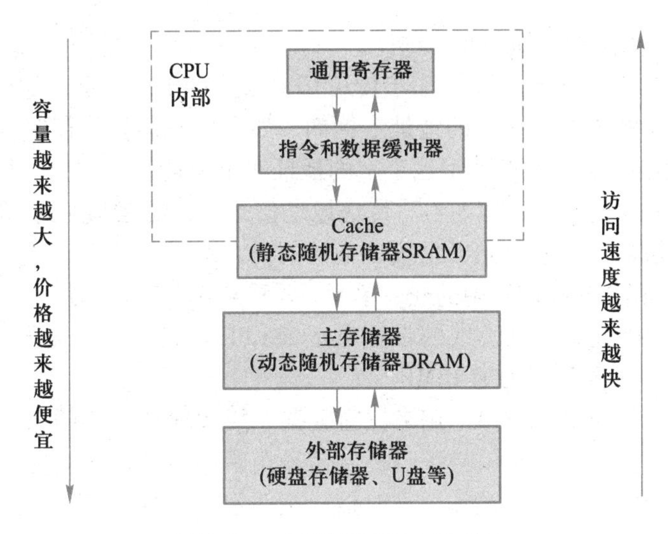

图3-12 各级存储器的层次关系

3.2.4 总线

总线是一组连接各个部件的公共通信线，即两个或多个设备之间进行通信的路径，它是一种可被共享的传输媒介。当多个设备连接到总线上以后，其中任何一个设备传送的信息都可以被连接到总线上的其他设备所接收。但是，若有两个设备同时发送信息，它们的信号就会重叠覆盖并且成为乱码。因此，计算机必须保证任何时刻只有一个设备传输信息。

1. 总线结构

总线由多条通信线路组成，每一条线路都能够传输二进制信号0和1。在一段时间里，一串二进制数字序列可以通过一条线路传输。这样，一根总线的多条线路就可以同时（即并行地）传送二进制数字序列。例如，一个8比特的数据单元就可以通过8位（即8条线路）的总线一次性传输。计算机系统具有多种不同类型的总线，这些总线为处在体系结构不同层次中的部件之间提供通信线路。

2. 总线类型

总线由一组物理导线组成，可根据不同的分类标准进行分类，每类总线具有不同的性能。按其传送的信息可分为数据总线、地址总线和控制总线三类。对于不同的CPU芯片，数据总线、地址总线和控制总线的根数也不同。

数据总线（Data Bus，DB）用来传送数据信息，是双向总线，CPU既可通过DB从内存或输入设备读入数据，又可通过DB将内部数据送至内存或输出设备。典型的数据总线包括8条、16条、32条或者64条独立的线路，线路的数目代表了数据总线的带宽，决定了CPU和计算机其他部件之间每次交换数据的位数。因为一条线路一次只能传送一位二进制字符（称为一个比特位），所以线路的数目也就决定了数据总线一次可以传输多少个比特位。数据总线的带宽是评价系统整体性能的一个重要因素。例如，如果数据总线带宽是8位，每条指令是16位长，则处理器在一个指令周期内必须访问两次存储器模块。平常所说的16位或32位计算机指的就是CPU数据总线的带宽，如“奔腾”CPU有32条数据线，表示每次可以交换32位数据。目前，大多数微型计算机的 CPU 具有 64 条数据线，即为 64 位机。

地址总线（Address Bus，AB）用于传送 CPU 发出的地址信息，是单向总线，即指明数据总线上数据的源地址或目的地址。例如，如果处理器想从存储器中读取一个字(8、16 或 32 个比特位)，它就要把这个字的地址输出到地址总线上。很明显，地址总线的宽度决定了系统的最大存储能力。传送地址信息的目的是指明与 CPU 交换信息的内存单元或 I/O 设备。一般存储器是按地址访问的，所以每个存储单元都有一个固定地址，要能够访问 1 MB 存储器中的任一单元，需要给出 1 MB 个地址，即需要 20 位地址（$2^{20}\approx 1$ MB)。因此，地址总线的带宽决定了 CPU 的最大寻址能力。80286 CPU 有 24 根地址线，其最大寻址能力为 16MB。

控制总线（Control Bus，CB）用来控制数据总线和地址总线的访问和使用，即传送控制信号、命令信号和定时信号等。控制信号用来在系统模块间传递命令和定时信息，命令信号指定将要执行的操作，定时信号指明数据信息和地址信息的有效性。其中有的是 CPU 向内存或外部设备发出的信息，有的是内存或外部设备向 CPU 发出的信息。显然，CB 中的每一根线的方向是一定的、单向的，但作为一个整体则是双向的。所以，在各种结构框图中，凡涉及控制总线，均是以双向线表示。

3.3 微型计算机

随着计算机技术的不断发展，微型计算机（常简称微机）已成为计算机世界的主流之一，扮演着越来越重要的角色。打开机箱，就会看到各式各样、功能不同的设备井然有序地排列。如果把计算机比喻成人，CPU 是人的心脏，存储器是人的记忆器官，总线可以理解为是把各个器官连接在一起的血液系统，输入输出设备就像五官一样用来接收和反馈各种信息。计算机就像人一样协调各设备并进行各种复杂工作。

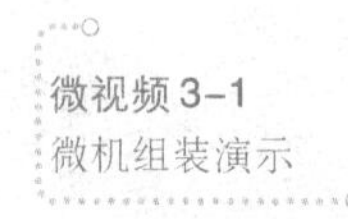

3.3.1 认识微型计算机

1. 微机的系统层次

计算机发展到今天，已是琳琅满目种类繁多，并表现出各自不同的特点。微型计算机是日常生活中使用最普遍的计算机。微机具有价格低廉、功能强、体积小、造价低、使用方便、对使用环境要求宽泛等特点，已进入到了千家万户，成为人们工作、学习与生活的重要工具。

在微型计算机系统中存在着从局部到全局的 3 个层次，微处理器、微型计算机和微型计算机系统，它们是 3 个含义不同但又有密切关联的概念。

(1) 微处理器

微处理器（Micro Processor，MP）也称为微处理机，它指由一片或几片大规模集成电路组成的、具有运算和控制功能的中央处理单元。微处理器主要由算术逻辑部件、寄存器以及控制器组成，它是微机的主要组成部分。

(2) 微型计算机

微型计算机(Micro Computer, MC)以微处理器为核心,再配上一定容量的存储器、输入输出接口电路,这3部分通过外部总线连接起来,便组成了一台微型计算机。

(3) 微型计算机系统

微型计算机系统(Micro Computer System, MCS)以微型计算机为核心,再配备以相应的外部设备、辅助电路、电源以及指挥微型计算机工作的软件,便构成了一个完整的微型计算系统。

在3个层次中,只有微型计算机系统才是一个完整的计算平台,人们通常所说的微机即是指微型计算机系统。

2. 微机硬件基本组成

微型计算机硬件是由主机(CPU、内存储器)及外设(输入设备、外存储器、输出设备)组成。通常,其基本常用设备除了鼠标、键盘、显示器等输入输出设备外,其余部分都封装在一个机箱内,即通常所说的主机箱。

3. 主要性能指标

一台微型计算机系统功能的强弱或性能的好坏,需要根据它的系统结构、指令系统、硬件组成、软件配置等多方面的因素综合决定。对于大多数普通用户,从满足常用功能来说,可用以下几个指标来评价计算机的性能。

(1) 字长

计算机在一次运算中处理的一组二进制数称为一个计算机的“字”,而这组二进制数的位数就是“字长”。一台计算机的字长通常取决于其CPU的性能。字长大,计算机处理数据的速度相对要快。现在大多数计算机以32位、64位为主。

(2) 运算速度

运算速度一般采用单位时间内执行指令的平均条数来衡量,常用MIPS(Million Instructions Per Second)作为计量单位,即“百万条指令/秒”。微机一般采用CPU时钟频率(主频)来描述运算速度,例如第五代智能英特尔®酷睿™ i5处理器为1866 MHz。一般说来,主频越高,运算速度就越快。

(3) 内存容量

这里所说的内存容量主要是指动态随机存取存储器(RAM),也就是通常所说的内存条。内存容量一般以MB或GB为单位,用于存放运行所需的程序、数据、文件等信息,其最大特点是内存中的数据信息会随着计算机的断电而自然消失。内存容量的大小反映了计算机存储信息的能力。随着操作系统的升级、应用软件的不断丰富及其功能的不断扩展,人们对计算机内存容量的需求也不断提高。

(4) 外存容量

外存是内存的延伸,主要用来长期保存数据信息。外存容量通常是指硬盘容量,外存容量越大,可存储的信息就越多,通常是以GB、TB为单位。外存最大特点是只要设备完好,其存储器中的数据信息会永远存在。虽然一个外存设备的容量是固定、有限的，但用户可以根据自己的需要配备多个外部设备，从这个角度来说，外存设备的容量可以是无限的。

（5）外部设备的配置和扩展能力

外部设备主要指计算机的输入输出设备。一台计算机允许配接外部设备的多少以及可扩充能力，对于系统功能和软件的使用都有重大的影响，体现着计算机的灵活性和适应性。如多媒体计算机想要配置麦克风和音箱等设备，就需要配有声卡或声卡接口。

（6）软件配置

软件是计算机系统必不可少的重要组成部分，直接体现着计算机的功能、性能和效率的高低，这些是在购置计算机系统时需要考虑的问题。同时，能否正确安装软件，也需要查看软件所需要的最低硬件要求。例如，在计算机上运行 Windows 7 操作系统，可先通过查看微软官方网站，了解其所需最低配置，满足了最低配置要求就可以安装 Windows 7 操作系统了。

以上只是一些主要性能指标。除此之外，微型计算机还有其他一些指标，例如，所配置外部设备的性能指标以及所配置系统软件的情况等。此外，各项指标之间也不是彼此孤立的，在实际应用时，应该把它们综合起来考虑，在选购时还要遵循“性能价格比”最优的原则。

3.3.2 主机系统

1. CPU

CPU（中央处理器）是主机系统的核心，也可以说是计算机的灵魂，主要功能是控制计算机的操作和处理数据，是计算机系统的运算控制中心。

（1）内部结构和功能

CPU 由控制器、运算器、寄存器及实现它们之间联系的 CPU 总线组成，如图 3-13 所示。

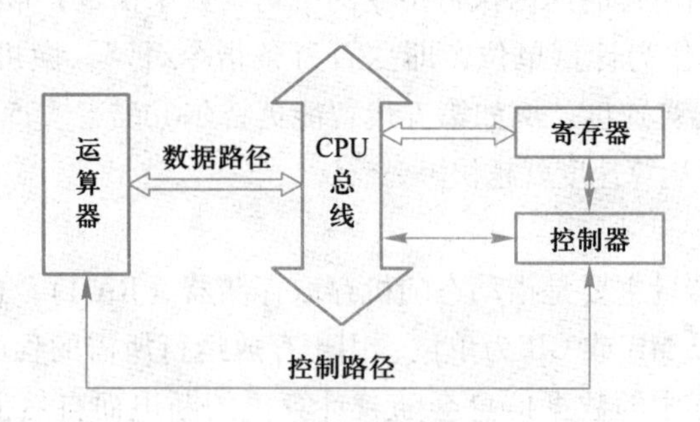

图 3-13 CPU 内部结构

CPU 的核心部件是运算器和控制器，运算器是计算机实际完成算术运算和逻辑运算的部件；控制器负责协调并控制计算机各部件执行程序的指令序列，基本功能是取指令、分析指令和执行指令；寄存器是运算器为完成控制器请求的任务所使用的临时存储指令、地址、数据和计算结果的小型存储区域；CPU 总线用来提供三者之间的通信机制。

（2）指令周期

CPU通过指令来响应各部件请求，根据对指令类型的分析和特殊工作状态的需要，引入了指令周期的概念。CPU每取出并执行一条指令所需的全部时间叫指令周期，即CPU完成一条指令的时间。它包括取指周期和执行周期，完成取指令和分析指令等操作的周期为取指周期；完成执行指令等操作的周期为执行周期。在大多数情况下，CPU按"取指—执行—再取指—再执行"的顺序自动工作。当遇到间接寻址的指令，即指令字中只给出操作数地址的地址，则需先访问一次存储器，取出操作数地址，然后再访问存储器取出操作数，这个周期叫间址周期。

另外，为提高计算机的效率，满足处理一些异常情况以及实时控制等需要，还需要有中断周期。中断即计算机暂时停止（中断）正在执行的程序，去处理执行其他事情，处理完毕后再返回执行原来的程序。当CPU采用中断方式实现主机与I/O设备交换信息时，在每条指令执行结束后，都要查询中断信号，以检测是否有某个中断源提出中断请求。如果有请求，则CPU进入中断响应阶段，这个周期称为中断周期。

综上所述，指令周期主要包括取指、间址、执行和中断4个子周期，在一次指令周期中，间址周期和中断周期要根据情况的不同来决定其有无，指令周期流程如图3-14所示。

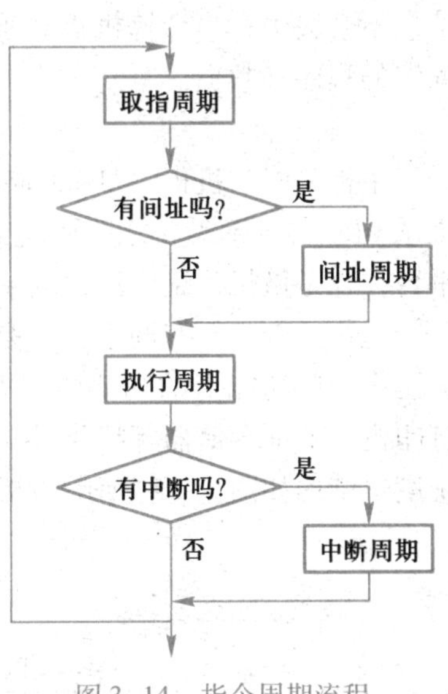

图3-14　指令周期流程

2. 内存储器

内存储器是主机系统的重要部件之一，也称为主存储器，大多采用半导体存储器芯片，主要分类如表3-1所示。

表3-1　内存储器分类

分　类	常用类型
随机存取存储器	（1）动态RAM（Dynamic RAM，DRAM） （2）静态RAM（Static RAM，SRAM）
只读存储器	（1）掩膜ROM （2）（一次）可编程只读存储器（Programmable ROM，PROM） （3）可擦除可编程只读存储器（Erasable PROM，EPROM） （4）电可擦除可编程只读存储器（Electrically EPROM，EEPROM） （5）闪存（Flash Memory）

（1）随机存取存储器

随机存取存储器（RAM）表示既可以从中读取数据，也可以写入数据，主要用来存放运行所需的系统文件、程序、数据等。RAM有两个特点，一是只要存储介质不被破坏，存储器中的数据可以反复使用，只有向存储器写入新数据时存储器中的原内容才会被新数据所取代；二是存储器中的信息会随着计算机的断电而自然消失。因此，一般称 RAM 是计算机处理数据的临时存储工作区，要想使数据长期保存，必须将数据由内存保存在外存上。

（2）只读存储器

只读存储器（ROM）是指只能读出而不能随意写入信息的存储器，其最初存储的内容是采用掩膜技术由厂家一次性写入的，并永久保存。当计算机断电后，ROM 中的信息不会丢失；当计算机重新加电后，其中的信息保持不变。它一般用来存放专用或固定的程序和数据。

3. 主板

主板又叫主机板（Mainboard）、系统板（Systemboard）或母板（Motherboard），是维系 CPU 与外部设备之间协同工作的重要部件，是支撑并连接主机内其他部件的一个平台，也是微机系统中最大的一块电路板。

主板功能主要有两个：一是提供安装 CPU、内存和各种功能卡的插座，部分主板甚至将一些功能卡的功能集成在主板上；二是为各种常用外部设备，如键盘、鼠标、打印机、外部存储器等提供接口。不同型号的微机主板结构是不同的，典型的主板系统逻辑结构如图 3-15 所示，物理结构如图 3-16 所示。

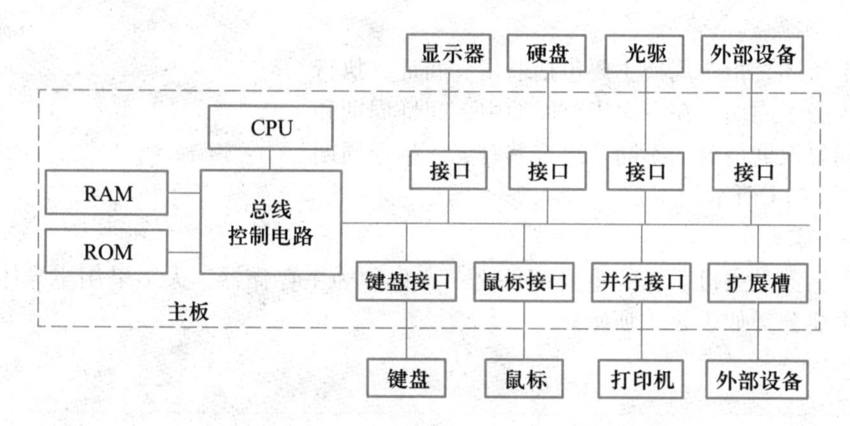

图 3-15　主板系统的逻辑结构

（1）芯片组

对于主板而言，芯片组几乎决定了主板的功能，进而影响到整个微型计算机系统性能的发挥，它是主板的灵魂。主板芯片组分为南桥和北桥：北桥芯片（North Bridge）是主板芯片组中起主导作用的最重要的组成部分，是主板上离 CPU 最近的芯片，负责与 CPU 的联系并控制内存等设备；南桥芯片（South Bridge）也是主板芯片组的重要组成部分，一般在主板上离 CPU 插槽较远，这种布局是考虑到它所连接的 I/O 总线较多，离处理器远一点有利于布线，它负责 I/O 总线之间的通信。

当然，随着技术的发展，目前有的主板只有一块芯片。

（2）插槽与扩展槽

微型计算机中一般提供的接口有插槽（标准接口）和扩展槽。主板上的插槽有很

图 3-16　典型主板物理结构

多种类型，大体上可以划分为 CPU 插槽、内存插槽、显卡插槽、硬盘接口等，如图 3-16 所示。扩展槽用来连接一些其他扩展功能板卡的接口（也称适配器）。适配器是为了驱动某种外设而设计的控制电路，一般做成电路板形式的适配器称为“插卡”、“扩展卡”或“适配卡”，插在主板的扩展槽内，通过总线与 CPU 相连。适配器的种类主要有显示卡、存储器扩充卡、声卡、网卡、视频卡、多功能卡等。

（3）BIOS 和 CMOS

BIOS（Basic Input / Output System，基本输入/输出系统）是微机中最基础、最重要的程序，其内容集成在微机主板上的一块可读写的 CMOS RAM 芯片中。其主要作用是负责对基本 I/O 系统进行管理。它保存着计算机最重要的基本输入输出程序、系统设置、开机后自检程序和系统自启动程序。

CMOS（Complementary Metal Oxide Semiconductor，互补金属氧化物半导体），是一种大规模应用于集成电路芯片制造的原料，是微机主板上一块可读写的 RAM 芯片，主要保存 BIOS 设置。由于 CMOS RAM 芯片由主板上的一块专用电池供电，因此无论是在关机状态中，还是遇到系统掉电情况，CMOS 中的信息都不会丢失。

4. 接口

接口是外部设备与微型计算机连接的端口，是一组电气连接和信号交换标准，是计算机与 I/O 设备通信的桥梁，它在计算机与 I/O 设备之间起着数据传递、转换与控制的作用。由于计算机同外部设备的工作方式、工作速度、信号类型等都不相同，必须通过接口电路的变换作用，使两者匹配起来。随着计算机应用越来越广泛，需要与计算机接口的外部设备越来越多，数据传输过程也越来越复杂，微机接口本身已不是一些逻辑电路的简单组合，而是采用硬件与软件相结合的方法，因而接口技术是硬件和软件的综合技术。

接口的作用是使主机系统能与外部设备、网络以及其他的用户系统进行有效连接，以便进行数据和信息的交换。例如，键盘采用串行方式与主机交换信息，打印机采用并行方式与主机交换信息。需注意的是，不同设备连接不同的接口。

输入输出接口是 CPU 与外部设备之间交换信息的连接电路，它们通过总线与 CPU 相连，简称 I/O 接口。

在微型计算机中常见的接口有键盘接口、鼠标接口、并行接口、串行接口、1394 接口、IDE 接口、SATA 接口和 USB 接口等，部分常用接口如图 3-17 所示。

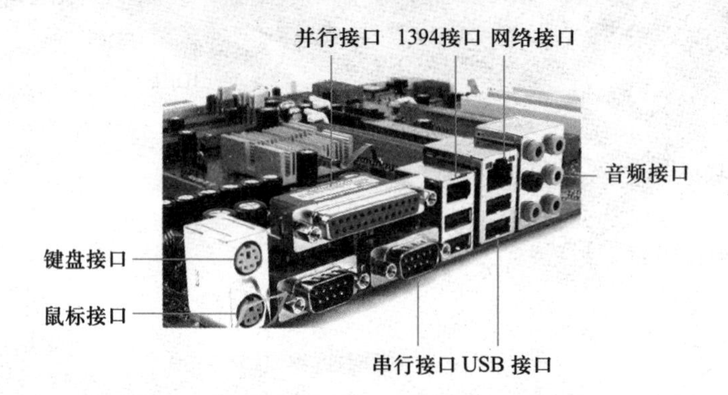

图 3-17 接口示例

并行接口（即并口）是常用的接口电路。所谓的并行是指将数据按字节的位数用多条线路同时进行传输。这种工作机制称为并行通信，它适合于对数据传输率要求较高而传输距离较近的场合。IDE（Integrated Drive Electronics，电子集成驱动器）就是采用并行数据接口。以前的硬盘基本采用这种接口，硬盘外部传输速度最快可达 133 Mbps。由于 IDE 是一种较老的技术，无法再提高，目前的硬盘基本不再使用此接口了。

许多 I/O 设备与计算机交换数据，或计算机与计算机之间交换数据，是通过一对导线或通信通道来传送信息的。这时，每一次只传送一位信息，每一位的传送都占据一个规定长度的时间间隔，这种数据一位一位按顺序传送的通信方式称为串行通信，实现串行通信的接口就是串行接口。与并行通信相比，串行通信具有传输线少、成本低的特点，特别适合于远距离传送。一般微机主板上提供 COM1 和 COM2 两个串行接口。早期的鼠标、终端就是连接在这种串行口上。

IEEE 1394 接口是一种串行接口标准，其原型是运行在 Apple Mac 计算机上的 Fire Wire（火线），由 IEEE（Institute of Electrical and Electronics Engineers，电气和电子工程师协会）采用并重新进行了规范。它定义了数据的传输协议及连接系统，可用较低的成本达到较高的性能，以增强计算机与外设（如硬盘、打印机、扫描仪）以及消费性电子产品（如数码摄像机、DVD 播放机、视频电话）等的连接能力，速度快，支持带电插拔、即插即用。

SATA（Serial ATA）接口是一种串行数据接口（即串口），在硬盘外部传输速度最快可达 250 Mbps 。这是一种完全不同于并行 ATA 的新型硬盘接口类型，在各个方面都大幅度提高，如数据传输的可靠性、结构简单、支持热插拔等。SATA 已经成为主流的接口，取代了传统的 IDE，目前主流的规范是 SATA 3. 0 Gbps，但已有很多高端主板开始提供最新的 SATA3 接口，速度达到 6. 0 Gbps。

USB（Universal Serial Bus，通用串行总线）是一种新型通用接口标准，是连接计算机系统与外部设备的一种串口总线标准，也是一种输入/输出接口的技术规范，被广泛地应用于个人计算机和移动设备等信息通信产品，并扩展至摄影器材、数字电视（机顶盒）、游戏机等其他相关领域。USB 最大的特点是易于使用、快速灵活、即插即用。随着计算机应用的发展，外设越来越多，使得计算机本身所带的接口不够使用，而 USB 标准可以解决这一问题。

总之，USB 是一个外部总线标准，用于规范计算机与外部设备的连接和通信，具有即插即用和热插拔等特点。USB 接口可连接 127 种外设，包括鼠标、键盘、移动硬盘等。USB 由 Intel 等多家公司联合在 1996 年推出后，成功替代串口和并口，已成为当今计算机与大量智能设备的必配接口。USB 经历了多年的发展，如今已经发展为 3. 0 版本。

5. 总线

在计算机系统中，各部件之间的连接方式有两种，一种是各部件之间使用单独的连线，称为分散连接；另一种是将各部件连到一组公共信息传输线上，称为总线连接。总线是计算机中各个通信模块共享的、用来在各部件间传送信息的一组导线和相关的控制接口部件。总线的使用，不但可以简化硬件设计，而且系统易于扩充和维护。正是有了总线这个连接 CPU、存储器、输入/输出设备传递信息的公用通道，计算机的各个部件通过相应的接口电路与总线相连接，才形成了一体的计算机硬件系统。总线的主要特征是分时共享，某一时刻总线只允许有一个部件向总线发送数据，但允许同一时刻有多个部件接收来自总线的数据。

(1) 总线分类

由于计算机系统采用了总线结构，芯片间、接插板间、系统间信号的传输都由总线提供通路。按照计算机所传输的信息种类，计算机的总线可以划分为数据总线、地址总线和控制总线，分别用来传输数据、数据地址和控制信号。

此外，如果根据传输方向还可分为单向总线、双向（全双工）总线。根据传送方式可分为并行总线和串行总线，并行总线表示数据所有的位同时传送，串行总线表示数据的二进制编码按照一定的规律逐位传送。根据总线所在位置可分为内部总线、系统总线和外部总线，内部总线是计算机内部各外部芯片与微处理器之间的总线，用于芯片一级的互连，与计算机具体的硬件设计相关，系统总线是微机中各插件板与系统板之间的总线，用于接插板一级的互连，外部总线是微机与外部设备、计算机与计算机间连接的总线，通过总线实现和其他设备间的信息、数据交换，用于设备一级的互连。

(2) 总线标准及其发展

制定总线标准的目的是便于机器的扩充和新设备的添加。有了总线标准，不同厂商可以按照同样的标准和规范生产各种不同功能的芯片、模块和整机。用户可以根据功能需求去选择不同厂家生产的、基于同种总线标准的模块和设备，甚至可以按照标准，自行设计功能特殊的专用模块和设备，以组成自己所需的应用系统。这样可使产品具有兼容性和互换性，以使整个计算机系统的可维护性和可扩充性得到充分保证。

在计算机的发展中，CPU 的处理能力迅速提升，总线屡屡成为系统性能的瓶颈，使得人们不得不改造总线。总线技术不断更新，从 PC/XT 到 ISA、MCA、EISA、VESA 总线，发展到了 PCI、PCI - E 总线。总线性能的改善对提高计算机的总体性能有着极大的影响。

早期总线如 ISA（Industrial Standard Architecture）总线，是 IBM 公司于 1984 年为推出 PC/AT 机而建立的系统总线标准，所以也叫 AT 总线。EISA（Extended Industrial Standard Architecture）总线是一种在 ISA 总线基础上扩充的开放总线标准，支持多总线主控和突发传输方式。

PCI（Peripheral Component Interconnect）总线是目前个人计算机、服务器主板广泛采用的一种高性能总线。Intel 公司于 1991 年提出，后来又联合 IBM、DEC 等 100 多家 PC 业界主要厂商进行统筹和推广 PCI 标准的工作。PCI 总线主要用于高速外设的 I/O 接口和主机相连。PCI 总线性能较好，具有兼容性和可扩充性好、主板插槽的体积小、支持即插即用（Plug and Play）等优点。

USB 接口也是现在常用的总线标准，它是由 Intel 等 7 家世界著名的计算机和通信公司共同推出的一种新型接口标准，和 IEEE 1394 同样是一种连接外部设备的机外总线。从性能上看，USB 的最高传输率比普通串口快很多，比普通并口也快，它还可以为外设提供电源，并拥有无法比拟的价格优势。它基于通用连接技术，可实现外设的简单、快速连接，达到方便用户、降低成本、扩展 PC 连接外设范围的目的。

微视频 3-2
硬盘分区

3.3.3 外部存储系统

1. 硬盘

（1）硬盘结构

硬盘（Hard Disk）是计算机中最重要的外部存储设备之一，最早的硬盘是 1956 年 IBM 发明的 IBM 350 RAMAC，它的体积相当于两台电冰箱，不过其储存容量只有5 MB。其后，IBM 在 1973 年研制成功了一种新型的硬盘 IBM 3340，这种硬盘拥有几个同轴的金属盘片，盘片上涂着磁性材料。它们和可以移动的磁头共同密封在一个盒子里面，磁头被固定在一个能沿盘片径向运动的臂上，与盘片保持一个非常近的距离在盘片中间“飞行”，磁头能从旋转的盘片上读出磁信号的变化，进而获得存储的信息。IBM 把它叫做温彻斯特硬盘，从此硬盘的基本架构被确立，可以说它是今天硬盘的祖先。硬盘内部结构如图 3-18 所示。

温彻斯特硬盘结构包括盘片、磁头（Head）、磁道（Track）、柱面（Cylinder）和扇区（Sector），其主体由一组盘片重叠形成，盘片还分为双盘面和单盘面，每个盘面都有自己的磁头。磁盘的物理存储模型如图 3-19 所示。

图 3-18　硬盘内部

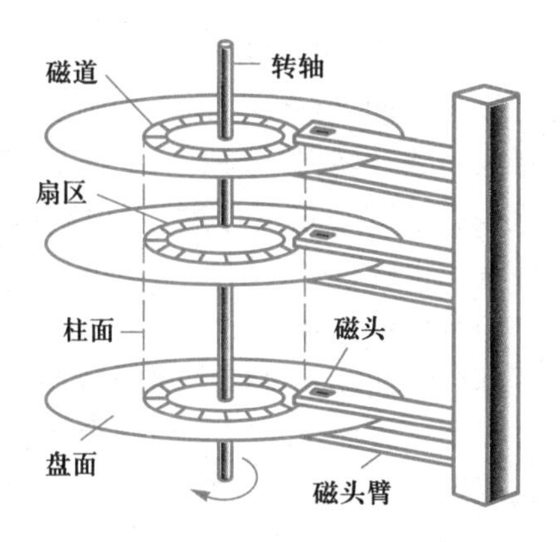

图 3-19　磁盘物理存储模型

磁头是硬盘技术中最重要和关键的一环。硬盘容量的提高依赖于磁头的灵敏度，磁头越灵敏，就能在单位面积的区域上读出更多的信息。传统的磁头是读写合一的电磁感应式磁头，但由于要兼顾读写特性，速度慢。其后发明的磁阻磁头采用的是读写分离式的磁头结构，可以针对两者的不同特性分别进行优化，得到最好的读写性能。另外，磁阻磁头是通过阻值变化而不是电流变化去感应信号幅度，读取数据的准确性、盘片密度得到显著提高。

当磁盘旋转时，磁头若保持在一个位置上，则每个磁头都会在盘片表面划出一个圆形轨迹，这些圆形轨迹就称为磁道。每个盘面都被划分为数目相等的磁道，这些磁道用肉眼是看不到的，因为它们仅是盘面上以特殊方式磁化了的一些磁化区，磁盘上的信息便是沿着这样的轨道存放的。磁化单元相隔太近时磁性会相互产生影响，同时也为磁头的读写带来困难，因此相邻磁道之间并不能紧密相连。

磁道从外缘的“0”开始编号，具有相同编号的磁道形成一个圆柱，称为磁盘的柱面。柱面数表示硬盘每一面盘片上有几条磁道，即磁盘的柱面数与一个盘单面上的磁道数是相等的。

磁盘上的每个磁道又被等分为若干个弧段，这些弧段便是磁盘的扇区。早期硬盘盘片的每一条磁道都具有相同的扇区数，因此只要知道硬盘 CHS（柱面、磁头、扇区）的数目，即可确定硬盘的容量。硬盘容量的计算公式为：硬盘的容量 = 柱面数 × 磁头数 × 扇区数 × 扇区字节数（通常为 512 B）。

早期硬盘每一条磁道的扇区数相同，因此外道的记录密度要远低于内道，这样会浪费很多磁盘空间。为了进一步提高硬盘容量，后来硬盘厂商都改用等密度结构生产硬盘，即每个扇区的磁道长度相等，外圈磁道的扇区比内圈磁道多。采用这种结构后，硬盘容量不再完全按照上述公式进行计算。

人们把以上传统的采用磁性碟片来存储的硬盘称为机械硬盘（HDD），现在还出现了使用固态电子存储芯片阵列制成的硬盘，称为固态硬盘（SSD）。随着科技的进步，硬盘结构采用了更为复杂、也更加科学的方式，磁盘密度不断增加，功能和速度上有了很大的提高。

（2）性能指标和类型

存储容量是衡量硬盘性能的重要指标，随着技术发展，硬盘存储空间越来越大，现在的硬盘容量已达 GB、TB 级别，甚至更高。

转速（Rotational Speed）是硬盘内电机主轴的旋转速度，即硬盘盘片在一分钟内所能完成的最大转数（转/每分钟），它是决定硬盘内部传输速度的关键因素之一，在很大程度上直接影响到硬盘的速度。值越大，内部传输速度就越快，访问时间就越短，硬盘的整体性能也就越好，但转速太快会影响硬盘的稳定性。

缓存（Cache Memory）是硬盘控制器上的一块内存芯片，具有极快的存取速度，它是硬盘内部存储和外部接口之间的缓冲器。由于硬盘的内部数据传输速度和外部接口传输速度不同，缓存在其中起到一个缓冲的作用。缓存的大小与速度也是直接关系到硬盘传输速度的重要因素。缓存能够大幅度地提高硬盘的整体性能。

硬盘有不同的接口，如 IDE、SATA、SCSI、光纤通道等，IDE 和 SATA 接口硬盘多用于家用产品中，也部分应用于服务器；SCSI 接口的硬盘则主要应用于服务器；而光纤通道只应用于高端服务器，价格昂贵。通常情况下，硬盘安装在计算机的主机箱中，但现在已出现多种移动硬盘，通过 USB 接口和计算机连接，方便用户携带大容量的数据。

从硬盘外形尺寸来看，台式机中最常使用的是 3.5 英寸大小的硬盘，笔记本电脑内部空间狭小、电池能量有限，再加上移动中难以避免的磕碰，对其部件的体积、功耗和坚固性等提出了很高的要求。目前笔记本电脑硬盘的发展方向就是外形更小、质量更轻、容量更大，除了常见的 2.5 英寸规格，还有 1.8 英寸规格。

（3）硬盘分区和格式化

使用硬盘，首先要进行分区与格式化，这些由厂家在出厂前已经完成。但随着计算机的使用，系统会出现故障，或者需要重新安装系统，或者需要安装双系统，等等，这时就要对硬盘进行分区与格式化。

硬盘分区就是对硬盘的物理存储进行逻辑划分，将大容量硬盘分成多个大小不同的逻辑区间。如果不进行硬盘分区，系统在默认情况下只有一个分区（C 盘），在管理和维护系统时会有很大的不便。因此，需要根据实际需要，对硬盘分区，以便更好地组织和管理数据。

按硬盘容量大小和分区个数，有很多分区方案，但都应遵循方便、实用、安全这 3 条原则。在实际分区过程中要根据实际情况对硬盘做出合理的分区，最好做到系统和数据分别存储到不同的分区上。常用的分区相关概念及其说明如表 3-2 所示。

表 3-2 常用分区概念及说明

概念	说明
主分区	包含操作系统启动时所必需的文件和数据的硬盘分区
活动分区	当从硬盘启动系统时所必需的文件和数据的硬盘分区
扩展分区	用户可根据需要设置扩展分区，只有设置了扩展分区，才能在其中建立逻辑分区
逻辑分区	扩展分区不能直接使用，要划分成一个或多个逻辑区域，称之为逻辑分区
盘符	为 A ~ Z。通常 A、B 保留给软驱，硬盘的盘符从 C（通常分配给主分区）开始，然后依次往下分配给逻辑分区、光驱、网络驱动器等

创建分区需要有一定的顺序，对于没有分区的硬盘，一般按照“创建主分区→创建扩展分区→创建逻辑分区→设置活动分区”的顺序进行，删除分区的顺序和创建分区的步骤相反。

硬盘分区后，要进行格式化才能使用。所谓格式化，就是把一张空白的盘划分成一个个小的区域并编号，供计算机存储、读取数据。有两种方式进行格式化，即低级格式化和高级格式化。低级格式化也称物理格式化，硬盘必须先进行低级格式化，然后才能进行高级格式化。低级格式化用来为磁盘标上标记，为磁盘的磁道规划出扇区。每个扇区以引导标记和扇区标记作为扇区的起始，然后才是扇区的内容，后面还有校验标记。低级格式化操作实际上仅仅是一个简单的写过程，不过写的不是数据而是标记。高级格式化也称逻辑格式化，用于生成引导区信息、标注逻辑坏道等。硬盘的高级格式化通常可使用操作系统自带的命令或专门程序来完成，需注意的是格式化后将会清除硬盘上的所有数据。

低级格式化和高级格式化都不会损伤硬盘，这是因为格式化磁道的指令与正常读/写操作一样。但是在格式化执行过程中如果强行关闭电源，会导致写磁头将信息抹掉，或是造成磁头和硬盘表面接触而导致划伤盘面，或是硬盘在做扇区标记时产生写错误等，这些都容易导致磁盘发生不可修复的损坏。

2. U 盘

U 盘（USB Flash Disk，USB 闪存盘）是目前使用最广泛的移动存储设备。它是一个 USB 接口的微型高容量移动存储设备，可以通过 USB 接口与计算机连接，实现即插即用。U 盘体积非常小，容量却很大，可达 GB 级。U 盘不需要驱动器、无外接电源、使用简便、可带电插拔、存取速度快、可靠性高、可擦写，只要介质不损坏，数据可长期保存。

U 盘的结构基本上由 5 部分组成：USB 端口、主控芯片、Flash（闪存）芯片、PCB 底板和外壳封装。USB 端口负责连接计算机，是数据输入/输出的通道；主控芯片负责各部件的协调管理和下达各项动作指令，并使计算机将 U 盘识别为“可移动磁盘”；Flash 芯片是存储数据的实体，其特点是断电后数据不会丢失，能长期保存；PCB 底板是负责提供相应处理数据的平台，且将各部件连接在一起。

3. 光盘

光盘是近代发展起来的不同于磁性载体的光学存储介质，用激光束处理记录介质的方法存储和再生信息，又称激光光盘。随着多媒体技术的推广，光盘以其寿命长、成本低的特点，很快受到人们的欢迎。根据光盘结构，光盘主要分为 CD、DVD、蓝光光盘等几种类型，CD 的容量只有 700 MB 左右，DVD 则可达 4.7 GB，而蓝光光盘更是可达 25 GB。用于计算机系统的光盘分为不可擦写光盘（如 CD－ROM、DVD－ROM 等）和可擦写光盘（如 CD－RW、DVD－RW 等）两类。

常见的光盘非常薄，但却包括了很多内容。以 CD 光盘为例，它主要包括 5 层：基板、记录层、反射层、保护层和印刷层。基板是无色透明的聚碳酸酯板，是整体光盘的物理外壳，一般 CD 光盘的基板厚度为 1.2 mm、直径为 120 mm，中间有孔，呈圆形，它是光盘的外形体现；记录层（染料层）是烧录刻录信号的地方，在基板上涂抹专用的有机染料，以供激光记录信息；反射层是用来反射光驱激光光束的区域，借助反射的激光光束来读取光盘片中的资料；保护层用来保护光盘中的反射层及染料层，防止信号被破坏；印刷层用来印刷盘片的标识等信息，也称为光盘的背面。

计算机要使用光盘，就需要光盘驱动器，就是人们通常所说的光驱，它是一种读取光盘数据的设备。因为光盘存储容量较大，价格便宜，保存时间长，适宜保存大量的数据，如动画、图像、音视频等多媒体信息，所以光驱是多媒体计算机不可缺少的硬件配置。

光驱按读/写方式又可分为只读光驱和可读/写光驱。可读/写光驱又称为刻录机，它既可以读取光盘上的数据，也可以将数据写入光盘。只读光驱只有读取光盘上数据的功能，而没有将数据写入光盘的功能。光驱按其数据传输速度可分为单倍速、多倍速光驱等。只读光驱只有读取速度，而可读写光驱有读取速度和刻录速度，并且读取速度和刻录速度往往不同，一般刻录速度小于读取速度，以保证数据能稳定地写入光盘。光驱按其接口方式不同，分为 IDE 接口、SCSI 接口、USB 接口、IEEE1394 接口等。

4. 其他存储设备

除上述主要的存储设备之外，还有移动硬盘、软盘和磁带等。软盘记录数据的格式和早期传统硬盘类似，但由于其储容量有限、可靠性差，现已基本上被大容量便携式移动硬盘、U 盘所代替。

磁带存储器是一种顺序存储设备，它的运行情况类似于录音机上录音带的运行。存储量大，而且存满后可卸下换上空带。它的主要缺点是读/写速度慢，而且只能顺序存取，不能随机存取。磁带一般用于服务器的数据备份，现在也正逐渐被其他存储介质所取代。

3.3.4 输入/输出系统

1. 端口地址和中断

输入/输出设备统称为外部设备，通过接口电路连接到总线上，进而与主机的 CPU、存储器实现连接，实现与主机系统之间信息的输入/输出。那么，计算机是如何识别外部设备、实现信息交换和传送呢?

数据在处理器与输入/输出设备之间的传输情况，类似于其在处理器与存储器之间的传输情况，因此前面讲的存储器可以看作另一种形式的外部设备。但是，在接口设计与实际操作中，外部设备要考虑的问题却远比存储器广泛与复杂。这是由于外部设备一般具有如下特点：一是品种多，有机械式、机电式和电子式等；二是工作速度一般要比微处理器慢得多，而且速度的分布也相当宽；三是信号与电平种类不止一种，既有数字电压信号，也有连续的电流信号或其他模拟信号，而且信号电平的高低大小很不统一，范围广、离散性大；四是信息的结构格式复杂，这些设备之间的信息格式各不相同，这就增加了接口设计的复杂性。

在进行微型计算机系统设计时，对 I/O 部分与处理器的连接不能采用类似于存储器那样的简单方法。对 I/O 部分必须要考虑两个问题：外部设备如何与处理器连接，以进行数据、状态和控制信号的转换和传送；处理器如何寻址相应的 I/O 设备，以实现与该设备之间的通信。因此，需要了解端口地址和中断的概念。

（1）端口地址

输入/输出设备使用端口和计算机连接。为了区分不同的端口，可以对端口进行编码，每个端口的编码都是唯一的，称为端口地址。CPU 进行 I/O 操作时，对 I/O 接口的寻址必须完成两种选择：一是选择出某一 I/O 接口芯片（称为片选）；二是选择出该芯片中的某一寄存器（称为字选）。对 I/O 端口地址分配来说，不同的微机系统对 I/O 端口地址的分配是不同的。

为了避免端口地址发生冲突，I/O 端口地址选用也要遵循一些原则，如凡是被系统配置所占用了的地址一律不能使用；未被占用的地址（计算机厂家申明保留的地址除外），用户可以使用，等等。通过这些规则，各种设备在计算机系统里都有了唯一编号，可以顺利被系统使用。

（2）中断

计算机通过端口地址识别设备后，如何才能处理各种设备的请求呢？计算机在执行正常程序的过程中，由于外部或内部的种种原因，将会出现一些异常的情况和特殊要求，这就需要计算机暂时中断正在执行的程序，去处理临时产生的事件，即转去执行预先编好的中断服务程序，等处理完毕后再返回执行原来的程序，这个过程称为中断。

能发出中断请求的来源（事件）称为中断源，输入/输出设备是中断源的主要来源，如键盘、鼠标、打印机等的中断请求。其他还有计算机内部故障引起的中断、软件带来的中断等多种中断源。

一般而言，一个系统中会有多个中断源。当在某个时刻出现两个或多个中断源提出中断请求时，中断系统应能判别各中断优先权的高低，并按优先权的高低决定响应的顺序。CPU 首先响应优先权最高的中断请求，在处理完优先权最高的请求以后，再去响应其他优先权较低的中断请求。在微机系统中，不同的中断源对应着不同的中断服务子程序，并且存放在不同的存储区域。当系统中有多个中断源时，一旦发生中断，CPU 必须确定是哪一个中断源提出了中断请求，以便获取相应的中断服务子程序的入口地址，进而转入中断处理。

正是有了中断的处理，才有可能让计算机对多种外部设备的请求、各种情况的发生及时地应对。

2. 常用的输入设备

（1）键盘

键盘是计算机最常用的输入设备之一，其作用是向计算机输入命令、数据和程序，通常使用 PS/2 或 USB 接口与主机连接。键盘由一组按阵列方式排列在一起的按键开关组成，按下一个键，相当于接通一个开关电路，把该键的位置信息通过接口电路送入计算机。键盘根据按键的触点结构分为机械触点式键盘、电容式键盘和薄膜式键盘几种。目前，微型计算机上使用的键盘都是标准键盘（101 键、103 键等），通常将其分为 4 个区：功能键区、主键盘（标准打字键区）、小键盘（数字键区）和编辑键区，如图 3-20 所示。

键盘上各键符号及其组合所产生的字符和功能，在不同的操作系统和软件支持下有所不同。在主键盘和小键盘上，大部分键面上有双字符，这两个字符分别称为该键的上档符和下档符。常用键的功能如表 3-3 所示。

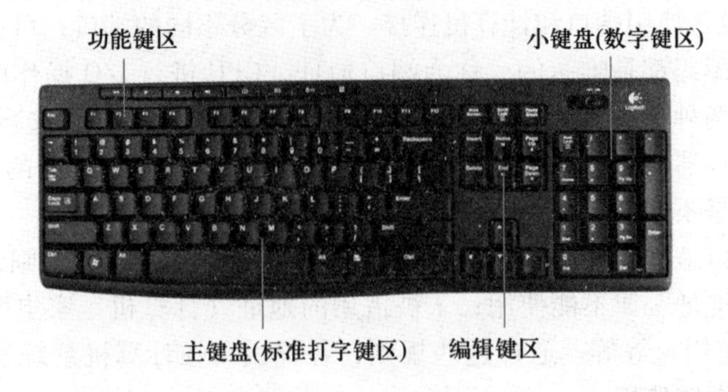

图 3-20　键盘布局

表 3-3　常用键的功能

常　用　键	功　　能
Shift（上档键）	用来控制上档符与下档符的输入以及字母的大小写
←（Backspace，退格键）	光标退回一格，即光标左移一个字符的位置，同时删除原光标左边位置上的字符
Enter（回车键）	不论光标处在当前行中什么位置，按此键后光标将移至下行行首；也表示结束当前行或段落的输入
Space（空格键）	按下此键输入一个空格，光标右移一个字符位置
Ctrl（控制键）	用于与其他键组合成各种复合功能的控制键
Alt（交替换档键）	用于与其他键组合成特殊功能键或控制键
Esc（强行退出键）	按此键可强行退出程序
Print Screen（屏幕复制键）	在 Windows 系统下按此键可以将当前屏幕内容复制到剪贴板

除了图 3-20 所示的标准形状键盘外，还出现了如人体工程学等样式的键盘，以方便不同人群的使用。

（2）鼠标

鼠标给人机交互方式带来了巨大的变革，它奠定了现代计算机操作方式的基础。鼠标是一种输入设备，几乎取得了和键盘同等重要的地位。目前常用的鼠标是新型光电式鼠标，这种鼠标取消了滚球、编码轮等机械零件，使用时，在红色光源照射下的桌面被 CCD 器件不断照相，前后两张照片被不断比较，用集成电路判断出位移信息，再把位移数据传输到计算机中。经过软件对位移数据计算后，再把箭头图形按新位置重新画在屏幕上。早期的机械式鼠标使用底部滚球，当手持鼠标在桌面上移动时，小球也相对转动，通过检测小球在两个垂直的方向上移动的距离，将其转换为数字量送入计算机进行处理来实现定位。

鼠标采用 PS/2 接口、USB 接口或蓝牙等无线方式进行数据传输。通常见到是两键鼠标，当 Web 大量应用后，鼠标上增加了滚轮，可方便上下滚动网页画面。也有多按键鼠标，各按键的功能可以由所使用的软件来定义，在不同的软件中使用鼠标，其按键的作用可能不同。使用鼠标时，通常是先移动鼠标，使屏幕上的光标固定在某一位置上，然后再通过鼠标上的按键来确定所选项目或完成指定的功能。

3. 常用的输出设备

（1）显卡和显示器

显卡的作用是将主机的输出信息转换成字符、图形和颜色等信息，传送到显示器上显示。显卡按结构形式可分为独立显卡和集成显卡。独立显卡是指将显示芯片、显存及其相关电路单独做在一块电路板上，自成一体作为一块独立的板卡存在，它需占用主板的扩展插槽。集成显卡是将显示芯片、显存及其相关电路都做在主板上，与主板融为一体。

显示器是计算机重要的输出设备，它通过信号线同显卡连接，用于显示计算机发出的信息。显示器主要有 CRT（阴极射线管）显示器和 LCD（液晶显示器）等几种类型，LCD 为目前应用的主流。显示器相关参数主要有颜色、分辨率、点（栅）距、尺寸等。

（2）打印机

打印机也是计算机主要的输出设备，它能将计算机中的数据以单色或彩色字符、汉字、表格、图像等形式打印在纸上。打印机的种类很多，目前常见的有针式打印机、喷墨打印机和激光打印机等。

（3）声卡和音箱

声卡是实现音频模拟信号与数字信号相互转换的一种硬件设备，它把来自话筒的模拟信号加以转换，输出到耳机、扬声器、扩音机、录音机等声响设备。声卡和主板的接口类型可分为板卡式、集成式和外置式 3 种。板卡式声卡是把声卡直接插接在主板 PCI 插槽上，适于高音质的发挥；集成式声卡是把声卡集成在主板上，具有不占用 PCI 接口、成本更为低廉、兼容性更好等优势，能够满足普通用户的绝大多数音频需求；外置式声卡通过 USB 接口与计算机连接，具有使用方便、便于移动等优势。

音箱是将音频信号还原成声音信号的一种装置，音箱包括箱体、喇叭单元、分频器和吸音材料 4 个部分。有源音箱（Active Speaker）是指带有功率放大器的音箱，如多媒体计算机音箱、有源超低音箱以及一些新型的家庭影院有源音箱等。有源音箱由于内置了功放电路，使用者不必考虑与放大器匹配的问题，同时也便于用较低电平的音频信号直接驱动。无源音箱（Passive Speaker）是内部不带功放电路的普通音箱。音箱可以通过功率、信噪比等参数来评价其性能。

思考与练习

1. 简答题

（1）简述图灵机模型结构，主要包含哪些部件，其功能是什么。

（2）计算机系统采用“总线结构”的优点有哪些？

（3）根据个人理解，简单绘制微型计算机的基本组成结构。

（4）结合个人需要，简单设计并规划购买一台台式微型计算机的主要性能指标。

2. 填空题

(1) 冯·诺依曼计算机结构主要包括运算器、控制器、存储器、输入设备和________。

(2) 设置高速缓冲存储器的主要目的是为解决内存与________速度不匹配的问题。

(3) 总线按其传输的内容可分为数据总线、地址总线和________。

(4) 常用的USB接口的工作方式采用________。

3. 选择题

(1) 冯·诺依曼计算机的基本原理是（　　）。

A）程序外接　　B）逻辑连接　　C）数据内置　　D）程序存储

(2) 在计算机工作时，RAM用来存储（　　）。

A）系统参数　　B）数据和信号　　C）程序和数据　　D）ASCII码

(3) 不能用于外存储器的是（　　）。

A）硬盘　　B）磁带　　C）ROM　　D）光盘

(4) 在微机主板上，为CPU等设备提供服务的是（　　）。

A）南桥芯片组　　B）北桥芯片组　　C）扩展插槽　　D）控制总线

(5) 下面对串行接口的描述，正确的是（　　）。

A）按字位一个一个地进行数据传输　　B）按字节进行数据传输

C）以随机方式进行数据传输　　D）以分布式进行数据传输

(6) 下面对微机主板功能的叙述中，不正确的是（　　）。

A）提供安装CPU、内存和各种功能卡的插座

B）为各种常用外部设备提供接口

C）所有型号的微机主板结构一样

D）芯片组决定了主板的功能，是主板的灵魂

4. 网上练习

(1) 上网查询当前最典型的微型计算机设备的主要技术参数、厂家、价格等信息。

(2) 上网查找有关微型计算机主板的最新发展，写出你的见解。

5. 课外阅读

(1) 耿增民，孙思云. 计算机硬件技术基础［M］. 2版. 北京：人民邮电出版社，2012.

(2) 唐朔飞. 计算机组成原理［M］. 2版. 北京：高等教育出版社，2008.

第 4 章

计算机软件

本章导读

电子教案

硬件是计算机的“躯体”，软件是计算机的“灵魂”。 没有软件的计算机仅仅是一台没有任何功能的机器，也称为裸机。 软件使计算机呈现出多种个性，如安装相应的计算机软件，可使计算机成为一个文字处理机、计算器、绘图仪、电话、控制设备等，甚至可以同时具有这些功能。 而操作系统（Operating System，OS）是计算机软件和计算机硬件之间起媒介作用的软件，是用户方便有效地使用计算机的软、硬件资源的桥梁或接口。

本章学习导图

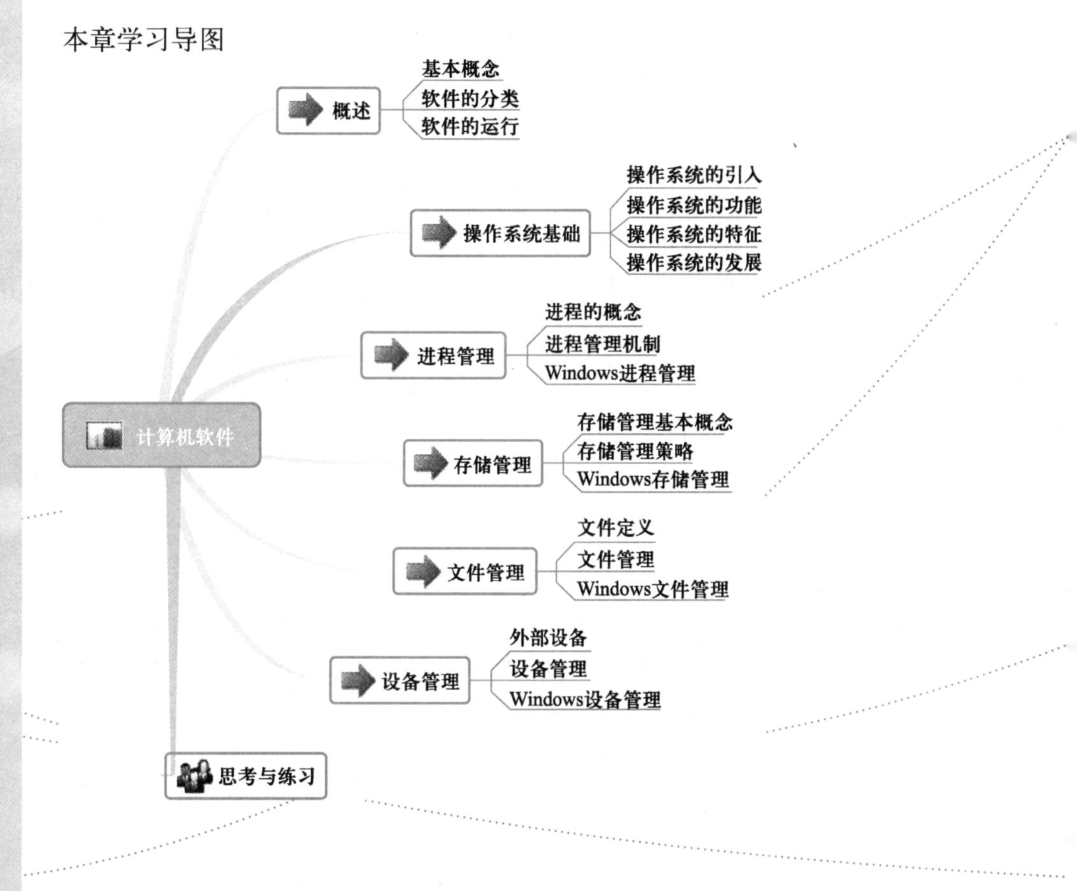

4.1 概述

在计算机问世初期，“计算机”一词实际上只是指“计算机硬件”。进入 20 世纪 60 年代，由于程序设计技术的进步，才形成“计算机硬件”和“计算机软件”的概念。因为当时程序、数据存放在柔软的纸带上，所以相对于硬邦邦的机器，人们称程序为软件，这是初期的概念，并不准确。软件源于程序，但是慢慢地人们认识到文档的重要性，对软件的理解又深了一层，认为软件是程序和文档的总和。程序是让机器读的，文档是给人看的，只有完善的文档才能保证软件开发者、甚至非软件开发者能够修改已开发好的程序或软件。

4.1.1 基本概念

1. 程序

“程序”作为一个名词，在汉语词典中的解释为“事情进行的先后顺序；也指一定的工作步骤”，如大会程序、旅游日程等。计算机是一种工具，为计算机安排工作的程序就是计算机程序。在计算机科学中，一个计算机程序是一套详细地、一步一步地指导计算机解决一个问题或完成一项任务的说明。

计算机程序就是计算机按一定的动作步骤完成指定任务的一系列命令，一个软件是由一个或多个程序构成的。例如，需要计算机完成一个四则运算题，就必须告诉计算机，第一步完成括号内的运算，第二步完成乘除法运算，第三步完成加减法运算，这就是算法。而计算机程序就是按照算法所描述的步骤告诉计算机怎样做的一组命令集合。这些命令都是用计算机语言来编写的，用计算机语言编写计算机程序的过程叫程序设计或编写程序（即编程）。

计算机程序是用一种计算机能够翻译并执行的语言来书写的。例如，使用 Python 语言打印一个由符号“ * ”组成的倒三角图形的程序，如图 4-1 所示。

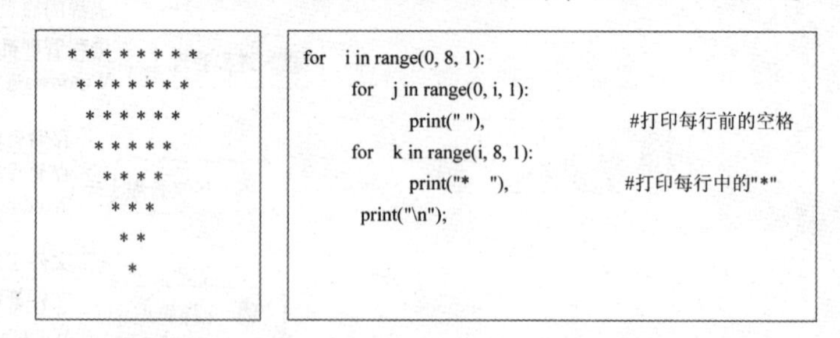

图 4-1 Python 语言打印倒三角图形的程序

无论何种型号的计算机，只要配备相应的高级语言的编译或解释程序，都可执行该高级语言编写的程序。

2. 软件

在计算机系统中，程序是不可缺少的。相对硬件而言，程序群称为软件。也就是说计算机软件的实体是程序，软件的概念就是从这样实际的问题开始并逐渐明确下来的。通常软件被定义为与计算机系统的操作有关的计算机程序、规程、规则以及任何与之有关的文件。作为一个学科的研究对象，从学术的角度看软件存在个体、整体和学科三层含义。

(1) 个体含义

计算机系统中某个程序及其文档，如文字处理软件 Word、火车售票管理系统、图像处理软件 Photoshop 等。

(2) 整体含义

特定计算机系统中所有个体软件的总称。如某台计算机中所有具体软件——Windows、游戏软件、Visual C ++ 、Word、Excel 等的总称。

(3) 学科含义

在研究、开发、维护和使用中，前述含义下的软件所涉及的理论、方法、技术所构成的学科，规范的名字应为软件学，但日常情况下常被简称为软件。例如：你搞什么的？搞软件的。回答中所提到的软件是软件学，是对一个学科的描述。

3. 软件的组成

“软件就是程序，开发软件就是编写程序”是一个错误观念。事实上，正如 Boehm 指出的：软件是程序以及开发、使用和维护程序所需的所有文档。比较公认的一种定义为软件由以下 3 部分组成。

① 在运行时能提供所希望的功能和性能的指令集，即程序。

② 使程序能够正确运行的数据结构。

③ 描述程序研制过程、方法及使用的文档。

简单地说，软件包括程序和文档两部分；程序是指适合于计算机处理的指令序列以及所处理的数据；文档是与软件开发、维护和使用有关的文字材料。

4. 软件的特点

软件作为计算机产业的产品具有一切工业产品应有的特点，同时也具有其他传统生产行业产品不同的地方，概括起来有如下特征。

① 软件是一种逻辑实体，不是具体的物理实体。

② 软件产品的生产主要是研制。

③ 软件具有“复杂性”，其开发和运行常受到计算机系统的限制。

④ 软件成本昂贵，其开发方式目前尚未完全摆脱手工生产方式。

⑤ 软件不存在磨损和老化问题，但存在退化问题。

4.1.2 软件的分类

软件内容丰富、种类繁多，从不同角度可以有不同的分类方式。通常，按照软件功能划分可以分为系统软件和应用软件。系统软件中的操作系统是软件的核心，任何计算机系统都必须装有操作系统，才能构成完整的运行平台。应用软件依赖系统软件，也就是说，不同的应用软件要在其支持的操作系统下才能够运行。当然，目前很多软件开发商考虑到这一点，一些应用程序可以运行在多个操作系统平台下。

1. 系统软件

一般来说，人们将软件粗略地分为系统软件和应用软件。但是由于系统软件所包含的内容较为庞杂，因此专业上又将系统软件进一步细分，将靠近硬件部分的软件称为系统软件，而将支持应用软件开发的软件称为支撑软件。系统软件包含操作系统、设备驱动程序和编译系统；支撑软件是提供给软件开发者研制适用于解决各种问题的程序的开发环境，如各种编程语言、数据库系统、图形软件开发包等。

2. 应用软件

应用软件是为解决计算机各类应用问题而编制的软件系统，具有很强的实用性。它是在系统软件支持下开发的，一般分为应用软件包和用户程序两类。

应用软件包是为实现某种特殊功能或计算的独立软件系统，如办公软件 Office 套件、动画处理软件 Flash、图形图像处理软件 Photoshop、科学计算软件 Matlab 等。

用户程序是用户为解决特定的具体问题而二次开发的软件，是在系统软件和应用软件包的支持下开发的，如人事管理信息系统、财务管理信息系统和学籍管理信息系统等。

任何软件都是由开发人员或制造商编写的一系列程序和数据的集合，还包括一系列技术文档与用户使用手册，通常都是以软件包的方式出售，或是以压缩包的形式放在网络上供用户免费下载使用。

计算机应用软件是为满足用户不同领域、不同问题的应用需求，在计算机支撑环境下，使用各种计算机语言编制的应用程序的集合，分为计算机应用软件包和用户程序。计算机应用软件包是利用计算机解决某类问题，而程序集合是供多用户使用的。

4.1.3 软件的运行

1. 软件程序包

一个软件能够支持大量应用的原因是有能够完成各项功能的程序，并使用一个具有特殊功能的软件将这些程序打包成为一个可以安装的程序包，用户安装这个程序包后，就可以使用这个软件提供的各种功能了。一般这个程序包都包含一个可执行的安装程序，如在 DOS 或 Windows 系统下这个安装程序的扩展名为 . exe 或 . com，在 Mac OS x 下扩展名一般为 . app。除了安装程序外，软件程序包中还包括一些功能程序、数据文件等。例如，一个游戏软件包括程序和图片（ *. bmp 等）、音效（ *. wav 等）、说明（ *. txt 等）等附件。

2. 软件运行环境

软件运行环境即运行软件所需要的各种条件，包括软件环境和硬件环境。软件的运行受制于硬件和运行系统的环境。例如，各种操作系统需要的硬件支持是不一样的，一些要求支持64 位运算的 CPU，另一些要求 32 位即可；而许多应用软件不仅仅要求硬件条件，还需要软件环境的支持，通俗讲就是 Windows 支持的软件，Linux 不一定支持，苹果的软件只能在苹果机上运行，如果这些软件需要跨平台运行，必须修改软件本身，或者模拟它所需要的软件环境。

运行环境对应用程序的重要性是不言而喻的。例如，用 C 在 Windows 上开发的一个软件要用到许多 Windows 系统里提供的各种接口（如 API、DLL 等），这样开发出的程序移植到其他系统平台（如 MSDOS、Mac OS、Linux、UNIX 等）上时，因为其他系统并没有提供这些接口程序，就会使软件无法运行。一个软件产品一般都会说明是基于某某操作系统平台上运行的。

操作系统软件的运行分为正常模式和安全模式。其中，安全模式是操作系统用于修复系统错误的专用模式，是一种不加载任何驱动的最小系统环境，用安全模式启动计算机，可以方便用户排除问题，修复错误。

3. 软件的运行过程

软件的运行需要各种资源的支持，为理解软件在计算机内的工作过程中对于不同资源的需求和使用，在不考虑各种因素之间的穿插和交互的情况下，从一个线性的角度描述从软件的编写、运行到获得结果的工作流程，如图4-2所示。

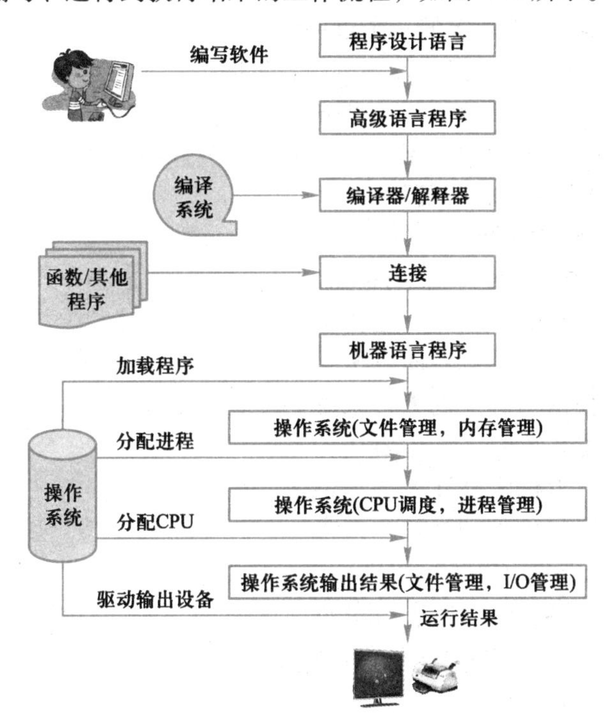

图4-2 软件的运行过程

从图4-2可以看出，程序的运行至少需要如下4个因素：程序设计语言、编译系统、操作系统、计算机硬件系统。使用者通过程序设计语言编写需要计算机完成的任务文档（程序），编译系统将此任务文档翻译成为计算机能够理解的机器语言程序，操作系统则负责分配运行此程序所需要的资源，最后是计算机硬件完成任务文档所描述的任务，并将结果呈现给用户。

4.2 操作系统基础

系统软件是最靠近硬件的一层，是计算机系统必备的软件，其他软件一般都是经过系统软件发挥作用的。系统软件的功能主要是用来管理、监控和维护计算机的资源，以及用以开发应用软件。系统主要包括操作系统、各种语言及其处理程序、系统支持和服务程序、数据库管理系统等各个方面的软件，其核心软件是操作系统。

4.2.1 操作系统的引入

1. 何谓操作系统

从操作系统在整个计算机系统中的地位和所起的作用，人们常描述操作系统为计算机上任何时候都要运行的程序。这是一种不严格的说法。比较准确地说，操作系统是控制和管理计算机资源、合理地对各类作业进行调度（组织计算机工作流程）以及方便用户的程序集合。

操作系统是计算机软件系统的一个重要组成部分，是一个介于计算机硬件和应用软件之间的一个软件系统，掌控着计算机内发生的一切事情。最原始的计算机并没有操作系统，而是直接由人来掌控事情，即所谓的单一控制终端、单一操作员模式。但是随着计算机复杂性的增长，人已经不能胜任直接掌控计算机了。于是人们就编写出操作系统这个“软件”来掌控计算机，将人类从日益复杂的任务中解脱出来。操作系统在计算机中的层次结构如图 4-3 所示。

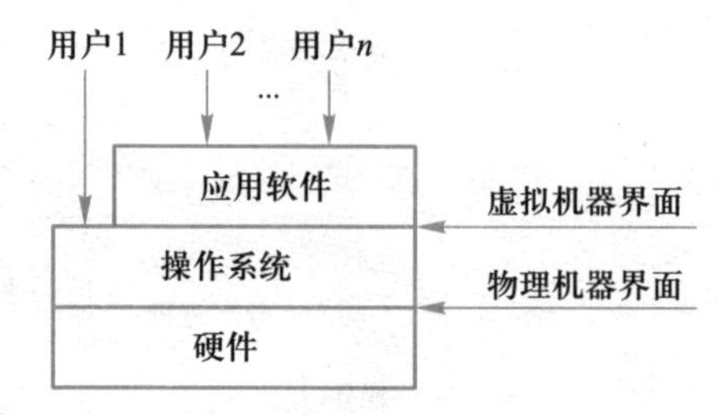

图 4-3 操作系统在计算机中的层次结构

计算机硬件呈现的是处理器、内存条、磁盘、接口插槽和其他电路装置，这些被称为物理机器界面。物理机器界面对于那些为了使用计算机而编写程序的人员来说是非常复杂的，操作系统的一个主要任务就是隐藏这些硬件，为程序设计人员提供一个友好的操作计算机硬件的界面，即虚拟机器界面。虚拟机器界面提供给用户操作计算机的一个通用界面，然而这个通用界面不能满足特定任务的需要，很多应用软件为使用者提供了专用操作界面，如 IE 浏览器、Photoshop 绘图软件、WPS 文字处理软件等。

2. 设置操作系统的目标

设计操作系统的目的是为了使用户操作计算机更加方便，使计算机的运行效率更高，更方便地扩充计算机的功能以及为计算机程序提供良好的移植性。所以说，操作系统应具有方便性、有效性、可扩充性和开放性的特点。

（1）方便性

假如一台计算机没有装载操作系统，那么用户必须使用机器语言进行程序设计，计算机硬件只能识别 0 和 1 这样的机器代码，而这是大多数用户无法胜任的工作。安装了操作系统的计算机，用户可以通过操作系统提供的各种命令使用计算机系统。因此，从用户的观点看，操作系统向用户提供了一个方便的、良好的、一致的用户接口，弥补了硬件系统的类型和机器命令的差别。

（2）有效性

在计算机系统中包含有各类资源（如 CPU、内存、I/O 设备等），如何合理有效地组织这些资源是设计操作系统的主要目标之一。在未配置操作系统的计算机中，由于 CPU 运行速度远远高于 I/O 设备，使得 CPU 常常处于空闲状态而得不到充分利用；

内、外存中存放的数据也会由于缺少管理而处于无序状态，浪费存储空间。配置了操作系统，可以使 CPU 和 I/O 设备尽可能保持忙碌状态来提高运行效率，数据在内、外存中的有序存放将提高存储空间的利用率。因此，设置操作系统的目的就是充分、合理地使用计算机的各种软、硬件资源，按照需要和一定规则对它们进行分配、控制和回收，以便高效地向用户提供各种性能优良的服务。

（3）可扩充性

随着计算机技术的高速发展，计算机硬件和体系结构也随之得到迅速发展。这就要求操作系统的设计必须具有很好的扩充性以适应这种发展。这就是说，操作系统应采用模块化的结构，以便于增加新的功能模块和修改老的功能模块。目前的操作系统均为模块化的结构，且大部分用 C 语言编写，而 C 语言具有方便、有效、程序代码紧凑等特点，更方便了对系统的阅读和修改。

（4）开放性

操作系统的开放性就是实现应用程序的可移植性和互操作性。由于大部分操作系统程序都是用 C 语言编写，虽然在效率上 C 语言比汇编语言稍差，但具有很多汇编语言无法比拟的优点，它隐藏了具体机器的结构，即 C 语言程序不依赖于具体机器，从而使得操作系统易于移植到各种机器上。

操作系统最主要的目标是方便性和有效性。过去由于计算机资源非常昂贵，因此主要强调有效性。近十几年来随着计算机技术的飞速发展，计算机硬件价格大幅度下降，因此更加重视方便性。

3. 操作系统层次结构

从操作系统对硬件资源和软件资源进行控制和管理的角度看，操作系统分为系统层、管理层和应用层。内层为系统层，具有初级中断处理、外部设备驱动、CPU 调度以及实时进程控制和通信等功能；系统层外是管理层，功能包括存储管理、I/O 处理、文件存取、作业调度等；最外层是应用层，是接收并解释用户命令的接口，该接口允许用户与操作系统交互。某些操作系统的用户界面只允许输入命令行，而有些则通过选择菜单和图标来实现操作目的。操作系统控制着所有程序和应用软件的加载和执行，其层次结构如图 4-4 所示。

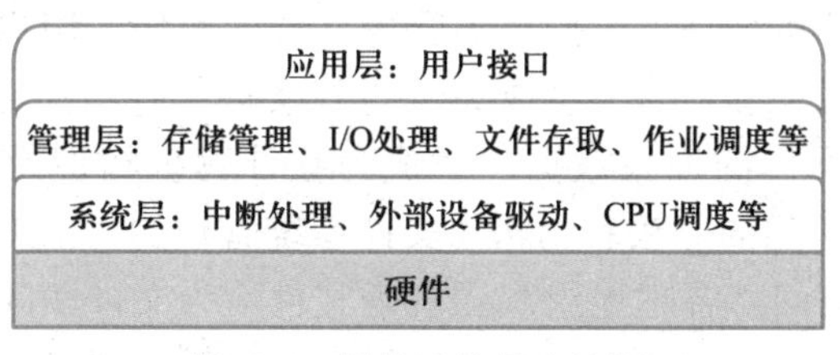

图 4-4　操作系统层次结构

4.2.2　操作系统的功能

从资源管理的角度来看，操作系统主要用于对计算机的软、硬件资源进行控制和管理，主要分为 CPU 管理、存储管理、设备管理、文件管理和用户接口五部分。

1. CPU 管理

CPU 管理，即如何分配 CPU 给不同应用和用户，也可以说 CPU 管理就是所谓的进程管理。进程是 CPU 进行资源分配的单位，进程管理的主要目的有 3 个：一是公平，即每个程序都有机会使用到 CPU；二是非阻塞，即任何程序不能无休止地阻止其他程序的正常推进，如果一个程序在运行过程中由于需要输入/输出或者别的什么事情而发生阻塞，这个阻塞不能妨碍别的程序继续前进；三是优先级，即某些程序比另外一些程序优先级高，如果优先级高的程序开始运行，则优先级低的程序就要让出资源。

2. 存储管理

存储管理，即如何分配存储空间给不同应用和用户，主要包括对内存和外存的管理两部分。存储管理的主要功能是管理缓存、主存、磁盘、磁带等存储介质所形成的存储架构。为达到此目的，操作系统设计了虚拟内存的概念，即将物理内存（缓存和主存）扩充到外部存储介质（磁盘、光盘和磁带）上。这样内存的空间就大大地增加了，能够运行程序的大小也大大地增加了。管理的另一个目的是让很多程序共享同一个物理内存。这就需要对物理内存进行分割和保护，不让一个程序访问另一个程序所占的内存空间。

3. 设备管理

设备管理就是管理输入/输出设备，即如何分配输入/输出设备给应用和用户。设备管理的主要任务是完成用户提出的 I/O 请求，为用户分配 I/O 设备，并控制 I/O 的执行。其目的有两个：一是屏蔽不同设备的差异性，即用户用同样的方式访问不同的设备，从而降低编程的难度；二是提供并发访问，即将那些看上去并不具备共享特性的设备，如打印机，变得可以共享。设备管理的功能应具有缓冲管理、设备分配、设备处理以及设备独立性和虚拟设备等功能。

4. 文件管理

文件管理是对计算机系统的软件资源和用户文件进行管理的程序系统。软件资源主要包括各种系统程序、标准程序库、应用程序以及用户文档资料等，它是一组具有一定逻辑意义、相关联的信息（程序和数据）的集合，在计算机系统中将这些信息以文件的形式存储在外部存储器上。所以，对计算机系统中各类软件资源的管理即是对文件的管理。操作系统本身也是一组软件资源，它由一系列系统文件组成，在计算机运行时也要对这些文件进行组织和管理。

操作系统中的文件系统是负责操作和管理文件的模块，用户使用计算机时与系统打交道最多的就是文件系统，如建立文件、查找文件、打印文件等。也就是说，文件系统实际上是把用户操作的抽象数据映射成为在计算机物理设备上存放的具体数据“文件”，并提供文件访问的方法和结构。文件系统管理的目的就是根据用户的要求有效地管理文件的存储空间、合理地组织和管理文件，为文件访问和文件保护提供有效的方法和手段；并实现按文件名存取，负责对文件的组织以及对文件存取权限、打印等的控制。

5. 用户接口

用户接口是操作系统的五大管理功能之一，是用户走进计算机世界、实现各种预期目的的唯一通道和桥梁。用户接口分为命令接口、程序接口和图形化接口。

命令接口：是用户以键盘命令或命令文件形式将所需处理的任务提交给操作系统处理的一种交互形式。

程序接口：在操作系统内核包含一组实现各种特定功能的子程序，用户在编写应用程序时，可调用这些子程序完成相应功能，称为系统调用。程序接口即操作系统供用户使用系统调用的接口，常简称为API接口。

图形接口：是操作系统向用户提供的一种基于图形描述的简单、直观地使用操作系统服务的方式。

目前计算机的用户接口大多数提供了图形工作界面，如Windows操作系统、苹果操作系统。即便是UNIX、Linux，为了适应广大用户的需求也都分别提供相应的图形工作界面。

4.2.3 操作系统的特征

操作系统是系统软件的核心，配备操作系统是为了提高计算机系统的处理能力，充分发挥系统资源的利用率，方便用户的使用。虽然现在操作系统种类繁多，每种操作系统都具有各自的特征，但其根本特征是对资源的抽象和共享。

1. 资源抽象

资源抽象是操作系统的主要方面，如何理解操作系统对资源的抽象呢？下面通过一个例子进行介绍。

【例4-1】操作系统执行从内存复制信息到磁盘的操作。

这项工作需要经过三项操作，使用下列三条命令描述：

```
load(block,length,device)
seek(device,track)
out(device,sector)
```

首先命令load从内存地址block处复制长度为length的内容到磁盘缓存区device，然后执行搜索命令seek移动磁头到磁盘的指定磁道track，最后执行输出命令out把磁盘缓存区device中的内容写入磁盘指定磁道（track）的扇区（sector）。

如果已知磁盘缓存区为“D”、复制目的地磁盘的磁道号为“158”、扇区号为“7”，复制内容的长度为100，则上述操作可写成如下命令形式：

```
load(block,100,D)
seek(D,158)
out(D,7)
```

将上述操作简单抽象写成如下过程：

```
void write(ch *block,int len,int device,int track,int sector)
```

则完成从内存复制信息到磁盘的操作可以描述为：

```
write(block,100,device,158,7)
```

再进一步抽象：（track，sector）用非负整数disk表示一个逻辑地址，则上述操作表示为：

```
write(block,100,device,disk)
```

其中，disk 为逻辑数，由系统转换为复制目的地的磁道和扇区号（158，7）。再对此描述做进一步抽象：disk 抽象表示成文件，内存 block 的信息存放在变量 datum 中，写入 device 的首地址是文件指针处（offset），offset 转换为物理地址，则上述操作被进一步简化描述为：

```
fprintf(fileID,"% d",datum)
```

由此抽象过程可见，需要三条命令直接对磁盘、磁道、扇区进行的复杂数据操作变为简单的一条命令和三个描述数据的变量符号即可完成的简单操作。这就是操作系统要完成的工作，隐藏了复杂难记的计算机硬件操作命令，给用户提供一个简单易行的操作界面。

2. 虚拟机

资源抽象的结果是用户操作计算机不再是直接向计算机硬件发布命令，而是通过操作一系列代表计算机资源的符号或图标实现对计算机的应用。这样就产生了一个新的概念——虚拟机（Virtual Machine）。虚拟机是指通过软件模拟的、具有完整硬件系统功能的、运行在一个完全隔离环境中的完整计算机系统。

通过虚拟机软件，可以在一台物理计算机上模拟出两台或多台虚拟的计算机，这些虚拟机完全就像真正的计算机那样进行工作，如可以安装操作系统、安装应用程序、访问网络资源等。对于用户而言，它只是运行在物理计算机上的一个应用程序，但是对于在虚拟机中运行的应用程序而言，它就是一台真正的计算机。因此，当在虚拟机中进行软件评测时，可能系统一样会崩溃；但是，崩溃的只是虚拟机上的操作系统，而不是物理计算机上的操作系统，并且，使用虚拟机的"Undo"（恢复）功能，可以马上将虚拟机恢复到安装软件之前的状态。

目前流行的虚拟机应用程序有 VMware、MS VPC 和 Swsoft 等。VMware 公司的虚拟机服务器产品有两种：VMware Server 和 VMware Workstation。VMware Server 具有易于管理客户操作系统的特性，如 Web 管理工具和远程虚拟监视器等；VMware Workstation 是 VMware 的普通产品。MS VPC 是微软的虚拟机产品，主要应用于 Windows 领域。Swsoft 则专注于 Linux 领域。

3. 并发性

使用计算机的经验告诉人们计算机可以同时运行多个程序，如图 4-5 所示。

图 4-5　Windows 7 操作系统同时运行多个程序

图4–5中，Windows 7操作系统工作界面的任务栏中含有6个程序图标，其中IE浏览器、资源管理器、Word和画笔4个图标代表的应用程序正处于运行中，IE浏览器打开了4个应用，也就是说在计算机内存中同时存放着多道相互独立的程序，并使它们处于管理程序控制之下，相互穿插地运行。这就称为多道程序设计。多道程序设计是现代计算机的特征，多道程序技术运行的特点是宏观上并行、微观上串行。

多道程序设计允许多个程序同时进入一个计算机系统的主存储器并启动进行计算，即计算机内存中可以同时存放多道（两个以上相互独立的）程序，它们都处于开始和结束之间。从宏观上看是并行的，多道程序都处于运行中，并且都没有运行结束；从微观上看是串行的，各道程序轮流使用CPU，交替执行。引入多道程序设计技术的根本目的是为了提高CPU的利用率，充分发挥计算机系统部件的并行性，现代计算机系统都采用了多道程序设计技术。

并发是多道程序设计中必须面对和必须处理的现象，所谓并发是指多个程序在某段时间里都处于运行状态。也就是说，在任一时间段里系统中不再只有一个程序处于活动状态，而是存在着许多个程序处于活动状态。需要注意的是，并发和并行是既相似又有区别的两个概念。并行是指两个或多个事件在同一时刻发生。在单CPU的计算机系统中，只可能发生程序的并发运行。传统的操作系统讨论的对象是单CPU计算机系统，对于目前的多CPU计算机系统，并发和并行同时存在。

4. 资源共享

资源共享可以简单地解释为将自己所拥有的资源与他人共同分享使用，这样大家就都获得了更多的可用资源。以目前广泛使用的互联网来说，每个提供信息的网站拥有大量的资源，登录互联网的用户可以同时浏览或下载相同或不同的图片、视频、文章、音乐等资料，凡是对他人有所帮助的资料都可称为资源，互联网上的这些网站提供的服务就是这些资源的共享。

资源共享是计算机广泛应用的主要特征，操作系统的资源共享就是将操作系统的CPU计算能力、内存和磁盘的存储能力、文件系统中的文件资源以及系统中的硬件设备拿出来让系统中运行的进程或程序共同使用。操作系统实现这种共同使用的方式分为同时共享和分时共享两种。分时共享即轮流共享。因为计算机运行非常快，它迅速地从一个作业转换到另一个作业，造成一种假象：计算机正在同时执行多个任务。在分时系统中，CPU轮流执行每个作业，因为轮换很快，所以一个用户的运行不影响其他用户运行，例如用户从键盘每秒输入7个字符，已经很快了，但CPU运算速度非常快，相对来说用户动作和命令执行速度很慢，CPU处理能很快地从一个用户转到另一个用户，响应时间通常不超过1秒，由此用户感觉是独占了CPU。

5. 操作系统工作界面

操作系统是用户与计算机之间的桥梁，操作系统的用户接口为用户提供了具体使用操作系统的方法。用户接口分为命令接口和程序接口，程序接口是提供给编程人员使用系统调用请求操作系统提供服务的方式，而命令接口则为用户提供了与操作系统直接进行交互的工作界面。命令接口又可分为命令行工作界面和图形窗口工作界面。

（1）命令行工作界面

按照对作业控制方式的不同，命令接口分为脱机命令接口和联机命令接口两类。

脱机命令接口又称为批处理命令接口。一般在批处理系统中的脱机工作方式下，系统提供作业控制语言。用户使用作业控制语言书写一份作业操作说明书，操作系统根据这份作业操作说明书分配资源、注册作业，并对作业实施控制。

联机命令接口是在联机方式下，用户通过命令行完成操作命令的提交。用户通过控制台或终端输入操作命令，用户每输入完一条命令，控制就转入命令解释程序，然后命令解释程序对输入的命令进行解释并执行，完成指定的功能。如图 4-6 所示为 DOS 操作系统下的命令行运行方式。

```
管理员: 命令提示符
Microsoft Windows [版本 6.1.7600]
版权所有 (c) 2009 Microsoft Corporation。保留所有权利。

C:\Users\xu>d:

D:\>dir
 驱动器 D 中的卷是 TOOLS
 卷的序列号是 6C97-9E44

 D:\ 的目录

2012/05/08  09:14    <DIR>          MyDrivers
2013/01/09  09:33    <DIR>          myjava
2012/05/03  10:32    <DIR>          new
2012/03/20  16:29    <DIR>          xu-PC
2012/04/23  18:44    <DIR>          我的资料库
               0 个文件              0 字节
               5 个目录 118,397,075,456 可用字节

D:\>_
```

图 4-6　命令行运行方式

（2）图形窗口工作界面

图形窗口工作界面是指操作系统通过工作窗口提供的菜单、按钮等图形命令方式，使得用户不必记忆命令，只需通过图像选择操作来实现与操作系统的交互，并完成相应的操作功能的提交。微软公司的 Windows 工作界面是典型的图形窗口工作界面。

Windows 7 被外界普遍认为是微软公司历史上最优秀的操作系统。Windows 7 工作界面的透明效果不仅仅是为了美观，其降低了用户对于辅助界面的关注而将注意力更好地集中在关键内容上，如窗体有效区域、任务栏图标。比较图 4-7 所示的 Windows

(a) Windows XP桌面

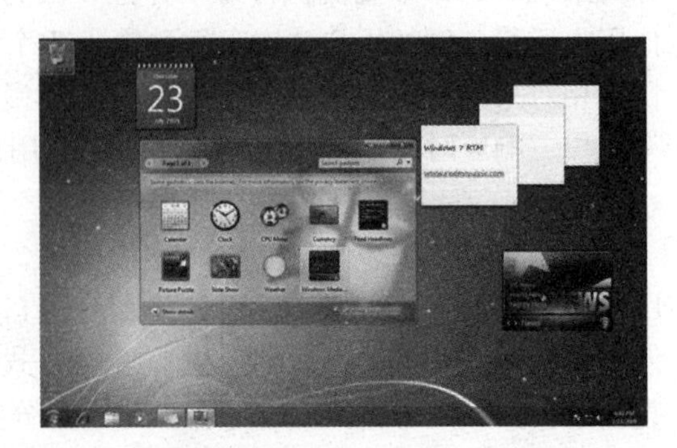

(b) Windows 7桌面

图 4-7　微软的 Windows 工作界面

XP 和 Windows 7 的桌面可见，Windows 7 的透明边框与背景融合的效果能够更加突出重要的内容，让用户的视觉感受不知不觉地忽略边框。

Windows 8 大幅改变了操作系统以往的操作逻辑，提供更佳的屏幕触控支持。Windows 8 分为 Windows 传统界面和 Modern 界面，两个界面可以由用户的喜好自由切换。用户界面将各种应用程序、快捷方式等以动态方块的样式呈现在屏幕上，用户可自行将常用的浏览器、社交网络、游戏等添加到这些方块中，如图 4-8 所示。

图 4-8　微软的 Windows 8 的 Modern 界面

4.2.4　操作系统的发展

操作系统与其所运行的计算机体系结构联系非常密切，而电子器件的创新推动了操作系统的飞速发展。

1. 操作系统发展历程

操作系统经历了 5 个发展阶段，每个阶段具有不同的特征，如表 4-1 所示。

拓展知识 4-1
操作系统发展简史

表 4-1　操作系统发展阶段

发展阶段	年　代	操作系统类型	特点/代表类型
第一代操作系统	1945～1955 年	监控程序，无操作系统	真空管，机器语言，简单数字运算
第二代操作系统	1955～1965 年	批处理操作系统	脱机，批处理作业，多道程序/FMS 和 IBMSYS
第三代操作系统	1965～1970 年	分时操作系统	同时性，独立性，及时性，交互性/MULTICS 和 UNIX 操作系统
第四代操作系统	20 世纪 80 年代	实时，PC 操作系统	开放型，通用性，高性能，微内核/MS - DOS，MacOS
第五代操作系统	20 世纪 90 年代至今	网络，分布各类操作系统	资源管理，进程通信，系统结构/WindowsNT，UNIX，Linux

2. 常见操作系统

（1）Windows 操作系统

Windows 操作系统是由美国微软公司开发的基于图形窗口界面的操作系统，其名称来自“基于屏幕的桌面上的工作区”，这个工作区称为窗口，每个窗口中显示不同的文档或程序，为操作系统的多任务处理能力提供了可视化模型。Windows 操作系统是目前世界上使用最广泛的操作系统，即将发布的最新的版本是 Windows 10。

（2）Linux 操作系统

Linux 是一种自由和开放源码的类 UNIX 操作系统。目前存在着许多不同版本的 Linux，但它们都使用了类 Linux 内核。Linux 可安装在各种计算机硬件设备中，从手机、平板电脑、路由器和视频游戏控制台，到台式计算机、大型机和超级计算机。Linux 是一款领先的操作系统，世界上运算最快的 10 台超级计算机运行的都是 Linux 操作系统。严格来讲，Linux 这个词本身只表示 Linux 内核，但实际上人们已经习惯了用 Linux 来形容整个基于 Linux 内核，并且使用 GNU 工程各种工具和数据库的操作系统。

（3）移动操作系统

随着移动通信技术的飞速发展以及手机的智能化，移动操作系统也受到越来越多的关注。目前主流的手机操作系统有 Windows Mobile 系列、Symbian（塞班）、Android（安卓）、iPhone OS 和 BlackBerry（黑莓）等。

4.3 进程管理

在使用计算机时常常同时运行几个程序，例如，在编辑一个文档时，会同时打开 E-mail 进行邮件的发送，或是边打字边听音乐。那么，此时的操作系统如何为这三个软件分配内存空间？如何为它们分配 CPU 的运算时间？除了这种情况，计算机也常常同时运行同一个程序多次，如使用 QQ 与多个人进行对话，那么此时操作系统又是如何区分这个程序的每次运行过程呢？

4.3.1 进程的概念

1. 处理机管理

CPU 是计算机系统中一个非常重要的资源，不同的 CPU 管理方法将为用户提供不同性质的操作系统，处理机管理的任务是负责调度进程占有 CPU 的运行。进程是处理机分配资源的单位，进程管理是操作系统最关键的部分。

处理机管理的主要任务就是对处理机进行分配，并对其运行进行有效的控制和管理。在多道程序环境下，处理机分配和运行都以进程为基本单元，因此对处理机的管理可归结为进程的管理。处理机管理程序的主要任务是合理地管理和控制进程对处理机的要求，对处理机的分配、调度进行有效的管理，使处理机资源得到充分的利用。

任何一个程序都必须被装入内存并且占有处理机后才能运行。程序运行时通常需要请求调用外部设备，如果程序只能顺序执行，则不能发挥处理机与外部设备并行工作的能力。如果把一个程序分成若干可并行执行的部分，且每部分都能获得独立运行所需要的处理机时间，就能利用处理机与外部设备并行工作的能力，提高处理机的使用效率。

在一个采用多道程序技术的操作系统中，一个时间段内可以有多个进程并发执行。合理地调度这些进程，就可以避免高速的 CPU 等待低速的 I/O 设备的情况，提高 CPU 利用率，从而提高系统的性能。另一方面，同时运行多个进程，就可以同时提供多种服务或者同时为更多的客户服务，这也是操作系统的基本任务。

2. 进程定义

多数情况下，计算机系统内有多个程序在运行，这些程序可能相同，也可能不同。无论计算机同时运行多个程序还是一个程序被多次运行，操作系统都需要为这些程序分配各种硬件资源，安排程序的运行顺序。从各方面看，这些程序的活动需求和活动过程是相似的，因此在计算机系统中把“程序的一次执行”称为一个进程，在这一过程中，进程被创建、运行，直到被撤销完成任务为止。

随着操作系统的不断发展，进程的概念也在不断充实和完善，比较完善的进程定义是“进程是程序在一个数据集合上的一次执行过程，是系统进行资源分配和调度的一个独立单元。”

3. 进程特点

进程具有如下特征：

（1）进程是动态的概念

进程是程序的一次运行活动。在程序的执行过程中，进程记录执行过程的信息，每次均不相同，因此具有动态的特性。程序是功能描述，是静态的、不变化的。

例如，施工队按照图纸造房子，图纸相当于程序，是对所造房子外形、结构等特性的描述，是静态的、不变的；而造房子的过程相当于计算机系统中的进程。一个程序运行多次，产生多个进程；相对应的是，施工队按照一张图纸可以造出多栋房子。再比如，电影的拷贝和影片的放映过程，电影拷贝一经完成就不再改变，且可以长期保存，相当于程序；而影片的放映过程则相当于进程，一份电影拷贝按照时间安排，在多个影院轮流放映，且每次放映活动只延续 1 ~2 小时，具有暂时性，是动态地产生和终止的。

（2）进程包括程序和数据

进程是程序在一个数据集合上的一次执行过程，所以进程包括程序和相关的数据。相关数据包括原始数据、运行环境、运行结果等。

例如，施工队按照图纸造房子，每次造房子会出现很多不同情况，如在不同的地点、不同的施工队和不同的时间安排；电影放映过程中会关联不同影院、不同放映条件、不同的观众和不同的放映员等信息。

（3）在不同数据集合上运行的同一个程序是不同的进程

从进程的定义可知，进程是程序在一个数据集合上的一次运行过程，如一个施工队按照图纸一次建房的过程就是一个进程。同理，程序的多次执行过程对应存在多个进程，如同一或不同的施工队按照同一图纸，在相同时间建房就是多个进程；而对于一个电影拷贝在多个影院的轮流放映，则相当于一个程序对应多个进程的现象，即程序（电影拷贝）相同，数据（放映环境和结果）不同。

（4）进程是资源分配单位

从另一个角度来理解进程概念，进程是程序和相关信息的有机整体：进程 = 程序 + 执行过程中全部有关信息，进程就是程序执行过程中的软、硬件环境，程序是逻辑功能，进程的关联信息可分为三部分：第一，硬件关联信息，中断时将保护/恢复这些信息，使进程再次运行时能从断点开始；第二，软件关联信息，如进程编号、优先级等，记录该进程执行哪些指令，已运行多长时间，用了多少资源；第三，虚拟地址，即程序能访问的地址。

由上述可知，进程的内容比程序要丰富得多。

4.3.2 进程管理机制

1. 进程基本状态

进程调度即 CPU 调度，在多道程序系统中，进程数往往多于处理机数，这样便导致多个进程争用处理机的问题。进程调度的任务就是控制、协调进程对 CPU 的竞争，按照一定的调度算法，使某一就绪进程获得 CPU 的使用权，由就绪状态转变成运行状态。

一个进程是一个程序对某个数据集的执行过程，是系统进行资源分配和调度的一个基本单位。进程在其生存周期内，由于受资源制约，其状态是不断变化的，一般来说有就绪、运行和等待三种基本状态。

就绪状态是指一个进程已经具备运行条件，但由于没有获得 CPU 的使用权而不能运行所处的状态，一旦把 CPU 分配给它，该进程即可运行。处于就绪状态的进程可以有多个，通常将它们排成一个队列，称为就绪队列。运行状态是指进程已获得 CPU 的使用权，且在 CPU 上执行的状态。显然，在单 CPU 系统中，只能有一个进程处于运行状态。等待状态也称阻塞或封锁状态，是指进程因等待某种事件发生而暂时不能运行的状态。例如，当两个进程因竞争使用同一个资源时，没有占用该资源的进程便处于等待状态，它必须等到该资源被释放后才能使用。引起等待的原因一旦消失，进程便由等待状态变为就绪状态。处于等待状态的进程也可以有多个，也将其排成队列。

处于就绪状态的进程在获得 CPU 后即可执行，此时便由就绪状态变为运行状态。正在运行的进程在使用完系统分配的 CPU 时间片后暂时停止运行，这时它就又由运行状态转变为就绪状态；如果正在执行的进程因运行所需要的资源得不到满足，就会由运行状态转变为等待状态，如有的进程因正在等待另一进程的计算结果而无法运行；当获得运行所需的资源时，就会由等待状态变为就绪状态。进程的三种基本状态之间的关系如图 4-9 所示。

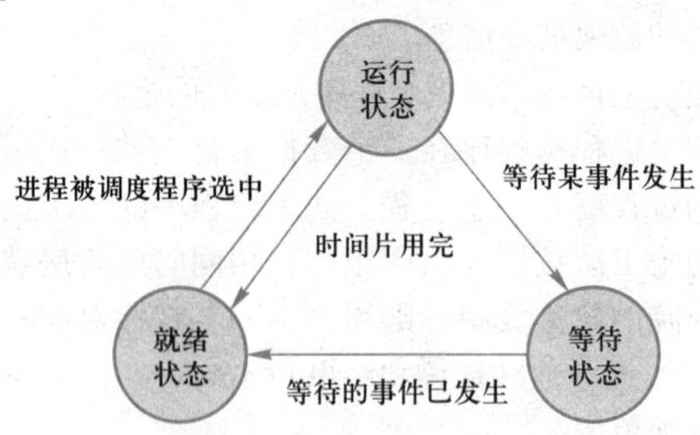

图 4-9 进程状态转换示意图

2. 进程调度算法

进程调度的主要功能就是根据一定的调度算法，从就绪队列中选择一个进程并把 CPU 分配给它，从而让它占有 CPU 运行。常用的调度算法有先进先出算法、时间片轮转算法、最高优先级算法等。

先进先出算法（First In First Out，FIFO）按照进程进入就绪队列的先后顺序进行挑选，即让就绪队列的队首进程优先被选中。该算法的最大弊端就是，一旦将一个执行时间较短的进程放在一个执行时间较长的进程后面执行，就会让该进程等待时间过长，导致吞吐量下降。

时间片轮转算法（Round Robin，RR）是将 CPU 的处理时间分成固定大小的时间片，就绪队列中的进程按到达的先后顺序排队轮流获得一个时间片运行，当选中的进程时间片用完、但并未完成要求的任务时，系统将释放该进程所占的 CPU 而重新排到就绪队列的尾部，等待下一次的调度。如此轮流调度，使得就绪队列中的所有进程在一个有限的时间内都可以轮流获得一个时间片的 CPU 时间，从而满足了系统对用户分时响应的要求。时间片轮转调度算法的示意图如图 4-10 所示。

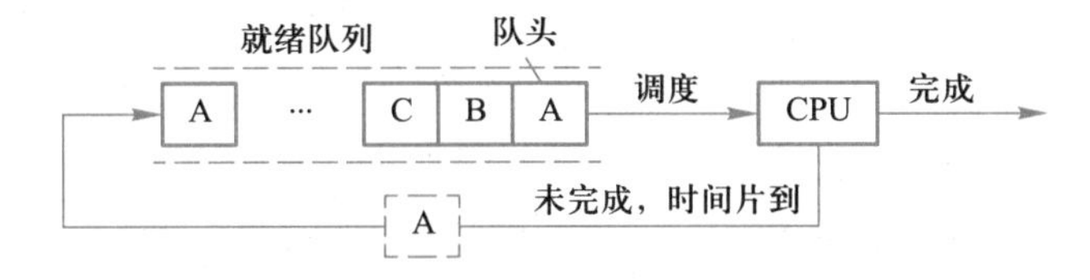

图 4-10　时间片轮转调度算法示意图

最高优先级算法（Highest Priority First，HPF）。对于用户来讲，时间片轮转算法是一种绝对公平的算法，但对系统而言，这种算法不利于系统资源的充分利用和体现不同用户进程之间的差别。因此，在时间片轮转算法的基础上，为进程设置了不同的优先级，就绪队列按进程优先级的不同而排列，进程调度总是从就绪队列中选取优先级最高的进程分配给 CPU 运行。显然，最高优先级算法的核心是如何确定进程的优先级，具体实现方法可参见相关的操作系统教材。

3. 进程与程序的关系

进程与程序是两个既有联系又有区别的概念，类似于铁路交通中所使用的列车和火车的关系。火车是一种交通工具，而列车是已经从某个起点站始发但还没有到达终点站的正在行驶中的火车。火车是静止的，具有运输人或货物的功能和能力；列车是动态的，除了火车本身以外，还包括当前所运载的人和物、起点和终点、当前行驶速度以及所处的位置等动态信息。如果把列车比作进程，那么列车当前所运载的人和物可以看作程序执行时的数据集，而列车当前行驶速度、所处的位置等信息就体现了某一时刻程序执行的情况和状态。

综上所述，进程和程序的主要区别有以下 4 点。

首先，进程是一个动态的概念，而程序是一个静态的概念，也就是说，程序是指令的有序集合，没有执行含义，而进程则强调执行过程，它是动态地被创建，并被调度执行后消亡。第二，进程具有并发特征，而程序没有；进程在并发执行时，由于需要使用 CPU、存储器、I/O 设备等资源，会受到其他进程的影响和制约。第三，进程和程序不是一一对应的，由于进程是程序的执行过程，所以程序是进程的一个组成部分，一个程序多次执行可产生多个不同的进程，一个进程也可以对应多个程序。第四，处于静止状态的程序可以长期保存在外存储器中，不对应任何进程，当程序被处理器执行时，它一定属于某一个或者多个进程；而进程只能是随着程序的运行而产生，当程序执行完毕，进程也就不存在了。

4.3.3 Windows 进程管理

1. 任务管理器

Windows 任务管理器提供了有关计算机性能的信息，并显示了计算机上所运行的程序和进程的详细信息，如果连接到网络，还可以查看网络状态并迅速了解网络是如何工作的。最常见的启动任务管理器的方法如下。

在 Windows 98、Windows 2000、Windows XP 中按 Ctrl + Alt + Delete 组合键就可以直接调出任务管理器。不过如果接连按了两次，可能会导致 Windows 系统重新启动。

在 Windows 7 中按 Ctrl + Shift + Esc 组合键即可调出任务管理器，也可以用右击任务栏的空白处，然后在弹出的快捷菜单中选择“任务管理器”命令，或在“开始”菜单中选择“运行”命令，在弹出的对话框中的文本框中输入“taskmgr. exe”，按回车键来打开任务管理器。Windows 7 中的任务管理器如图 4-11 所示。

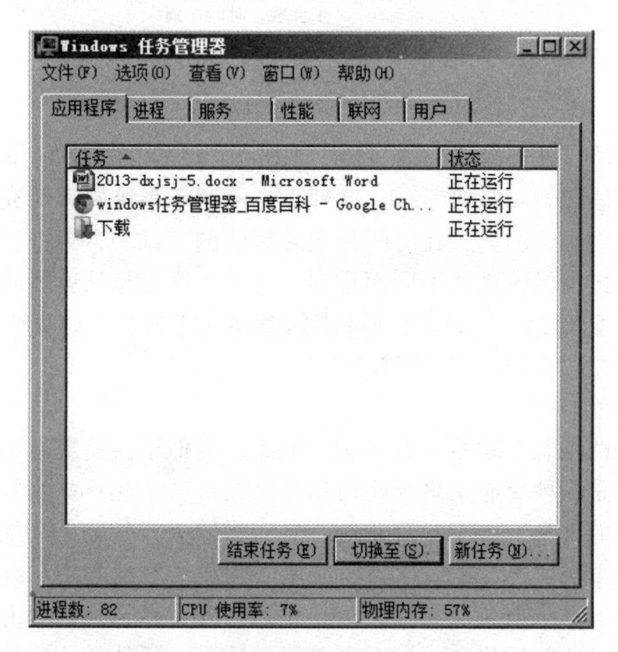

图 4-11 Windows 7 中的任务管理器

2. 任务管理器功能

任务管理器的用户界面提供了“文件”、“选项”、“查看”、“窗口”和“帮助”5个菜单，其下还有“应用程序”、“进程”、“服务”、“性能”、“联网”、“用户”6个选项卡，窗口底部则是状态栏，从这里可以查看当前系统的进程数、CPU 使用率、物理内存等数据，单击“性能”选项卡中的“资源监视器”按钮，还可以查看内存更详细的使用、更改信息。默认设置下系统每隔两秒钟对数据进行一次自动更新。

(1) 应用程序

“应用程序”选项卡中显示了所有当前正在运行的应用程序。当选中某个应用程序时，单击“结束任务”按钮可直接关闭这个应用程序；如果需要同时结束多个任务，可以按住 Ctrl 键复选，然后再单击“结束任务”按钮结束多个任务。单击“新任务”按钮，可在弹出的对话框中直接打开相应的程序、文件夹、文档或 Internet 资源，如果不知道程序的名称，可以单击“浏览”按钮进行搜索，这个“新任务”的功能类似于开始菜单中的运行命令。

（2）进程

“进程”选项卡中不仅显示了所有当前正在运行的进程，包括应用程序、后台服务等，那些隐藏在系统底层深处运行的病毒程序或木马程序也可以在这里找到，当然前提是要知道它们的名称。

Windows 的任务管理器只能显示系统中当前进行的进程，不能查询各进程之间的关系，因而有时结束一个进程会造成其他相关进程的执行错误。目前市场上的一款增强型任务管理器软件 Process Explorer 可以替代系统自带的任务管理器，Process Explorer 能够以树状方式显示出各个进程之间的关系，即某一进程启动了哪些其他进程，还可以显示某个进程所调用的文件或文件夹，如果某个进程是 Windows 服务，则可以查看该进程所注册的所有服务。

（3）性能

“性能”选项卡中的内容如图 4-12 所示，从中可以查看计算机性能的动态性能数据，如 CPU 和各种内存的使用情况。其中常被人们所关注的几项如下。

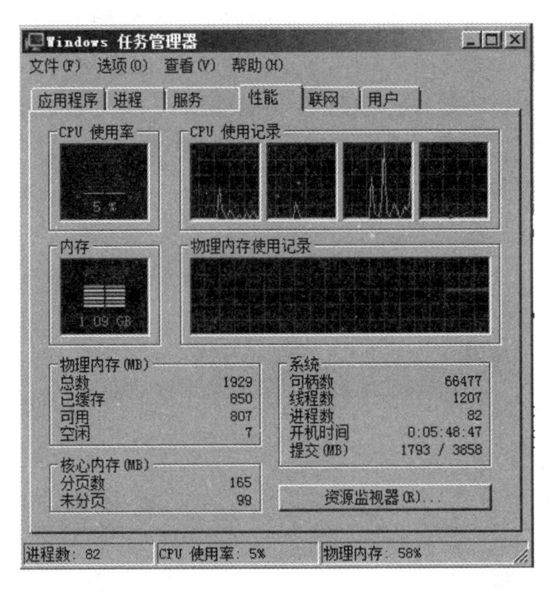

图 4-12 “性能”选项卡

CPU：CPU 性能包括 CPU 使用率和使用记录，是表示处理器工作时间百分比的图表，该记录图是处理器活动的主要指示器，查看该图表可以知道当前使用的处理时间是多少。

物理内存：计算机上安装的总物理内存，也称 RAM，“可用”数为物理内存中可被程序使用的空余量。但实际的空余量要比这个数值略大一点，因为物理内存不会在完全用完后才去转用虚拟内存。也就是说这个空余量是指使用虚拟内存（Pagefile）前所剩余的物理内存。“系统缓存”被分配用于系统缓存的物理内存量，主要来存放程序和数据等，一旦系统或者程序需要，部分内存会被释放出来，也就是说这个值是可变的。

核心内存：操作系统内核和设备驱动程序所使用的内存，“分页数”是可以复制到页面文件中的内存，一旦系统需要这部分物理内存，它会被映射到硬盘，由此可以释放物理内存；“未分页”是保留在物理内存中的内存，这部分不会被映射到硬盘，不会被复制到页面文件中。

句柄数：所谓句柄实际上是一个 Long 型（整长型）的数据。句柄是 Windows 用来标识被应用程序所建立或使用的对象的唯一整数，Windows 使用各种各样的句柄标识，如应用程序实例、窗口、控制、位图、GDI 对象等。

线程：线程指运行中的程序的调度单位。线程是进程中的实体，一个进程可以拥有多个线程，一个线程必须有一个父进程。线程不拥有系统资源，只有运行必需的一些数据结构；它与父进程的其他线程共享该进程所拥有的全部资源。在多中央处理器的系统里，不同线程可以同时在不同的中央处理器上运行，甚至当它们属于同一个进程时也是如此。大多数支持多处理器的操作系统都提供编程接口让进程可以控制自己的线程与各处理器之间的关联度。

（4）服务

在“服务”选项卡中可查看当前正在用户账户下运行的服务。若要查看是否存在与某个服务关联的进程，可右击该服务，然后在弹出的快捷菜单中选择“转到进程”命令。如果“转到进程”命令的显示为灰色，是因为所选的服务当前已停止。“状态”列表明服务正在运行还是已停止。如图 4-13 所示。

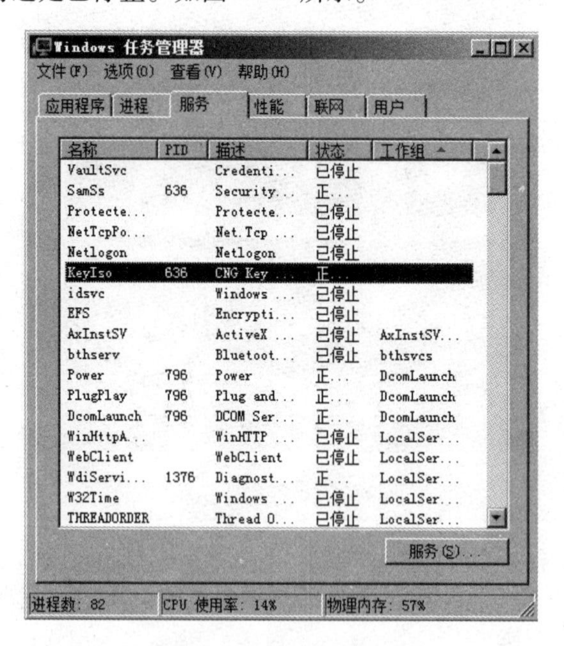

图 4-13 “服务”选项卡

（5）联网

“联网”选项卡中显示本地计算机所连接的网络通信量，使用多个网络连接时，可以在这里比较每个连接的通信量，当然只有安装网卡后才会显示该选项。如图 4-14 所示为计算机本地连接断开，但是无线网络连接处于连接工作状态的情况。

（6）用户

“用户”选项卡中显示当前已登录和连接到本机的用户数、标识（标识该计算机上的会话的数字 ID）、活动状态（正在运行、已断开）、客户端名，可以单击“注销”按钮重新登录，或者单击“断开”按钮断开与本机的连接，如果是局域网用户，还可以向其他用户发送消息。如图 4-15 所示为计算机只有用户 xu，并处于活动状态的情况。

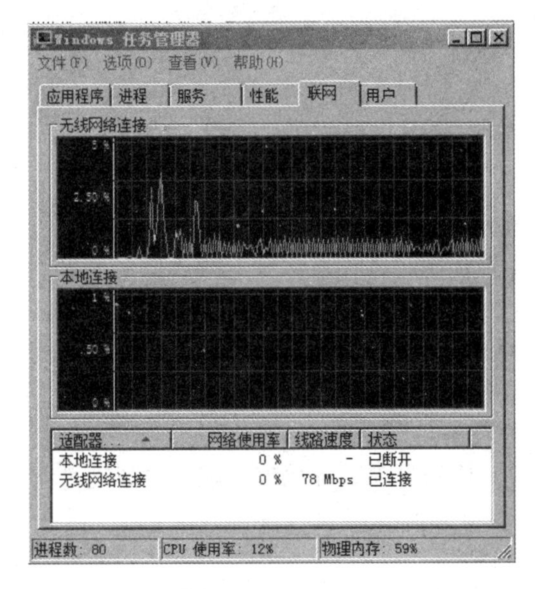

图 4-14 “联网”选项卡

图 4-15 “用户”选项卡

3. 查看进程与程序的关系

使用任务管理器可以进一步了解和查看程序与进程的区别。在 Windows 系统正常运行下，连续两次打开画图程序，然后再连续两次打开 Word 程序，这时按 Ctrl + Alt + Esc 键，打开 Windows 任务管理器窗口，分别观察应用程序列表和进程列表，即可看到运行的 4 个应用程序对应产生了 3 个用户进程，进程列表中显示的其他进程是随着 Windows 系统的启动而产生的系统进程。

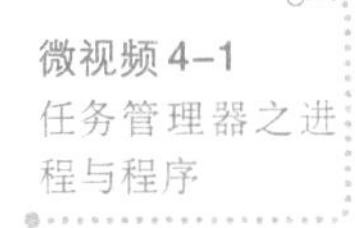

4.4 存储管理

存储设备是计算机系统的重要资源之一，是存储信息的介质。根据计算机存储系统的物理组织，通常分为内存储器和外存储器。任何要计算机完成的作业，包括程序、数据以及运行作业所需要的相关信息，都必须先存储在存储设备上，然后才能够被计算机使用。存储介质的范围非常广，小到计算机系统中的几百 KB 的 ROM 芯片，大到上百 TB 的磁盘阵列都可以用来存储数据。

4.4.1 存储管理基本概念

1. 存储

计算机中的“存储”概念指的是根据不同的应用环境，通过合理、安全、有效的方式，将数据保存到某些介质上，同时能够保证对这些数据的有效访问。存储的概念包含两方面的含义：一方面，它是数据临时或长期驻留的物理媒介；另一方面，它是保证数据完整、安全地存放的方式。存储就是把这两个方面结合起来，向用户提供一套数据存放解决方案。

存储按照使用方式分为移动存储和非移动存储，按照存储介质不同又可分为电子芯片存储、磁盘存储、磁带存储、光存储等。电子芯片存储容量小，但是读写速度快；磁带存储成本最低；磁盘存储容量最大；光存储的存储安全性较好。

2. 存储管理

存储管理是指管理存储资源，为用户合理使用存储设备提供有力的支撑。因此，计算机的存储管理性能直接影响整个系统的性能。存储系统通常对不同数据采取不同的存储方式，如不处于运行状态的数据存放在外存储器上，处于运行状态的数据则存放在内存储器上。内存是计算机工作的核心器件，其主要特点是存取速度快。存储管理主要指的是对内存的管理。

3. 相关概念

为了描述数据在存储设备的具体存储方式，首先明确物理地址空间和逻辑地址空间的相关概念。

（1）物理地址

内存是由若干存储单元组成的，每个存储单元有一个编号，该编号可唯一标识一个存储单元，称为内存地址（或物理地址）。内存地址从 0 编号，最大值取决于内存的大小和地址寄存器所能存储的最大值。

（2）物理地址空间

内存物理地址的集合称为内存地址空间（或物理地址空间），简称内存空间（或物理空间）。它是一维线性空间，其编址顺序为 0，1，2，3，…，n－1，其中 n 的大小由实际组成存储器的存储单元个数决定。例如，某个系统，有 64K 内存，则其内存空间编号为 0，1，2，3，…，65535。

（3）逻辑地址

程序中由符号名组成的程序空间称为符号名空间，简称名空间。源程序经过汇编或编译后，形成目标程序，每个目标程序都是以 0 为基址顺序地为程序指令和数据进行编址，原来用符号名访问的单元就转换为用新的地址编号表示，这个地址编号称为逻辑地址。

（4）逻辑地址空间

逻辑地址的集合形成的一个地址取值范围称为逻辑地址空间。在逻辑地址空间中，每条指令的地址和指令中要访问的操作数地址统称为逻辑地址。

（5）地址映射

用户在逻辑地址空间安排程序指令和数据，而用户程序要运行就必须将其装入内存，这就存在逻辑地址与物理地址的变换问题。逻辑地址转换为物理地址称为地址重定位。

一个编译好的程序存在于它自己的逻辑地址空间中，运行时，要把它装入内存空间，图 4-16 显示了一个作业“Mov R1，[200]”指令在编译前、编译后及装入内存后不同的地址空间。

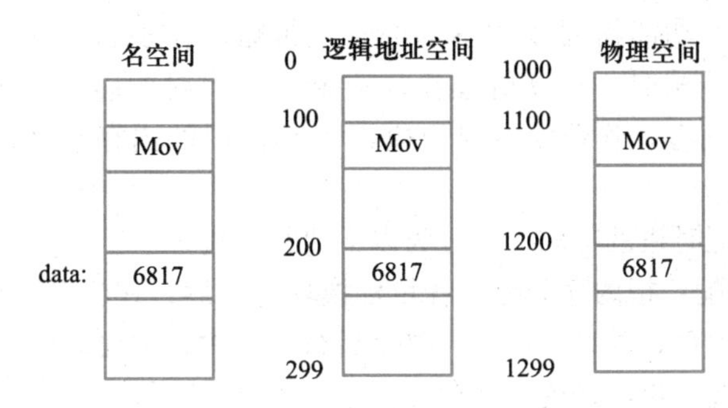

图 4-16　作业的名空间、逻辑地址空间和装入后的物理空间

由图 4-16 中可以看出，该作业经过编译后，大小为 300 个字节，逻辑地址空间为 0～299。在作业的第 100 号单元处有指令“Mov R1，[200]”，即把 200 号单元内的数据 6817 送入寄存器 R1。

假如把作业装入到内存第 1000～1299 号单元处，由图 4-16 可以看出，若只是简单地装入第 1000～1299 号单元，执行“Mov R1，[200]”指令时，会把内存中 200 号单元的内容送入 R1，显然这样会出错。只有把 1200 号单元的内容送入 R1 才是正确的。所以作业装入内存时，需对指令和指令中相应的逻辑地址部分进行修改，才能使指令按照原有的逻辑顺序正确运行。

4. 存储管理的基本功能

存储管理的主要目的有两个：一是提高资源的利用率，尽量满足多个用户对内存的要求；二是能方便用户使用内存，使用户不必考虑运行程序具体放在内存中的哪块区域，如何实现正确运行等复杂问题。存储管理的主要功能包括以下几方面。

（1）内存的分配和回收

存储管理根据用户程序的需要分配存储区资源，并适时进行回收释放所占用的存储区，以便后续运行程序使用。

（2）存储共享

存储管理让内存中的多个用户程序实现存储资源共享，多道程序能动态地共享内存以提高存储器的利用率。

（3）内存保护

存储管理要保证进入内存的各道作业都在自己的存储空间内运行，互不干扰，从而保护用户程序存放在存储器中的信息不被破坏。

（4）地址变换

在多道程序环境下，程序中的逻辑地址与内存中的物理地址不一致，因此存储管理提供地址变换功能，将逻辑地址转换为物理地址。

（5）扩充内存容量

由于内存的物理容量有限，有时难以满足用户运行程序的需求，存储管理提供从逻辑上扩充内存的功能，为用户提供一个比实际内存容量大的地址空间。

4.4.2 存储管理策略

1. 内存分配与回收

实现内存管理的功能需要采用不同的管理策略。在多道程序设计的环境中，当有作业进入计算机系统时，存储管理模块应能根据当时的内存分配状况，按作业要求分配给它适当的内存。作业完成时，应回收其占用的内存空间，以便供其他作业使用。

内存分配按分配时机的不同，可分为以下两种方式。

① 静态存储分配：指内存分配是各目标模块连接后，在作业运行之前，把整个作业一次性全部装入内存，并且在作业的整个运行过程中，不允许作业再申请其他内存，或在内存中移动位置。也就是说，内存分配是在作业运行前一次性完成的。

② 动态存储分配：指作业要求的基本内存空间是在作业装入内存时分配的，但在作业运行过程中，允许作业申请附加的内存空间，或是在内存中移动位置，即分配工作可以在作业运行前及运行过程中逐步完成。

显然，动态存储分配具有较大的灵活性，它不要求一个作业把全部信息装入内存才开始运行，而是在作业运行期间需要某些信息时，系统才将其自动调入内存，作业中暂不使用的信息可放在辅存中，不必进入内存，从而大大提高了内存的利用率。

内存分配与回收时，设计者应考虑以下一些问题。

① 作业调入内存时，如有多个空闲区，应将其放置在什么位置，即如何选择内存中空闲区的问题。

② 作业调入内存时，若内存中现在没有足够的空闲区，应考虑把哪些暂时不用的信息从内存中移走，即所谓的置换问题。

③ 当作业完成后，如何将作业占用的内存进行回收。

为此，内存中所有空闲区和已分配的区域应该合理地进行组织，通常可使用分区说明表、空闲区链表及存储分块表等组织形式。这样，当作业进入内存时，可适当地按要求分配内存，而作业退出时，可及时回收释放的内存。

2. 地址重定位

用户程序装入内存时，对有关指令的逻辑地址部分的修改称为地址重定位，即地址重定位是建立用户程序的逻辑地址与物理地址之间的对应关系。按实现地址重定位的时机不同，地址重定位又分为两种：静态地址重定位和动态地址重定位。

(1) 静态地址重定位

静态地址重定位是在程序执行之前由操作系统的重定位装入程序完成的。它根据要装入的内存起始地址，如图 4-20 中为 1000 号单元，直接修改所有涉及的逻辑地址，将内存起始地址加上逻辑地址得到正确的内存地址，如 100 号单元的“Mov R1, [200]”装入内存后，被装入到 1100 号单元，且指令中逻辑地址被改为“Mov R1, [1200]”，这样指令就可正确读取数据了。

静态地址重定位的优点是通过重定位装入程序，实现逻辑地址到物理地址的转换，不需要硬件的支持，可在任何机器上实现。早期的操作系统中大多数采用这种方法。

缺点是程序必须占用连续的内存空间，且一旦装入内存后，因为逻辑地址已被改变，就不便再移动，不利于内存空间的利用。所以静态地址重定位只适用于静态的内存分配方式。

（2）动态地址重定位

动态地址重定位是在程序执行期间进行的。一般说来，这种转换由专门的硬件机构来完成，通常采用一个重定位寄存器，在每次进行存储访问时，对取出的逻辑地址加上重定位寄存器的内容，形成正确的物理地址，重定位寄存器的内容是程序装入内存的起始地址。

动态地址重定位的优点是不要求程序装入固定的内存空间，在内存中允许程序再次移动位置，而且可以部分地装入程序运行，也便于多个作业共享同一程序的副本，因此，现代计算机系统广泛采用动态地址重定位技术。动态地址重定位技术的缺点是需要硬件支持，而且实现存储管理的软件算法也较为复杂。

一般说来，动态地址重定位允许采用静态和动态两种存储分配方式。

3. 虚拟存储器

随着计算机技术应用的日益广泛，需要计算机解决的问题越来越复杂，许多作业的大小超出了内存的实际容量。尽管在现代技术的支持下，人们对内存的容量进行了不断的扩充，但大作业、小内存的矛盾依然非常突出；再加上多道程序环境中，多道程序对内存的共享，使内存更加紧张。因此，要求操作系统能对内存进行逻辑意义上的扩充，这也是存储管理的一个重要功能。

对内存进行逻辑上的扩充，现在普遍采用虚拟存储管理技术。虚拟存储不是新的概念，早在 1961 年，就由英国曼彻斯特大学提出并在 Atlas 计算机系统上实现，但直到 20 世纪 70 年代以后，这一技术才被广泛采用。

微视频 4-2
虚拟内存设置

虚拟存储技术的基本思想是把有限的内存空间与大容量的外存统一管理起来，构成一个远大于实际内存的、虚拟的存储器（可简称为虚存）。此时，外存是作为内存的逻辑延伸，用户并不会感觉到内、外存的区别，即把两级存储器当作一级存储器来看待。一个作业运行时，其全部信息装入虚存，实际上可能只有当前运行所必需的一部分信息存入内存，其他则存于外存，当所访问的信息不在内存时，系统自动将其从外存调入内存。当然，内存中暂时不用的信息也可调至外存，以腾出内存空间供其他作业使用。这些操作都由存储管理系统自动实现，不需用户干预。对用户而言，只感觉到系统提供了一个大容量的内存，但这样大容量的内存实际上并不存在，是一种虚拟的存储器，因此把具有这种功能的存储管理技术称为虚拟存储管理。实现虚拟存储管理的方法有请求页式存储管理和请求段式存储管理。

4.4.3　Windows 存储管理

1. 内存管理

Windows 操作系统不仅提供对内存和外存性能的监控，同时提供了对虚拟内存的设置以及外存储器的管理。

Windows 操作系统的系统监视器提供了对计算机内存性能的报告。选择“开始”→“所有程序”→“附件”→“系统工具”→“资源监视器”即可运行资源监视器程序。在“资源监视器”窗口选择“内存”选项卡，即会显示系统所有正在运行进程的内存占用情况。窗口右侧的视图显示的是内存使用情况的波动图，如图 4-17 所示。

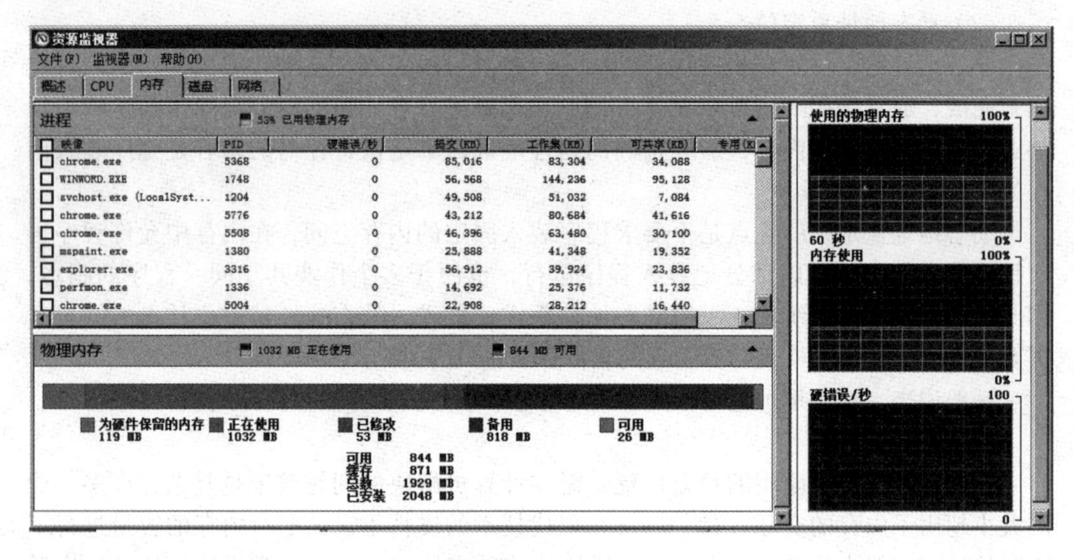

图 4-17 “内存”选项卡

2. 外存储器管理

（1）磁盘性能查询

在 Windows 操作系统的“资源监视器”窗口的“磁盘”选项卡中，显示了系统磁盘的使用情况，如图 4-18 所示。

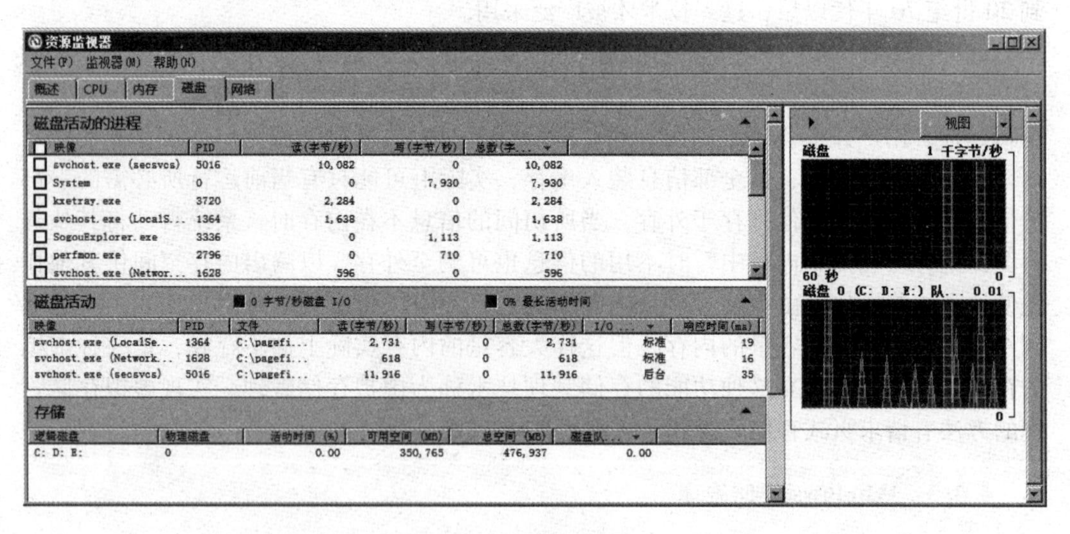

图 4-18 “磁盘”选项卡

微视频 4-3
磁盘管理之磁盘信息修改

（2）修改磁盘信息

打开“计算机管理”窗口，选择左窗口列表中的“磁盘管理”，窗口右侧显示系统磁盘数量、编号以及性能。右击需要修改磁盘信息的磁盘，在打开的快捷菜单中选择相应的修改项，按照提示即可完成修改参数的设置。

（3）磁盘碎片整理

随着系统的使用，磁盘（特别是硬盘）难免会产生许多零碎的空间，一个文件可能保存在磁盘上几个不连续的区域（簇）中。在对磁盘进行读写操作时，如删除、复制和创建文件，磁盘中就会产生文件碎片，它们将影响数据的存取速度。对磁盘碎片进行整理，有助于提高磁盘性能，可重新安排信息、优化磁盘，将分散碎片整理为物理上连续的空间。利用 Windows 7 提供的磁盘碎片整理工具“磁盘碎片整理程序”，可以进行磁盘碎片整理。由于硬盘空间较大，所以整理磁盘要花费一定的时间。整理完后系统给出提示窗口，用户可以通过“查看报告”了解磁盘整理的情况。

注意，在整理磁盘碎片时，应关闭所有的应用程序，不要进行读写操作。如果对正在整理的磁盘进行了读写操作，磁盘碎片整理程序将重新开始整理，增加了运行时间。整理磁盘碎片的时间间隔要适中，一般对读写频繁的磁盘分区一周整理一次为好。

系统工作一段时间后，会产生很多垃圾文件，如程序安装时产生的临时文件、上网时留下的缓冲文件、删除软件时剩下的 DLL 文件或强行关机时产生的错误文件等。利用 Windows 7 提供的磁盘清理工具，可以轻松而又安全地实现磁盘的清理，删除无用的文件。

3. 虚拟内存的设置

Windows 7 操作系统支持运行多个应用程序，当运行程序所需的内存空间不能得到满足时，可以借助操作系统的虚拟内存设置功能扩大内存空间。虚拟内存的设置包括内存大小和分页位置两项。内存大小就是设置虚拟内存最小为多少和最大为多少；而分页位置则是设置虚拟内存应使用哪个分区中的硬盘空间。

拓展知识 4-2
虚拟内存设置步骤

Windows 的虚拟内存通常是保存在 C 盘根目录下的一个虚拟内存文件（也称为交换文件）Pagefile. sys，但实际上它的存放位置可以是任何一个分区，如果系统盘（C 盘）容量有限，也可以把 Pagefile. sys 设置到其他分区中。方法是设置虚拟内存时，驱动器“卷标”中默认选择的是系统所在的分区，如果想更改到其他分区中，首先要取消“自动管理所有驱动器的分页文件大小”，然后再选择其他分区。

虚拟内存的设置最好在“磁盘碎片整理”之后进行，这样虚拟内存就分在一个连续的、无碎片的存储空间上，可以更好地发挥作用。在设置虚拟内存时，应注意以下几个方面：

首先，虚拟内存应设在系统盘。因为 C 盘作为默认的系统盘，硬盘读写最频繁的就是系统文件和页面文件。而硬盘读写时最耗时的操作是什么呢？是磁头定位。而同一分区内的磁头定位无疑要比跨分区的远距离来回定位要节省时间。所以系统盘内的虚拟内存（系统默认值）是执行最快、效率最高的。

第二，虚拟内存大小的最佳值要根据实际使用情况来判断。对于 512 MB 内存，可以设虚拟内存为 256 – 768 MB（内存 + 虚拟内存之和一般比正常占用高 256 MB 即可）。对于 1 GB 内存，根据实际使用内存占用情况，可以设虚拟内存为 128 – 1024 MB（内存 + 虚拟内存之和一般比正常占用高 256 – 512 MB 即可）。对于内存为 2 G 及以上的，一般可以禁用虚拟内存；但是，如果玩大型 3D 游戏、制作大幅图片、3D 建模等，并收到系统内存不足警告的，也需要酌情设定虚拟内存。

第三，虚拟内存并非越大越好。虚拟内存过大，既浪费了磁盘空间，又增加了磁头定位的时间，降低了系统执行效率，没有任何好处。正确设置可节省 256 MB－4G 左右空间（视内存大小）。

4.5 文件管理

文件管理的主要任务是管理用户和系统文件，实现按名存取，保证文件安全，并提供使用文件的操作和命令。

4.5.1 文件定义

1. 文件的内容

所谓文件是一个具有名字的存储在磁盘上的一组相关信息的集合体，是磁盘的逻辑最小分配单位。文件内容可以是具有一定独立功能的程序（源程序和目标程序等），或是一组表示特定信息的数据（如声、像、图、文字、视频）。

数据只有写在文件中，才能存储在磁盘上，用户才能读写。文件的数据形式有数字、字符、字母数字、二进制、定格式、无格式等。文件通常是以二进制→字节→行→记录构成的序列形式保存的数据集合。

2. 文件的描述

对于新创建的文件，系统保存的有关文件信息如下。

文件名：文件的唯一标识，也是外部标识，由用户按规定命名。

文件标识符：文件的内部标识，由操作系统给出。

文件类型：标识该文件类型，如可执行文件、批处理文件、源文件、文字处理文件等。也可以是文件系统所支持的不同的文件内部结构文件，如文本文件、二进制文件等。

文件长度：表示文件的大小。

文件拥有者（文件主）：创建文件的用户名以及所属的组名。

inode 号：文件系统存放文件控制信息的数据结构编号。

文件的修改时间：文件创建、上次修改、上次访问的时间。

文件的权限位：文件的存取控制信息（是否可读、可写、可执行等）。

3. 文件的命名

不同文件系统对文件的命名方式有所不同，但大体上都遵循“文件名．扩展名”的规则。文件名是由字母、数字、下划线等组成，扩展名由一些特定的字符组成，具有特定的含义，用于标识文件类型，通常取应用程序默认的扩展名。

4. 文件的分类

从不同角度可以将文件进行不同分类，常见的文件分类如表 4-2 所示。

表 4-2　文件分类

分类方式	类　型
文件用途	系统文件
	用户文件
文件存取属性	只读文件
	读写文件
	文档文件
文件内容	可执行文件
	ASCII 码文件
	文档文件
	图像文件
	声音文件
	表格文件
保存期限	临时文件
	永久文件
逻辑结构	流式文件
	记录式
物理结构	顺序文件
	链接文件
	索引文件

4.5.2　文件管理概述

处理机管理、存储管理和设备管理是针对计算机硬件资源的管理，文件管理则是对计算机系统的软件资源的管理。软件是计算机系统中的重要资源，主要包括各种系统程序、函数库、应用程序和文档资料等。文件系统是操作系统负责操作和管理这些程序和文档资料的一套机制。所以文件管理的主要任务就是对用户文件和系统文件进行有效管理，实现按文件名存取，实现文件共享，保证文件安全，并提供一套使用文件的操作和命令。

1. 文件的结构

文件的结构有逻辑结构和物理结构两种。逻辑结构是从用户的角度看到的文件组织形式，与存储设备无关；物理结构是从系统实现的角度看文件在外存上的组织形式，与存储设备的特性有关。文件逻辑结构的侧重点是如何为用户提供结构清晰、使用简单的逻辑文件形式。文件的物理结构主要研究存储设备上的实际文件的存储结构。文件系统的作用就是在逻辑文件和相应存储设备上的物理文件之间建立映射关系，文件在逻辑上可以看作是连续的，但在存储设备上存放时有多种物理组织形式。

2. 文件的存取方法

文件的存取方法由文件的性质和文件使用情况决定，根据存取次序划分，存取方法通常分为顺序存取和随机存取两类。

文件的存取控制依据文件存取权限进行管理。通常文件的使用对象分为文件所有者、同组用户和其他用户三类，并按照一定的方式来规定某个文件能被什么用户操作和某用户能做何操作。

（1）常见的文件操作权限

文件访问控制的作用是防止文件主和其他用户有意或无意的非法操作造成文件的不安全性，操作系统通过规定文件操作权限来控制文件访问，常见的文件操作权限及其描述如表 4-3 所示。

表 4-3　文件操作权限

描　述　符	权　　限
r	只读
w	只写
x	执行
b	在文件尾写
d	删除

UNIX/Linux 把用户分为文件主、同组用户、其他用户三类，定义操作权限为可读 r、可写 w、可执行 x，文件属性共有 10 位，格式为：－rwxrwxrwx，该格式分为 3 个域，表示所有者、同组用户和其他用户，每域为 3 位，分别为可读、可写和可执行。操作系统提供相应命令来改变相应用户操作文件的权限。

（2）存取方法

文件存取有两种方式，顺序存取和随机存取。顺序存取是最简单的方法，它严格按照文件信息单位排列的顺序依次存取，后一次存取总是在前一次存取的基础上进行，所以不必给出具体的存取位置；随机存取又称直接存取，在存取时必须先确定进行存取时的起始位置（如记录号、字符序号等）。

3. 文件存储

（1）物理文件存储

文件的物理存储模型描述了文件内容在存储设备上或存储电路中的实际存放形式。存储介质在存放文件信息之前必须首先被格式化。格式化操作将存储介质划分为一个个存储单元，即首先将磁盘划分为磁道，然后进一步划分为扇区，文件内容以扇区为基本单元进行存储。有关磁盘的结构与描述可参见第 3 章。

（2）逻辑文件存储

文件的逻辑存储模型为树状目录结构。文件控制块（File Control Block，FCB）的有序集合称为文件目录。每个文件控制块为一个目录项。文件目录通常以文件形式保存在外存，称为目录文件，其目录结构如图 4-19 所示。

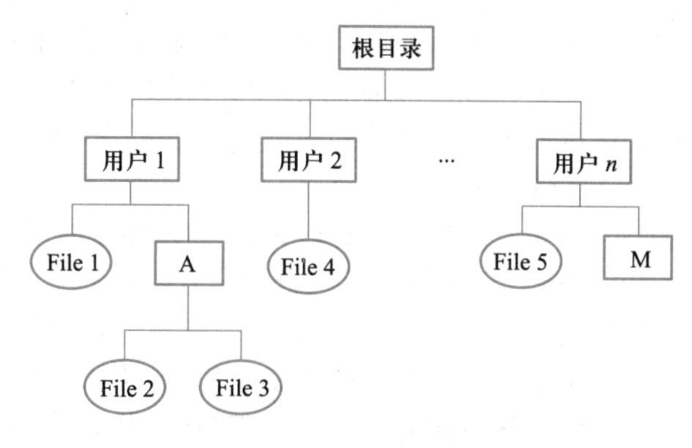

图 4-19　文件系统目录结构

4. 文件分配表

文件系统使用文件分配表（File Allocation Table，FAT）来记录文件所在位置，它对于硬盘的使用是非常重要的，假如操作系统丢失文件分配表，那么硬盘上的数据就会因无法定位而不能使用。

(1) FAT

计算机中文件内容按照字节保存在物理磁盘的扇区上，实际上文件占用磁盘空间，基本单位不是字节而是簇。一般情况下，每簇是 1 个扇区，硬盘每簇的扇区数与硬盘的总容量大小有关，可能是 4、8、16、32、64……，同一个文件的数据并不一定完整地存放在磁盘的一个连续的区域内，而往往会分成若干段，像一条链子一样存放。这种存储方式称为文件的链式存储。由于硬盘上保存着段与段之间的连接信息（即 FAT），操作系统在读取文件时，总是能够准确地找到各段的位置并正确读出。

为了实现文件的链式存储，硬盘上必须准确地记录哪些簇已经被文件占用，还必须为每个已经占用的簇指明存储后继内容的下一个簇的簇号。对一个文件的最后一簇，则要指明本簇无后继簇。这些都是由 FAT 这个表来保存的，表中有很多表项，每项记录一个簇的信息。初始形成的 FAT 中所有项都标明为“未占用”，但如果磁盘有局部损坏，那么格式化程序会检测出损坏的簇，在相应的项中标为“坏簇”，以后存文件时就不会再使用这个簇了。FAT 的项数与硬盘上的总簇数相当，每一项占用的字节数也要与总簇数相适应，因为其中需要存放簇号。

当一个磁盘格式化后，在其逻辑 0 扇区（即 BOOT 扇区）后面的几个扇区中，存在着一个重要的数据表——文件分配表（FAT），文件分配表一式两份，占据扇区的多少凭磁盘类型大小而定。顾名思义，文件分配表是用来表示磁盘文件的空间分配信息的。它不对引导区、文件目录的信息进行表示，也不真正存储文件内容。

操作系统将一个逻辑盘（硬盘的一个分区）分成同等大小的簇，也就是连续空间的小块。簇的大小随着 FAT 文件系统的类型以及分区大小不同而不同，典型的簇大小介于 2 KB 到 32 KB 之间。每个文件根据它的大小可能占有一个或者多个簇。这样，一个文件就由这些（称为单链表）簇链所表示。

不同的操作系统所使用的文件系统不尽相同，在个人计算机常用的操作系统中，DOS 6. x 及以下版本和 Windows 3. x 使用 FAT16；Mac OS 使用 HFS（Hierarchical File

System)；Windows NT 则使用 NTFS；而 MS - DOS 7. 10/8. 0（Windows 95 OSR2 及 Windows 98 自带的 DOS）及 ROM - DOS 7. x 同时提供了 FAT16 及 FAT32 供用户选用。其中，使用最多的是 FAT16 和 FAT32 文件系统。

(2) FAT16/FAT32 分区格式

FAT16 的每一项只有 16 位，因此只能管理 2 GB 的存储空间。如果 FAT16 文件系统要管理大于 2 GB 的磁盘空间，可以通过将磁盘划分为多个分区（逻辑盘）来实现。

FTA16 在 DOS 时代得到广泛的应用，现在已经不常见了。FAT32 是 FAT16 的升级版本，这种格式采用 32 位的文件分配表，对磁盘的管理能力大大增强，突破了 FAT16 对每一个分区的容量只能有 2 GB 的限制。运用 FAT32 分区格式后，用户可以将一个大硬盘定义成一个分区，而不必分为几个分区使用，大大方便了对硬盘的管理工作。而且，FAT32 还具有一个突出的优点，在一个不超过 8GB 的分区中，FAT32 分区格式的每个簇容量都固定为 4 KB，与 FAT16 相比，可以大大地减少硬盘空间的浪费，提高了硬盘利用效率。虽然在安全性和稳定性上，比不上 NTFS 格式，但它有个最大的优点就是兼容性好，几乎所有的操作系统都能识别该格式，包括 DOS 6. 0、Windows 9x、Windows NT、Windows 2000 和 Windows XP。

(3) NTFS

NTFS 文件系统是跟随 Windows NT 操作系统产生的。它的显著优点是安全性和稳定性极其出色，在使用中不易产生文件碎片，对硬盘的空间利用及软件的运行速度都有好处。它能对用户的操作进行记录，通过对用户权限进行非常严格的限制，使每个用户只能按照系统赋予的权限进行操作，充分保护了网络系统与数据的安全。除了 Windows NT 外，Windows 2000 和 Windows XP 也都支持这种硬盘分区格式。但因为 DOS 和 Windows 98 是在 NTFS 格式之前推出的，所以并不能识别 NTFS 格式。

4. 5. 3 Windows 文件管理器

1. 文件管理器

文件管理的主要任务是管理系统文件和用户文件，实现按名存取，保证文件安全，并提供使用文件的操作和命令。Windows 操作系统的文件管理采用文件夹的形式。

双击 Windows 桌面上的“计算机”图标即可打开系统文件管理界面，选择浏览的逻辑磁盘，即可浏览该磁盘上存储的所有文件和文件夹，本例为逻辑盘 D 盘上的文件列表，如图 4-20 所示。

2. 文件夹

(1) 何谓文件夹

计算机硬盘存放着难以计数的文件，如果这些文件是随机堆放在一起的，那么操作系统和用户使用这些文件时就会很不方便，于是用文件夹来分类存放这些文件。文件夹也叫目录，是计算机存储信息的重要载体。在 Windows 系统中，一个文件夹下可以包含多个文件和子文件夹，各子文件夹中又同样可以包含多个下级文件夹和文件，但同一文件夹下不能有同名的子文件夹或文件。这样就呈现出一种树形结构，如图 4-21 所示。

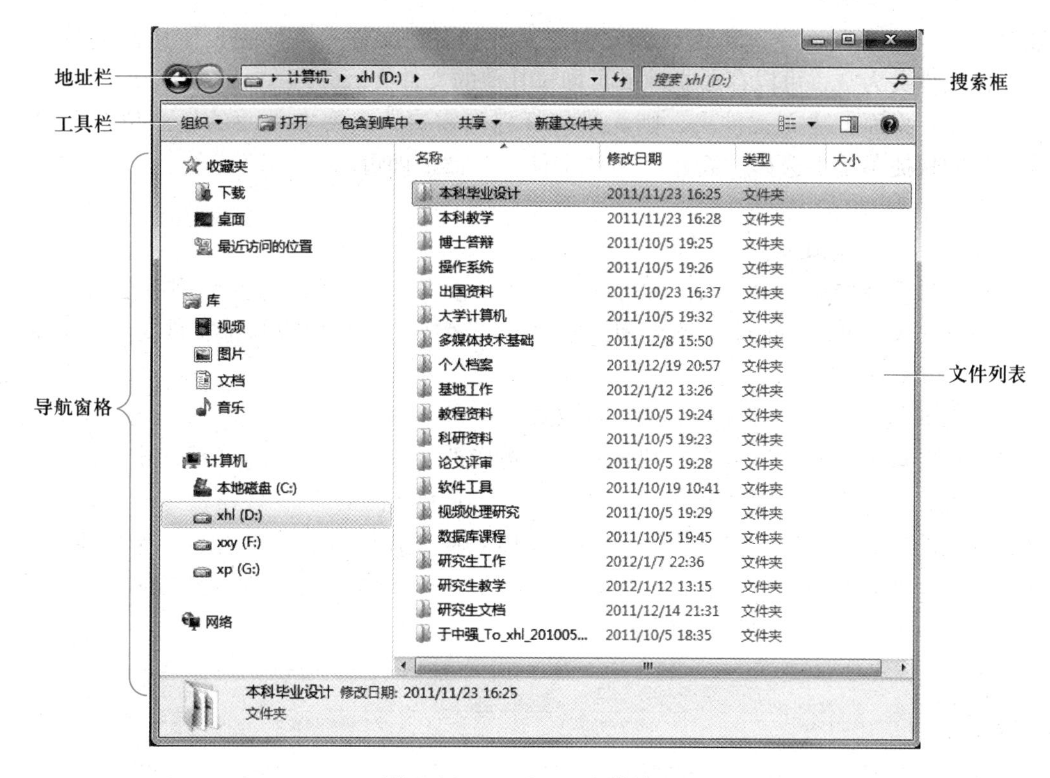

图 4-20 Windows7 文件管理

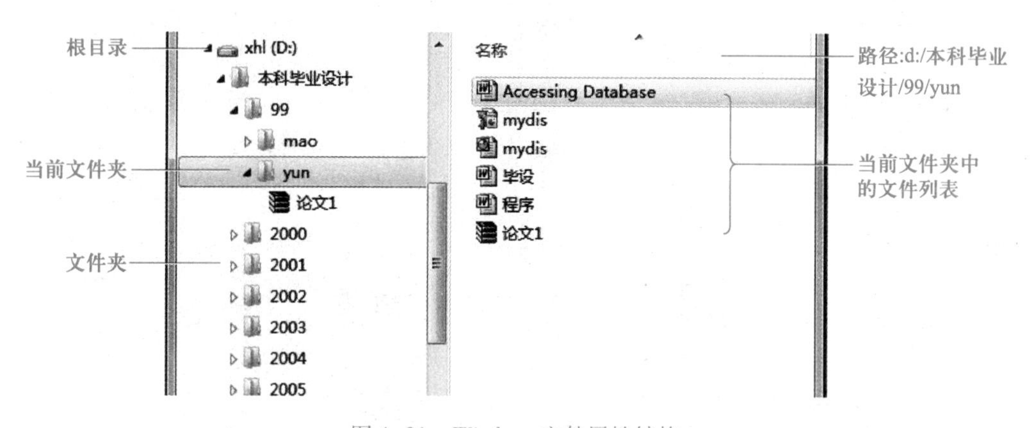

图 4-21 Windows 文件属性结构

文件夹一般分为用户文件夹和系统文件夹。系统文件夹是存放操作系统主要文件的文件夹，一般在安装操作系统过程中自动创建并将相关文件放在对应的文件夹中，这里面的文件直接影响系统的正常运行，多数都不允许随意改变。而用户文件夹则可以根据自己的需要进行创建与组织管理。

（2）文件夹的建立

在所选窗口中，打开“文件”菜单，选择“新建”→“文件夹”命令，浏览窗口内会出现一个新的文件夹，文件夹名被高亮度显示，输入新文件夹的名字并按 Enter 键，新文件夹创建完毕。或者在窗口的任意位置右击，在弹出的快捷菜单中选择“新建”→“文件夹”命令，也可以创建文件夹。双击新文件夹图标进入该文件夹窗口，此时该文件夹为空，可以存放文件或再创建其他的文件夹。

若要在桌面上建立文件夹，则无需打开任何窗口，只要在桌面的任意位置右击，在弹出的快捷菜单中选择“新建”→“文件夹”命令即可。

3. 文件管理器功能

（1）展开及隐藏文件夹分支

在文件管理器窗口中，双击文件夹图标或单击左窗格中的▷按钮，则显示下一级文件夹（子文件夹），同时▷变为◢，再次单击◢按钮，则隐藏其子文件夹，同时◢又变为▷。

（2）设置并改变文件夹列表的显示方式

通过窗口中“查看”菜单提供的命令，可以改变文件夹列表的显示方式，如按文件名等方式改变文件或文件夹排列的顺序，或利用工具栏上的按钮快速改变查看文件夹列表的形式，例如，用“大图标”或其他某种方式显示文件夹列表，这 8 种命令相互排斥，即只有一个命令有效，滚动滑块停留在有效命令的左端，即当前文件夹是以大图标方式显示，如图 4-22 所示。

图 4-22 用“大图标”方式查看文件夹窗口

Windows 7 文件管理增加了更加方便的文件内容直接浏览功能，在选择某个文件后，可以直接单击工具栏上的按钮在文件管理器中打开第 3 栏，即可预览所选择文件的内容，如图 4-23 所示。

4. 搜索文件和文件夹

Windows7 提供三种文件和文件夹搜索功能。

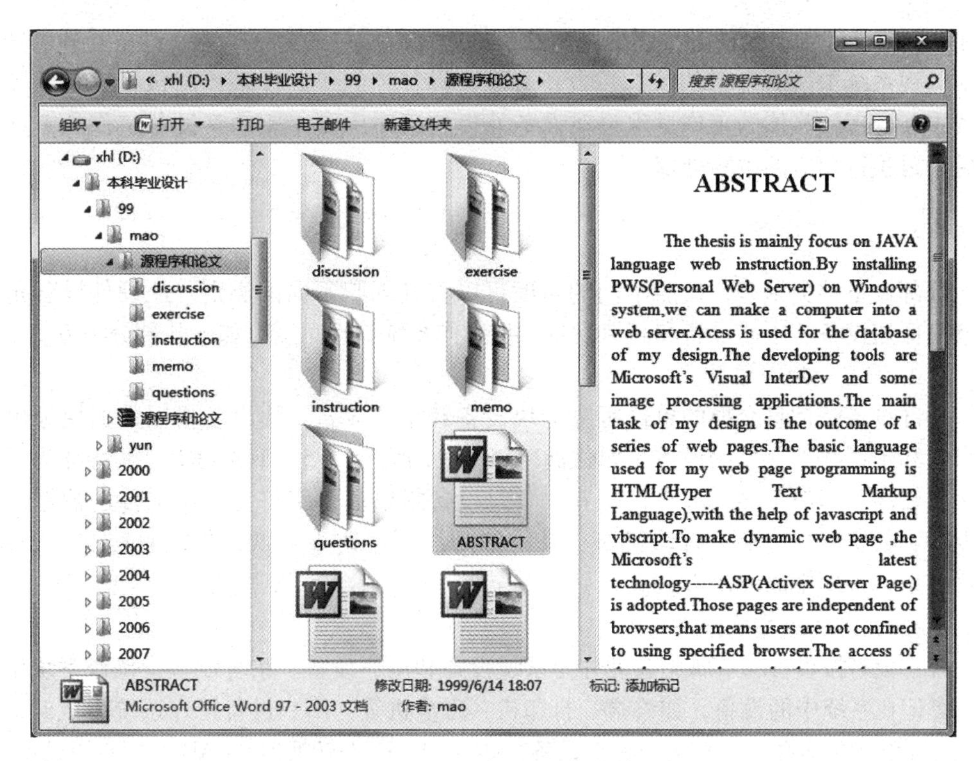

图 4–23 预览所选文件内容

(1) 使用“开始”菜单上的搜索

单击开始按钮，然后在搜索框中输入字词或字词的一部分。输入后，与所输入文本相匹配的项将出现在“开始”菜单上。搜索结果基于文件名中的文本、文件中的文本、标记以及其他文件属性。

(2) 使用文件管理器搜索

浏览文件可能意味着要查看数百个文件和子文件夹。为了节省时间和精力，可以使用文件管理器窗口顶部的搜索框进行搜索定位。

在搜索框中也可以使用一些搜索技巧来快速缩小搜索范围。例如，如果要基于文件的一个或多个属性（如标记或上次修改文件的日期）搜索文件，则可以在搜索时使用搜索筛选器指定属性；或者在搜索框中输入关键字，以进一步缩小搜索结果范围。

(3) 使用库搜索

Windows 7 提供文件的库管理，在库中可根据不同类文件、不同属性列表显示，便于用户查找文件。例如，对于音乐文件，Windows 7 的库管理提供按唱片集、艺术家、歌曲、流派等分类显示。但是，在使用库管理之前首先要将需要进行库管理的文件夹添加到相应的视频、图片、音乐和文档分类中。

微视频 4–4
搜索文件与文件夹操作

4.6 设备管理

设备管理的主要任务是管理各类外部设备，提供每种设备的驱动程序和中断处理程序，屏蔽硬件细节，使各种设备能高效快速地完成用户的 I/O 请求。设备管理的功能包括监视系统中所有设备的状态、设备分配、设备控制等。设备控制包括设备驱动和设备中断处理，具体的工作过程是在设备处理的程序中发出驱动某设备工作的 I/O 指令后，再执行相应的中断处理。

4.6.1 外部设备

外部设备种类繁多，按照不同的角度可以将其划归不同的类别。从硬件设备角度可分为低速设备、中速设备和高速设备。从操作系统管理角度有如下几种分类方式。

1. 按信息交换单位分类

外部设备按信息交换的单位可分为块设备和字符设备。块设备指以数据块为单位来组织和传送数据信息的设备，如磁盘，每个块的大小为 512 B ~ 4 KB，其特征为：传输速率较高，一般不能与人直接交互。字符设备指以单个字符为单位来传送数据信息的设备，如交互式终端、打印机等，其特征为：传输速率较低，与人直接交互作用，不可寻址，采用中断驱动方式。

2. 按设备从属关系分类

外部设备按设备的从属关系可分为系统设备和用户设备。系统设备指操作系统生成时，登记在系统中的设备，如终端、打印机、磁盘机等。用户设备指在系统生成时，未登记在系统中的设备，也称为非标准设备，如 A/D、D/A 转换器，CAD 所用专用设备。

3. 按资源分配角度分类

外部设备按资源分配的角度可分为独占设备、共享设备和虚拟设备。独占设备指在一段时间内只允许一个用户（进程）访问的设备，如终端、鼠标和打印机等。共享设备指在一段时间内允许多个进程同时访问的设备，如硬盘。虚拟设备指通过虚拟技术将一台独占设备变换为若干台供多个用户进程共享的逻辑设备（例如：SPOOLing 技术，利用虚设备技术，用硬盘模拟输入/输出设备）。

4.6.2 设备管理概述

1. 设备管理的体系结构

设备管理的结构分为输入/输出控制系统（I/O 软件）和设备驱动程序两层。前者实现逻辑设备向物理设备的转换，提供统一的用户接口；后者控制设备控制器，完成具体的输入/输出操作，其结构如图 4-24 所示。

“I/O 软件”层实现设备的分配、调度功能，并向用户提供一个统一的调用界面，用户无须了解所访问的输入/输出设备的硬件属性。例如，在 Windows 操作系统中，可以通过统一的界面将文件存储到硬盘、CD - ROM、U 盘上。“设备驱动”是一种系统过程，由设备驱动程序构成，设备驱动程序在系统启动时被自动加载，是操作系统的一部分，它直接控制硬件设备的打开、关闭、读和写的操作。

2. 输入/输出控制方式

输入/输出控制是指对外部设备与主机之间 I/O 操作的控制。输入/输出控制方式决定了 I/O 设备的工作方式和 I/O 设备与 CPU 之间的并行速度。常用的控制方式有程序直接控制、中断控制、DMA 和通道控制 4 种。为解决 CPU 与外部设备之间速度不匹配的问题，产生了缓冲技术。

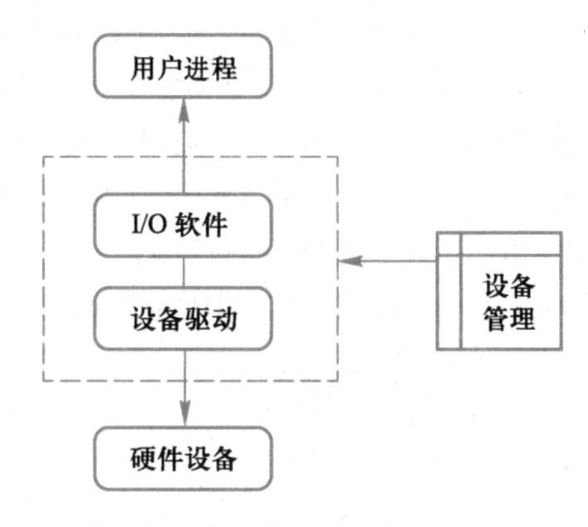

图 4-24　设备管理体系结构示意图

（1）程序直接控制

程序直接控制方式是指由用户进程直接控制内存或 CPU 和外部设备之间的信息传送。这种方式的控制者是用户进程，其工作过程是：当用户进程需要数据时，通过 CPU 发出启动设备准备数据的命令，然后用户进程进入测试等待状态。在等待时间内，CPU 不断地用测试指令检查描述外部设备工作状态的控制寄存器的状态值。当外部设备将数据传送的准备工作完成后，将控制状态寄存器设置为准备好的信号值。当 CPU 检测到这个状态之后，启动设备开始往内存传送数据。

程序直接控制方式的控制简单，但明显存在一些缺点，如由于 CPU 和外部设备只能串行工作，不能实现设备之间的并行工作，导致 CPU 会长时间处于等待状态；由于程序直接控制方式依靠测试设备标志触发器的状态位来控制数据传送，所以无法发现和处理由于设备或其他硬件所产生的错误等。

（2）中断控制

中断控制方式是一种硬件和软件相结合的技术，中断请求和处理依赖于中断控制逻辑，而数据传送则是通过执行中断服务程序来实现的。中断控制方式被用来控制外部设备和内存与 CPU 之间的数据传送，减少程序直接控制方式中 CPU 的等待时间，提高系统的并行工作效率。

中断控制方式的工作过程是：当用户进程需要数据时，通过 CPU 发出命令启动外部设备准备数据，同时控制状态寄存器中的中断允许位打开，以备中断程序调用执行。在进程发出命令启动设备后，该进程放弃 CPU 等待输入完成，从而进程调度程序可以调度其他就绪进程占用 CPU。此时，CPU 与 I/O 设备处于并行工作状态。当输入完成后，I/O 控制器通过中断请求向 CPU 发出中断信号，CPU 接到中断信号后，转向相应的中断处理程序检查输入是否正确，若正确则向控制器发送取走数据信号，然后将数据写入指定内存。接下来进程调度选中原请求数据的进程，该进程从约定的内存单元取出数据继续工作。

中断控制方式的特点是：在外设工作期间，CPU 无须等待，可以处理其他任务，CPU 与外设可以并行工作，提高了系统效率，同时又能满足实时信息处理的需要。但在进行数据传送时，仍需要通过执行程序来完成。

(3) DMA 方式

采用中断控制方式可以提高 CPU 的利用率，但有些 I/O 设备（如磁盘、光盘等）需要高速而又频繁地与存储器进行批量的数据交换，此时中断方式已不能满足速度上的要求。而直接存储器处理（Direct Memory Access，DMA）方式可以在存储器与外设之间开辟一条高速数据通道，使外设与存储器之间可以直接进行批量数据传送。

实现 DMA 传送，要求 CPU 让出系统总线的控制权，然后由专用硬件设备（DMA 控制器）来控制外设与存储器之间的数据传送。DMA 方式的工作原理如图 4-25 所示。

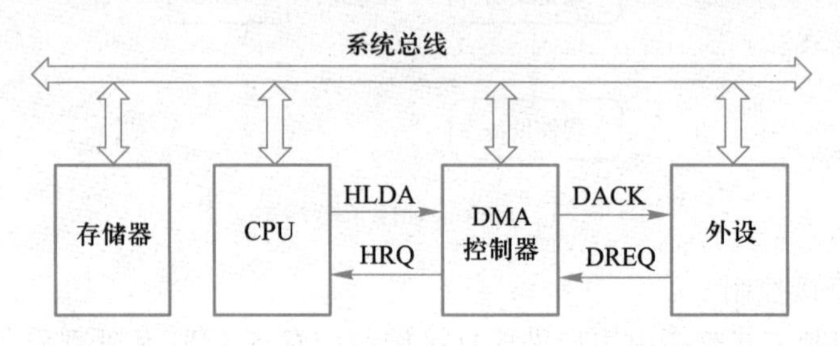

图 4-25　DMA 方式

DMA 控制器一端与外设连接，另一端与 CPU 连接，由它控制存储器与高速 I/O 设备之间直接进行数据传送。其工作过程是：当 I/O 设备与存储器需要传送数据时，先由 I/O 设备向 DMA 控制器发送请求信号 DREQ，再由 DMA 控制器向 CPU 发送请求占用总线的信号 HRQ，CPU 响应 HRQ 后向 DMA 控制器回送一个总线响应信号 HLDA，随后 CPU 让出总线控制权并交给 DMA 控制器，再由 DMA 控制器回送请求设备应答信号 DACK。此时，DMA 控制器接管总线控制权，由它控制存储器与 I/O 设备之间直接传送数据，当一批数据传送完毕，DMA 控制器再把总线控制权交还给 CPU。

由上述可见，这种传送方式的特点是：在数据传送过程中，由 DMA 控制器参与工作，不需要 CPU 的干预，批量数据传送时效率很高，通常用于高速 I/O 设备与内存之间的数据传送。

(4) 通道控制

通道控制方式与 DMA 方式类似，也是一种以内存为中心实现外部设备与内存直接交换数据的控制方式。所不同的是，在 DMA 方式中，数据的传送方向、存放数据的内存地址以及所传送的数据块长度等都是由 CPU 控制，而通道方式中是由专管输入/输出的通道控制其来进行控制的。

“通道”是独立于 CPU 的专门负责输入/输出控制的处理机，它通过通道程序与设备控制器共同实现对 I/O 设备的控制。通道程序由一系列的通道指令构成，这些通道指令由 CPU 启动，并在操作结束时向 CPU 发出中断信号。在通道方式下，CPU 只需发出启动命令，指出通道的操作和设备，该命令就可启动通道并使通道从内存中调出相应通道指令执行。

(5) 缓冲技术

虽然中断机制、DMA 和通道技术提高了 CPU 与外部设备之间并行操作的程度，但是 CPU 与外设、内存与外设、外设与外设之间的处理速度不匹配问题仍然是客观存在的。处理速度很慢的外部设备频繁中断 CPU 的运行，将会大大降低 CPU 的使用效率，影响整个计算机系统的运行效率，为此引入了缓冲技术。缓冲技术首先是缓和了 CPU 和 I/O 设备速度不匹配的矛盾；第二，可以使一次输入的信息能多次使用，减少了输入工作量；第三，在通道或控制器内设置局部寄存器作为缓冲器，可暂存 I/O 信息，以减少 CPU 的中断频率，放宽对中断响应时间的限制；最后，提高了 CPU 和 I/O 设备之间的并行性。

缓冲有硬件缓冲和软件缓冲。硬件缓冲是指用专门的寄存器作为缓冲器，如微机主板上的 Cache。软件缓冲是指在操作系统的管理下，在内存中划出若干个存储单元作为缓冲区。采用缓冲区可以减少发送装置和接收装置的等待时间，提高设备的并行操作程度。

3. 设备的分配与调度

在计算机系统中，设备、控制器和通道等资源是有限的，并不是每个进程随时都可以得到这些资源。进程首先要向设备管理程序提出申请，然后由设备管理程序按照一定的分配算法给进程分配必要的资源。如果进程的申请没有成功，就要在资源的等待队列中排队等待，直到获得所需的资源。

（1）设备分配原则与策略

设备分配的总原则是，一方面要充分发挥设备的使用效率，同时又要避免不合理的分配方式造成死锁、系统工作紊乱等现象，使用户在逻辑层面上能够合理方便地使用设备。另一方面，考虑设备的特性和安全性。设备的特性是设备本身固有的属性，一般分为独占、共享和虚拟设备等，这在前面对设备的分类中已经做了说明。对不同属性设备的分配方式是不同的。

设备分配策略与进程的调度相似，设备的分配也需要一定的策略，通常采用先来先服务（FCFS）和高优先级优先等。先来先服务，就是当多个进程同时对一个设备提出 I/O 请求时，系统按照进程提出请求的先后次序，把它们排成一个设备请求队列，并且总是把设备首先分配给排在队首的进程使用。高优先级优先，就是给每个进程提出的 I/O 请求分配一个优先级，在设备请求队列中把优先级高的排在前面，如果优先级相同，则按照 FCFS 的顺序排列。这里的优先级与进程调度中的优先级往往是一致的，这样有助于高优先级的进程优先执行、优先完成。

（2）独占设备的分配与虚拟设备

独占设备每次只能分配给一个进程使用，这种使用特性隐含着死锁的必要条件，所以在考虑独占设备的分配时，一定要结合防止和避免死锁的安全算法。

系统中的独占设备是有限的，往往不能满足诸多进程的要求，会引起大量进程由于等待某些独占设备而阻塞，成为系统中的“瓶颈”。另一方面，申请到独占设备的进程在其整个运行期间虽然占有设备，利用率却常常很低，设备还是经常处于空闲状态。为了解决这种矛盾，最常用的方法就是用共享设备来模拟独占设备的操作，从而提高系统效率和设备利用率。这种技术就称为虚拟设备技术，实现这一技术的软、硬件系统被称为假脱机（Simultaneous Peripheral Operation OnLine，SPOOL）系统，又叫 SPOOLing 系统。

下面以常见的共享打印机为例，说明输出 SPOOL 的基本原理。打印机是一种典型的独占设备，引入 SPOOL 技术后，用户的打印请求传递给 SPOOL 系统，而不是真正把打印机分配给用户。SPOOL 系统的输出进程在磁盘上申请一个空闲区，把需要打印的数据传送到里面，再把用户的打印请求挂到打印队列上。如果打印机空闲，就会从打印队列中取出一个请求，再从磁盘上的指定区域取出数据，执行打印操作。由于磁盘是共享的，SPOOL 系统可以随时响应打印请求并把数据缓存起来，这样就把独占设备改造成了共享设备，从而提高了设备的利用率和系统效率。

(3) 共享设备的分配和磁盘调度策略

磁盘是典型的共享设备。在用户处理的信息量越来越大的情况下，对磁盘等共享设备的访问也越来越频繁，因而访问调度是否得当直接影响到系统的效率。

磁盘调度策略主要有先来先服务、最短寻道时间优先、扫描和循环扫描几种。

先来先服务（FCFS）是最简单的一种调度策略，根据的就是进程对磁盘提出访问请求的先后次序。这种策略最大的优点是公平、简单，所有进程的请求都能够依次满足。在用户请求均匀分布的情况下，FCFS 策略就相当于随机访问，没有对访问进行任何优化。当访问请求比较多时，这种策略对于设备吞吐量和响应时间会产生不良影响，平均寻道距离也会比较大。因此这种策略仅适用于磁盘 I/O 请求比较少的情况。

最短寻道时间优先（ShortestSeekTimeFirst，SSTF）策略每次都选择要求访问的磁道与磁头当前所在的磁道距离最近的请求，优先予以响应。采用这种策略，可以保证每次寻道时间最短，对于提高设备吞吐量也有一定好处。其缺点是对用户来说，请求被响应的机会不均等，中间磁道的访问较为优先，而越偏离中心的磁道访问响应越差。

扫描（SCAN）策略的目的是克服 SSTF 策略的缺点，在考虑访问磁道距离时更优先考虑磁头当前移动的方向。例如，当磁头正在从里向外移动时，SCAN 策略响应的下一个请求应该是要访问的磁道在当前磁道以外且距离最近，这样一直到再没有向外方向上的请求时，磁头移动的方向才会改变，变为从外向里。这时类似地，响应的下一个请求应该是要访问的磁道在当前磁道以里且距离最近，直到再没有向里方向上的请求。由于这种策略中磁头移动的规律与电梯运行的规律极为相像，所以也经常称为电梯策略。

循环扫描（Circular SCAN，CSCAN）是对扫描策略的一种改进，不同之处在于磁头不是往返扫描访问，而是只沿一个方向反复扫描。例如只从里向外，当磁头移动到最外面一个被访问的磁道以后，不反向扫描访问，而是直接移动到最里面一个需要访问的磁道上，仍旧从里向外扫描。

4.6.3 Windows 设备管理

1. 设备管理器

Windows 7 操作系统提供多种渠道查看和安装硬件设备。传统的方法是右击桌面的“计算机”图标打开快捷菜单，选择“管理”命令项，进入计算机管理功能界面。

Windows 7 操作系统的计算机管理功能模块提供计算机运行设备管理以及运行状态查询等多种功能。单击计算机管理窗口左侧的设备管理图标即可进入设备管理界面，如图 4-26 所示。

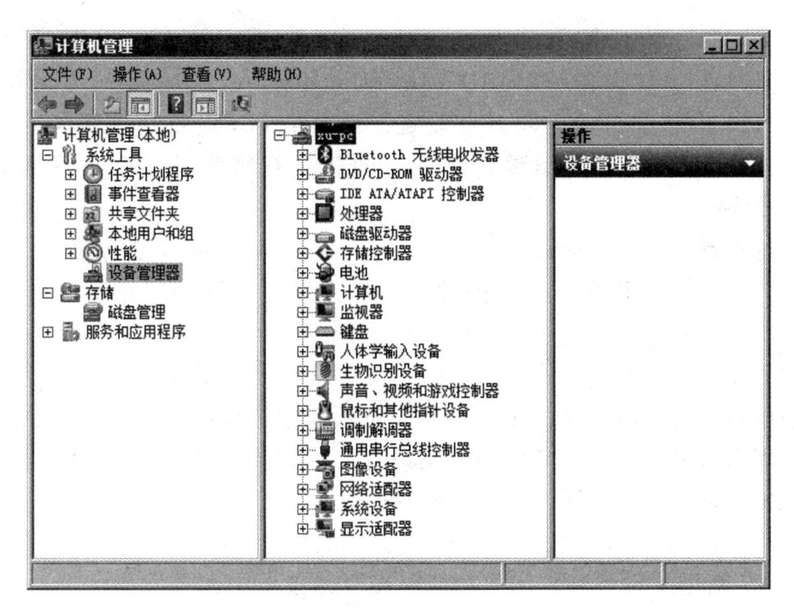

图 4-26 Windows 7 计算机管理之设备管理界面

Windows 7 新增了 DeviceStage 设备解决方案，主要针对诸如打印机、摄像机、手机、媒体播放机等外部设备，是一个增强版的即插即用技术。有了 DeviceStage 技术，用户就可以比较方便地设置和使用各种外设。选择“开始”→“控制面板”→“设备管理”进入 Windows 7 的设备管理中心，在该界面中就列出了当前系统中安装的所有外部设备。设备管理为计算机管理的一部分。因此，当仅需要对设备进行查询和使用时可直接进入设备管理中心。

2. 查看设备信息

通过操作系统的计算机管理功能和设备管理器可以对计算机系统的任何硬件设备的属性和运行状态进行查询。

在设备管理列表中，右击某硬件设备项，在打开的快捷菜单中即列出相应的操作列表，选择“属性”选项即可列出该设备的相应属性，通过查看属性进一步了解硬件设备。

一个操作系统是否能够对硬件提供良好的支持，是用户是否选择这个操作系统的一个重要指标。所谓的硬件支持，说到底就是设备的驱动问题。一般来说，操作系统都包含一个覆盖范围很广的驱动程序库。在操作系统的基本安装中，这些驱动程序都会保存在驱动程序存储区中。在驱动程序存储区中，每个设备驱动程序都经过了认证，并确保可以与系统完全兼容。在安装新的兼容性即插即用设备时，操作系统会在驱动程序存储区中检查可用的兼容设备驱动程序。如果找到，则操作系统就会自动安装该设备。

尽管如此，有些硬件设备在使用时还是需要安装随机携带的驱动程序的。当在 Windows 7 中安装了某设备的驱动文件后，有时会显示资源冲突，那如何进行排错呢？Windows 7 的智能特性使得这方面的排错非常容易。如果怀疑是某设备造成了资源冲突，可在 Windows 7 的设备管理器中，单击“查看”菜单，选择其中的

“依类型排序资源”或“依连接排序资源”选项，即可快速查看资源的分配，在此可以看到ISA和PCI设备使用IRQ（Interrupt Request，中断请求）的情况。一般情况下每个ISA设备都有独立的IRQ设置，而多个PCI设备共享相同的IRQ设置。需要注意，如果某些设备显示警告图标，同时还有感叹号，这并不是资源冲突，而是设备配置错误。

另外一种查看是否存在资源冲突的方法是，使用Windows 7的系统信息实用程序。选择“开始”→“所有程序”→“附件”→“系统工具”→“系统信息”即可启动该工具。

在确定了资源冲突的双方后，就可以在设备管理器中手动修改某些设备的资源设置。打开该设备的属性对话框，在“资源”选项卡中选择需要使用的资源类型。如果可以更改，那么就可以取消对“使用自动设置”的选择，然后查看下拉列表中是否提供候补的配置，如果有，选择该项即可解决冲突。

3. 设备和打印机

Windows 7新增了设备和打印机功能，在开始菜单中选择此命令项，打开窗口如图4-27所示。

图4-27 Windows 7的设备和打印机功能窗口

在图4-27的窗口里显示了连接到计算机上的外部设备，通过单击设备图标可检查打印机、音乐播放器、相机、鼠标或数码相框等设备。不仅如此，通过该窗口还可以连接蓝牙耳机等无线设备，单击“添加设备”Windows 7系统将自动搜索可以连接的无线设备，操作非常方便。

思考与练习

1. 简答题

（1）什么是操作系统？请用一句话描述你对操作系统的理解。

（2）什么是软件？它的基本特点是什么？

（3）你对操作系统和用户程序之间的关系有何看法？阐述你的视点。

2. 填空题

（1）按______组合键可启动任务管理器。

（2）回收站是______盘中的一块区域，通常用于______逻辑删除的文件。

（3）控制面板是______的集中场所。

3. 选择题

（1）操作系统管理计算机系统的（　　）。

A）硬件资源　　B）软件资源　　C）网络资源　　D）软件和硬件资源

（2）采用虚拟存储器的目的是（　　）。

A）提高主存的速度　　B）扩大外存的容量

C）扩大内存的寻址空间　　D）提高外存的速度

（3）下面不属于操作系统功能的是（　　）。

A）CPU 管理　　B）文件管理　　C）编写程序　　D）设备管理

（4）文件系统的多级目录结构是一种（　　）。

A）线性结构　　B）树形结构　　C）环状结构　　D）网状结构

4. 应用题

小明要整理计算机上存储的文件，欲将文件分类组织为如下结构：

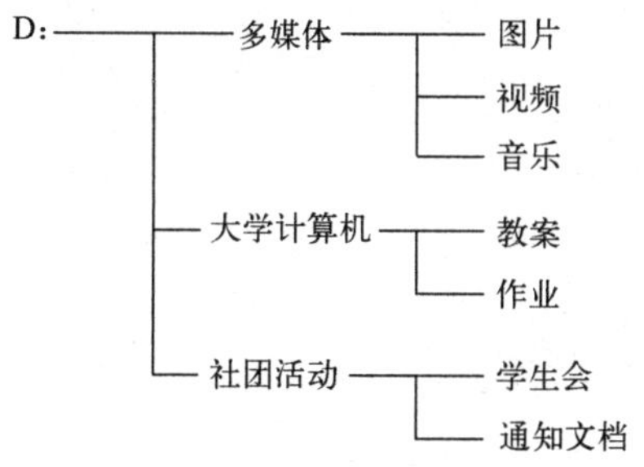

试分析问题的解决方案，确定使用操作系统的管理器以及相应操作步骤，搜索计算机上相应的文件分别存储到相应的类别中，完成磁盘的文件分类组织。

5. 网上练习与课外阅读

（1）请在 Windows 官网查找 Windwos 7 的新增功能。

（2）请上网查找有关 Windows 7 的发展历程。

（3）马金忠，等. Windows 7 傻瓜书［M］. 北京：中国铁道出版社，2011.

第 5 章

计算机网络

电子教案

本章导读

面对信息与知识爆炸的时代，计算机网络随时随地都在改变和影响着人类生活的方方面面。 网络最突出的贡献就是缩短了人们交流的距离，人们不论在哪里都可以随时随地交流，就算是一所普通学校的学生，在本校也可以浏览哈佛等世界著名大学的教育资源，从而实现了无距离、跨全球的优质资源共享。 所以说，计算机网络已经成为人类生存的一种文化，一种无处不在的网络计算文化。

本章学习导图

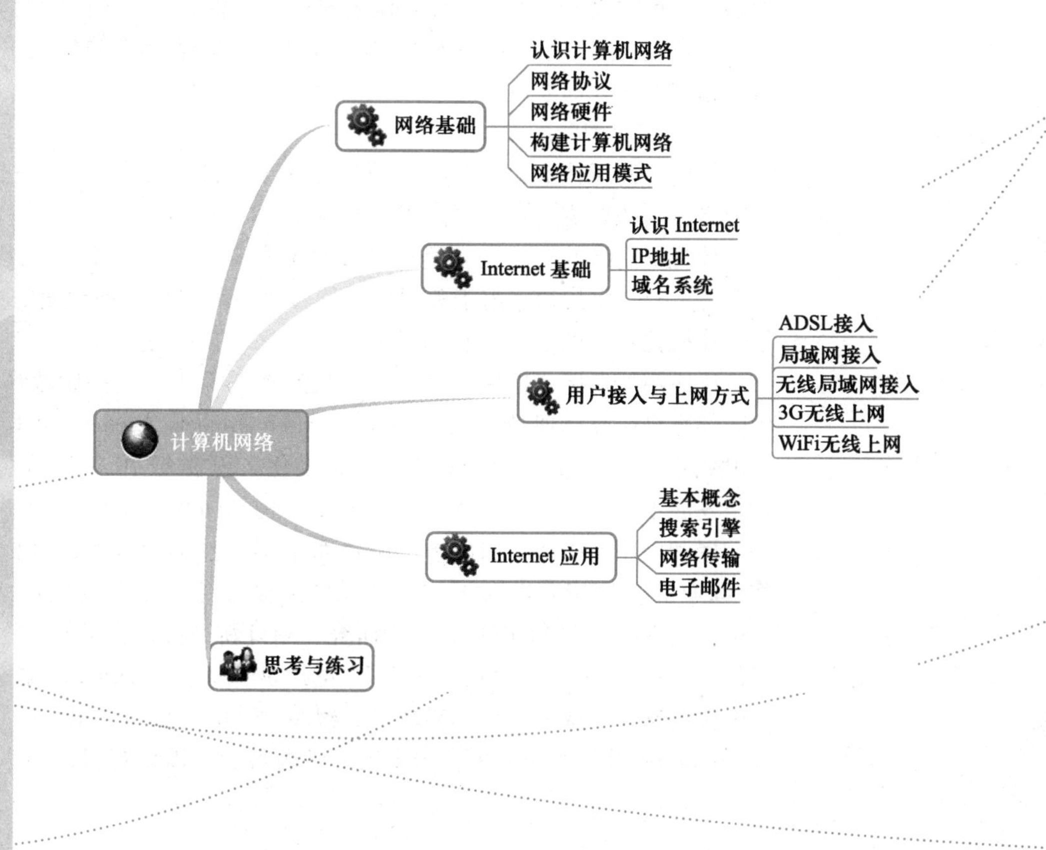

5.1 网络基础

计算机诞生后不久，科学家们就开始研究计算机网络，在短短几十年的时间里，计算机网络就从最初的多终端系统发展到现在无时无处不在的 Internet，使人类从方方面面感受和体验着网络给人们带来的巨大便利。

5.1.1 认识计算机网络

1. 什么是计算机网络

计算机网络是现代通信技术与计算机技术相结合的产物，在不同阶段或从不同角度对计算机网络有不同的定义和理解。目前得到广泛认同的定义是：计算机网络是指将地理位置不同、具有独立功能的多台计算机及其外部设备，通过通信线路连接起来，在网络操作系统、网络管理软件及网络通信协议的管理和协调下，实现资源共享和信息传递的计算机系统。

从该定义可以看出，计算机网络涉及 3 个方面的问题。首先，以计算机为核心，两台或以上的计算机相互连接起来即可构成网络，达到资源共享的目的。这就为网络提出了一个服务的问题，即肯定有一方请求服务，另一方提供服务。第二，两台或以上的计算机连接，互相通信交换信息，需要有一条通道，这条通道的连接是物理的，即必须有传输媒体。第三，计算机之间交换信息需要有某些约定和规则，即通信协议。每一厂商生产的网络产品都有自己的协议，从网络互连的角度出发，这些协议都需要遵循相应的国际标准。

2. 计算机网络的发展历程

任何一种新技术的出现都必须具备两个条件：社会需求与先期技术的成熟。计算机网络技术的形成与发展也证实了这条规律。

计算机网络的发展主要经历了 4 个阶段。第一阶段是面向终端的远程联机系统。在 20 世纪 50 年代初，由于美国军方的需要，美国半自动地面防空系统（SAGE）进行了计算机技术与通信技术相结合的尝试。第二阶段是计算机—计算机网络系统。随着计算机应用的发展，出现了多台计算机互连的需求。这一阶段研究的典型代表是美国国防部高级研究计划局（Advanced Research Projects Agency，ARPA）的 ARPANET，即 ARPA 网。第三阶段是计算机网络的标准化。20 世纪 70 年代后期，人们看到了计算机网络发展中出现的危机，就是网络体系结构与协议标准的不统一，限制了计算机网络的发展和应用。由此，引出了网络体系结构与网络协议的国际标准化。经过多年的工作，ISO 正式制定并颁布了“开放系统互联参考模型”（Open Systems Interconnection Reference Model，OSI RM），成为研究和制订新一代计算机网络标准的基础。第四阶段是网络互连与 Internet 时代。进入 20 世纪 80 年代，Internet 的建立，把分散在各地的网络连接起来，形成一个跨国界范围、覆盖全球的计算机网络。特别是 20 世纪 90 年代以来，Internet 开始迅速发展。当今世界已进入一个以计算机网络为中心的时代，网上传输的信息不仅有文字、数字等文本信息，还包括越来越多的包括集文字、图形图像、音视频在内的多媒体信息。以计算机网络为平台的电子商务、电子政务、视频点播、电视直播等系统得到了广泛的应用，计算机网络已经渗入到社会生活的每一个角落，改变着人们传统的学习和工作方式，乃至生活的方式。

在互联网发展的同时，高速与智能网的发展也引起人们越来越多的注意。高速网络技术的发展表现在宽带综合业务数字网（Broadband Integrated Services Digital Network，B－ISDN）、帧中继、异步传输模式（ATM）、高速局域网、交换局域网与虚拟网络等。

3. 计算机网络的功能

计算机网络有着十分广泛的应用领域。利用网络可以获取各种信息服务，了解新闻、查看火车时刻表和飞机航班信息；利用网络进行网上交易，如网上股票交易；利用网络进行通信，如网络电话、电子邮件；利用网络进行网上教育，如远程教育、在线学习与在线图书馆等。今天，计算机网络在商业、企业、教育、科研、政府部门等各个领域都发挥着巨大的作用。计算机网络主要包括数据传输、资源共享和分布式数据处理等功能。

（1）数据传输

计算机网络为分布在各地的用户提供了强有力的通信手段。用户可以通过计算机网络进行通信，互相传送数据，方便地进行信息交换，如传送电子邮件、发布新闻消息和进行电子商务活动等，极大方便了人们的工作和生活。

（2）资源共享

计算机网络最具吸引力的功能是实现资源共享，包括硬件资源、软件资源和数据与信息资源。硬件资源有超大型存储器、特殊的外部设备以及大型、巨型机的 CPU 处理能力等，共享硬件资源是共享其他资源的物质基础。软件资源共享是指用户可以通过网络登录到远程计算机或服务器上，以使用各种功能完善的软件资源，或从网上下载某些应用程序到本地计算机。数据与信息共享指存放在计算机上的数据库和各种信息资源，如图书资料、股票行情、科技动态等都可以被上网的用户查询和使用。尤其是网络学习与娱乐系统，极大方便了终身学习，增加生活中的乐趣。

（3）分布式信息处理

当某台计算机负载过重，或该计算机正在处理某项工作，网络可将任务转交给空闲的计算机来完成，这样处理能均衡计算机的负载，提高处理问题的实时性。尤其是对大型综合性问题，可将问题分解成若干部分，分别交给不同的计算机处理，充分利用网络资源，提高计算机的处理能力。

总之，计算机网络可以充分发挥计算机的效能，帮助人们跨越时间和空间的障碍，扩大生活活动范围，提高工作效率。

4. 计算机网络类型

虽然网络类型的划分标准各种各样，但是从地理范围划分是一种得到广泛认可的通用网络划分标准。按这种标准可以把各种类型的网络划分为局域网、广域网和互联网 3 种。网络划分并没有严格意义上地理范围的区分，只能是一个定性的概念。

(1) 局域网

局域网（Local Area Network，LAN）是指在局部地区范围内将计算机、外设和通信设备连接在一起的网络系统，常见于一幢大楼、一个工厂或一个企业内，它所覆盖的范围较小，最常见、应用最广的一种网络。局域网在计算机数量配置上没有太多的限制，少的可以只有两台，多的可达上千台。从网络所涉及的地理距离上，一般来说可以是几米至十几公里。随着整个计算机网络技术的发展和提高，现在局域网得到充分的应用和普及，几乎每个单位都有自己的局域网，甚至有的家庭中都有自己的小型局域网。

局域网的主要特点是连接范围窄、用户数少、配置容易、连接速率高、误码率较低。局域网组建方便，采用的技术较为简单，是目前计算机网络发展中最活跃的分支。现在大多数局域网采用的以太网标准，是20世纪70年代中期开发的，后来IEEE在此基础上制定了IEEE802.3标准，传输速率从10 Mbps到10 Gbps。

(2) 广域网

广域网（Wide Area Network，WAN）也称为远程网，所覆盖的范围更广，它一般用来实现在不同城市和不同国家之间的LAN互连，地理范围可从几百公里到几千公里。因为距离较远，信息衰减比较严重。广域网目前多采用光纤线路，通过IMP协议和线路连接起来，构成网状结构，解决路径问题。这种广域网因为所连接的用户多，总出口带宽有限，连接速率一般较低。

(3) 互联网

互联网因其英文单词“Internet”的谐音，又称为“因特网”。在互联网应用如此发展的今天，它已成为人们每天都要打交道的一种网络，无论从地理范围还是网络规模来讲它都是最大的一种网络，这种网络最大的特点就是不定性，整个网络的计算机每时每刻会随着人们网络的接入在不断地变化。它的优点也非常明显，就是信息量大、传播广，无论人们身处何地，只要连上互联网就可以对任何连网用户发出自己的信函和广告。由于这种网络结构的复杂性，所以实现的技术也相对复杂。

5.1.2 网络协议

1. 何谓协议

为了实现人与人之间的交互，通信规约无处不在。例如，在使用邮政系统发送信件时，信封必须按照一定的格式书写（如收信人和发信人的地址必须按照一定的位置书写），否则，信件可能不能到达目的地。同时，信件的内容也必须遵守一定的规则（如使用可理解的语言书写），否则，收信人可能不理解信件的内容。

同样，在计算机网络中为了实现各种服务，就要在计算机系统之间进行通信和对话。为了使通信双方能正确理解、接受和执行，就要遵守相同的规定。具体说，在通信内容、怎样通信以及何时通信方面，两个对象要遵从相互可以接受的一组约定和规则，这些约定和规则的集合称为协议。因此，协议是指通信双方必须遵循的控制信息交换的规则集合，其作用是控制并指导通信双方的对话过程，发现对话过程中出现的差错并确定处理策略。

2. 协议组成

一般来说，协议由语法、语义和定时规则3个要素所组成。

语法用于确定通信双方之间“怎么做”，即由逻辑说明构成，确定通信时采用的数据格式、编码、信号电平及应答方式等；语义确定通信双方之间“做什么”，即由通信过程的说明构成，要对发布请求、执行动作及返回应答予以解释，并确定用于协调和差错处理的控制信息；定时规则确定“何时做”，即确定事件的顺序以及速度匹配。

计算机网络是一个庞大、复杂的系统，网络的通信规则也不是一个协议可以描述清楚的。因此，在计算机网络中存在有多种协议，每一种都有其设计目的和需要解决的问题。同时，每一种协议也有其优点和使用限制，这样做的主要目的是使协议的设计、分析、实现和测试简单化。例如，TCP/IP（Transmission Control Protocol/Internet Protocol）是Internet采用的协议标准，它包括了很多种协议，如http、telnet、FTP等，而TCP和IP是保证数据完整传输的两个最基本的重要协议。因此，通常用TCP/IP来代表整个Internet协议系列。

3. 网络层次结构

通常，人们为解决复杂问题常常采用化繁为简、各个击破的方法。对网络进行层次划分也是将计算机网络这个庞大的、复杂的问题划分成若干较小的、简单的问题。通过“分而为之”，解决这些小的、简单的问题，从而解决计算机网络这个大问题。

计算机网络层次结构划分按照层内功能内聚、层间耦合松散的原则。也就是说，在网络中，功能相似或紧密相关的模块放置在同一层，层与层之间保持松散的耦合，使信息在层之间的流动减到最小。

如何划分计算机网络的层次，计算机网络理论研究界和应用界提出了很多方案，制定了各自的协议体系，其中最著名的是OSI参考模型和TCP/IP体系结构。

OSI是ISO在网络通信方面所定义的开放系统互联模型，1978年ISO定义了这个开放协议标准。有了这个开放的模型，各网络设备厂商就可以遵照共同的标准来开发网络产品，实现彼此兼容。整个OSI参考模型共分7层，当接收数据时，数据是自下而上传输；当发送数据时，数据是自上而下传输，如图5-1所示。

物理层提供网络的物理连接，主要任务是在通信线路上传输数据比特的电信号。数据链路层的主要功能是建立和拆除数据链路，将信息按一定格式组装成帧或解析帧，以便无差错地传送。网络层主要解决网络与网络之间，即网际的通信问题，其主要功能是提供路由，即选择到达目标主机的最佳路径，并沿该路径传送数据包。传输层负责主机中两个进程之间的通信，屏蔽子网差异、网络服务差异等工作。会话层用以解决控制会话和数据传输方面的问题。表示层负责管理数据的编码方法，对数据进行加密和解密、压缩和恢复。应用层负责网络中应用程序与网络操作系统之间的联系，为用户提供各种服务，如电子邮件和文件传输等。

OSI只是一个参考模型，做了一些原则性的说明，而不是一个具体的网络协议。

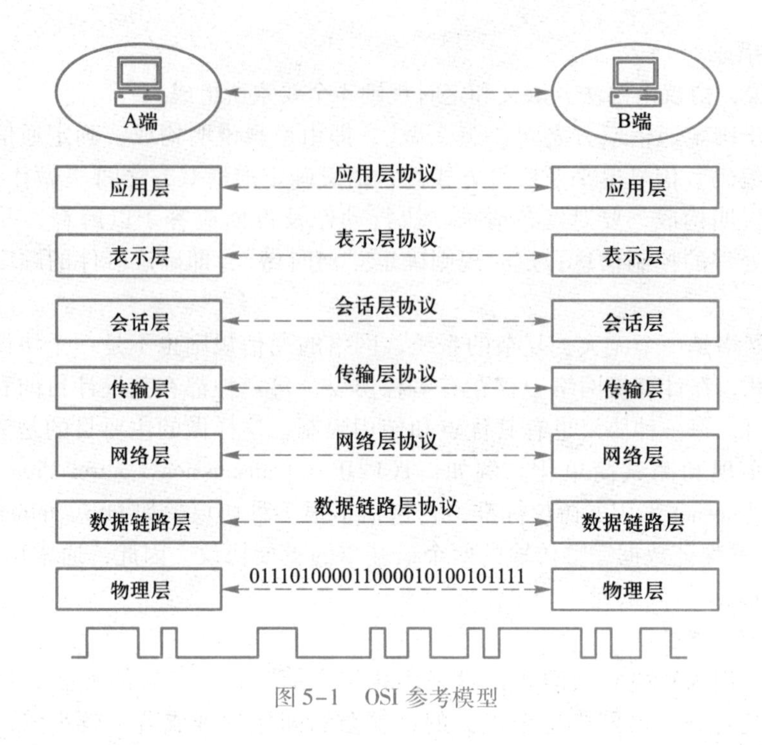

图 5-1　OSI 参考模型

5.1.3　网络硬件

1. 网络中的计算机设备

网络硬件是计算机网络系统的物质基础。要构成一个计算机网络系统，首先要将计算机及其附属硬件设备与网络中其他计算机系统连接起来，实现物理连接。随着计算机技术和网络技术的发展，网络硬件日趋多样化和复杂化，且功能更强。其中，计算机设备是重要的网络设备，根据其在网络中的服务特性，可划分为网络服务器与客户机两类。

服务器（Server）是指在计算机网络中担负一定数据处理任务和提供资源服务的计算机，是网络运行、管理和提供服务的中枢，直接影响着网络的整体性能。一般在大型网络中采用大型机、中型机和小型机作为网络服务器，这样可以保证网络的可靠性。对于网点不多、网络通信量不大、数据的安全性要求不高的网络，可以选用高档微型计算机作为网络服务器。根据服务器所担任的功能不同又可将其分为文件服务器、通信服务器、备份服务器和打印服务器等。

客户机（Client）又称为用户工作站，一般由微机担任，是连接在网络中的向服务器提出请求或享用网络资源的计算机。工作站要参与网络活动，必须先与网络服务器连接，并进行登录，按照被授予的一定权限访问服务器资源。当它退出网络时仍保持原有计算机的功能，作为独立的个人计算机为用户服务。

2. 传输介质

在计算机网络中，要使不同的计算机能够相互访问对方的资源，必须有一条通路使它们能够相互通信。传输介质是网络通信用的信号线路，它提供了数据信号传输的物理通道。传输介质按其特征可分为有线通信介质和无线通信介质两类，有线通信介质包括双绞线、同轴电缆和光缆等，无线通信介质包括无线电、微波、卫星通信和移动通信等。它们具有不同的传输速率和传输距离，分别支持不同的网络类型。

（1）双绞线

双绞线是一种最常用的传输介质，俗称网线，由 4 对两根相互绝缘的铜线绞合在一起组成。双绞线价格便宜，也易于安装使用，虽然在传输距离、传输速度等方面受到一定的限制，但由于较好的性能价格比，目前被广泛使用。双绞线示意如图 5-2 所示。双绞线的两端必须都安装 RJ-45 连接器（俗称水晶头），以便与网卡、集线器或交换机连接，如图 5-3 所示（图 5-3（a）是单独的 RJ-45 连接器，图 5-3（b）为一段做好网线的 RJ-45 连接器）。

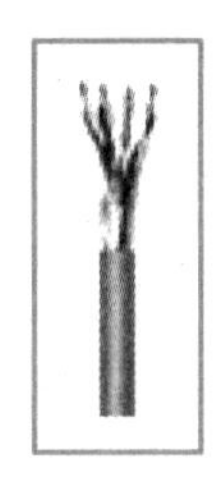

图 5-2　双绞线

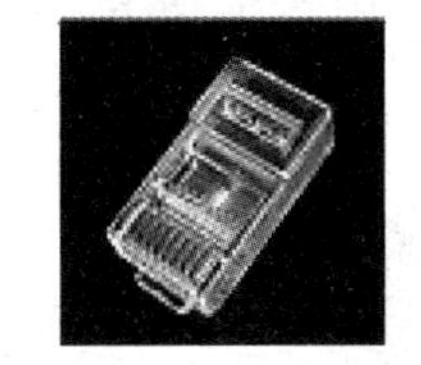

(a) 单独的RJ-45连接器

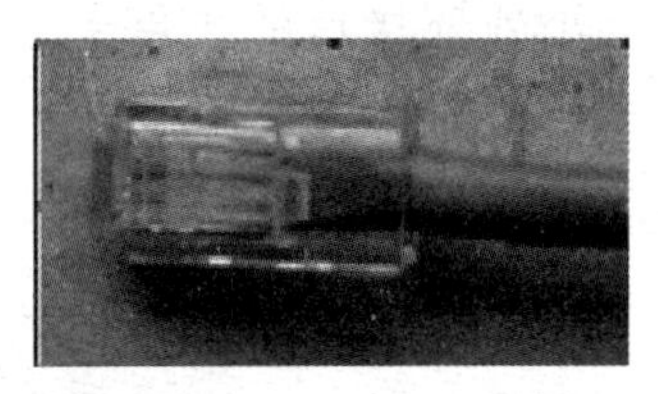

(b) 做好网线的RJ-45连接器

图 5-3　RJ-45 连接器

（2）光纤

光纤即光导纤维，采用非常细的、透明度较高的石英玻璃纤维（直径为 2～125 μm）作为纤芯，外涂一层低折射率的包层和保护层。光纤利用全反射原理使光在玻璃或塑料制成的纤维中传播，从而使光的衰减非常小，实现了远距离传输。使用光纤时，要先通过某种设备将计算机系统中的电脉冲信号变换为等效的光脉冲信号。由于没有电信号在线路中传输，所以光纤传输基本上不受外界干扰的影响，而且也不会向外界辐射信号，这使得光纤传输更加安全，所传输的数据不易泄露。

一组光纤组成光缆，与双绞线和同轴电缆相比，光缆可以满足目前网络对长距离、大容量信息传输的要求，在计算机网络中发挥着十分重要的作用。光纤示例如图 5-4 所示。

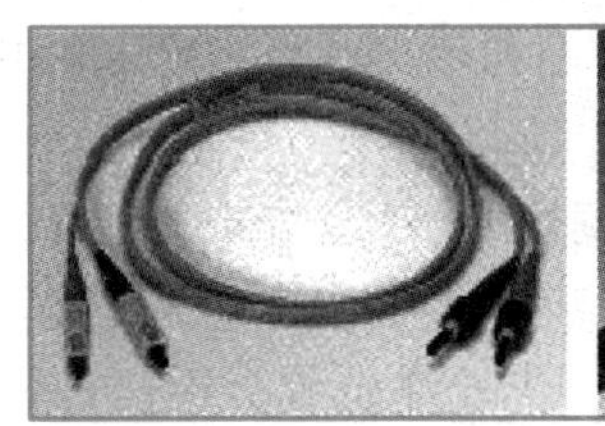

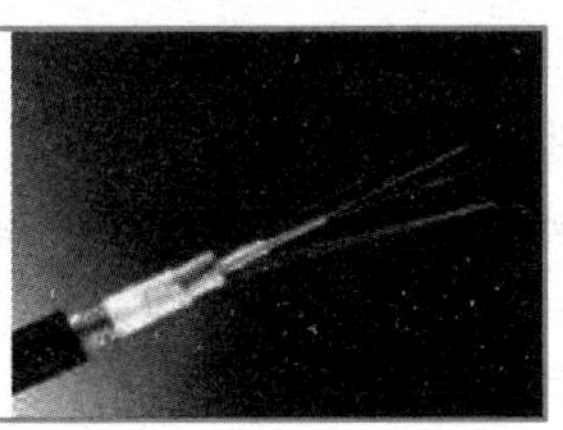

图 5-4　光纤示例

（3）无线传输介质

无线传输常用于有线铺设不便的特殊地理环境，或者作为地面通信系统的备份和补充。在无线传输中使用较多的是微波通信。

卫星通信可以看成是一种特殊的微波通信，使用地球同步卫星作为中继站来转发微波信号，卫星通信容量大、传输距离远、可靠性高。

除微波通信之外，也可使用红外线和激光进行通信传输，但所应用的收发设备必须处于视线范围内，均有较强的方向性，对环境因素（如雾天、下雨）较为敏感。

3. 接口设备

由于网络上传输数据的方式与计算机内部处理数据的方式不同，因此在计算机和传输介质之间通常需要接口和转换设备，常用的有网络接口卡和调制解调器两种。

（1）网络接口卡

网络接口卡（Net Interface Card，NIC）也称为网卡或网板，是计算机与传输介质进行数据交互的中间部件，网卡可集成在计算机的主板上，也可插入到计算机主板插槽内或某个外部接口的扩展卡上，用于编码转换和收发信息。网卡示意如图 5-5 所示。

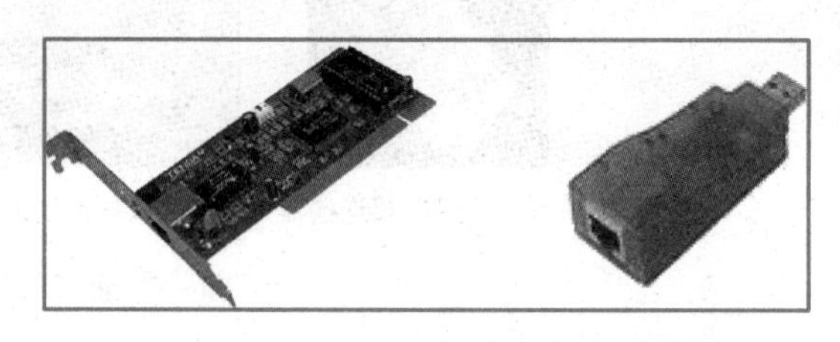

图 5-5　网卡示意

不同的网络使用不同类型的网卡，在接入网络时需要知道网络的类型，从而购买适当的网卡。常见的网络类型为以太网和令牌环网，网卡的速率为 10 Mbps、100 Mbps 或 1000 Mbps，接口为双绞线、光纤等。当然，现在的计算机设备基本都自带网卡。

网卡的主要功能是传输数据，此外还需要向网络中的其他设备通报自己的地址，该地址即为网卡的 MAC（Media Access Control，介质访问控制地址），也叫物理地址。为了保证网络中数据的正确传输，要求网络中每个设备的 MAC 地址必须是唯一的。IEEE 为每个局域网中的站点都规定了一个 48 位的全局地址，用 16 进制表示，如 44-46-58-54-00-00。其中，左端高 24 位由 IEEE 统一分配，是厂商的标识，如 Cisco 公司分到的是 00-00-0C，Intel 公司分到的是 00-AA-00 等，低 24 位由厂商自行确定如何分配。网卡上的 MAC 地址由生产厂商在生产时写入网卡的 ROM 中。

（2）调制解调器

调制解调器（Modem）是调制器和解调器的简称，俗称“猫”，是一个通过电话网接入 Internet 的必备设备。计算机处理的是数字信号，而电话线传输的是模拟信号，调制解调器的作用就是当计算机发送信息时，将计算机的数字信号转换成可以用电话线传输的模拟信号，通过电话线发送出去；在接收信息时，把电话线上传来的模拟信号转换成数字信号传送给计算机，供其接收和处理，如图 5-6 所示。

图 5-6　调制解调器

选择调制解调器的一个重要指标是传输速率，即每秒传送的位数，单位是 bps。调制解调器按外观可分为内置式、外置式和 PC 卡式等类型。

4. 互连设备

在计算机网络中，当连接的计算机较远传输介质不能到达，或局域网和局域网连接、局域网和广域网连接时，需要用到网络互连设备。网络互连设备按其工作的层次分为中继器、网桥、路由器和网关等。

5.1.4　构建计算机网络

1. 网络拓扑结构

当具备了一定的硬件后，需要把这些设备连接在一起才能构成网络。在计算机网络中把设备连接起来的布局方法称为网络的拓扑结构，也就是网络节点的位置和互连的几何布局，即用拓扑学方式展现网络结构。拓扑结构的设计是网络建设的第一步，对整个网络的功能、可靠性与费用等方面都有重大影响。

计算机网络结构通常有星形结构、总线型结构、环形结构、树形结构和网状结构五种。

（1）星形结构

星形结构是以一个节点为中心的处理系统，各种类型的入网设备均与该中心处理机有物理链路直接相连，节点间不能直接通信，通信时需要通过该中心处理机转发，因此中心节点必须有较强的功能和较高的可靠性。其结构如图 5-7 所示。

星形结构的优点是结构简单、建网容易、控制相对简单；其缺点是属于集中控制，主机负载过重，可靠性低，通信线路利用率低。

（2）总线型结构

总线型结构将所有的入网计算机均接入到一条通信传输线上，为防止信号反射，一般在总线两端连有匹配线路阻抗的终结器，如图 5-8 所示。

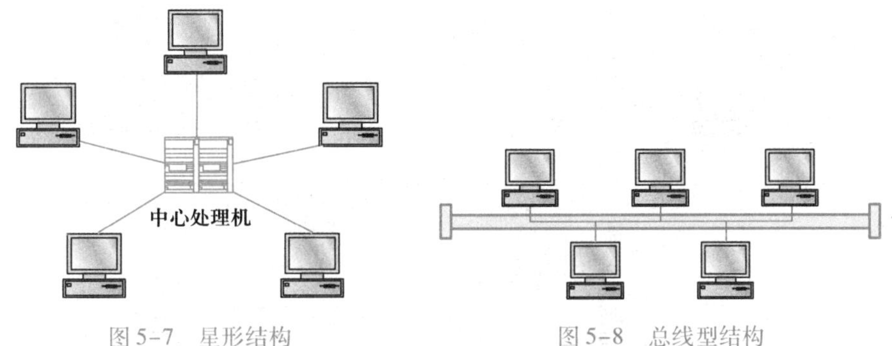

图 5-7　星形结构　　　　图 5-8　总线型结构

总线型结构的优点是信道利用率较高、结构简单、价格相对便宜；缺点是同一时刻只能有两个网络节点可以相互通信，网络延伸距离有限，网络容纳节点数有限，在总线上只要有一个节点连接出现问题，就会影响整个网络的正常运行。总线型结构是目前在局域网中采用较多的结构。

（3）环形结构

环形结构将连网的计算机用通信线路连接成一个闭合的环，如图 5-9 所示。环形结构传输控制机制较为简单，实时性强，但可靠性较差，网络扩充操作步骤比较复杂。

（4）树形结构

树形结构是星形结构的一种变形，它将单独链路直接连接的节点通过多级处理主机进行分级连接，如图 5-10 所示。这种结构与星形结构相比降低了通信线路的成本，但增加了网络复杂性。网络中除最低层节点及其连线外，任一节点或连线的故障均会影响其所在支路网络的正常工作。

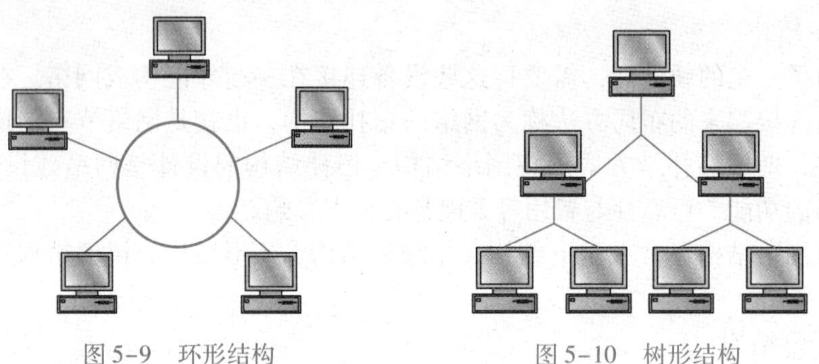

图 5-9　环形结构　　　　图 5-10　树形结构

（5）网状结构

网状结构的优点是节点间路径多，可以减少碰撞和阻塞，局部的故障不会影响整个网络的正常工作，因此可靠性高，网络扩充和主机入网比较灵活。但网络关系复杂，建网不容易，网络控制机制比较复杂。在广域网中一般用网状结构，如图 5-11 所示。

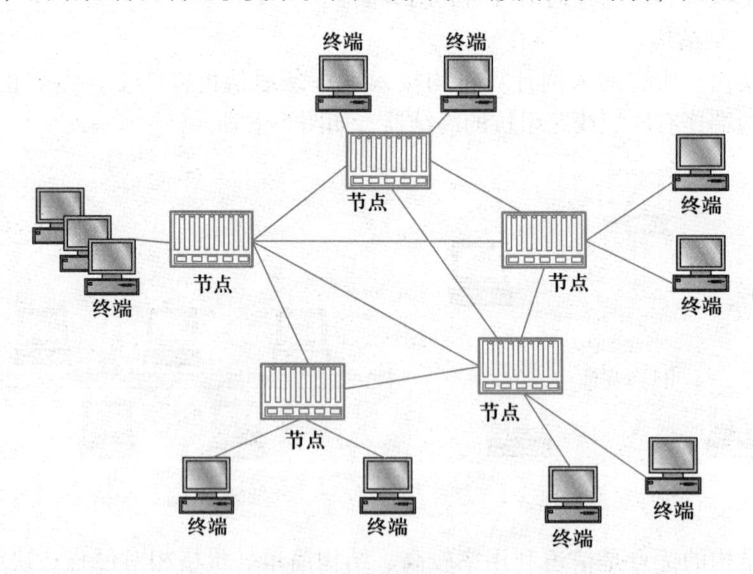

图 5-11　网状结构

以上介绍的网络拓扑结构属于基本结构，在组建局域网时常采用星形、环形、总线型或树形结构。树形和网状结构在广域网中比较常见。但是，在一个实际的网络中，可能是上述几种网络结构的结合。

2. 计算机网络软件

网络按照一定的结构构造完成后，需要通过软件对网络资源进行全面的管理，合理的调度和分配，并采取一系列的保密安全措施，防止用户对数据和信息进行不合理的访问，以及防止数据和信息的破坏与丢失。网络软件是实现网络功能不可缺少的软环境，主要有网络操作系统、网络通信与协议软件以及网络应用软件。

（1）网络操作系统

网络操作系统是运行于网络主机或服务器上的操作系统，是网络用户和计算机网络之间的接口。网络操作系统主要是对多台设备进行资源管理，除具备一般操作系统的功能外，还要具有网络共享资源管理、多任务管理、网络安全管理、网络服务等。其中，网络服务主要有文件服务、打印服务和信息传输服务等；网络安全管理主要有文件/数据保护、用户注册管理、权限管理、账户管理、运行日志管理等。

目前常用的网络操作系统有 Windows NT、Mac OS、UNIX 和 Linux 等。

（2）网络通信与协议软件

网络通信软件支持计算机与相应的网络相连，能够方便地控制自己的应用程序与多个节点进行通信，并对大量的通信数据进行加工和处理。

网络协议软件是计算机网络中各部件之间必须遵守的规则的集合，计算机网络体系结构也由协议决定，网络管理软件、网络通信软件以及网络应用软件等都要通过网络协议软件才能发生作用。网络协议软件的种类很多，如 TCP/IP、IEEE 802 系列协议等均有各自对应的协议软件。

以前网络通信软件和协议软件以独立的软件形式出现，目前在网络操作系统中都内置了网络通信软件和网络协议软件。

（3）网络应用软件

网络应用软件是在网络环境下直接面向用户的软件。计算机网络通过网络应用软件为用户提供信息资源的传输和资源共享服务。应用软件可分为两类：一类是由网络软件厂商开发的通用应用工具，如电子邮件、Web 服务器及相应的浏览和搜索工具等；另一类是基于不同用户业务的软件，如网络上的金融业务、电信业务、数据库及办公自动化等软件。随着网络技术的发展，如今的各种应用软件都考虑到网络环境下的应用问题。

5.1.5 网络应用模式

信息技术的高速发展推动了计算模式不断更新。从单机时代的主机/终端模式、文件服务器时代的共享数据模式、客户机/服务器时代的 C/S 计算模式，到电子商务时代的 B/S 网络计算模式，计算模式已经发生了巨大变化。

1. 客户机/服务器计算模式

客户机/服务器（Client/Server）模式简称 C/S 模式（也称客户端/服务器模式）。网络中的计算机可以扮演两种不同的角色：能力强、资源丰富的计算机充当服务器，给其他计算机提供资源（如数据文件、磁盘空间、打印机、处理器等）；计算能力弱或需要某种资源的计算机作为客户机。客户机使用服务器的服务，服务器向客户机提供网络服务，在这种模式中，客户机与服务器在网络服务中的地位不平等，服务器在网络服务中处于中心地位。工作时客户机接收用户请求，进行适当处理后，把请求发送给服务器，服务器完成相应的数据处理后，把结果返回给客户机，客户机把结果提供给用户。

在C/S模式中无论客户端还是服务器端都需要特定的软件支持，因此，用户需要随着软件的升级而更新客户端软件，维护相对复杂。C/S计算模式的可管理性差，且工作效率低，显然已不能适应今天更高速度、更大地域范围的数据运算和处理，由此产生了B/S计算模式。

2. 浏览器/服务器计算模式

浏览器/服务器（Browser/Server）模式简称B/S模式，它是对C/S模式的一种变化或者改进。在这种模式下，客户端除了WWW浏览器，一般不需要其他程序，客户端的工作界面是通过WWW浏览器来实现的，极少部分功能在前端（Browser）实现，主要工作在服务器端（Server）实现。用户仅通过浏览器就可向服务器发出请求，服务器处理用户的请求，并将结果返回给用户。这种模式简化了客户机的管理工作，减轻了系统维护与升级的成本和工作量。另外，浏览器软件有着统一的用户界面、统一的语言格式、统一的传输协议，用户易学易用。

在B/S模式中，数据中心是企业生存和发展的最大核心因素，网络数据的重要性远远高于网络硬件产品本身，企业计算将从关注网络硬件组成向关注网络数据分布发展；可靠性、安全性、可管理性在网络数据平台中占据重要的地位。

3. B/S与C/S混合计算模式

从技术发展趋势上看，B/S最终将取代C/S计算模式。但同时，由于业已形成的网络现状，在今后的一段时间内，网络计算模式很可能是B/S与C/S同时存在的混合计算模式。这种混合计算模式将逐渐推动商用计算机向两极化（高端和低端）和专业化方向发展。在混合计算模式的应用中，处于C/S模式下的商用计算机根据应用层次的不同，体现出高端和低端的两极化发展趋势；而处于B/S模式下的商用计算机，因为仅仅作为网络浏览器，已经不再是一台纯粹的PC，而变成了一个专业化的计算工具了。

5.2 Internet 基础

Internet是一个虚拟社会，与现实社会相似，有一定的社会结构和层次。Internet是国际互联网，又称因特网。通俗地说Internet是将世界上各个国家和地区成千上万的同类型和异类型网络连在一起而形成的一个全球性大型网络系统。从网络通信技术的角度看，Internet是以TCP/IP网络协议连接各个国家、各个地区及各个机构的计算机网络的数据通信网；从信息资源的角度看，Internet是集各个部门、各个领域的各种信息资源为一体，供网上用户共享的信息资源网。

Internet包含了难以计数的信息资源，向全世界提供信息服务。Internet已成为获取信息的一种方便、快捷、有效的手段，是信息社会的重要支柱。

5.2.1　认识 Internet

1. 了解 Internet

Internet 就是人们常说的因特网，它是世界范围内的许多小网络、数千万台计算机连接而成的巨型计算机网络，又称网间网，它包含了难以计数的信息资源，向全世界提供信息服务。Internet 成为获取信息的一种方便、快捷、有效的手段，是信息社会的重要支柱。

Internet 起源于美国 1969 年开始实施的 ARPANET 计划，其目的是建立分布式的、存活力极强的全国性信息网络，这个网络把加州大学洛杉矶分校、加州大学圣芭芭拉分校、斯坦福大学以及位于盐湖城的犹他州州立大学的计算机主机连接起来。1972 年，由 50 个大学和研究机构参与连接的 Internet 最早的模型 ARPANET 第一次公开向人们展示，到 1980 年，ARPANET 成为 Internet 最早的主干，在一部分美国大学和研究部门中运行和使用。

1986 年，美国国家科学基金会（National Science Foundation，NSF）利用 TCP/IP 协议，在 5 个科研教育服务超级计算机中心的基础上建立了 NSFN 广域网，在全美国实现资源共享。由于美国国家科学基金会的鼓励和资助，很多大学、政府资助的研究机构甚至私营的研究机构纷纷把自己的局域网并入到 NSFNet 中。如今，NSFNet 已成为 Internet 的重要骨干网之一。

1989 年，由欧洲核子研究组织（European Organization for Nuclear Research，CERN）开发成功的万维网（World Wide Web，WWW），为 Internet 实现广域网超媒体信息获取/检索奠定了基础。从此，Internet 进入到迅速发展时期。

进入 20 世纪 90 年代，Internet 已经成为一个“网间网”，各个子网分别负责自己的建设和运行维护，而这些子网又通过 NSFNet 连接起来。

1993 年，美国国家超级计算机应用中心（National Center for Supercomputing Applications，NCSA）发表的 Mosaic 以其独特的图形用户界面（Graphical User Interfaces，GUI）赢得了人们的喜爱，其后的网络浏览工具 Netscape 的发表和 Internet Explorer（IE）浏览器的出现以及 WWW 服务器的增加，掀起了 Internet 应用新的高潮。

Internet 最初的宗旨是用来支持教育和科研活动。但是随着规模的扩大和应用服务的发展以及全球化市场需求的增长，开始了商业化服务。在引入商业机制后，准许以商业为目的的网络连入 Internet 使其得到迅速发展，很快便达到了今天的规模。

一般认为，Internet 是多个网络互连而成的网络的集合。从网络技术的观点来看，Internet 是一个以 TCP/IP 通信协议连接各个国家、各个部门、各个机构计算机网络的数据通信网。从信息资源的观点来看，Internet 是一个集各个领域、各个学科的各种信息资源为一体，并供上网用户共享的数据资源网。

2. Internet 工作方式

Internet 是网络的网络，它由多个网络互连而成。在 Internet 中，网络之间的互连是通过一种叫路由器（Router）的设备来完成的。路由器的工作特点有点像邮局，当一封信投递给邮局后，工作人员会根据邮寄地址决定下一步把信送往哪一个邮局，后一个邮局也会根据一定的原则把信继续向后投递，直到把信送到收信人手中。

路由器实际上也是一种计算机，也具有 CPU、内存和网络接口等设备，但它只用于处理网络之间的连接。它可以把局域网与局域网、局域网与广域网、广域网与广域网连接起来，同时它可与其他路由器相连。

路由器的主要任务是把数据分组（数据包）从一个网络送到另外一个网络。分组是指具有固定大小、固定格式的一组数据，也常称之为“包”，较大的数据文件必须分为一系列的分组，以提高传输效率。在每一个分组中都需要说明一些特征，如该分组要被传送到哪台计算机等。当通过网络传送数据时，发送方的网络软件会自动将数据分成分组，而接收方的网络软件则会把收到的分组重新组装成完整的数据，整个过程人们是感觉不到的。这就是分组交换（又称存储—转发）的由来。

3. TCP/IP 协议

Internet 是采用基于开放系统的网络参考模型——TCP/IP 模型，TCP 的全称为 Transmission Control Protocol，即传输控制协议，IP 的全称为 Internet Protocol，即网际协议。TCP/IP 与 OSI 参考模型不同，它有 4 层：应用层、传输层、网络互连层和网络接口层，如图 5-12 所示。

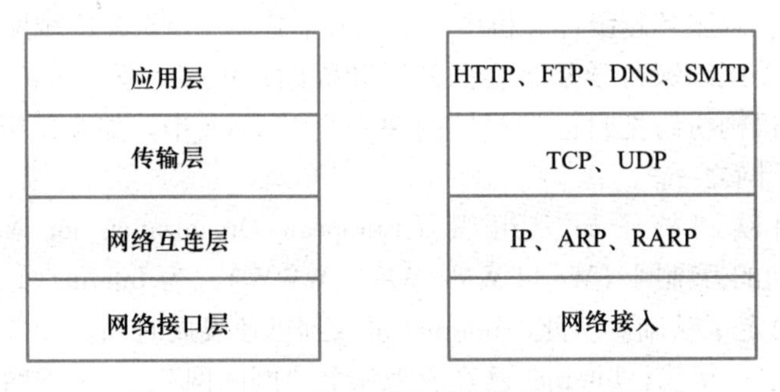

图 5-12　TCP/IP 参考模型与协议集示意图

网络接口层在 TCP/IP 参考模型中没有具体定义，作用是传输经网络互连层处理过的信息，并提供主机与实际网络的接口，而具体的接口关系则可以由实际网络的类型所决定。这些网络可以是广域网、局域网或点对点连接等。这也正体现了 TCP/IP 的灵活性，即与网络的物理特性无关。

网络互连层定义了 IP 的报文格式和传送过程，作用是把 IP 报文从源端送到目的端，协议采用非连接传输方式，不保证 IP 报文顺序到达。主要负责解决路由选择、跨网络传送等问题。

传输层主要负责将源端发送的数据流无差错地运送到目的端，该层定义了 TCP，TCP 建立在 IP 之上，TCP 是面向连接的协议，类似于打电话，在开始传输数据之前，必须先建立明确的连接，将收到的数据包按照它们的发送次序重新装配，使之无差错地到达目的端。该层还定义了用户 UDP（User Datagram Protocol，用户数据报协议），是一种无连接协议。两台计算机之间的传输类似于传递邮件：数据包从一台计算机发送到另一台计算机之前，两者之间不需要建立连接。UDP 不保证数据的可靠传输，也不提供重新排列次序或重新请求功能，所以说它是不可靠的。虽然 UDP 的不可靠性限制了它的应用场合，但它比 TCP 具有更好的传输效率。

应用层是专门为用户提供应用服务的，如利用文件传输协议（FTP）请求和一个目标计算机的连接并传输文件。常见的应用层协议有 HTTP、FTP、DNS、SMTP、POP3 等。

4. Internet 在中国

1987 年 9 月 20 日，钱天白教授发出我国第一封电子邮件“越过长城，通向世界”，揭开了中国人使用 Internet 的序幕。以后数年内，清华大学、中国科学院高能物理研究所、中国研究网（CRN）先后通过不同渠道，实现了与北美、欧洲各国的 E－mail 通信。

1994 年开始，分别由原邮电部、国家教委、中国科学院、原电子工业部主持，建成了我国的四大互联网，即中国公用计算机互联网、中国教育和科研计算机网、中国科技网和国家公用经济信息通信网。在短短几年间，这些主干网络就投入使用，形成了国家主干网的基础。

（1）中国公用计算机互联网

1995 年，由原邮电部投资建设了中国公用计算机互联网（CHINANET），它是面向社会公开开放的、服务于社会公众的大规模的网络基础设施和信息资源的集合，是中国民用 Internet 的骨干网，提供多种途径、多种速率的接入方式。

（2）中国科技网

中国科技网（CSTNET）主要为科技界、科技管理部门、政府部门和高新技术企业服务，提供的服务主要包括网络通信服务、域名注册服务、信息资源服务和超级计算服务。

（3）中国教育和科研计算机网

中国教育和科研计算机网（CERNET）主要面向教育和科研单位，是全国最大的公益性互联网络。CERNET 分 4 级管理，分别是全国网络中心、地区网络中心和地区主节点、省教育科研网、校园网。

（4）国家公用经济信息通信网

国家公用经济信息通信网（CHINAGBN）也称金桥网，主要以企业为服务对象，为国家宏观经济调控和决策服务。金桥网以光纤、卫星、微波、无线等多种通信方式，形成天、地一体的网络结构，有力地促进了我国信息化事业的发展。

随后，在 2000 年，中国三大门户网站搜狐、新浪、网易在美国纳斯达克挂牌上市。目前，中国互联网是全球第一大网络，网民人数最多，连网区域最广。但由于中国互联网整体发展时间短，网速可靠性、科技先进性还需要进一步提高。

5.2.2 IP 地址

1. 概述

在现实生活中，确定某个人的身份主要通过两个方面：一是硬件，即每个人与生俱来的、唯一的生理特征（如眼底虹膜、指纹、DNA 等）；二是软件，即给每个人都规定一种身份、由一个特殊部门颁发唯一的证件（如身份证）。

网络中识别某一台计算机也是这样：一是网卡生产厂家在生产时已经在每一块网卡上都烧录了唯一的 ID 号（即 MAC 地址）；二是通过为每一台计算机分配一个唯一的 IP 地址，从而人为地将一般计算机的身份变得特殊化。

2. IP 地址构成

微视频 5-1
IP 地址格式

在 Internet 中，每台计算机都有一个网络地址，发送方在要传送的信息上写上接收方计算机的网络地址，信息就能通过网络传递到接收方。计算机的地址由 IP 协议负责定义与转换，所以又称为 IP 地址。常用的 IP 协议版本为 4.0，所以又称为 IPv4，它规定计算机的 IP 地址为 32 位的二进制数（即 4 个字节）。为使用方便，IP 地址通常以点分十进制格式来表示，即按字节分为 4 段，段间用圆点“.”分开，如设有 IP 地址为 01010010 10101010 10010011 11110101，用点分十进制格式表示为 82.170.147.245。因为 1 个字节的二进制数最大表示为 255，所以 IP 地址中每段的取值范围为 0～255。

IP 地址是一种层次性的地址，它分为网络地址和主机地址两个部分。处于同一个网络内的各节点，其 IP 地址中的网络地址部分是相同的，而主机地址部分则不同，它标识了该网络中的某个具体节点，如服务器、路由器等。IP 地址可以记为：

```
IP 地址 = { <网络地址>, <主机地址> }
```

IP 地址是对连网主机的逻辑标识，而不是对主机自身的物理表示，这二者是不同的。当一台主机在网络上的位置发生变化时，IP 地址可随之改变，这要依赖于网络建造的方式，但 MAC 地址保持不变。MAC 地址和 IP 地址之间并没有必然的联系。MAC 地址就如同一个人的身份证号，无论人走到哪里，他的身份证号永不会改变；IP 地址则如同邮政编码，人换个地方，其通信邮政编码就会随之发生改变。

3. IP 地址的分类

微视频 5-2
IP 地址的分类

在 Internet 中，网络数量是难以确定的，但是每个网络的规模却比较容易确定。Internet 管理委员会按网络规模的大小将 IP 地址划分为 A、B、C、D、E 五类，其 IP 地址的分类如图 5-13 所示。

	0 … 7 … 15 … 23 … 31			每类地址范围
A类	0	网络号(7位)	主机号(24位)	0.0.0.0～127.255.255.255
B类	10	网络号(14位)	主机号(16位)	128.0.0.0～191.255.255.255
C类	110	网络号(21位)	主机号(8位)	192.0.0.0～223.255.255.255
D类	1110	多播地址		224.0.0.0～239.255.255.255
E类	1111	预留未用		240.0.0.0～247.255.255.255

图 5-13　IP 地址格式

拓展知识
特殊的 IP 地址与子网掩码

A 类地址的最高位为 0，网络号占 7 位，主机号占 24 位，所以 A 类地址范围为 0.0.0.0～127.255.255.255；B 类地址的最高两位为 10，用 14 位标识网络地址，16 位标识主机地址，所以 B 类地址范围为 128.0.0.0～191.255.255.255；C 类地址的高三位为 110，用 21 位来标识网络地址，8 位标识主机，所以 C 类地址范围为 192.0.0.0～223.255.255.255。在 5 类地址中 A、B、C 为 3 种主要类型，D 类地址用于组播，允许发送信息到一组计算机，E 类地址暂时保留，用于实验和将来使用。

A 类地址网络数较少，但每个网络中的主机数较多，所以常常分配给拥有大量主机的网络，如大公司（如 IBM、Microsoft 等）和 Internet 主干网络。B 类地址常分配给节点较多的网络，如政府机构、较大的公司和区域网。C 类地址常用于局域网络，因为此类网络较多，而网络中的主机数又比较少。大家熟知的校园网就常用 C 类地址，较大的校园网可能有多个 C 类地址。

4. IPv6 地址

随着 Internet 的迅速发展，一些问题也凸显出来，其中最严重的是 IP 地址的紧缺和网络安全问题，采用 IPv6 可以解决这些问题。

IPv6 使地址空间从 IPv4 的 32 位扩展到 128 位，每 16 位划分为一段，每段被转换为一个 4 位十六进制数，用冒号隔开，例如：

```
2001:0250:0000:0001:0000:0000:0000:45ef。
```

为了书写方便，当地址中存在一个或多个连续的 16 比特 0 字符时，可以用::（两个冒号）表示，但一个 IPv6 地址中只允许有一个::，因此上述地址又可以表示为：2001:250:0:1::45ef。

IPv6 提供了几乎无限的公用地址，完全消除了 Internet 发展的地址壁垒。IPv6 的技术标准已经基本成型，IPv4 将通过渐进方式逐步过渡到 IPv6，在 IPv4 到 IPv6 的过渡时期，还可以将 IPv4 地址内嵌到 IPv6 地址中，例如：

```
2001:0250:0000:0000:0000:0000:192.168.1.201。
```

5.2.3　域名系统

微视频 5-3
域名系统

1. 域名系统的结构

虽然使用 IP 地址可以唯一地识别 Internet 上的一台主机，但是，对用户来说 IP 地址太抽象了，而且因为它用数字表示，要记住 IP 地址的数字是很困难的。为了便于使用和记忆，也为了便于网络地址的分层管理和分配，Internet 采用 DNS（Domain Name System，域名管理系统）对 IP 地址进行管理。

为了向用户提供一种直观明了的主机标识符，人们设计了一种字符型的主机命名机制，称为域名系统。例如，IP 地址为 202.112.144.31 的主机，用域名表示为 www.bjtu.edu.cn，通过该域名可以知道这台机器位于中国教育领域，用作 WWW 信息浏览。域名采用层次结构，域下面按领域又分子域，子域下面又有子域，如 cn 代表中国的计算机网络，cn 就是一个域，如图 5-14 所示。

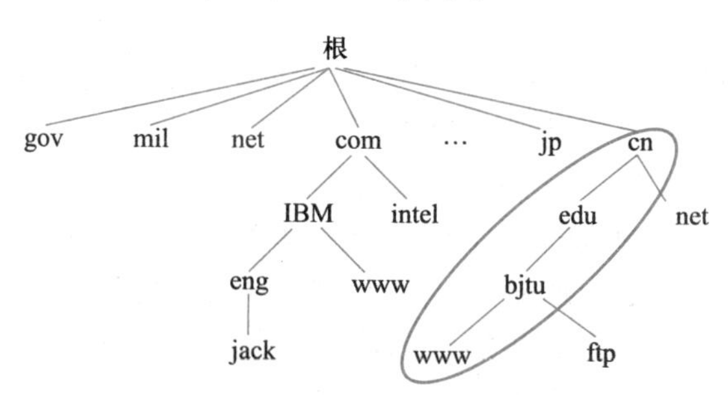

图 5-14　域名的层次结构

在域名的层次结构中自右到左范围越来越小，用圆点“.”分开。例如，bjtu. edu. cn 是一个域名，edu 表示网络域 cn 下的一个子域，bjtu 则是 edu 的一个子域。同样，一个计算机也可以命名，称为主机名。在表示一台计算机时把主机名放在其所属域名之前，用圆点分隔开，形成主机地址，便可以在全球范围内区分不同的计算机了。

为了保证域名系统的通用性，Internet 制定了一组通用的代码作为顶级域名及常用的部分国家、地区域名代码，如表 5-1 所示。

表 5-1 常见顶级域名和部分国家代码表

域名代码	用途	域名代码	国家和地区
com	商业组织	ca	加拿大
edu	教育机构	cn	中国
gov	政府部门	de	德国
mil	军事部门	fr	法国
org	非赢利组织	jp	日本
net	主要网络支持中心	uk	英国
int	国际组织	us	美国

有了域名的知识，对于记忆域名和辨认域名很有好处。如 www. bjtu. edu. cn 是北京交通大学的 WWW 服务器，要查询北京交通大学的信息就可以从这里开始。

目前在我国还可以使用中文域名，如“中文 . cn”“. 中国”“. 公司”“. 网络”等。中文域名的长度在 30 个字符以内，允许使用中文、英文、阿拉伯数字及“-”号等字符。

2. 域名服务器

域名和用数字表示的 IP 地址就好像大街上的一个商店，既可以通过门牌号又可通过商店名称找到它，如通过 www. bjtu. edu. cn 或 211. 100. 31. 96 都可以访问到北京交通大学主页。但对于 Internet 内部数据传输来说，使用的还是 IP 地址，Internet 并不能识别域名，这时就需要通过域名服务器（DNS）解决。Internet 上有很多负责将主机地址转为 IP 地址的服务系统，即域名服务器，这个服务系统会自动将域名解析为 IP 地址上传到 Internet。

在 Internet 中，每个域都有各自的域名服务器，由它们负责注册该域内的所有主机，即建立本域中的主机名与 IP 地址的对照表。当访问一个站点时，输入欲访问主机的域名后，由本地机向 DNS 服务器发出查询指令，DNS 服务器首先在其管辖的区域内查找名字，名字找到后把对应的 IP 地址返回给 DNS 客户，对于本域内未知的域名则回复没有找到相应域名项信息；而对于不属于本域的域名则转发给上级域名服务器。例如，在浏览网页时，浏览器左下角的状态条上会有这样的信息：“正在查找 xxxxxx”，其实这就是域名通过 DNS 服务器转化为 IP 地址的过程。

5.3　用户接入与上网方式

高速公路上车流不息，如果要开车上高速公路，就要找一个就近的高速公路入口。Internet 也类似，若想利用 Internet 上的资源就需要接入 Internet，要接入 Internet，必须要向提供接入服务的 ISP 提出申请，也就是说要找一个信息高速公路的入口。Internet 服务商又称 Internet 服务提供者（Internet Service Provider，ISP）。例如，美国最大的 ISP 是美国在线，中国最大的 ISP 是有国际出口的中国四大骨干网，下面还有许多 ISP 代理。用户向当地的 ISP（如校园网管理机构）申请，并填写相关信息，即可接入 Internet。

根据用户的环境与要求不同，接入方法也不同。最常用的有 ADSL 接入、局域网接入和无线局域网接入。此外，随着智能手机的飞速发展，出现了 3G、4G 无线上网以及 WiFi 无线上网。

5.3.1　ADSL 接入

1. 概述

ADSL（Asymmetric Digital Subscriber Line，非对称数字用户线）是运行在电话线上的一种高速宽带技术，充分利用电话线资源，为用户提供上行、下行非对称的传输速率。上行（从用户到网络）为低速传输速率，速率为 640 kbps；下行（从网络到用户）的速率可达 8 Mbps。

2. ADSL 客户端硬件连接

微视频 5-4
ADSL 客户端安装

使用 ADSL 需要一个 ADSL Modem、信号分离器、一块以太网网卡、一根带 RJ-45 头的双绞线、两根电话线。ADSL Modem 和信号分离器一般由电信部门免费提供。

在计算机中插入网卡，网卡用来连接 ADSL Modem，为计算机和调制解调器间建立一条高速传输数据通道。信号分离器用来分离电话线路中的高频数字信号和低频语音信号，低频语音信号由分离器接入电话机，用来传输电话语音；高频数字信号则接入 ADSL Modem，用来传输上网数据。这样使用电话和上网时就不会互相影响了。经信号分离器出来的室内电话线插座与 ADSL Modem 之间用一条电话线连接，ADSL Modem 与计算机的网卡之间用一条双绞线连通即可完成硬件安装，也有的 ADSL Modem 是通过 USB 口与计算机相连的。ADSL 安装示意图如图 5-15 所示。

3. 系统设置

接入 ADSL 通常无须安装软件，操作系统已具备，只需适当配置即可连接网络。在 Windows 7 中依次选择“控制面板”→“网络和 Internet”→“网络和共享中心”命令，在打开的窗口中依次选择“设置新的连接或网络”→“连接到 Internet”→“宽带（PPPoE）”命令后，在“连接到 Internet”窗口中输入在 ISP 申请到的账号和密码，在“连接名称”中按照自己的喜好为新建的连接起个名字，如图 5-16 所示。

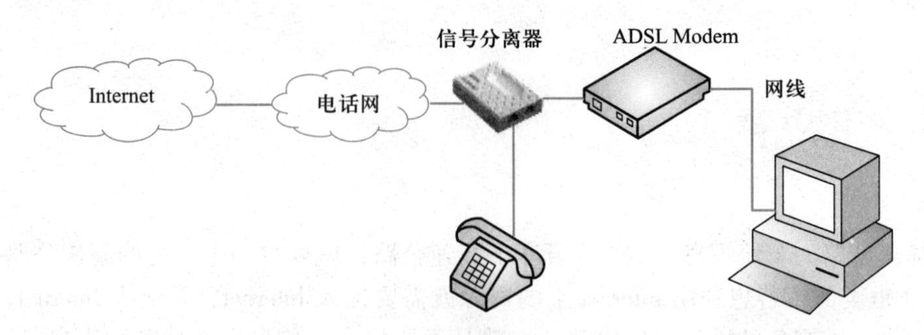

图 5-15　ADSL 安装示意图

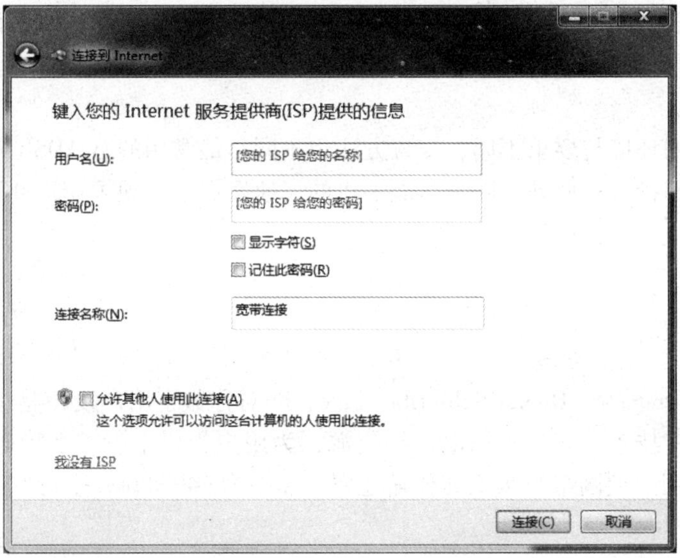

图 5-16　配置账户信息

该账号和密码将被保存，以后每次连接时不需重复输入。上网时只需选择连接的名称，就会打开连接窗口，单击“连接”按钮即可接入网络，如图 5-17 所示。

图 5-17　连接窗口

大多数情况下，ADSL 方式接入网络时都被设置为自动获得 IP 地址和 DNS 服务器地址，即上网的计算机在连上网时会被分配到一个动态 IP 地址，也可被别人访问，在断线后 IP 地址会被收回，重新分配给其他上网用户。

5.3.2 局域网接入

1. 基本概念

局域网（local Area Network，LAN）是指在一个有限的地理范围内将计算机、外部设备和网络互连设备连接在一起的网络系统，具有建网方便、技术简单、易维护、传输速率较高、误码率较低等优点。

有一些单位建立了一定规模的局域网，再通过向 ISP 租用一条专线上网，这种方式上网速度很快。作为局域网用户的微机只需配置一块网卡和一根连接本地局域网的网线，便可接入 Internet。

2. 接入局域网

接入局域网，首先要将网卡安装到本地计算机上，并插好网线，然后安装网络适配器驱动程序。在“网络连接”中单击“本地连接”，在本地连接的属性对话框中选择“Internet 协议版本 4（TCP/IP）”，单击“属性”按钮，在弹出的对话框中输入 IP 地址、子网掩码、默认网关及 DNS 服务器等参数，如图 5-18 所示。

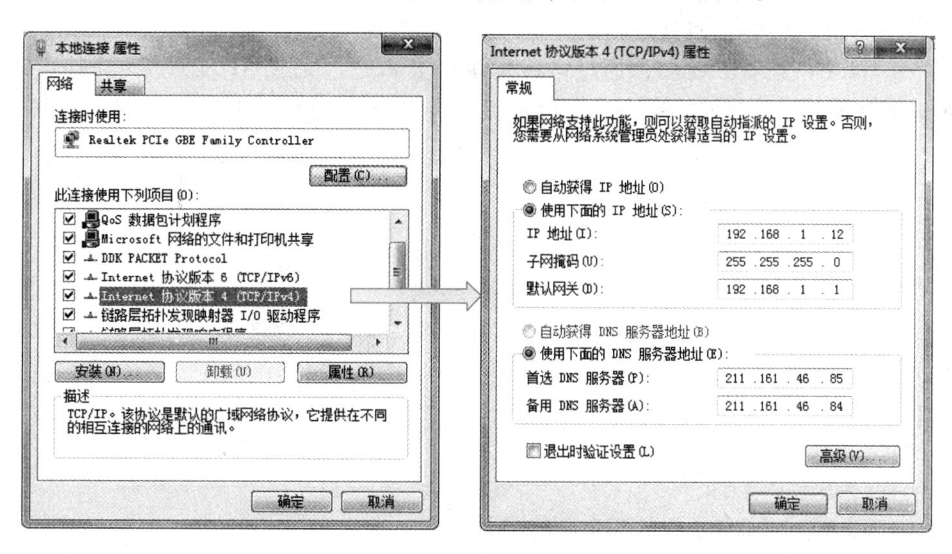

图 5-18 “本地连接”属性对话框

设置完成后，单击“确定”按钮回到前一对话框，再单击“确定”按钮完成设置。有些操作系统需要重新启动计算机后使设置生效。

网络配置完成后，用户即可启动各种网络应用程序通过局域网访问 Internet。

5.3.3 无线局域网接入

1. 认识无线局域网

无线局域网（Wireless LAN，WLAN）就是利用无线电波作为信息传输介质构成的网络，覆盖距离为几十米至几百米，一般用于宽带家庭、办公场所及酒店等公共场所。无线局域网的主流技术有 3 种：蓝牙技术、红外线和扩展频谱，其中红外线与扩展频谱技术被 IEEE 选为无线局域网的标准，称为 IEEE 802.11。只要在有线网络的基础上通过无线接入点、无线网桥、无线网卡等无线设备，在不进行传统布线的同时，就能提供有线局域网的所有功能，并能随着用户的需要随意更改和扩展网络。无线局域网由于其组网快捷、接入灵活、成本低廉等优势，近几年得到快速发展。

无线局域网组网的硬件设备主要有无线网卡、无线接入点（Wireless Network Access Point，也称无线 AP）和无线网桥等。

（1）无线网卡

无线网卡主要有 3 种类型：笔记本电脑专用的 PCMCIA 无线网卡、台式机专用的 PCI 无线网卡和 USB 无线网卡（笔记本电脑与台式机都可使用）。

（2）无线 AP

无线 AP 的作用类似于有线局域网中的 HUB，将各种无线数据收集起来进行中转。利用无线 AP 可连接网络中装有无线网卡的计算机，从而形成一个无线网络，无线 AP 与终端用户的无线传输距离最大为 100 m。由于共享带宽，一般一台无线 AP 可支持 2 ~ 30 个终端用户。无线 AP 通常具有一个或多个 RJ－45 接口，可用来与有线局域网进行连接，以达到扩展网络的目的。

通过 WLAN 接入 Internet，通过多块无线网卡和一台无线 AP 实现无线网内部及无线网与有线网之间的互连，适合于家庭和无线办公网中的共享带宽的应用，如图 5-19 所示。

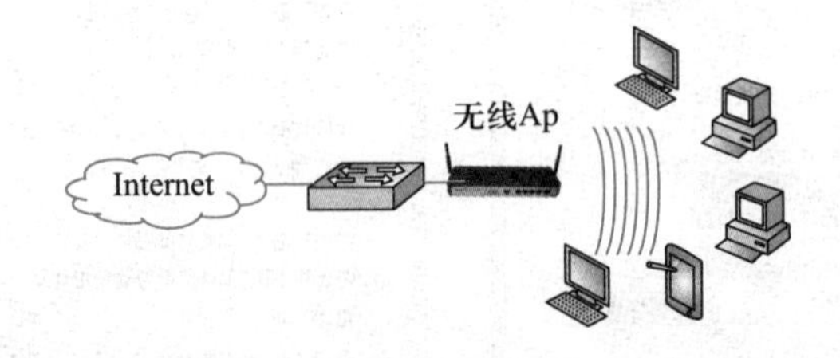

图 5-19　通过 WLAN 接入 Internet 示意图

2. WLAN 接入条件

通过 WLAN 上网需要具备两个硬件条件。

① 所在地必须已经被无线覆盖，可以是被一个信号源覆盖也可以是被多个信号源交叉覆盖。

② 上网的计算机必须有无线网卡。目前，市场上的产品主要是基于 802.11b 与 802.11g 两种标准。802.11b 工作于 2.4 GHz 频带，可以实现 11 Mbps 的数据传输速率。802.11g 与已经得到广泛使用的 802.11b 是兼容的，802.11g 可以实现 54 Mbps 的数据传输速率。如果是台式机，可以选择 USB 接口的无线网卡；如果是笔记本电脑，可以选择 PCMCIA 或 USB 接口的无线网卡，若笔记本电脑本身已经含有迅驰功能，则不用再配无线网卡。

3. 系统设置

以 Windows 7 为例，安装好无线网卡驱动程序后，单击右下角的图标，就可以看到当前可以使用的无线网络连接了，如图 5-20 所示。

由于所在地周围有很多无线 AP 都在向外发射信号，所以计算机会检测到多个无线网络连接，不同的无线网络连接以不同的 SSID（Service Set Identifier，服务集标识）来区分。例如，图 5-20 中 ChinaNet 就是中国电信的 WLAN 标识，而 web1. wlan. bjtu 则是北京交通大学校园无线网的 WLAN 标识。

找到自己熟知的 SSID 后，双击进行连接，连接成功后，会发现相应 SSID 后面显示“已连接”字样，如图 5-21 所示。不要试图连接不认识的 SSID，以免无线传输信号被非法 SSID 提供者监听。

图 5-20　WLAN 可用连接

图 5-21　WLAN 已连接

对于大多数公共环境而言，这时就可以打开浏览器上网浏览了。但如果所连接的 SSID 无线网络要求进行接入认证，则需要准备好无线上网认证用的账号与密码，通过浏览器完成 Portal 认证后，才能真正连入网络。

5.3.4　3G 无线上网

1. 3G 的背景

2008 年，伴随着中国电信运营商重组的完成，我国电信运营商格局基本形成了中国电信、中国联通和中国移动三足鼎立之势，为中国步入第三代移动通信（3G）时代铺平了道路。三家运营商各自全力打造的 3G 网络分属于不同的通信标准，它们是中国电信的 CDMA2000、中国联通的 WCDMA 以及中国移动的 TD - SCDMA。

TD - SCDMA（时分同步码分多址）是中国自主研发的 3G 标准，目前已被国际电信联盟所接受，与 WCDMA（宽带码多分址）和 CDMA2000 合称世界 3G 的三大主流标准。WCDMA 源于欧洲和日本几种技术的融合，在全世界广泛使用，而 CDMA2000 即 EVDO 制式，由美国高通（Qualcomm）公司提出，为美国标准，目前主要在美国、加拿大、日本、韩国、印度部分地区和中亚的一些国家使用。

2. 3G 上网基础

3G 无线上网卡（常见的为 USB 接口适配器）是目前无线广域通信网络应用广泛的上网介质。目前我国有中国电信的 CDMA2000、中国移动的 TD - SCDMA 以及中国联通的 WCDMA 三种网络制式。所以，常见的无线上网卡就包括 CDMA2000、TD 和 WCDMA 三类。除了购买 3G 无线上网卡外，用户还需要根据运营商的不同购置相应的资费卡，就是一张带有上网资费的 SIM 卡。将 SIM 卡插入 3G 无线上网卡内，再接到笔记本电脑的 USB 口，剩下的准备工作就是安装上网卡的硬件驱动程序了，其安装过程与安装其他硬件驱动相同。

3. 接入 3G

下面以中国电信 3G 上网卡为例，介绍 Windows 7 笔记本电脑利用 3G 无线上网的方法。安装完上网卡驱动程序和中国电信 3G 无线宽带客户端软件后，运行客户端软件，出现网络连接窗口，如图 5-22 所示。其中，无线宽带（WLAN）表示由中国电信提供的理论速率可达 54 Mbps 的无线局域网（802. 11a/b/g）信号情况；无线宽带（3G）表示由中国电信提供的理论速率为 3. 1 Mbps 的 CDMA 2000 无线网络信号情况；无线宽带（1X）表示由中国电信提供的理论速率为 153 Kbps 的 CDMA 1X 无线网络信号情况。

图 5-22 中显示所在地无 WLAN 信号，如果有比较好的信号，可以设为首选 WLAN，其连接速率更高。绿色图标表示所在地 3G 信号已覆盖，这时可以单击“无线宽带（3G）”前方的“连接”按钮。连接成功后，会显示网络连接状态窗口，如图 5-23 所示，此时即可享受 3G 上网的乐趣了。

图 5-22　中国电信 3G 网络连接

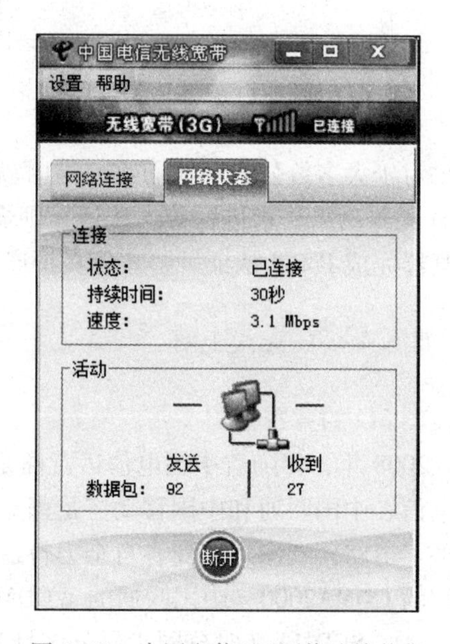

图 5-23　中国电信 3G 网络连接状态

默认情况下，关闭图 5-23 所示的窗口，意味着断开连接，或者单击“断开”按钮，终止 3G 连接。当然，随着无线通信技术不断发展，又迎来了第四代移动电话通信标准，即第四代移动通信技术（4G），其网络速度可达 3G 网络速度的十几倍到几十倍。从某种意义上说，4G 业务是真正的无线宽带，可以达到有线宽带的上网速度，又可以享受移动的自由。

5.3.5　WiFi 无线上网

1. 认识 WiFi

WiFi 是一种可以将个人计算机、手持设备（如 PDA、手机）等终端以无线方式互相连接的技术。WiFi 是一个无线网络通信技术的品牌，由 WiFi 联盟（Wi-Fi Alliance）所持有，目的是改善基于 IEEE 802.11 标准的无线网络产品之间的互通性。由于 WiFi 的频段是在世界范围内无需任何电信运营执照的免费频段，因此 WLAN 无线设备提供了一个世界范围内可以使用的、费用极其低廉且数据带宽极高的无线空中接口。用户可以在 WiFi 覆盖区域内快速浏览网站，随时随地接听拨打电话。而其他一些基于 WLAN 的宽带数据应用，如流媒体、网络游戏等功能更是值得用户期待。有了 WiFi 功能，人们拨打长途电话（包括国际长途）、浏览网页、收发电子邮件、下载音乐、传递数码照片等再无需担心速度慢和花费高的问题。WiFi 在手持设备上应用越来越广泛，而智能手机就是其中之一。与早期应用于手机上的蓝牙技术不同，WiFi 具有更大的覆盖范围和更高的传输速率。因此，WiFi 手机成为了目前移动通信业界的时尚潮流，WiFi 的覆盖范围越来越广泛。

目前，利用 WiFi 无线上网已经成为了众多用户常用的上网方式，用户可以在任何地方（国外）轻松上网，它不仅方便，更重要的是免费。大多数地方都提供免费的 WiFi 网络，包括校园、机场、宾馆等各种场所。一般场所都可以自动连接，也有些地方需要密码验证。例如，在机场，只要输入自己的手机号码，即可得到上网许可的密码，连接到 Internet 上。

2. 接入和使用 WiFi

WiFi 基本上分公用和私人用两类，目前大多城市都会普及 WiFi 信号，只要打开 WiFi 接收装置就会自动扫描附近 WiFi。公用 WiFi 范围比较广且免密码验证，可随时连接。私人用 WiFi 基本都加密，尤其是家庭网络，一般通过具有 WiFi 功能的无线路由器接入网络。

WiFi 的优点是完全摆脱了网线与设备的连接，1 条网线就可以提供室内所有无线设备上网，任何带 WiFi 接收装置的移动终端都可以使用。其缺点主要是受距离限制。

接入 WiFi 非常简单，任何移动终端，如手提电脑、平板、智能手机等，只要具有 WiFi 功能，都可以搜索到网络，选择该网络即可自动获得动态 IP 地址、子网掩码、网关地址及 DNS 服务器地址等网络参数，这时就可访问 Internet。例如，通过手机接入，一旦接入 WiFi，就会出现接入符号，如图 5-24 所示。

(a) 接入前

(b) 接入后

图 5-24　接入 WiFi 前后示意图

5.4　Internet 应用

信息社会的进步与计算机网络的发展是密不可分的，计算机网络使得信息的收集、存储、加工和传播形成有机的整体，人们不论身处何地，只要通过计算机网络就能获取所需的信息，它的产生扩大了计算机的应用范围，为信息化社会的发展起到了促进作用。网络核心应用主要包括 WWW 浏览、搜索引擎、文件传输、电子邮件等。

5.4.1　基本概念

1. WWW 浏览

（1）概述

WWW（World Wide Web，简称 Web）通常译成万维网，也称为 3W、W3。WWW 是一个基于 Internet 的全球性多媒体信息系统，它通过遍布全球的 Web 服务器（网站形式）向配有浏览器的 Internet 用户提供信息服务，以超文本和超媒体技术将大量的信息连接起来。

微视频 5-5
BS 三层结构

（2）WWW 工作方式

WWW 系统采用客户机/服务器（C/S）模式，由三部分组成，即客户机（Client）、服务器（Server）和 HTTP 协议。信息资源以网页形式存储在 WWW 服务器中，用户通过 WWW 客户机浏览器向 WWW 服务器发出请求；服务器根据客户机请求内容，将保存在 WWW 服务器中的某个页面发送给客户机；浏览器在接收到该页面后对其进行解释，最终将图、文、声并茂的画面呈现给用户。

客户机与服务器都使用 HTTP 协议传送信息，而信息的基本单位就是网页。当选择一个超链接时，WWW 服务器就会把超链接所附的地址读出来，然后向相应的服务器发送一个请求，要求相应的文件，最后服务器对此做出响应将超文本文件传送给用户。WWW 的工作方式如图 5-25 所示。

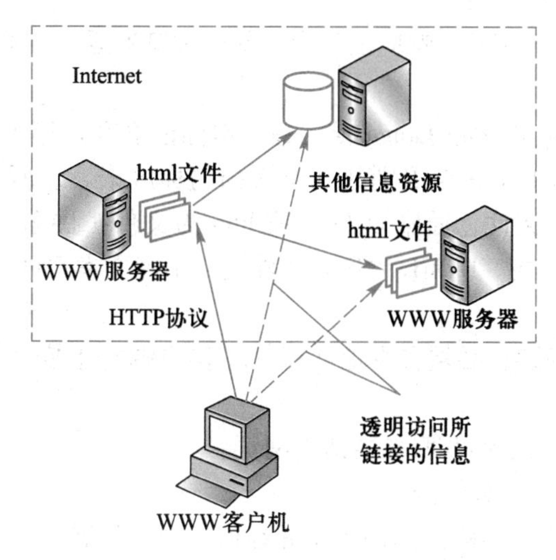

图5-25　WWW工作方式

从本质上讲，WWW是超媒体思想在计算机网络上的实现。WWW要解决的问题主要包括：一是如何标识Internet中的文档——URL；二是用什么协议实现万维网上的超级链接——HTTP；三是怎样使不同作者的不同风格文档共享——HTML。

2. URL

URL（Uniform Resource Location，统一资源定位）是WWW上的一种编址机制，用于对WWW的众多资源进行标识，以便于检索和浏览，每一个文件，不论它以何种方式存储在服务器上，都有一个URL地址，从这个意义上讲，可以把URL看作一个文件在Internet上的标准通用地址。URL的作用就是指出用什么方法、去什么地方、访问哪个文件。

URL由双斜线分成两部分，前一部分指出访问方式（即协议），后一部分指明文件或服务所在服务器的地址及具体存放位置。URL的表示方法为：

```
协议://主机地址[:端口号]/路径/文件名
```

其中，“协议”指提供该文件的服务器所使用的通信协议；“主机地址”指上述服务器所在主机的IP地址或域名；“路径”指该文件在主机上的路径；“文件名”指文件的名称。访问时如果该服务采用默认端口号，则可以省略，如HTTP默认80端口、FTP默认21端口。例如：

http://www. bjtu. edu. cn 表示使用http协议获取北京交通大学主页；

ftp://ftp. bjtu. edu. cn/pub/Internet 表示以ftp协议连接到ftp. bjtu. edu. cn这台FTP服务器上。

3. HTTP

HTTP（Hyper Text Transmission Protocol，超文本传输协议）用于定义合法请求预应答的协议，通过它可以请求服务器发出用HTML语言编写的网页。

HTTP协议定义了浏览器如何向Web服务器发出请求，以及Web服务器如何将Web页面返回给浏览器。当用户请求一个Web页面时，浏览器发送一个HTTP请求消息给Web服务器，该HTTP请求消息包含了所需的页面信息。Web服务器收到请求后，将请求的页面包含在一个 HTTP 响应消息中，并向浏览器返回该响应消息。

4. HTML

HTML（Hyper Text Markup Language，超文本标记语言）用来描述如何将文本格式化。HTML 是 WWW 用于建立与识别超文本文档的标准语言，所有 WWW 的页面都是用 HTML 编写的超文本文件，通常以 html 或 htm 为文件扩展名。它是一种描述语言，说明 Web 内容的表现形式。HTML 的代码文件是一个纯文本文件（即 ASCII 码文件）。

5. 浏览器

要想在 WWW 中畅游，必须在本地计算机（客户端）上安装一种称为浏览器的软件，其基本功能包括：

① 执行 http 协议，向 Web 服务器请求网页。

② 接收 Web 服务器下载的网页。

③ 解释网页（HTML 文档）的内容，并在窗口中进行展示。

④ 提供用户界面，进行人机交互。

WWW 浏览器的使用很直观，并能在许多平台上运用。用户只需在客户端的浏览器上使用鼠标或键盘，选择超文本或输入搜索关键字，WWW 服务器就会按照信息链提供的线索，为用户寻找有关信息，并把结果回送到客户端的浏览器，显示给用户。WWW 浏览器不仅是 HTML 文件的浏览软件，也是一个能实现 FTP、Mail、News 的全功能的客户软件。

常用的浏览器有 IE、Firefox、360 安全浏览器等，其基本功能大致相同。

5.4.2 搜索引擎

1. 概述

随着信息化、网络化进程的推进，Internet 上的各种信息呈指数级膨胀，面对这大量、无序、繁杂的资源，信息检索系统应运而生。其核心思想是用一种简单的方法，按照一定策略，在互联网中搜集、发现信息，并对信息进行理解、提取、组织和处理，帮助人们快速找到想要的内容，摒弃无用信息。这种为用户提供检索服务、起到信息导航作用的系统就称为搜索引擎。

2. 搜索引擎的工作原理

搜索引擎的基本工作原理包括如下 3 个过程。

（1）抓取网页

每个独立的搜索引擎都有自己的网页抓取程序——“蜘蛛”（Spider）系统，即能够从互联网上自动搜集网页的数据搜集系统，也称为“机器人（Robot）”或搜索器。Spider 顺着网页中的超链接，连续地抓取网页。被抓取的网页被称之为网页快照。由于互联网中超链接的应用很普遍，理论上，从一定范围的网页出发，就能搜集到绝大多数的网页。

（2）处理网页

搜索引擎抓到网页后，还要做大量的预处理工作，才能提供检索服务。其中，最重要的就是提取关键词，根据其出现的频率，抽取出索引项，建立以词为单位的排序文件（索引表）。其他还包括去除重复网页、分词（中文）、判断网页类型、分析超链接、计算网页的重要度/丰富度等。一个搜索引擎的有效性在很大程度上取决于索引的质量。

（3）提供检索服务

用户输入关键词进行检索，搜索引擎从索引数据库中找到匹配该关键词的网页。为了用户便于判断，除了网页标题和URL外，还会提供一段来自网页的摘要以及其他信息。

3. 搜索引擎的分类

根据搜索引擎所基于的技术原理，搜索引擎在Internet上检索网络资源的方式主要有全文搜索引擎和目录索引。

全文搜索引擎的数据库依靠抓取程序，通过网络上的各种链接自动获取大量网页信息内容，并按一定的规则进行分析整理，检索与用户查询条件匹配的相关记录，然后按一定的排列顺序将结果返回给用户。Google、百度都是比较典型的全文搜索引擎系统。

目录索引则是通过人工的方式收集整理网站资料形成数据库的，如雅虎中国以及国内的搜狐、新浪、网易分类目录。另外，在网上的一些导航站点也可以归属为原始的分类目录，如“网址之家”。

在使用上，全文搜索引擎和目录索引各有优劣。全文搜索引擎因为依靠软件进行，所以数据库的容量非常庞大，它的查询结果往往不够准确；分类目录依靠人工收集和整理网站，能够提供更为准确的查询结果，但收集的内容却非常有限。为了取长补短，现在的很多搜索引擎都同时提供这两类查询，如Google就借用Open Directory目录提供分类查询。而像Yahoo这些老牌目录索引则通过与Google等搜索引擎合作扩大搜索范围。

当前著名的搜索引擎有百度（www. baidu. com）、雅虎（cn. yahoo. com）、新浪（www. sina. com. cn）、网易（www. 163. com）、搜狗（www. sogou. com）等。

5.4.3　网络传输

1. 概述

网络传输是指在计算机之间传输文件，通常多指下载资源，即从网络服务器上下载所需资源。实现网络资源下载的方法有多种，如可以在WWW浏览时，以http方式进行资源下载，也可以用下载工具实现，如迅雷、电驴、网际快车等。

2. FTP文件传输

文件传输（File Transfer Protocol，FTP）也是Internet上颇具吸引力的一项服务。FTP服务由它本身的协议命名，它是一种实时的联机服务，在工作时先要登录到对方的计算机上，然后进行与文件搜索和文件传输有关的操作。FTP协议以客户机/服务器模式进行。客户端提出请求和接受服务，服务器端接受请求和执行服务。FTP进行文件传输时，本地计算机上的FTP客户程序提出传输文件的请求，通过TCP协议（默认端口号为21）建立与远程计算机系统（FTP服务器端程序）的连接；运行在远程计算机上的FTP服务器程序负责响应请求，并把指定的文件传送到本地计算机。文件从客户端到服务器称为上传，从服务器到客户端称为下载，如图5-26所示。

微视频 5-6
FTP 连接过程

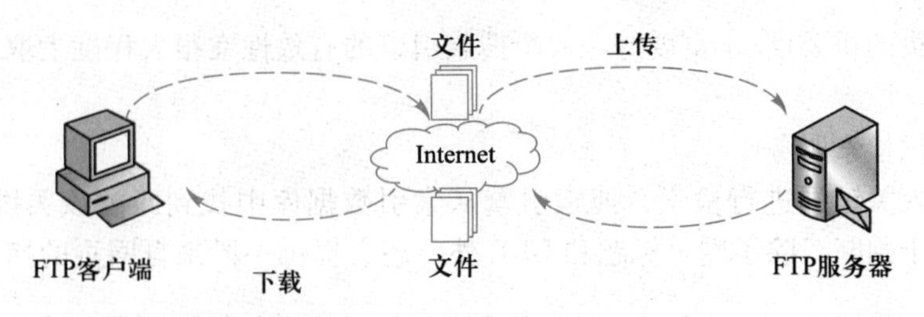

图 5-26　FTP 工作示意图

Internet 上有很多 FTP 服务器被称为“匿名”（Anonymous）FTP 服务器，这类服务器的目的是向公众提供文件传输服务，不要求用户事先在该服务器进行登记。与这类“匿名”FTP 服务器建立连接时，一般在“用户名”栏填入“anonymous”，而在“密码”栏处填写电子邮件地址就可以登录。

另一类 FTP 服务器为非匿名 FTP 服务器，进入该类服务器前，必须先向服务器系统管理员申请用户名及密码，非匿名 FTP 服务器通常仅供内部使用或提供咨询服务。

有许多专用的 FTP 工具，如 CuteFTP 和 WS－FTP 等，它们具有图形界面、操作简单、便于传送大量文件，而且还有断点续传功能，可以使用这些工具方便地访问 FTP 站点并进行文件下载。

3. 基于 BT 的下载技术

BT 是一款 P2P 软件，全名为 BitTorrent，通过 torrent 文件来获得文件的下载信息进行下载。

一般的 FTP 软件，是把文件由服务器端传送到客户端，其原理如图 5-27 所示。但是这样就出现了一个问题，随着用户的增多，对带宽的要求也随之增多，用户过多就会造成瓶颈，有可能将服务器资源耗尽，所以很多的服务器都有用户人数和下载速度的限制，这样就给用户造成了诸多不便。BT 服务是通过一种“传销”的方式实现文件共享的，用 BT 下载的用户越多，下载速度越快，这是因为 BT 用的是一种分发的方式来达到共享目的，其原理如图 5-28 所示。

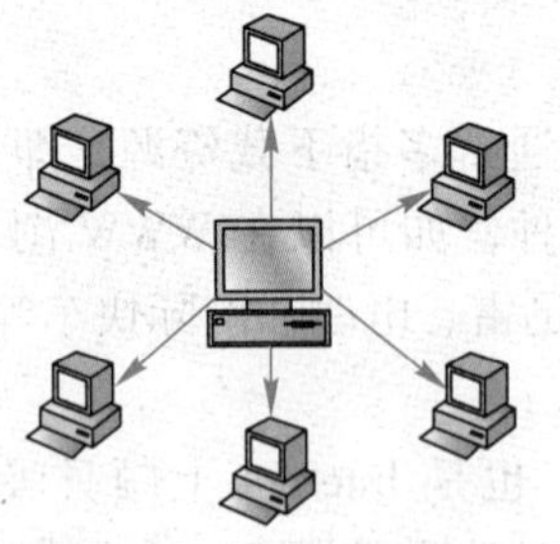

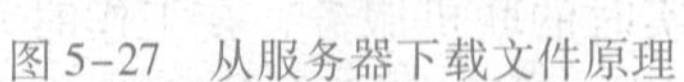

图 5-27　从服务器下载文件原理

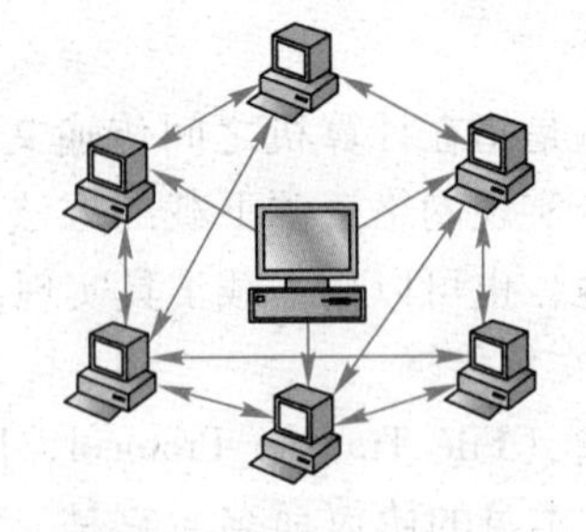

图 5-28　BT 下载原理

举例来说，BT 服务器将一个文件分成了 N 个部分，有甲、乙、丙、丁四位用户同时下载，那么四位不会完全从 BT 服务器上下载所有部分，而是有选择地从其他用户的机器上下载已下载完成的部分。例如甲已经下载了第 1 部分，乙下载了第 2 部分，那么丙就会从甲的机器上下载第 1 部分，从乙的机器上下载第 2 部分，当然甲、乙、丁三位用户也在同时从丙的机器上下载相应的部分，这样不但减轻了服务器端的负荷，也加快了用户方下载速度。所以说用的人越多，下载的人越多，下载速度也就越快。而且，在用户下载的同时，也在上传，即在享受别人提供的下载的同时，自己也在做出贡献。

5.4.4　电子邮件

1. 概述

通过互联网收发的信件就称为电子邮件（E－mail），它是一种利用网络交换信息的非交互式服务。在 Internet 服务中，电子邮件（E－mail）是最为广泛的应用之一，每天有几千万人次在收发电子邮件。与传统邮件相比，电子邮件传递的信息可以包括文字、图形、声音、视频或软件等。

2. 电子邮件工作过程

电子邮件与通过邮局收发的信件从功能上来讲类似，它们都是一种信息的载体，是用来帮助人们进行沟通的工具，两者间只是实现的方式有所不同。

在 Internet 上有很多类似邮局的计算机用来转发和处理电子邮件，称为邮件服务器，其中发送邮件服务器与接收邮件服务器和用户直接相关。发送邮件服务器采用简单邮件传输协议（Simple Message Transfer Protocol，SMTP）将用户编写的邮件转交到收件人手中，所以又叫 SMTP 服务器。接收邮件服务器采用邮局协议（Post Office Protocol，POP3），用于将其他人发送的电子邮件暂时寄存，直到邮件接收者从服务器上取到本地机上阅读，接收邮件服务器又叫 POP 服务器。电子邮件工作过程如图 5-29 所示，其中，实线为邮件发送过程，虚线为邮件接收过程。

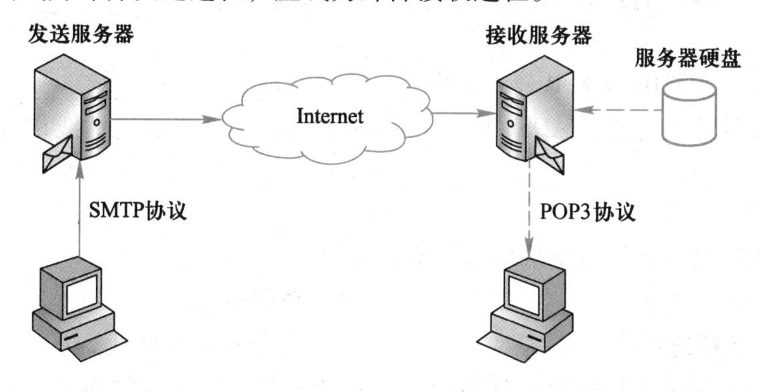

图 5-29　电子邮件工作过程

3. 电子邮件地址格式

收发电子邮件要拥有一个属于自己的“邮箱”，也就是 E－mail 账号。E－mail 账号可向 ISP 申请，每个用户都有一个唯一的地址。有了账号就可以使用 E－mail，当然也就有了 E－mail 地址。同时，还有一个密码，用来防止他人的访问和使用。E－mail 地址格式如下：

用户账号@ 主机地址

其中，@ 符号读作“at”。例如，某用户在 ISP 处申请了一个电子邮件账号 jsxyz，该账号是建立在邮件服务器 sina. com 上的，则电子邮件地址就是 jsxyz@ sina. com。

4. 电子邮件工具

电子邮件服务采用客户机/服务器工作模式。用户不仅要有电子邮件地址，还要有一个负责收发电子邮件的程序，称为用户代理。可供用户选择的用户代理程序很多，如 UNIX 下的 UNIX Mail、Pine（收发双方都是在各自的邮件服务器上直接操作）；Windows 系统下的 Eudora、Netscape Mail、Foxmail、Outlook Express 等（收发是通过 SMTP 和 POP 协议间接访问邮件服务器实现的）。当然，也可以 Web 方式使用 E－mail，如利用自己申请的免费邮箱、学校或单位邮箱，在线收发、阅读电子邮件。

不论选择什么用户代理，其基本功能均包括邮件的编辑与收发、邮件的读取和检索、邮件回复与转发以及邮件管理等。

思考与练习

1. 简答题

（1）简述计算机网络的发展历程。

（2）以局域网为例说明计算机网络的组成与各组成部分的功能。

（3）根据自己的认识，简述搜索引擎的搜索方法有哪些，各有什么特点。

2. 填空题

（1）计算机网络的拓扑结构主要有星形、总线型、环形、________和________结构。

（2）HTTP、HTML 与 FTP 分别是指________、________和________。

（3）个人计算机要通过 ADSL 接入 Internet，除了计算机和电话线以外，还需要的硬件设备有________、________和________。

3. 选择题

（1）下面所列的计算机网络功能，不正确的是（　　）。

A）资源共享　　B）数据传输

C）运算速度快　　D）分布式数据处理

（2）计算机网络按其所涉及范围的大小和计算机之间互连的距离，其类型可分为（　　）。

A）局域网、广域网和混合网　　B）分布的、集中的和混合的

C）局域网、广域网和互联网　　D）通信网、因特网和万维网

（3）当电子邮件到达时，用户的计算机没有开机，那么该电子邮件将（　　）。

A）退回给发信人　　B）丢失

C）过一会儿对方再重新发送　　D）保存在收方邮件服务器上

（4）域名服务器的主要功能是（　　）。

A）将域名翻译成对应的 IP 地址　　B）在域名和 IP 地址之间相互翻译

C）将 IP 地址翻译成对应的域名　　D）存储全世界范围内主机的域名

（5）一个完整的 IP 地址，应包括的二进制位数是（　　）。

A）8　　　B）16　　　C）32　　　D）64

4. 网上练习

（1）请上网查找有关计算机网络的最新发展，写出自己的见解。

（2）请上网查找有关浏览器的发展史，描述自己最喜欢的浏览器的主要特色。

（3）将百度设置为每次浏览器打开时的主页地址。

5. 课外阅读

（1）冯博琴，陈文革．计算机网络［M］．2 版．北京：高等教育出版社，2008.

（2）吴功宜．计算机网络应用技术教程［M］．北京：清华大学出版社，2011.

（3）PARSONS J J，OJA D. 计算机文化［M］．13 版．北京：机械工业出版社，2011.

应　用　篇

本篇导读

✦ 第 6 章 数据处理与管理，主要介绍数据处理的方法与管理方式，数据库管理系统的应用；

✦ 第 7 章 算法与程序设计，主要介绍算法设计与程序设计的思想与方法；

✦ 第 8 章 Python 程序设计基础，主要介绍 Python 基础知识与应用，算法实现与验证；

✦ 第 9 章 问题求解综合应用，综合第 6～8 章内容，通过典型案例介绍问题求解思路与方法。

本篇结构示意

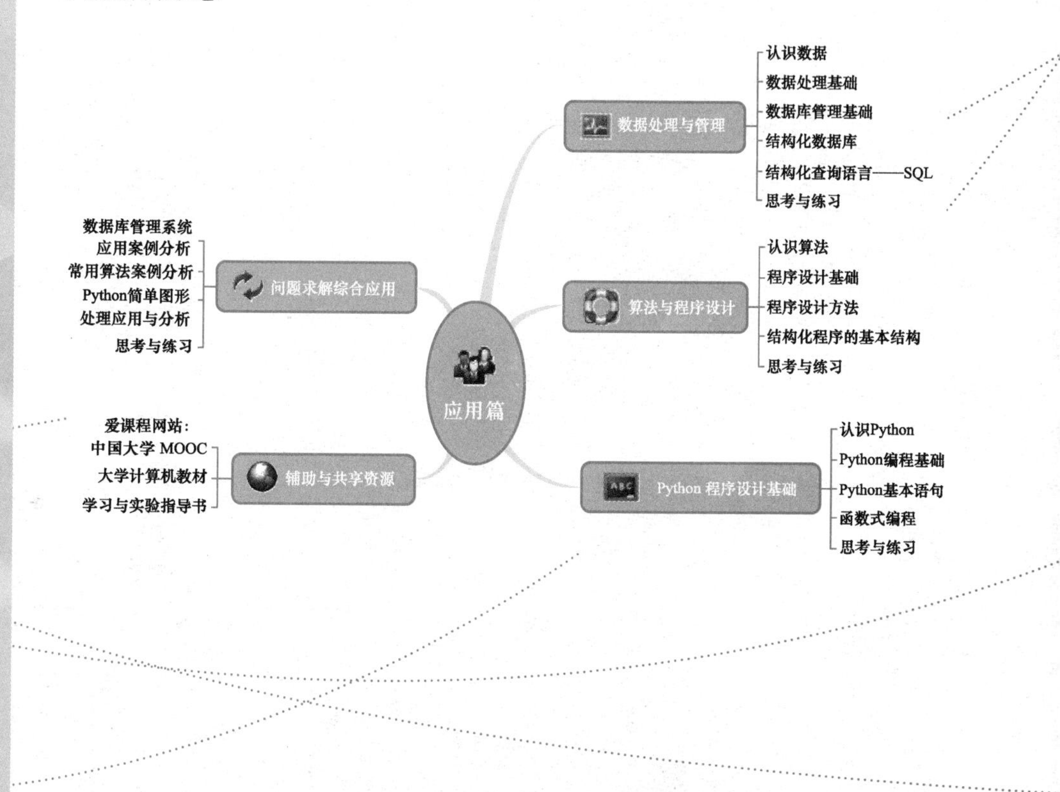

第 6 章

数据处理与管理

本章导读

电子教案

随着大数据时代的到来，研究的热点已经从计算速度转向大数据处理能力，从问题求解计算转向以数据处理为中心。面对大数据时代，人人、事事都要靠数据说话，其数据的价值越来越重要。而 IT 产业是发展大数据处理技术的主要推动者，一个国家拥有数据的规模和运用数据的能力将成为综合国力的重要组成部分。大数据时代对人类的数据驾驭能力提出了新的挑战，也为人们获得更为深刻、全面的洞察能力提供了前所未有的空间与潜力。不论是在商业、经济、医疗还是科学计算等领域，决策将日益基于数据和分析而做出，而非基于经验和直觉。哈佛大学社会学教授加里·金说："这是一场革命，庞大的数据资源使得各个领域开始了量化进程，无论学术界、商界还是政府，所有领域都将开始这种进程。"

本章学习导图

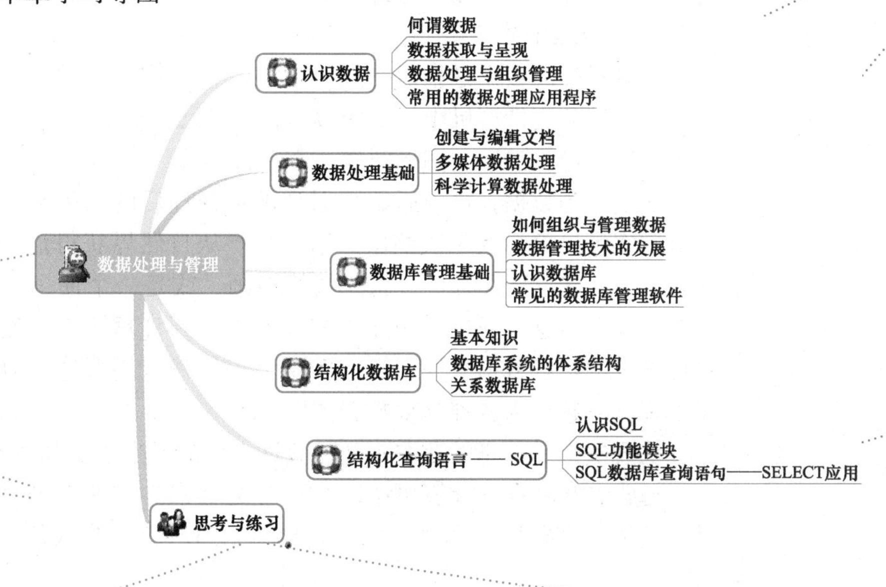

6.1 认识数据

在日常生活中，人们会遇到各种各样的信息，这时便会在人的大脑中形成各种想象、情景或记忆。例如，通过眼睛所看到的天空，人们就会想这是蓝色的天空、白色的云彩；看到一位妇女带着儿子在路上行走，就会想“这是一对母子”，随之脑海里形成一幅母子图；看到一栋建筑物，就会想到这是一个宾馆或是一所学校。还有，人们用耳朵听到的各种声音，也会在脑海中产生各种意识。接着，人们就会想如何描绘这些信息呢？于是，就会利用各种技术、方式或电子设备对信息进行采集。再有，面对大数据时代，人们身边到处都是各种各样的数据信息，每个人在学习与工作中也会遇到各种各样的数据，这些数据对人们有着十分重要的意义与价值。如何更好、更充分地利用数据，是每个人基本的信息文化素养。

6.1.1 何谓数据

1. 数据的产生

数据的产生来自各个方面，例如，个人的基本信息，如姓名、年龄、家庭住址与成员；一个企业或学校的信息，如所在位置、企业或学校的规模、职工或学生的情况、企业资质与生产情况等。这些信息都是最基本的产业数据，并随着产业的诞生不断地积累与壮大，形成宝贵的历史资料和信息资源。

另一方面，在现实生活中，人们无论做什么，身处何地，都会遇到各种各样的信息，包括学习、工作、旅游、休闲等。这时人们就会思考如何把这些信息记录或者保存下来，由此产生了各种各样的数据。例如，用纸和笔记录、用照相机拍摄、用录音笔录制或是用摄像机拍摄等。这些数据也都是宝贵的信息资源，用途广泛，即便是儿时的一张照片，也是成年后最珍贵的回忆资料。

2. 计算机中的数据

计算机中的数据是指对自然界中的各种事物进行抽象后，利用各种技术或电子设备输入或转存到计算机中的一切数据，包括阿拉伯数字“0 ~ 9”、代数值或常量值、英文大小写字母、汉字、图形图像、音频视频等。

从信息到数据，再由原始数据到加工处理后的结果数据文件，整个过程可以看作是对现实世界事物的 3 次抽象，第一次是从自然界获得信息，并将信息通过各种载体呈现，如一张电子图片、一张绘图的图画，或是一个便携记事本等；第二次是将这些具有载体的信息，通过各种方式或技术输入到计算机中，通过各种应用程序形成计算机可处理的磁盘数据文件；第三次是利用各种应用程序，对这些磁盘数据文件进行加工处理，并转存为各种结果数据文件呈现给用户。

从现实世界信息的获取到磁盘数据文件的产生过程如图 6-1 所示。

通常，将转存到计算机中的数据分为数值型和非数值型两类。数值型数据是指一个代数值，具有量的含义，如，－555、111.123；非数值型数据是指非量化的数据，如一幅图片、一段声音、一篇文字文档等。所有这些数据在计算机中都要以文件的方式组织存储起来，用户通过文件名访问该文件。

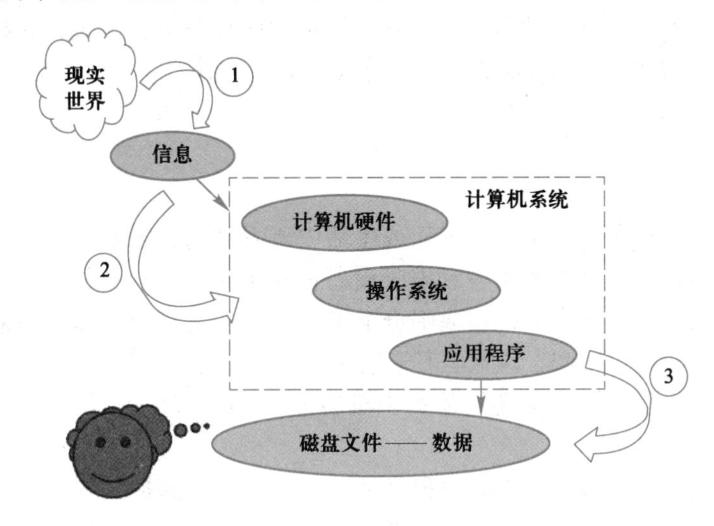

图 6-1　计算机数据文件的产生

在计算机内部，要对这些数据信息进行编码，即以二进制方式进行存储与加工处理，其输入/输出、处理转换工作过程如图 6-2 所示。

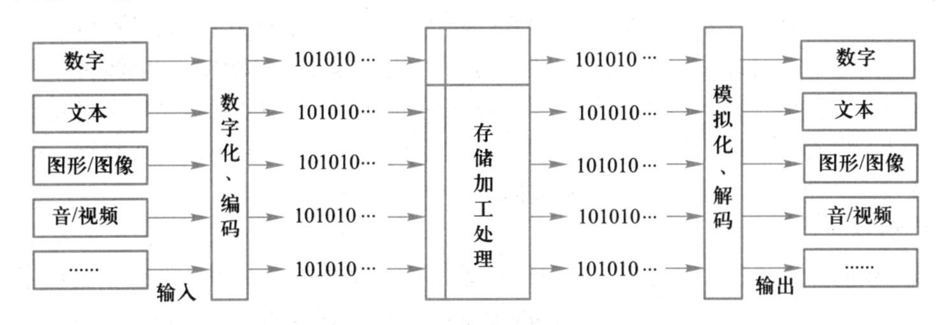

图 6-2　数据在计算机中的处理过程示意图

3. 数据的价值体现

众所周知，21 世纪是知识与信息爆炸的时代，之所以形容为“爆炸”，是说人们生活的周围遍布信息。而如何更好、更充分地获取信息并将其以数据文件的形式存储在计算机中是极其重要的。数据经过计算机的处理，可以使人们更好地交流与传递、进行分析与统计以及做各种决策等。此外，随着计算机、通信及网络的广泛应用，网络上传输的数据也越来越多，对数据的加工处理与分析已成为各个部门、机构或单位、研究人员，甚至是国家政府机关工作的重要支撑以及决策的主要手段。数据获取与应用起着越来越重要的作用，也是生活在信息时代每个人必备的信息素养能力之一。数据获取与处理的方法多种多样，如何能更加有效地充分利用数据、呈现数据以及保护数据则是应用的关键。

整体来说，数据的应用价值主要体现在为各种测试或结论提供支持。例如，一封求职信、一份个人简历表、一幅图片、一份数值分析统计报告与实验结果，包括人们体检的各种检验报告与化验数据，尤其是科学研究产生的数据分析报告等，都会充分体现数据的应用价值。而对这些所获取的各种数据进行合理的运用与管理，不仅可以用优美的词句表示，还可以做出各种美观、清晰的图形与分析图表，让枯燥的数据易于理解，更可以增加数据的说服力，充分体现数据的价值。

6.1.2 数据获取与呈现

1. 何谓数据获取与呈现

数据获取是指将在日常学习、工作或生活中所看到的、听到的或者是发生的一切事物，通过各种技术手段或利用各种电子设备捕获下来的过程。例如，外出旅游看到的景色，可以用相机拍摄下来；在演唱会上把歌唱家优美动听的歌曲录制下来；记录从录音机或电视看到的新闻、课堂学习笔记或日记等；也包括通过网络获取到的数据、数字电视上采集的数据，甚至还有使用手机通过 WiFi、蓝牙等通信手段获取的文本、音视频数据；等。

数据呈现是指对经过计算机应用程序加工处理的各种数据文件进行显示或打印输出的过程。例如，打印输出的书稿、专题报告、学习笔记、毕业论文；创建家庭收支状态记录表、人口增长数据分析图表；电视媒体展示的个人风采纪录短片、网络课程、广告与影视作品；通过计算机网络发送的电子邮件、发布的个人网站或企业网站以及广告新闻等。

需要注意的是，在不同的应用中对数据的描述方式或呈现方式也有所不同。例如，一篇专题报道，既可以用一些文字叙述，也可以用一段视频叙述；一个演讲汇报，既可以是简单的文档文件，也可用集文字、图表或动画为一体的媒体视频来呈现；而对于如统计人口的增长率、职工工资的增长率、学生成绩分布状况等这类数据，既可以用表格方式呈现，也可用更加直观的数据图表方式呈现。

2. 数据获取方法

数据获取方法主要有三种，一是对于原始的第一手数据，利用计算机应用程序直接由输入设备输入到计算机中，并以文件的形式存储在计算机的存储设备中以备再用。例如，利用计算机应用程序创建用户文档文件，包括个人简历、工作报告、论文与作业、数据表或流程图等。二是对于特殊的数据，可以利用各种电子设备直接获取，如数码相机、手机、摄像机或录音笔、扫描仪、无线射频辨识系统（FRID）等。这些电子设备都有与计算机的连接接口，一般为 USB 接口，通过数据线或读卡器连接而将数据导入到计算机中，然后再经过应用程序转换变成计算机可以识别并存储的数据文档文件。

当然，还可以将已经呈现的数据再次进行捕获处理，如来自网站页面上的数据、从服务器下载的文件、电子邮件传送的信件、来自图书上的数据等。也就是说，任何可以与计算机连接的设备都可以获取数据。

3. 数据呈现方式

数据呈现的方式也是多种多样的，一般要根据数据文档的内容与用户需求决定数据呈现的方式。通常，对于正在编辑的文档文件，最典型最简单的方式就是通过显示器显示输出，随时查看编辑效果，直到满意后产生最终文档文件。然后再根据需要，以各种方式呈现这些数据文档文件。常用的方式有：通过打印机打印输出、通过电子邮件发送给他人、通过网站发布在网络上；或者是由一个文档文件产生另一个或多个文档文件，甚至是不同类型的文档文件。例如，利用 Word 应用程序将 Word 文档文件转换成 PDF 格式文件或网页文件；由表格文档文件产生数据统计或分析图表文件；或由数学软件进行数值统计分析后产生的各种图形文件；也可以是以动画、流媒体或音视频方式产生的各种文件；还包括由绘图仪绘制或传真机传输等方式呈现，这些都是经常采用的数据呈现方式。

需要注意的是，由各种电子设备传输到计算机中的数据，其形成的文件格式或类型是不同的。也就是说，对于不同类型的数据文档文件，需要用不同的计算机应用程序来创建、显示和加工处理。

6.1.3　数据处理与组织管理

1. 为何要对数据进行处理与管理

任何单位、企业或个人都离不开数据。例如，单位要对职工人员的信息进行组织管理，以便掌握每个职工的发展状态，包括职工人员的职务职称晋级情况、工资增长情况、职工的健康记录档案，甚至是个人研究与工作状态等，这些数据都会随着时间发生各种变化。再如，任何企业都要对企业的发展进行规划，要对生产的产品、物资的出入库数据、耗材情况，或是产品销售情况进行记录；同时，还要基于这些数据进行统计与分析，包括成本分析、利润分析、生产效率分析以及产品价格估算等。企业业务覆盖区域越广、分支机构越多、员工规模也就越大，对数据的需求量也就越大，由此就形成了数据的产生、计算、核对、查找、传输、汇总等一系列的数据业务链。作为学生也是如此，包括入校时间、每学期学习的课程、每门课程的成绩、身体健康状态等，这些也构成了一个学生在校期间的数据链。

这些数据链有什么用途呢？举例来说，学生在毕业求职时，就可以通过这个数据链，找到所需数据提供给企业用人单位，以满足求职需要。对于职工，可以通过数据链了解个人工资增长的情况，如此等等。可见这些数据存在的重要性和必要性。

所以，为了更好地使用这些数据，就要对这些数据进行合理、有效的组织管理，只有这样，才能够实现快速查找、浏览和利用数据的目的。

2. 数据处理方法

人们存储或获取到的各种数据都是有价值或珍贵的原始资料，若想长期保留，以便再利用，就需要将这些数据以文件的形式存储在计算机的存储设备中，再经过计算机软件的加工处理，以各种数据文件方式呈现出来，如形成一幅图片文件、一个文档文件、一份演示文稿文件或一份数据分析统计报告与实验结果文件。那么，如何进行数据处理呢？

数据获取的方法多种多样，数据处理的方法也是多种多样，其主要方法有以下两种。

① 利用各种应用程序，创建数据文档文件，包括文字文档、表格文档、图形图像文档、音视频文档等。例如，利用办公软件 Office 创建各种用户文档文件；利用 Photoshop 绘制的各种图形图像文件；利用动画软件制作的二维或三维动画等。

② 利用计算机语言编写程序，开发出各种数据处理的应用程序，例如，用 VB 开

发的日常人事管理系统、财务管理系统、学籍管理系统等。经过计算机应用程序的加工处理后，这些数据就可以不断维护、长期保存与再利用。

当然，上面所说的两种应用，一般是针对数据量规模不是很大的情况。如果数据量达到一定规模，采用上述两种方法还是有一定问题，尤其是数据的维护与安全性。由此产生了第三种方式，也就是采用数据库技术来实现数据的组织管理，通过数据库管理系统实现数据库的创建与维护，提高数据处理的效率与安全性。

3. 数据文件的组织管理

从计算机处理数据角度，所有获取的数据都是以文件的形式存储在外部存储器中，如硬盘、光盘、U 盘等，需要时再由外存调入内存进行加工处理。所以，文件是数据在计算机内部的存储组织形式，可以是一个源程序代码文件、一篇文字文档文件、一个表格文档文件、一幅图片文件或一段声音文件等。这些文件都是由操作系统进行组织管理的。

从用户使用数据的角度，由于一些初始数据是杂乱无章的，为使数据清晰好用，就要对数据进行组织管理。例如，教师记录的学生成绩单是随机的数据，为方便检索，就需要对这组无序的数据进行分类组织，如按照成绩由高到低进行排列、按照学号进行排列等。这些都需要用计算机软件进行组织管理。既可以通过应用程序实现数据管理，也可以通过数据库技术实现数据的组织与管理。

6.1.4 常用的数据处理应用程序

1. 认识应用程序

正如第 4 章所述，数据处理应用程序是指用于创建各种文档的应用软件，用户只有通过数据处理应用程序的文档窗口才能创建各种类型的数据文件。例如，利用数码相机拍摄的照片传输到计算机中后，可以通过图形处理软件（画笔程序或 Photoshop）进行二次处理，产生各种图片文件；直接利用 Windows 下的记事本程序，创建源程序代码文件、编写 HTML 网页文件；利用 Office 中的 Word 程序，建立以文字为主的文档文件；利用 Windows Media Player 程序播放音乐、歌曲、视频等。

所以说，应用程序是用户创建各种类型文档文件的基础。尤其对于由各种电子设备捕获的信息，必须通过应用程序的加工处理后，才能形成计算机的磁盘数据文档文件。这些文件存储在外部设备上，就可以长期使用或再利用。

为了方便用户的使用和维护，大多数数据处理软件都以应用程序包的方式呈现。目前，最典型的数据处理软件主要有：Microsoft 公司推出的支持办公自动化的应用程序软件包“Office 套件”；金山公司推出的 WPS，它吸取了 Word 的优点，在功能和操作方式上与 Word 相似，成为国产字处理软件的杰出代表；各种图形图像应用程序构成的绘图软件包，尤其是由 Adobe 公司开发的各种软件，如 Adobe 软件包，其中的 Photoshop 软件广泛地应用于各领域的图像处理。总之，各种数据处理的软件数不胜数、各具特色，用户可以根据具体需求进行选择。

各种应用程序运行的基础是操作系统。一般来讲，在不同操作系统平台下开发的应用程序需要在所开发的系统平台下才能运行。当然，目前很多软件开发商注意到这一点，增加了软件的兼容性，所以，很多应用程序都可以运行在多种操作系统平台下，但有些软件的兼容性还有一定的局限性。所以，用户在选择应用程序时，要注意其系统平台的兼容性，以避免产生无法运行等问题。

2. 常用的应用程序

（1）字处理应用程序

字处理是指对文字信息进行组织、加工、处理的过程，而字处理软件正是为实现字处理功能而产生的应用程序。应用程序一般分为基本应用和高级应用两类。基本应用主要包括文档的建立、编辑与打印；高级应用则包括对文档进行格式设置，图、文、表混排技术，添加艺术字、文档页面格式设置与排版打印等功能。不同的字处理软件提供的功能是有区别的，但基本操作大同小异。在应用中，要根据实际需要选择相应的字处理软件。例如，如果要建立一篇纯中文或英文的文档文件，选择 Windows 下的记事本程序即可；如果要创建的文档包含有图形、表格或是数据图表，这时就不能选择记事本程序了，因为它本身不支持图形或表格数据，而选择 Word 或 WPS 就可以实现并满足要求。

常用的字处理软件有 Windows 系统下的记事本与写字板、Office 套件中的 Word、金山公司的 WPS、UNIX 下的 Vi、Mac OS 下的办公软件 AppleWorks 等。

记事本是一个纯 ASCII 码格式的字处理应用程序，其处理的文件的扩展名为“. txt”，也可以认为它是各类字处理应用程序的接口软件。就是说，所有存储为 ASCII 码格式的文档文件，可以在任意其他字处理软件中打开。Word、WPS 都是运行在 Windows 环境下的集文字、图形、表格、打印技术为一体的字处理软件，具有功能强、操作简单等特点，尤其是排版功能强大，是办公自动化的理想工具。Vi 是 UNIX 系统中一个纯英文的字处理程序。AppleWorks 则是 Mac OS 下的办公软件，是苹果公司自己开发的集文档处理、页面设计、图形、表格、资料库与简报等多种功能组合而成的一款办公应用软件。

总之，用户只有在字处理应用程序文档窗口中，才能实现对文档文件的建立、编辑、排版与打印。而各个字处理软件自身又有多个版本，版本越高对操作系统要求也会越高，其功能也会越多，应用起来也更加方便。例如，Office 2010 最好运行在 Windows 7 下，如果操作系统版本为 Windows XP，则最好运行 Office 2003 或 Office 2007。这些，用户可以自己体验一下，不要单纯地追求高版本，要根据操作系统的版本决定应用程序的版本，原则是能满足应用要求与使用方便即可。

（2）表处理应用程序

表处理是指对大量有规律的数据进行处理、计算、汇总与打印的过程。而计算机的表处理方式通常分为如下 3 类。

① 嵌入在某个应用程序中，直接在该应用程序中实现表格处理功能，如 Word、WPS 都是具有表格处理功能的字处理程序。

② 专门用于表数据处理的应用程序，如 Excel 程序就是一个专门用于表格数据处理的应用程序，且功能强大。可以说有了 Excel 程序，不用编程即可实现财务计算的大多数功能，是办公数据处理与财务计算的得力助手。

③ 基于数据库应用层面的、专门用于大量数据处理的软件，其主要特点就是处理的数据量大且数据类型复杂，具有多复合、多交叉的数据类型与结构，尤其是对海量

数据的管理与处理更为方便，数据的安全性更高，如 Access、MySQL、Oracle、Sybase 等都是常用的数据库管理软件。

(3) PDF 阅读器

PDF（Portable Document Format）阅读器是专门用于阅读 PDF 文件和转换 PDF 文件的工具。目前，PDF 格式文件已经成为数字化信息事实上的一个工业标准，具有许多其他电子文档格式无法比拟的优点。首先，PDF 文件格式可以将文字、字形、格式、颜色及独立于设备和分辨率的图形图像等封装在一个文件中；第二，PDF 文件支持长文档文件，且文件集成度和安全可靠性都很高；第三，PDF 文件使用了工业标准的压缩算法，文件小、易于传输与储存，尤其适合在网络中传输。正是由于 PDF 文件的种种优点，它正逐渐成为出版企业中的新宠。

目前，Adobe 及 Foxit 公司都提供多个版本的 PDF 阅读器，且版本不断更新、功能越来越强，具有良好的跨平台性。例如，PDF 文件可以运行在 Windows、UNIX 及苹果公司的 Mac OS 操作系统平台。由于这一特点使其成为在 Internet 上进行电子文档发行和数字化信息传播的理想文档格式，越来越多的电子图书、公司文告、网络资料及电子邮件都开始使用 PDF 格式文件。Foxit Reader 是一款针对 Linux 平台开发的免费的 PDF 文档阅读器和打印器。克克 PDF 阅读器则是一款优秀的国产 PDF 阅读器。

微视频 6-1
应用程序基本操作

3. 运行应用程序

运行应用程序是指启动该软件，使用户进入文档编辑窗口，进行文档文件的创建与编辑。基于不同的操作系统，应用程序的运行方法是不一样的。但在同一操作系统平台下的应用程序的运行和使用方式则大同小异。

运行应用程序的方法很多，可以直接运行其可执行文件；也可以直接打开已有的文档文件，通过关联启动；也可以直接双击桌面上的应用程序快捷图标。例如，运行字处理软件 Word，可以通过 3 种方式启动：一是直接双击 Word 快捷图标启动，如图 6-3 所示；二是直接双击 Word 文档文件，通过文件关联直接启动，如图 6-4 所示；三是直接运行 Word 的可执行文件 WinWord. exe 启动，如图 6-5 所示。

图 6-3　Word 快捷图标

图 6-4　Word 文件图标

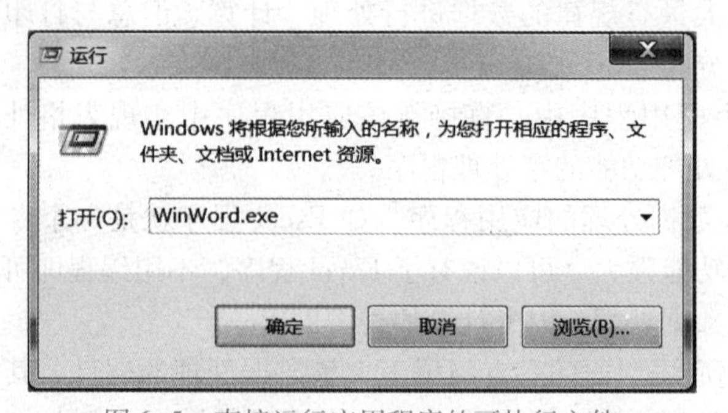

图 6-5　直接运行应用程序的可执行文件

常用的应用程序如表 6-1 所示。

表 6-1　常用的应用程序

应用程序	可执行文件名	图　标	说　明
记事本	notepad. exe		创建基于纯 ASCII 码的文档文件
写字板	write. exe		创建文档文件
画笔	mspaint. exe		制作简单的图形文件
字处理	Winword. exe		Office 套件，集文字、图表与排版处理为一体
表处理	Excel. exe		Office 套件，集数据表、图表处理为一体
演示文档	Powerpnt. exe		Office 套件，创建演示文稿文档文件
数据库	Access. exe		Office 套件，集数据库应用于一体
绘图	Visio. exe		绘制图形，尤其是程序流程图
图像处理	Photoshop. exe		创建与编辑图像文档文件
动画制作	Flash. exe		创建动画文件
网页制作	Dreamweaver. exe		创建网页文件
思维导图	MindManager. exe		创建各种心智思维图形文件

6.2　数据处理基础

如前所述，各种数据（包括由各种电子设备捕获的数据）都需要通过接口输入到计算机中，再经过应用程序的编辑处理，以文件的形式保存在存储设备上，这个过程即为数据处理。在数据处理过程中，要根据处理对象的数据类型选择相应的应用程序，从而产生相应类型的文档文件。

6.2.1　创建与编辑文档

1. 创建文档

创建文档是指运行某个应用程序（如 Word 应用程序），在应用程序文档窗口中，利用计算机的输入设备将原始数据输入到当前文档中。此时，文档数据保存在计算机的内存中。再将文档中的数据编排处理后由内存存储到外存形成磁盘文件。这一过程，就称为创建文档。不同的应用程序所能接受处理的数据类型是不同的，用户要根据实际文档数据的类型选择应用程序。例如，在 Windows 的记事本程序中，就不能处理带有图、文、表混排的文档数据，而只能处理和存放 ASCII 码文本数据。

一般来说，应用程序的使用大同小异，非常相似。尤其是在 Windows 系统中，各应用程序具有统一的界面风格，只是每个应用程序所处理的数据对象类型有所区别，提供数据处理的功能和方法也有一定的差异，且文档编辑窗口也会有所不同。例如，Windows 环境下的应用程序窗口基本都包括标题栏、菜单栏、工具栏、状态栏以及文档正文输入区。其中，Word 字处理文档窗口是以白板的界面供用户创建文档；而 Excel 表处理文档窗口则是以表格的界面供用户创建文档。在这些页面窗口中，利用应用程序窗口菜单命令或工具栏中的快捷按钮都可以实现文档的创建。

创建文档文件主要包括如下 4 个过程。

（1）建立文档

建立文档是指将各种数据输入到应用程序的当前文档窗口中，这个过程称为输入，实现数据由外部到内存的操作。数据可以直接由键盘输入产生，这是最基本的建立文档方式。此外，还可以是由数码相机拍摄的照片，通过连接导入到计算机中的图像文件；可以是已经存储在外部存储设备上的已有文件；可以是来自剪贴板中的内容（其他文档的一部分或是整个文档）；还可以是由扫描仪等任何电子设备生成的文件等。

（2）保存文档

保存文档是指将当前所建立的文档内容，以文件的形式保存在外部存储设备上。这个过程称为输出，即写操作，实现数据由内存传送到外存。当然也可以直接输出到显示器浏览、输出到打印机打印成纸质文件等。一旦文档形成文件存储在外部存储设备上，就可以反复使用，实现数据文件的传输与共享。

（3）关闭文档

关闭文档是指结束本次文档的创建工作，也就是结束应用程序的运行，这个过程也是输出写操作，实现数据由内存传送到外存。

（4）打开文档

打开文档是指对已有的文档文件，利用应用程序再次进行编辑操作，这个过程称为输入，即读操作，实现数据文件由外存读入内存。

关于文档的整个工作过程如图 6-6 所示。

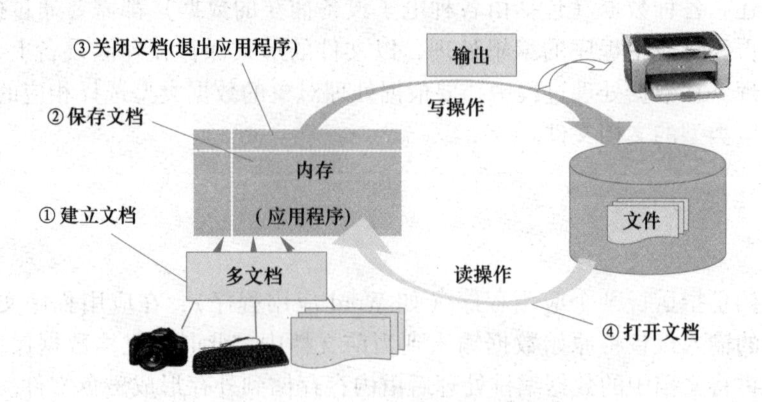

图 6-6　创建文档过程示意

（5）文档文件的参数设置

正如前面所述，任何数据都必须以文件的形式存储在外部设备上才可以再次使用。那么，在生成文件的过程中，包括对已有文件再次打开引用，用户需要提供哪些参数才能够正确地创建文件以及再次使用这些文件呢？

在应用程序文档建立时，需要从内存到外存建立磁盘文件，可以利用应用程序的“保存”或“另存为”命令实现，同时需要提供 4 个方面的信息：一是文件所要存放的设备，即要将文件保存在哪一个外部设备上，一般是本地硬盘；二是文件在该设备中的位置，即哪一级目录或哪个文件夹中；三是文件的类型，一般取当前应用程序的默认类型，或者在支持的文件类型中选定；四是文件的名字，按文件命名规则命名。

同样，打开文件也需要提供这 4 个方面的信息，即要打开的文件在哪一个外部设备上、在哪一个文件夹中、是什么类型文件以及文件的名字。

2. 插入对象

插入对象是指在当前文档的插入点处输入新的数据，其数据类型只要是当前应用程序支持的就可以。例如，在 Word 文档中可以插入文字数据、表格数据、图形数据等；但在记事本中，就只能插入字符数据。

插入对象的方法很多，常用的有以下 3 种：一是可以直接由键盘输入或是粘贴来自剪贴板上的数据；二是直接插入对象，这些对象只要是该应用程序支持的数据类型即可，如图片、图形、公式或符号等；三是以嵌入对象的方式插入数据，也就是说，在当前应用程序文档窗口中，将另一个应用程序文档以独立的对象方式嵌入到当前文档的插入点处。

对于以嵌入对象方式插入的数据，双击插入的对象即可关联打开对应的应用程序文档窗口，编辑该对象。实现在一个应用程序文档中，编辑另一应用程序文档数据。例如，在 Word 应用程序窗口中以对象方式编辑 Excel 工作表、插入画笔图片、插入数学公式等。该操作通常通过应用程序的“插入”菜单中的“对象”命令实现。

3. 编辑文档

编辑文档是指对文档中已有的字符、段落或整个文档进行增、删、改操作，一般分为基本编辑与高级编辑。“增”是指在已有的文档中添加新内容；“删”是指将某些内容从文档中清除；“改”是指将某些内容置换成新的内容，或将某些内容由文档的一处移到另一处等。这些操作通常都是通过应用程序的“编辑”菜单中的命令或工具按钮实现的，但无论进行哪一种操作，操作前都必须先选定操作的对象，然后才可以进行相应的操作。例如，利用 Windows 系统的任意应用程序窗口的“编辑”菜单中的“剪切”、“复制”、“粘贴”命令，即工具栏中对应的、、按钮，都可以实现文档编辑。

4. 文档的高级编辑

高级编辑与基本编辑的主要区别是对大量数据进行重复编辑操作，尤其是对有格式的文档段落和长文档，通常需要用到高级编辑。例如，要想对文档中所有的英文字符按“大小写”进行匹配修改；再如，将文档中所有的“哈尔滨”用“北京”替换，这时就需要用到高级编辑，既方便又快捷。

一般的应用程序都具有高级编辑功能。例如，在 Office 的应用程序中，通过查找和替换即可实现文档的高级编辑。查找是指从文档中根据指定的关键字找到相匹配的字符串，进行查看。这些关键字可以是文档中的一个字符、一个字符串、一个单词或单词的一部分，也可以是词组、句子、制表符、特殊字符或数字等。替换是指用新字符串代替文档中查找到的旧字符串。在高级应用中支持带格式的编辑，即查找与替换的对象带有格式控制。例如，搜索的对象是否区分大小写，是否使用通配符；替换的对象是否带有颜色格式或特殊字符等。

6.2.2 多媒体数据处理

1. 基础知识

多媒体数据主要是指图形、动画、音/视频等。所有的多媒体数据，只要以文件的形式存储在计算机中，就可以利用计算机的多媒体处理应用程序进行编辑处理，以达到更佳的效果。例如，利用 Photoshop 绘制图形图像，或是对图片进行加工处理；利用 Flash 应用程序制作的动画，可以发布成动画影片文件；通过录音笔、录音机、手机或者专用的音频和视频程序，都可以录制音频或视频再传送到计算机中，形成音/视频文件。

2. 图形数据处理

通常，图形有矢量图和点阵图两种表示方式。

矢量图是指由人工绘制或在计算机系统辅助下绘制的、具有某种形体特征的二维或三维视觉数据，是由一套绘图规则所决定的。矢量图记录的是这套规则和描述图中每一个线条、圆弧、角度的形状和维数生成过程的数据。通常所见到的 CAD 图形、Visio 生成的 VSD 类型的图形都属于矢量图。

点阵图则是自然界存在的或由人工制作的、由大量微小像素组成的二维或三维视觉数据，它是由一个个像素点组成的位图，即由一系列排列有序的像素点组成，正如计算机的屏幕是由 1 024 ×768 或 1 366 ×768 个像素点组成一样。对于点阵图中的每一个像素点，计算机都必须分配一定长度的存储空间来存储它的颜色信息。日常生活中所见到的图（典型的是用数码相机拍摄的照片）和扫描仪扫描后得到的图形都属于点阵图。在计算机中，点阵图常用的存储格式有 BMP、JPEG、GIF、PNG 等。

显然，矢量图的原理和点阵图截然不同。点阵图记录的是图形绘制好以后整张图中每一像素点的具体信息，而矢量图记录的是绘制该图形的方法和步骤。因此，一般情况下点阵图占用的存储空间比矢量图大得多。这两种图形的表示方式各适用于不同类型的图片。对于照片、图像、彩色图画等颜色丰富的图片，显然用点阵图表示比较好；对于绘制的图形、填充图案等这些由描述几何元素构成的色彩数较少的图形，则适合用矢量图表示。

图形的绘制与处理方法很多，通常采用 3 种方式：一种是利用图形处理应用程序绘制图形，如画笔、Photoshop 或 Visio 等，这些专门的绘图软件功能强大、应用性强；二是利用应用程序自带的绘图工具绘制图形，如 Office 中提供的绘图工具，其使用简单方便、易学易用，但处理功能与效果有限；三是通过应用程序编辑处理后产生或转存为图形文件，如将 MATLAB 数据处理结果生成为图形。

常用的图形处理程序有画图、思维导图、Visio、AutoCAD、Adobe ImageReady、Photoshop 等。

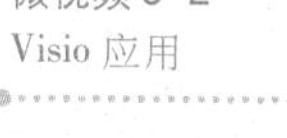

3. 动画制作软件

通常，动画制作软件包括平面动画制作（也称二维动画制作）软件和三维动画制作软件两类。

常用的平面动画制作软件有 Flash 与 ImageReady 等。其中 Flash 是交互式矢量图和 Web 动画的标准，网页制作者往往使用 Flash 创建漂亮的导航界面、动画以及其他奇特的效果。它是典型的二维动画制作软件，功能丰富、文件小，在网页设计和多媒体创作等领域有着广泛的应用。ImageReady 是由 Adobe 公司开发的、以处理网络图形为主的图像编辑软件，通过在不同的时间显示不同的图层来实现动画效果。比起 Flash，Image Ready 操作更为直观、简便，只要掌握好图层的编辑方法和不同帧的相关控制要领就能轻松编辑动画，可用于普通的动态网页制作及较复杂的影视广告的后期制作。这两种平面动画软件相对比较容易掌握，学习难度不是很大，关键是要先进行设计，编写脚本，然后制作，在大量的练习与实践中逐渐达到运用自如。

AutoCAD 是计算机辅助设计软件，用于二维绘图、详细绘制、设计文档和基本三维设计。它具有完善的图形绘制功能和强大的图形编辑功能，可以采用多种方式进行二次开发。可以进行多种图形格式的转换，具有较强的数据交换能力。

Autodesk 公司的 3ds MAX 和 MAYA 是典型的三维动画制作软件，对于专业制作动画片来说，这是最好的选择。由 3ds MAX 和 MAYA 所制作的模型和场景都是三维立体的。在动画编辑方面，该软件提供了大量的相关功能。例如，空间扭曲、粒子系统、反动力学等各种不同类型的制作方法，通过关键帧的控制、相关的时间控制器的应用，以及丰富多彩的场景渲染过程的效果，可以制作各种类型的复杂动画。

总之，动画制作软件随着应用的普及也在不断发展，各个软件都有其自身的特点，要随着用户需求进行选择。要想制作出优秀的动画，不仅需要熟练地掌握软件应用技术，更重要的是要具有艺术设计能力，且只要有兴趣、勤动手、多实践，就必定能够学会学好，甚至学精。

4. 音/视频工具软件

随着多媒体计算机的普及，音/视频工具软件也层出不穷。例如，Windows 系统提供了大量的用于多媒体应用的音频功能，包括播放 CD 音乐光盘的功能、记录和播放声音的功能以及相应的配置功能。此外，Windows 可以自动识别出 CD - ROM 驱动器中的音乐光盘，并自动启动 CD 播放器播放程序。CD 音乐光盘的播放是在后台运行的，用户可以在欣赏音乐的同时进行其他的工作。使用 Windows 的录音机可以录制声音，声音以波形声音方式记录和播放。利用 Windows 的录音机应用程序可获取数字化音频，可以录制、混合、播放和编辑声音文件，也可以将声音文件链接或插入到另一文档中。

6.2.3　科学计算数据处理

1. 基础知识

科学计算也称数值计算，是计算机应用的一个重要领域。科学计算数据处理就是指对科学研究与工程计算中的数值进行处理的过程，主要包括算法开发、数学建模、数据可视化、数据分析以及数值计算等，而实现科学计算数据处理强有力的工具就是数学软件。

目前，比较流行和著名的数学软件主要有 4 个，分别是 Maple、MATLAB、Mathematica 和 MathCAD。它们各具优势与特点，且版本越来越高、功能越来越强、应用范围也越来越广泛。

2. 常用的数学软件——MATLAB

MATLAB（Matrix Laboratory）是由美国 MathWorks 公司开发的商业数学软件，主要用于算法开发、数据可视化、数据分析以及数值计算。MATLAB 将高性能的数值计算和可视化集成在一起，并提供了大量的内置函数，从而被广泛地应用于科学计算、控制系统、信息处理等领域的分析、仿真和设计工作。而且，利用 MATLAB 产品的开放式结构，可以非常容易地对 MATLAB 的功能进行扩充。

MATLAB 的意思是“矩阵实验室”，它提供了许多创建向量、矩阵和多维数组的方式，可以进行矩阵运算、绘制函数/数据图像、创建用户界面及调用其他语言编写的程序等。尤其是配套软件包 Simulink，提供了一个可视化开发环境，常用于系统模拟、动态/嵌入式系统开发等方面。MATLAB 可以运行在多种操作系统平台上，如 Windows 9X/NT、OS/2、Macintosh、Sun、UNIX、Linux 等。

MATLAB 的一个重要特点是可扩展性，作为 Simulink 和其他所有 MathWorks 产品的基础，MATLAB 可以通过附加的工具箱（Toolbox）进行功能扩展，每一个工具箱就是一个实现特定功能函数的集合。MathWorks 提供的工具箱功能强大、类型丰富，主要包括数学和优化、统计和数据分析、控制系统设计和分析、信号处理和通信、图像处理、测试和测量、金融建模和分析、应用程序部署、数据库连接、报表和分布式计算等类型。

MATLAB 是科学家、工程师、研究员以及学生们必备的科学计算研究工具。

6.3 数据管理基础

前面介绍了数据处理的基本方法，采用的主要技术是应用程序，通过应用程序对获取到的各种数据进行加工处理，最终形成各种类型的数据文档文件。这些文件基本上都是相对独立存在的，如一个人的照片、一份工作报告、一份毕业设计论文、一个动画等。然而，在日常生活中人们经常会遇到大量的具有规则关联的数据，如学生成绩、职工档案、企事业单位的生产链等。对于这些数据，常常是以二维表方式呈现，可以通过电子表格应用程序对这些数据进行数值计算、分类汇总以及数据检索等处理。那么，如何更合理、更高效、更安全地组织管理这些数据呢？面对大数据时代，对于大量且复杂的数据，要实现数据资源共享、统计分析与检索等应用，采用数据库管理技术则是更佳的方案。

6.3.1　如何组织管理数据

一般来讲，利用计算机对数据组织管理的方法大致有电子表格数据处理、数据库数据处理、程序设计数据处理等方式。各种方式针对不同的用户需求，根据不同的数据规模，采用不同的数据处理技术。

1. 电子表格数据处理

电子表格数据处理主要是指利用专门的电子表格应用程序来创建用户电子表格文档文件。例如 Excel 电子表格应用程序，其操作简单、易学易用，具有存储数据量大、组织管理方便、易维护、易升级等特点，越来越受到企事业单位的重视，对企事业单位的“无纸化办公”提供了坚实的数据处理与管理基础。

2. 数据库数据处理

电子表格是以一个个独立的数据文件作为管理的基础，如一名学生的基本信息表、成绩单。显然，这些数据表具有独立性与完整性，易于产生、维护与管理等。但数据的重复填报，容易造成数据的不一致性；多部门多数据文件之间的数据关联性与共享性较差，维护起来也不方便。由此产生了数据库技术，这是现代化企事业数据组织管理的主要方式。

当然，面对当今的大数据时代，随着数据量的急剧上升，基于云计算的大数据管理技术也应运而生。

3. 程序设计数据处理

通常，程序设计数据处理是指问题求解、科学计算等方面的应用。也就是说，利用高级语言，根据实际问题通过程序设计，来实现对问题的求解计算，主要包括算法描述、数学建模、数据可视化、数据分析以及数值计算等。

总之，面对网络大数据时代，只有很好地掌握与运用数据管理技术，才能够更加有效地组织与管理数据，使其带来巨大的效益。接下来将重点讨论数据库技术的应用，在后面的第 7 章中介绍算法与程序设计相关知识，在第 8 章中以 Python 语言为例，介绍如何以程序方式处理数据。

6.3.2　数据管理技术的发展

数据是对人类活动的一种符号记录，对数据的处理和管理就成为人类进行正常社会活动的一种需求。具体来说，数据管理是指人们对数据进行收集、组织、存储、加工、传播和利用的一系列活动的总和。随着计算机技术的发展，数据管理从手工记录的人工管理阶段，发展到以文件形式保存在计算机存储器中的文件管理阶段，再到数据库管理阶段和高级数据库系统管理阶段。数据管理技术的发展，以数据存储冗余不断减小、数据独立性不断增强、数据操作与维护更加方便和简单为标志，每一阶段都各有其特点。

1. 人工管理阶段

在计算机出现之前，人们运用常规的手段从事数据的记录、存储和加工，也就是基于纸张记录和利用计算工具（算盘、计算尺）来进行计算，主要使用人的大脑来管理和利用这些数据。随后又产生了计算器与计算机。计算器的应用进一步提高了数据计算的正确性与计算精确度。计算机诞生后的初期，主要用于科学计算，无专门的管理数据的软件，这时对数据的处理就由用户直接管理，即人工管理阶段。

【例 6–1】 通过人工管理方式，求解 n 个数中的最小值。

Python 程序如下：

```
numbers = [34,12,88,22,15,10]
small = numbers[0]
for  i  in  range(1,  len(numbers)):
  if  numbers[i] < small:
    small = numbers[i]
print  "最小值为:",  small
```

可以看出，程序与要处理的数值数据放在一起了，可以人为地调整程序中的数字序列，使之对更多地数据进行处理。显然，这种管理技术主要适用于数据量小、数据间无逻辑组织关系的应用，数据依赖于特定的应用程序。人工管理阶段功能模块如图 6–7（a）所示，应用程序与数据的关系如图 6–7（b）所示。

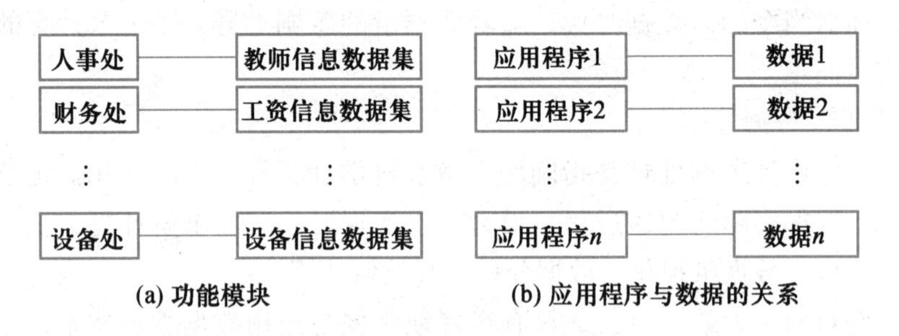

图 6–7. 人工管理示意图

由图 6–7 可以看出，数据不是独立存在的，是与程序一一对应的。这就会产生数据维护、共享性等一系列问题。由此，数据管理进入文件系统阶段。

2. 文件系统阶段

文件系统是将数据以独立文件的方式进行组织管理的，这一阶段数据管理技术的发展得益于计算机的处理速度和存储能力的惊人提高，计算机中的数据被组织成相互独立的被命名的数据文件，并可以按文件的名字来进行访问，这样，数据便可以长期保存在计算机的外部存储设备上，可以对数据进行反复处理，并支持文件的查询、修改、插入和删除等操作，这就是文件系统，实现了记录内部的结构化，但从文件的整体来看却是无结构的。文件系统是由操作系统的文件管理系统实现对文件的管理的。

【例 6–2】 通过文件方式，求解 n 个数中的最小值。

Python 程序如图 6–8（a）所示，数据文件如图 6–8（b）所示。

可以看出，本例中将一组要处理的数据以独立文件的方式组织起来，其文件名为

```python
infile=open("a.txt",'r')
small=infile.readline()
for i in range(20):
    line=infile.readline()
    if line<small:
        small=line
infile.close()
print "最小值为:%2d" %(int(small))
```

(a) Python程序

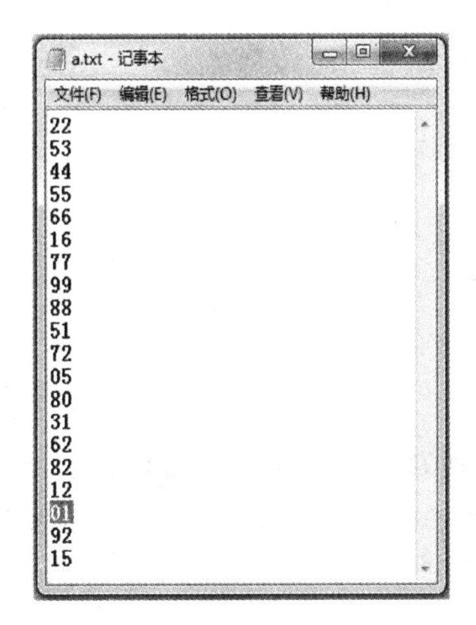

(b) 数据文件

图 6-8　数据的文件管理示意

“a. txt”。然后，在程序中调用该数据文件，使其进行运算。显然，数据文件是独立于程序而存在的，最大的好处就是可以随意地增减要操作的数据，方便直观。数据的文件管理方式如图 6-9 所示。

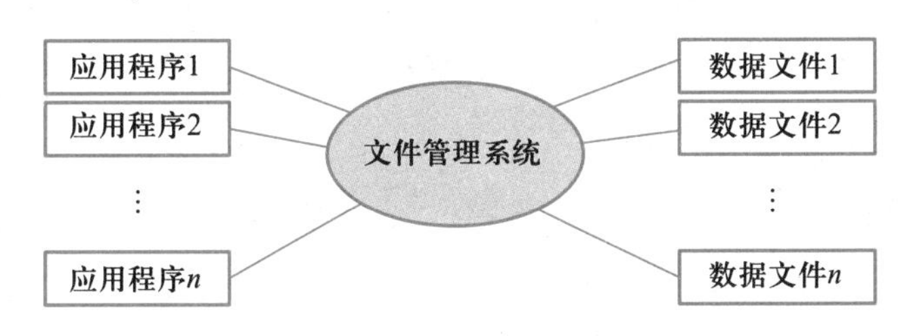

图 6-9　文件管理示意图

显然，文件管理方式的数据文件也是面向特定的应用程序，只是与应用程序分开了，具有数据独立性，使数据管理简单化了，但仍然没有解决数据的共享性，且冗余度大，管理和维护的代价相对也很大。由此，进入了数据库系统管理阶段。

3. 数据库系统阶段

20 世纪 60 年代后期，计算机性能得到进一步提高，出现了大容量磁盘，存储容量大大增加且价格下降。在此基础上，克服了文件系统管理数据的不足，满足和解决了实际应用中多个用户、多个应用程序共享数据的要求，从而使数据能为尽可能多的应用程序服务，这就出现了数据库管理技术。

数据库的主要特点：一是数据不再只针对某一个特定的应用，而是面向多个应用，具有整体的结构性、共享性，且冗余度减小；二是具有一定的程序与数据之间的独立性，并且对数据进行统一的控制管理，形成一个数据中心，构成一个数据“仓库”，实现了整体数据的结构化。

在数据库系统阶段，应用程序与数据之间的关系如图 6-10 所示。

从文件系统到数据库系统，标志着数据管理技术质的飞跃。20 世纪 80 年代后，陆续在大、中、微型计算机上实现并应用了数据管理的数据库技术，尤其在当今的网络

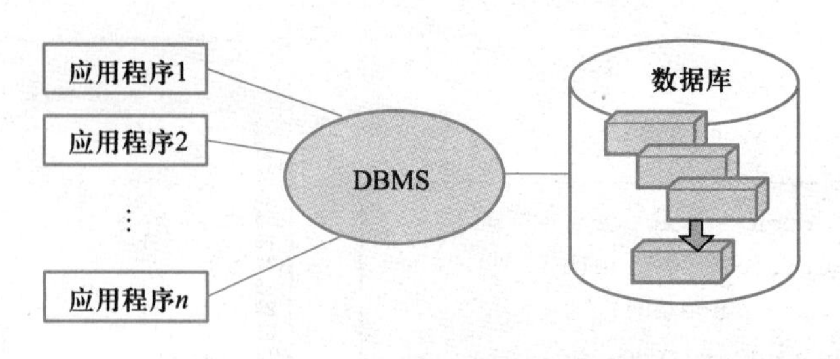

图 6-10　数据库管理示意图

时代，到处可见数据库技术的应用。支撑数据库技术常用的数据库管理软件有：Microsoft Access、SQL Server、Oracle、DB2、MySQL、FoxPro、Informix 和 Sybase 等，这些软件以自己特有的功能，在数据库市场上占有一席之地，其产生与发展使数据库技术得到广泛应用和普及。

3 个阶段数据管理技术的特点如表 6-2 所示。

表 6-2　3 个阶段数据管理技术的特点

项　　目	手 工 管 理	文 件 管 理	数据库管理
数据的管理者	用户（程序员）	文件系统	数据库系统
数据的针对者	特定应用程序	面向某一应用	面向整体应用
数据的共享性	无共享	共享差，冗余大	共享好，冗余小
数据的独立性	无独立性	独立性差	独立性好
数据的结构化	无结构	记录有结构，整体无结构	整体结构化

4. 高级数据库系统阶段

随着硬件环境与软件环境的不断改善与提高，数据处理应用领域需求的持续扩大，数据库技术与其他软件技术加速融合，进一步促进了数据管理的模式与功能结构的改变，出现了高级数据库系统阶段。到 20 世纪 80 年代，新的、更高一级的数据库技术相继出现并得到长足的发展。分布式数据库、面向对象的数据库系统和并行数据库系统等新型数据库系统应运而生。它们带来了一个又一个数据库技术发展的新高潮，为数据处理带来更便捷、更宽泛的应用前景。

然而，由于很多高级的数据库系统的专业性要求很高，对于中、小数据库用户来说，其通用性受到一定的限制。而基于关系模型的数据库系统功能的扩展与改善，面向对象关系数据库、Web 数据库、嵌入式数据库等数据库技术的出现，成为新一代数据库系统的发展主流。

6.3.3　认识数据库

1. 数据

数据（Data）是数据库中存储的基本对象，按通常的理解它应为数字形式，这是对数据的一种传统和狭义的理解。广义的理解，数字只是数据的一种表现形式，在计算机中可表示各种数据，如文字、图形图像、音/视频等都可以，一般统称为多媒体数据。

所以，可以对数据做如下定义：描述事物的符号记录称为“数据”。因此根据上面的理解，描写事物的符号可以是数字，也可以是文字、图形图像、音/视频等多媒体数据，即有多种表现形式，但它们都是经过数字化后存储在计算机的存储设备中。

2. 数据库

数据库（Database，DB）可以直观地理解为存放数据的仓库，只不过这个仓库是在计算机的大容量存储设备上，如硬盘就是一类最常见的大容量存储设备。数据库中的数据必须按一定的格式存放，因为它不仅需要存放，还要便于查找。所以可以认为数据库是长期存放在计算机内的、有组织的、可以表现为多种形式的、可共享的数据集合。数据库本身不是独立存在的，它是组成数据库系统的一部分，在实际应用中，人们面对的是数据库系统（Database System，DBS）。

3. 数据库管理系统

数据库管理系统（Data Base Management System，DBMS）是使用户可以定义、创建和维护数据库以及提供对数据库有限制访问的软件系统，是提供与用户、应用程序和数据库进行相互作用的软件。DBMS 提供 SQL 允许用户对数据库进行插入、更新、删除和检索数据等操作。SQL（Structured Query Language，结构化查询语言）是指用于关系数据库的主要查询语言（后面会专门介绍）。

4. 数据库系统

数据库系统（DBS）是指带有数据库的计算机应用系统，因此，数据库系统不仅包括数据库本身，即实际存储在计算机中的数据，还包括相应的硬件、软件和各类管理人员。总体来说，数据库系统一般由数据库、数据库管理系统（开发工具）、应用程序、数据库管理员、开发人员和应用用户构成，其组成结构如图 6-11 所示。

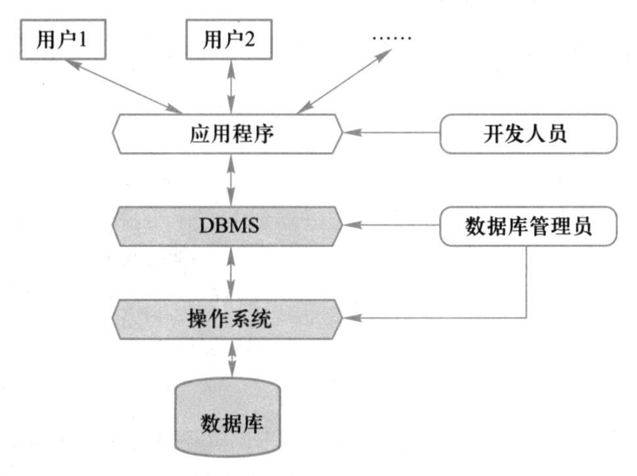

图 6-11 数据库系统组成示意图

综上所述，数据库是长期存储在计算机内的、有组织的、大量的共享数据集合。它可以供各种用户共享，具有最小冗余度和较高的数据独立性。DBMS 在数据库的建立、运用和维护中对数据库进行统一控制，以保证数据的完整性、安全性，并在多用户对数据的并发使用时进行并发控制和发生故障后的系统恢复。

6.3.4 常见的数据库管理软件

1. Microsoft Access

作为 Microsoft Office 组件之一的 Access 是在 Windows 环境下非常流行的桌面型数据库管理系统。使用 Access 无需编写任何代码，只需通过直观的可视化操作就可以完成大部分数据管理任务，主要适用于日常小型办公数据的处理应用。

在 Access 数据库中，包括许多组成数据库的基本要素。这些要素是存储信息的表、显示人机交互界面的窗体、有效检索数据的查询、信息输出载体的报表、提高应用效率的宏、功能强大的模块工具等。它不仅可以通过 ODBC 与其他数据库相连，实现数据交换和共享，还可以与 Excel 等电子表格软件进行数据交换和共享，并且通过对象链接与嵌入技术在数据库中嵌入和链接声音、图像等多媒体数据。

2. MySQL

MySQL 是很受欢迎的开源 SQL 数据库管理系统，最初由瑞典 MySQL AB 公司开发、发布和支持。目前，MySQL 属于 Oracle 公司，自 2009 年 MySQL 转入 Oracle 门下后，于 2010 年 04 月发布了 MySQL 5.5。之后 Oracle 对 MySQL 版本重新进行了划分，分成了社区版和企业版，企业版是需要收费的。

MySQL 是一种关系型数据库管理系统，可以在许多操作系统上运行。关系数据库将数据保存在不同的表中，而不是将所有数据放在一个大仓库内，这样就增加了访问数据的速度和灵活性。在 MySQL 中，使用 SQL（结构化查询语言）访问数据库。

MySQL 是开源的，开源意味着任何人都可以从 Internet 上下载和使用，而不需要支付任何费用，还可以研究其源代码，并根据自己的需要修改它。基于开放源码这一特点，一般中、小型网站的开发都选择 MySQL 作为网站数据库。在 MySQL 网站上（http://www.mysql.com），提供了关于 MySQL 的最新的消息和资源，使用者可以通过该网站下载并了解 MySQL。

3. Oracle

Oracle 是以高级结构化查询语言为基础的大型关系数据库，通俗地讲它是用方便逻辑管理的语言操纵大量有规律数据的集合，是目前最流行的客户/服务器（Client/Server）体系结构的数据库之一。它是一个最早商品化的关系型数据库管理系统，且应用广泛、功能强大，支持多媒体数据。Oracle 作为一个通用的数据库管理系统，不仅具有完整的数据管理功能，还是一个分布式数据库系统，支持各种分布式功能，特别是支持 Internet 应用。作为一个应用开发环境，Oracle 提供了一套界面友好、功能齐全的数据库开发工具。还提供了与第三代高级语言的接口软件，能在 C、C++ 等语言中嵌入 SQL 语句及过程化（PL/SQL）语句，对数据库中的数据进行操纵。加上它有许多优秀的前台开发工具，如 Power Build、SQL*FORMS、Vista Basic 等，可以快速开发生成基于客户端 PC 平台的应用程序，并具有良好的移植性，可通过网络较方便地读写远端数据库里的数据。特别是在 Oracle 8i 后的版本中，支持面向对象的功能，如类、方法、属性等，使得 Oracle 产品成为一种对象/关系型数据库管理系统。

6.4　结构化数据库

数据库系统的结构指数据库系统中数据的存储、管理和使用等形式，这些数据反映了现实世界中有意义、有价值的信息，它不仅反映数据本身的内容，而且反映数据之间的联系。结构化数据库是以二维表结构来逻辑表达实现的数据，也就是说基于二维关系的数据库。那么如何抽象表示与处理现实世界中的数据和信息呢？这就需要利用数据模型工具。所谓的数据模型是指数据库中用于提供信息表示和操作手段的形式框架，是将现实世界转换为数据世界的桥梁。

6.4.1　基本知识

1. 数据描述

在数据处理中，数据描述涉及不同的范畴。数据从现实世界到计算机数据库里的具体表示要经历 3 个阶段，即现实世界、信息世界和计算机世界的数据描述。这 3 个阶段的关系如图 6-12 所示。

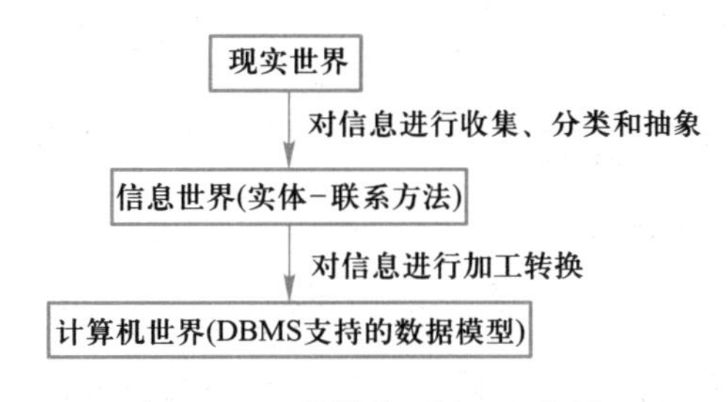

图 6-12　数据处理的 3 个阶段

第一阶段——现实世界，是指客观存在的世界中的事实及其联系。在这一阶段要对现实世界的信息进行收集、分类，并抽象成信息世界的描述形式，然后再将其描述转换成计算机世界中的数据描述。

第二阶段——信息世界，是指现实世界在人们头脑中的反映，是对客观事物及其联系的一种抽象描述，一般采用实体 - 联系方法（Entity - Relationship Approach，简称 E - R 方法）表示。在数据库设计中，这一阶段又称为概念设计阶段，常用术语如下。

（1）实体

客观存在并可以相互区别的事物称为实体，如系、教师、课程和学生等。同一类实体的集合称为实体集。

（2）属性

描述实体的特性称为属性，如学生实体用若干属性（学号、姓名、性别、出生日期）来描述。属性的具体取值称为属性值，用于表示一个具体实体，如属性组合“12001001，张蕾，女，92/11/11”，在学生表中表示一个具体的学生。

（3）实体标识符

能够唯一地标识实体集中每个实体的属性或属性集，就称为实体标识符，有时也称为关键字或主码，必须是唯一值。如在学生实体中的学号可以作为实体标识符，因为每个学生只有唯一的学号。

（4）联系

实体集之间的对应关系称为联系。联系分为两种，一种是实体内部各属性之间的联系；另一种是实体之间的联系。实体之间的联系有 3 种：一对一联系、一对多联系和多对多联系。

（5）实体 - 联系方法

实体 - 联系方法称为 E - R 方法，使用图形方式描述实体之间的联系，基本图形元素如图 6-13 所示；学校教学管理中的学生选课系统的 E - R 结构如图 6-14 所示。

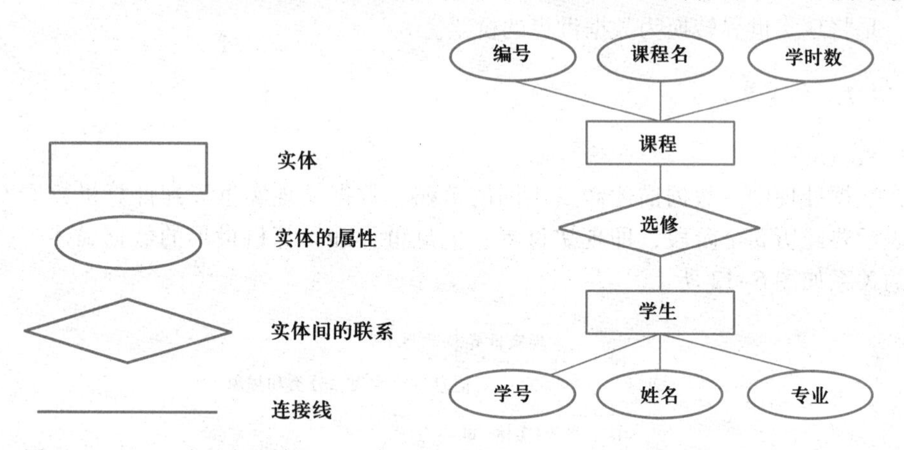

图 6-13　E - R 方法的基本图形元素　　图 6-14　学生选课系统的 E - R 结构

第三阶段——计算机世界，是指在信息世界对客观事物的描述基础上做进一步抽象，使用的方法为数据模型，这一阶段的数据处理在数据库的设计过程中也称为逻辑设计。常用术语如下。

（1）字段

标记实体属性的命名单位称为字段或数据项。字段是数据库中可以命名的最小逻辑数据单位。例如，学生关系有学号、姓名、年龄、性别等字段。

（2）记录

字段的有序集合称为记录。一般用一个记录描述一个实体，所以记录又可以定义为能够完整地描述一个实体的字段集。例如，一个学生记录，由有序的字段集“学号、姓名、年龄、性别”组成。

（3）文件

同一类型记录的集合称为文件，是用来描述实体集的。例如，所有学生记录组成一个学生文件。

（4）关键字

能够唯一标识文件中每个记录的字段或字段集称为关键字或主码。例如，在学生实体中的学号可以作为关键字，因为每个学生只有唯一的学号。

计算机世界和信息世界术语的对应关系如表 6-3 所示。

表 6-3　术语对应关系

信 息 世 界	计算机世界	信 息 世 界	计算机世界
实体	记录	实体集	文件
属性	字段	实体标识符	关键字

2. 数据模型

数据库是一个具有一定数据结构的数据集合，这个结构是根据现实世界中事物之间的联系来确定的。在数据库系统中不仅要存储和管理数据本身，还要保存和处理数据之间的联系，这个数据之间的联系也就是实体之间的联系，反映在数据上则是记录之间的联系，研究如何表示和处理这种联系是数据库系统的核心问题，用于表示实体与实体之间联系的模型称为数据模型。

数据模型的设计方法决定着数据库的设计方法，常见的数据模型有 3 种，层次模型（Hierarchical Model）、网状模型（Network Model）和关系模型（Relational Model）。

（1）层次模型

该模型是数据库系统最早使用的一种，它的数据结构是一棵“有向树”，其主要特征如下。

① 有且仅有一个根节点，根节点没有父节点。

② 其他节点有且仅有一个父节点。

例如，某学校的系所课程的层次模型如图 6-15 所示。

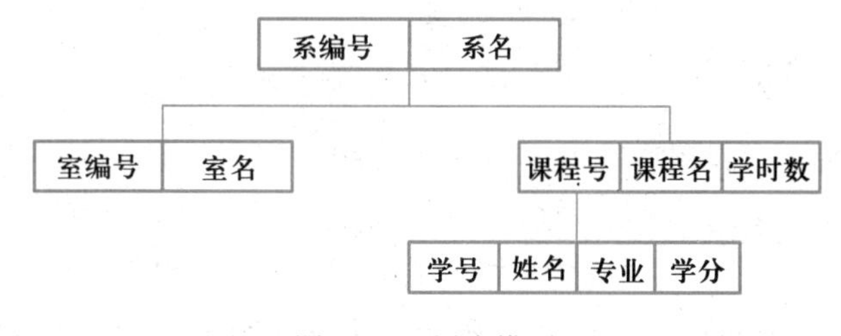

图 6-15　层次模型

其中系是根节点，树状结构反映的是实体之间的结构，该模型实际存储的数据通过链接指针体现了这种联系。

（2）网状模型

用网状结构表示实体及其之间联系的模型称为网状模型，其主要特征如下。

① 允许节点有多于一个的父节点；

② 可以有一个以上的节点没有父节点。

例如，某学校教学管理简单的网状模型如图 6-16所示。

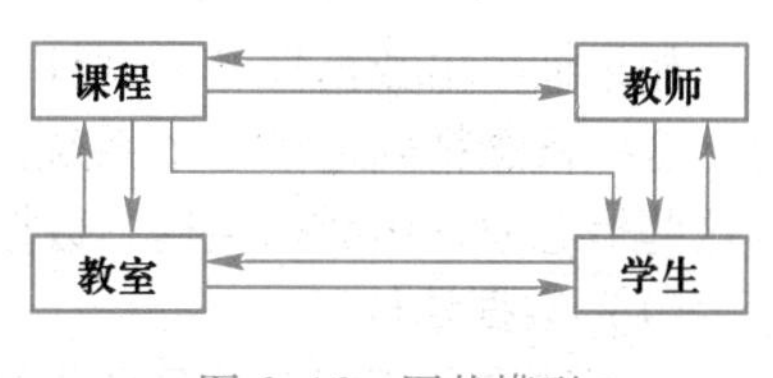

图 6-16　网状模型

由图 6-16 可以看出，一个学生可以选修多门课程，一个老师可以开多门课程，一门课程可以由多名教师教授、也可以由多名学生选修，一门课程可以在多个教室上，一个教室在不同时间可以上多门课程。

网状模型和层次模型在本质上是一样的。从逻辑上看，它们都是基本层次模型的集合；从物理结构上看，它们的每一个节点都是一个存储记录，用链接指针来实现记录之间的联系。当存储数据时这些指针就固定下来，检索数据时必须考虑存取路径问题；数据更新时，涉及的链接指针需要调整，因此缺乏灵活性，系统扩充也比较麻烦。网状模型中的指针更多，纵横交错，从而使数据结构更加复杂。

（3）关系模型

该模型是用二维表格结构来表示实体以及实体之间联系的数据模型，其数据结构是一个“二维表空间”组成的集合，每个二维表又可称为关系。因此可以说，关系模型是“关系框架”组成的集合。自 20 世纪 80 年代以来，计算机厂商推出的数据库管理系统产品几乎都支持关系模型。简单的关系模型见表 6-4、6-5 所示，其中给出的关系框架如下：

教师（教师编号、姓名、性别、所在系名）

课程（课程编号、课程名、任课教师编号、上课教室）

表 6-4 教师关系

教师编号	姓名	性别	所在系名
001	周梨花	女	经济管理系
002	赵宏伟	男	电子工程系

表 6-5 课程关系

课程编号	课程名	任课教师编号	上课教室
80L22Q－01	网站设计与制作	001	SX－303
72K11Q－05	离散数学	002	DQ－205

在关系模型中基本数据结构就是二维表，不使用像层次模型或网状模型的链接指针。记录之间的联系是通过不同关系中的同名属性来体现。例如，查找“赵宏伟”老师所教课程，首先要在教师关系中找到赵宏伟老师的编号“002”，然后在课程关系中找到“002”编号对应的课程名“离散数学”即可。在上述查询过程中，同名属性教师的编号起到了连接两个关系的纽带作用。由此可见，关系模型中的各个关系模式不是孤立的，也不是随意拼凑的一堆二维表，它必须满足相应的需要。

3. 数据模型的要素

如果抽象出数据模型的共性，并加以归纳，数据模型可严格定义成一组概念的集合，这些概念精确地描述了系统的静态特性、动态特性和完整性约束条件。数据模型的这些概念通常由数据结构、数据操作和数据的完整性约束条件 3 部分组成。

（1）数据结构

数据结构是所研究对象的类型的集合，这些对象是数据库的组成成分，一般可以分为两类：一类是与数据类型、内容有关的对象，如网状模型中的数据项、记录，关系模型中的关系等；另一类是与数据之间联系有关的对象。在数据库系统中通常按照数据结构的类型来命名数据模型，如层次结构、网状结构和关系结构的模型分别命名为层次模型、网状模型和关系模型。

（2）数据操作

数据操作是指对数据模型中各种对象实施的操作，如关系模型中的关系值所允许执行的所有操作，包括操作及有关的操作规则。数据库中主要有检索和更新（包括插入、删除、修改）两类操作。数据模型要定义这些操作的确切含义、操作符号、操作规则、操作优先级别以及实现操作的语言。数据结构是对系统静态特性的描述，数据操作是对系统动态特性的描述。

（3）数据的完整性约束条件

数据的完整性约束条件是完整性规则的集合。完整性规则是给定的数据模型中数据及其联系所具有的约束和依存规则。这些规则用来限定基于数据模型的数据库的状态及状态的变化，以保证数据库中数据的正确性和有效性。

6.4.2　数据库系统的体系结构

1. 三级模式结构

为了实现和保持数据库在数据管理中的优点，特别是实现数据独立性，所以应对数据库系统的结构进行有效的设计。现有的大多数数据库管理系统在总体上都具有外部级、概念级和内部级三级模式的结构特征，这种三级结构也称为“三级模式结构”或“数据抽象的三个级别”。

数据库系统的三级模式结构由外模式、模式和内模式组成，如图 6-17 所示。

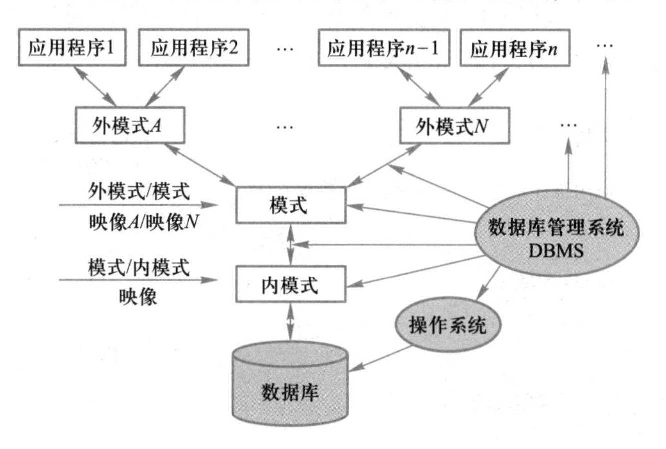

图 6-17　数据库系统三级模式结构

外模式（External Schema）又称子模式或用户模式，它是模式的子集，是数据的局部逻辑结构，也是数据库用户看到的数据视图。

模式（Schema）又称逻辑模式或概念模式，它是数据库中全体数据的全局逻辑结构和特征描述，也是所有用户的公共数据视图。

内模式（Internal Schema）又称存储模式，它是数据在数据库中的内部表示，即数据的物理结构和存储方式的描述。

数据库系统的三级模式是对数据的三级抽象，数据的具体组织由数据库管理系统负责，使用户能逻辑地处理数据，而不必考虑数据在计算机中的物理表示和存储方法。外模式处于最外层，它反映了用户对数据库的实际要求；模式处于中间层，它反映了设计者对数据全局的逻辑要求；内模式处于最底层，它反映了数据的物理结构和存取方式。为了实现三个抽象层次的转换，数据库系统在三级模式中提供了两级映像：外模式/模式映像和模式/内模式映像。所谓映像就是存在某种对应关系，外模式到模式的映像定义了外模式与模式之间的对应关系；模式到内模式的映像定义了数据的逻辑结构和物理结构之间的对应关系。

两级映像使数据库管理中的数据具有两个层次的独立性：一个是数据物理独立性，模式和内模式之间的映像是数据的全局逻辑结构和数据的存储结构之间的映像，当数据库的存储结构发生了改变，如存储数据库的硬件设备发生变化或存储方法变化，引起内模式的变化，由于模式和内模式之间的映像使数据的逻辑结构可以保持不变，因此应用程序可以不必修改。另一个是数据的逻辑独立性，外模式和模式之间的映像是数据的全局逻辑结构和数据的局部逻辑结构之间的映像。如数据管理的范围扩大或某些管理的要求发生改变后，数据的全局逻辑结构发生变化，对不受该全局变化影响的局部而言，最多改变外模式与模式之间的映像，基于这些局部逻辑结构所开发的应用程序就不必修改。数据的独立性是数据库系统最基本的特征之一，采用数据库技术使得应用程序的维护工作量大大减轻。

2. 应用示意

为了体现数据库三级模式的作用，现以一个应用程序从数据库中读取一个数据记录为例，说明用户访问数据库时数据库管理系统的操作过程，同时也具体反映了数据库各部分的作用以及它们之间的相互关系，如图 6-18 所示。

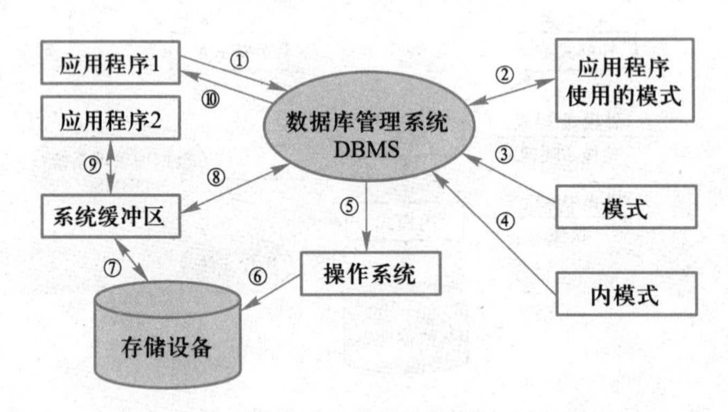

图 6-18　数据库的操作过程

其中各步骤含义说明如下。

① 应用程序 1 向 DBMS 发出读取数据的请求，同时给出记录名称和要读取的记录的关键字值。

② DBMS 接到请求之后，利用应用程序 1 所用的外模式来分析这一请求。

③ DBMS 调用模式，进一步分析请求，根据外模式和模式之间变换的定义，决定应读入哪些模式记录。

④ DBMS 通过内模式，将数据的逻辑记录转换为实际的物理记录。

⑤ DBMS 向操作系统发出读所需物理记录的请求。

⑥ 操作系统对实际的物理存储设备启动读操作。

⑦ 读出的记录从保存数据的物理设备送到系统缓冲区。

⑧ DBMS 根据外模式和模式的规定，将记录转换为应用程序所需的形式。

⑨ DBMS 把数据从系统缓冲区传送到应用程序 2 的工作区。

⑩ DBMS 向应用程序 1 发出请求执行的信息。

以上给出了应用程序 1 读取数据库中数据的一般步骤和过程，并体现了三级模式的作用。不同的数据库管理系统其操作细节可能存在差异，但其基本过程大体一致。至于其他数据操作，如写入数据、修改数据、删除数据等，其步骤会有增加或变化，但总体上是十分相似的。

6.4.3　关系数据库

1. 何谓关系数据库

关系数据库是采用关系模型作为数据的组织方式的数据库，即以二维表的结构给出实体间的关系。关系模型建立在严格的数学概念的基础上，1970 年 IBM 公司 San Jose研究室的研究员 E. F. Codd 发表了题为《大型共享数据库的关系模型》的论文，提出了数据库的关系模型，奠定了关系数据库的理论基础。20 世纪 70 年代末，关系方法的理论研究和软件系统的研制均取得了显著成果，IBM 公司的 San Jose 实验室在 IBM 370 系列机上研制出关系数据库实验系统 System R。1981 年，IBM 公司又宣布研制出具有 System R 全部特征的数据库软件产品 SQL/DS。与 System R 同期，美国加州大学伯克利分校也研制了 INGRES 数据库实验系统，并由 INGRES 公司发展成为 INGRES 数据库产品，使关系方法从实验走向了市场。

微视频 6-3
成绩管理数据库设计（Access）

关系数据库产品一经问世，就以其简单清晰的概念，易懂易学的数据库语言，使用户不需了解复杂的存取路径细节，不需说明“怎么干”，只需指出“干什么”就能操作数据库，而深受广大用户喜爱，涌现出许多性能优良的商业化关系数据库管理系统，如 DB2、Oracle、Sybase、Informix 等。关系数据库产品也从单一的集中式系统发展到可在网络环境下运行的分布式系统，从联机事务处理到支持信息管理、辅助决策，系统的功能不断完善，使数据库的应用领域迅速扩大。

2. 关系模型的设计

（1）关系模型的数据结构

在关系模型中，数据被组织成若干张二维表的结构，每一张二维表就称为一个关系或表，每个表中的数据用于描述客观世界中的一件事情。例如在学校中，会有学生与专业的“所属”关系、学生与课程的“选修”关系、教师与课程的“任教”关系等，这些都可以通过二维表的形式展现其关系模型。

例如，以学生信息表和教师信息表来说明关系模型中的基本概念，如表 6-6 和表 6-7所示。

表 6-6 学生信息表 ← 表名

学　号	姓　名	性　别	年　龄	系　号	专　业
14000001	刘伟力	男	18	01	软件工程
14000002	赵晓英	男	19	12	轨道交通
14000003	李　路	女	18	08	媒体艺术
⋮	⋮	⋮	⋮	⋮	⋮
1400000n	汪　薇	女	20	12	国际贸易

关系　元组（行）　主键　外键

表 6-7 教师信息表

系　号	系　名	姓　名	职　称	电子邮箱	电　话
01	计算机	赵晓华	副教授	xhzhao@163.com	82160011
02	数学	陈　杰	副教授	jchen@163.com	82160022
03	物理	金　锁	教　授	sjin@bjtu.edu.cn	82160036
04	外语	李　丽	讲　师	lli@bjtu.edu.cn	62110001
⋮	⋮	⋮	⋮	⋮	⋮
nn	车辆	王卫国	讲　师	wgwang@163.com	62110021

属性名（字段名）

行/元组/记录：由相互关联的数据构成

列/属性/字段：由字段名与一系列字段值构成

表（Table）：也称关系，由表名、列名与若干行组成。表的结构被称为关系模式，主要由表名和列名构成。例如，在表 6-6 中，表名为“学生信息表”，列名包括“学号”、“姓名”、“性别”、“年龄”、“系号”和“专业”，每一行数据描述一名学生的具体情况。关系模式为：学生信息表（学号、姓名、性别、年龄、系号、专业）。

列（Column）：也称字段、属性或数据项。表的每列都包括同一类信息，也称为多值属性或字段。列由列名和列值两部分组成，值域为列数据的取值范围，不同列可以有相同的值域。

行（Row）：也称元组或记录。表中每一行由若干字段组成，用于描述一个对象的信息。每个字段描述成该对象的某种性质或属性。

码（Key）：也称为键，是表中的某个属性或某些属性的组合，其值能唯一地将表中的每一个元组区分开来。如果一个关系有若干码，则可选择其中一个为“主码或主键”。

（2）需注意的问题

表名在整个数据库中必须唯一；列名在一个表中必须唯一，但在不同的表中可以出现相同的列名。

一个关系必须有一个关键字或主码。对表 6-6 所示的学生关系，关键字是学号；对表 6-7 所示的教师关系，关键字是系号。在关系中的姓名不能作为关键字，尽管当前该关系中都没有相同的姓名，但不能保证在将来的某个时间不会有同名的教师进入同一部门，或同名的学生进入同一所学校同一专业的同一个班级里。

在一个关系中，关键字的值不能为空，即关键字的值为空的元组在关系中是不允许存在的。有些关系中的关键字是由单个属性组成的，还有一些关系的关键字常常是由若干属性的组合而构成的，即这种关系中的元组不能由任何一个属性唯一表示，必须由多个属性的组合才能唯一表示。例如考试成绩关系：考试成绩（学号、考试时间、考试科目、姓名、性别、成绩、系号），它的关键字由（学号、考试日期、考试科目）属性组合而构成。

当关系中的某个属性或属性组合虽不是该关系的关键字或只是关键字的一部分，但却是另一个关系的关键字，称该属性或属性组合为这个关系的外部关键字或外键。例如，对表 6–6 所示的学生关系，系号不是关键字，但系号是教师信息表关系的关键字，所以系号是学生关系的外部关键字或外键。将以外键作为主键的表称为主表；外键所在的表称为从表。表 6–7 所示的学生关系对外键“系号”而言，它是从表；而教师信息关系是主表。关系模式是稳定的，而关系是随时间不断变化的，因为数据库中的数据在不断更新。

3. 关系模型的三级结构

关系模型基本遵循数据库的三级体系结构。在关系模型中，模式是关系模式的集合，外模式是关系子模式的集合，内模式是存储模式的集合。

（1）关系模式

关系模式是对关系的描述，它包括模式名，组成该关系的诸属性名、值域和模式的主键，具体的关系称为实例。

【例 6–3】学生选课系统。

实体型“学生”的属性 Sno、Sname、Sage、Sex、Sdept 分别表示学生的学号、姓名、年龄、性别和学生所在系，学号为主键。

实体型“课程”的属性 Cno、Cname、Cdept、Tname 分别表示课程号、课程名、开课系和任课教师，课程号为主键。

联系型“选修”的属性 Grade 表示成绩，学号和课程号为联合主键。

学生和课程之间有多对多的联系（一个学生可选多门课程，一门课程可以被多个学生选修），这种联系通过“选修”关系实现，其实体 – 联系构成如图 6–19 所示。

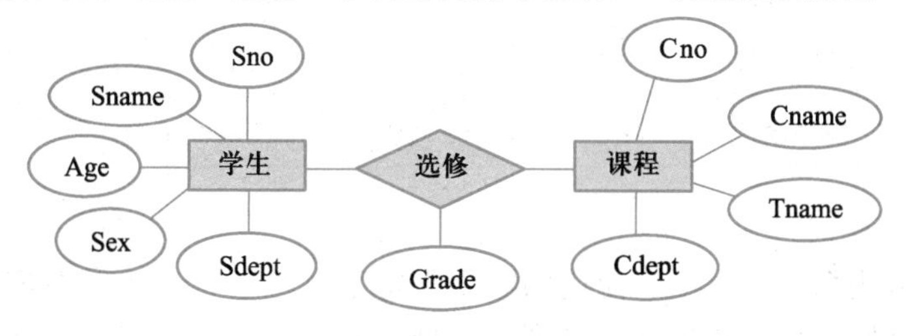

图 6–19　学生选课系统的实体 – 联系示意图

“学生”用 Student 表示，“课程”用 Course 表示，“选修”用 SC 表示，则学生选课系统的关系模式集为：

学生关系模式 Student（<u>Sno</u>，Sname，Age，Sex，Sdept）

选课关系模式 SC（Sno，Cno，Grade）

课程关系模式 Course（Cno，Cname，Cdept，Tname）

3 个关系的实例如表 6-8、表 6-9 和表 6-10 所示。

表 6-8　学生关系实例

Sno	Sname	Age	Sex	Sdept
14252011	赵　鸿	18	男	软件工程
14162055	刘　伟	17	女	国际贸易
13121105	李　昂	20	男	法 语
14163011	康玉洁	19	女	国际贸易
14141018	蔡金良	19	男	计算机

表 6-9　选课关系实例

Sno	Cno	Grade	Sno	Cno	Grade
14252011	QD2011	92	14252011	SQ2018	66
14141018	QD2017	92	14142011	QD2011	73
14162055	SQ2012	68	14162055	QD2017	85
14163011	QD2011	85	14141018	SQ2012	80
13121105	QD2017	65	14252011	SQ2012	75
14141018	SQ2012	80	14163011	SQ2018	85

表 6-10　课程关系实例

Cno	Cname	Cdept	Tname
QD2011	高等数学	数　学	黎川崎
QD2017	线性代数	数　学	王兵睿
SQ2012	车辆工程	机　电	耿淑芳
SQ2018	程序设计	计算机	刘 洋

（2）关系子模式

在数据库应用系统中，用户使用的数据常常不直接来自某个关系模式，而是从若干关系模式中抽取满足一定条件的数据。这种结构可用关系子模式实现，关系子模式是用户所需数据的结构描述。

在例 6-3 的学生选课系统中，用户需要用到成绩表子模式 Grade（Sno，Sname，Cno，Grade）。子模式 Grade 对应的数据来源于表 Student 和表 SC，构造时应满足它们的 Sno 值相等。子模式 Grade 的定义如表 6-11 所示。

表 6-11　子模式 Grade 的定义

Sno	Sname	Cno	Grade
14252011	赵　鸿	QD2011	92
14163011	康玉洁	QD2011	85
…	…	…	…

（3）存储模式

存储模式描述了关系是如何在物理存储设备上存储的。关系存储时的基本组织方式是记录。由于关系模式有键，因此存储一个关系可以用散列方法或索引方法。

4. 关系模型的完整性规则

关系模型的完整性规则是对数据的约束。关系模型提供了 3 类完整性规则：实体完整性、参照完整性、用户定义的完整性规则。其中，实体完整性规则和参照完整性规则是关系模型必须满足的完整性约束条件，称为关系完整性规则。

在图 6-19 所示的学生选课系统给出的学生关系和选课关系中，学生关系的主键是学号，选课关系的主键是学号和课程号，这两个主键的值在表中是唯一和确定的，这样就有效地标识了每一名学生和相应课程的成绩。为了保证每一个实体有唯一的标识符，主键不能取空值（在数据库系统中用 NULL 描述，表示无任何值）。

在关系数据库中，关系与关系之间的联系是通过公共属性实现的。这个公共属性是一个表的主键和另一个关系的外键。外键必须是另一个表的主键有效值，或者是一个“空值”。例如，图 6-19 所示的学生选课系统中学生关系和选课关系之间的联系是通过学号实现的，选课关系中的学号必须是学生关系中学号的有效值，否则，就是非法数据。同理，选课关系中的课程号必须是课程关系中课程号的有效值，否则，也是非法数据。

参照完整性规则：如果表中存在外键，则外键的值必须与主表中相应的键值相同，或者外键的值为空。

上述两类完整性规则是关系模型必须满足的规则，由系统自动支持。

用户定义的完整性规则是针对某一具体数据的约束条件，由应用环境决定。它反映某一具体应用所涉及的数据必须满足的语义要求。例如，学生成绩应该大于或等于零，职工的工龄应小于年龄，性别只能取“男性”或“女性”二者之一等。

5. 关系操作

关系数据库中的核心内容是关系（即二维表），而对这样一张表的使用主要包括按照某些条件获取相应行、列的内容，或者通过表之间的联系获取两张表或多张表相应的行、列内容，这些操作是通过关系操作实现的。

关系操作主要包括选择、投影、连接操作，其操作对象是关系，操作结果亦为关系。

（1）选择操作

选择（Selection）操作是指在关系中选择满足某些条件的元组（行）。例如，要在表 6-6 所示的学生基本信息中找出年龄为 18 岁的所有学生数据，就可以对学生基本信息表做选择操作，条件是年龄为 18 岁，得到满足条件的行组成结果关系：

学　号	姓　名	性　别	年　龄	系　号	专　业
14000001	刘伟力	男	18	01	计算机工程
14000003	李　路	女	18	08	媒体艺术

（2）投影操作

投影（Projection）操作是在关系中选择某些属性列。例如，要在表6-7所示的教师信息关系中找出所有职称为“副教授”的姓名、电子邮箱和电话，则可以对教师信息关系做投影操作，选择姓名、电子邮箱和电话列作为结果关系：

姓　名	电子邮箱	电　话	姓　名	电子邮箱	电　话
赵晓华	xhzhao@163. com	82160011	陈　杰	jchen@163. com	82160022

（3）连接操作

连接（Join）操作是将不同的两个关系连接成为一个关系。对两个关系的连接其结果是一个包含原关系所有列的新关系。新关系中属性的名字是原有关系属性名加上原有关系名作为前缀并用·分隔。这种命名方法保证了新关系中属性名的唯一性，尽管原有不同关系中的属性可能是同名的。

例如，利用连接操作从表6-8所示的数据表中获得国际贸易系学生的名单（包括学号、姓名、选修课程的成绩）。首先分析所需要的数据分布在两个关系中，因此需要连接运算。连接运算的条件是学生关系表的学号等于选课关系表的学号。因为需要国际贸易系的学生名单，所以要使用选择操作获得新的关系。这里仅需显示学号和姓名两列，再使用投影操作获得所需结果。

6.5　结构化查询语言——SQL

SQL是Structured Query Language（结构化查询语言）的简称，最早是由IBM的圣约瑟研究实验室为其关系数据库管理系统SYSTEM R开发的一种查询语言，它的前身是SQUARE语言。SQL使用方便、结构简洁、功能强大、简单易学，所以自从1981年由IBM公司推出以来，很快数据库产品厂家纷纷推出各自的支持SQL的软件或者与SQL的接口软件，这样SQL很快就被整个计算机界认可。1986年10月，美国国家标准局（ANSI）颁布了SQL的美国标准，1987年6月，国际标准化组织（ISO）也把这个标准采纳为国际标准，后经修订，在1989年4月颁布了增强完整性特征的SQL89版本，这就是目前所说的SQL标准。如今像Oracle、Sybase、Informix、SQL Server、MySQL、Visual FoxPro等数据库管理系统都支持SQL作为查询语言。

6.5.1　认识SQL

1. SQL基本功能

SQL是一种能实现数据库定义、数据库操纵、数据库查询和数据库控制等功能的数据库语言，目前已经成为关系数据库的标准查询语言。

利用 SQL，可以定义数据库的结构与关系模型；对数据库进行维护更新，包括向已有的数据库添加数据记录、修改数据记录和删除数据记录；对数据库进行各种查询与统计报表。

2. SQL 数据库结构

SQL 数据库的结构基本上是基于三级结构，但有些术语和传统的关系数据库术语不同。在 SQL 中，关系模式被称为“基本表”，内模式称为“存储文件”，外模式称为“视图”，元组称为“行”，属性称为“列”，如图 6-20 所示。

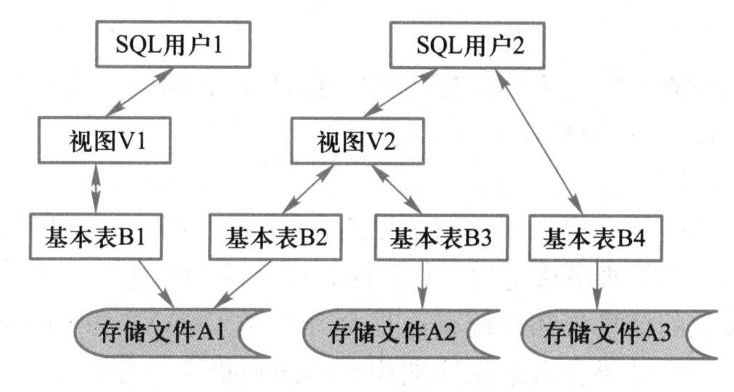

图 6-20　SQL 数据库结构

其中：

① 一个 SQL 数据库是表（Table）的汇集，它用一个或若干 SQL 模式定义。

② 一个 SQL 表由行集构成，一行（Row）是列（Column）的序列，每列对应一个数据项。

③ 一个表或者是一个基本表（Base Table），或者是一个视图（View）。基本表是实际存储在数据库中的表；而视图是由若干个基本表或其他视图构成，它的数据是基于基本表的数据，不实际存储在数据库中，因此它是个虚表。

④ 一个基本表可以跨一个或多个存储文件，而一个存储文件可以存放一个或多个基本表。每个存储文件和外部存储设备上的一个物理文件对应。

⑤ 用户可以使用 SQL 语句对视图和基本表进行查询等操作。在用户看来，视图和基本表是一样的，都是关系（即表格）。

⑥ SQL 用户可以是应用程序，也可以是最终用户。目前标准 SQL 允许的宿主语言（允许嵌入 SQL 语句的程序语言）有 Fortran、Cobol、Pascal，PL/I 和 C 语言等，SQL 用户也能作为独立的用户接口，供交互环境下的终端用户使用。

基本表是数据库的主要对象。大多数数据库由多个表组成，而这些表通过主键和外键联系起来。表的这种关联关系主要实现一对一、一对多和多对多的数据关系。其中，一对一是指表中的一条记录与另外一张表中的一条记录相关；一对多是指表中的一条记录与另外一张表中的多条记录相关；多对多是指表中的一条或多条记录与另外一张表中的一条或多条记录相关。

6.5.2 SQL 功能模块

1. SQL 数据定义

SQL 数据库定义功能主要包括定义基本表、定义视图和定义索引三部分，分别通过 SQL 的 CREATE、ALTER、DROP 语句实现。

2. SQL 数据查询

SQL 数据查询功能是数据库中应用最广泛的一种操作，对数据记录可以实现各种方式的查询，如按单关键字查询，基于各种组合关键字的查询等。所有这些操作都是通过 SQL 的 SELECT 语句实现。

3. SQL 数据操纵

SQL 数据操纵功能主要包括对数据记录的更新操作，即增、删、改，分别通过 SQL 的 INSERT、DELETE 和 UPDATE 语句实现。

4. SQL 数据控制

SQL 数据控制功能是指控制用户对数据的存储权力。某个用户对某类型数据具有何种操作权是由数据库管理员决定的。数据库管理系统的功能是保证这些决定的执行，为此它必须能把授权的信息告知系统，这是由 SQL 的 GRANT 和 REVOKE 语句来完成的。一旦把授权用户的结果存入数据字典中，当用户提出操作请求时，就会根据授权情况进行检查，以决定是否执行操作。

6.5.3 SQL 数据库查询语句——SELECT 应用

1. SELECT 格式

SQL 语言的核心语句是数据库查询语句“SELECT”，它也是使用最频繁的语句，其基本格式如下：

```
SELECT[ * |all|column1,column2,……]
     FROM  table1[,table2,……][WHERE condition]
```

SELECT 语句的功能是根据 WHERE 子句中的条件表达式（condition）从基本表（或视图）中找出满足条件的元组，按 SELECT 子句中的目标列选出元组中的目标列形成结果表。WHERE 子句中的比较运算符如表 6-12 所示。

表 6-12　比较运算符

运　算　符	含　义	运　算　符	含　义
=	等于	<=	小于或等于
< >,! =	不等于	BETWEEN…AND	在两值之间
>	大于	IN	在一组值的范围内
>=	大于或等于	LIKE	与字符串匹配
<	小于	IS NULL	为空值

SQL 的 SELECT 语句对数据库的操作十分灵活方便，语句中的成分丰富多样，有许多可选形式，尤其是目标列和目标表达式。

2. SELECT 应用示例

下面通过一些例子来简单说明 SELECT 语句的应用，例子涉及的是“学生 - 课程”数据库，其关系模式集如下：

学生信息表 Student（Sno，Sname，Ssex，Sbirthday，Class）

教师信息表 Teacher（Tno，Tname，Tsex，Tbirthday，Depart）

课程信息表 Course（Cno，Cname，Tno）

成绩表 Grade（Sno，Cno，Degree）

【例 6-4】 查询出 Student 表中所有学生信息。

```
SELECT * FROM Student;                                  /* 选择操作
```

【例 6-5】 查询出 Student 表中所有学生的学号和姓名。

```
SELECT Sno,Sname FROM Student;                          /* 投影操作
```

【例 6-6】 查询出 Grade 表中成绩在 60 到 80 之间的所有记录。

```
SELECT * FROM Grade WHERE degree BETWEEN 60 AND 80;     /* 选择操作
```

【例 6-7】 查询出 Grade 表中成绩为 85、86、88 的记录。

```
SELECT * FROM Grade WHERE degree IN(85,86,88);          /* 选择操作
```

【例 6-8】 查询出所有学生的 Sname、Cname 和 Degree。

```
SELECT Student.Sname,Course.Cname,Grade.Degree
FROM Student,Course,Grade
WHERE Student.Sno = Grade.Sno,Grade.Cno = Course.Cno;   /* 连接操作
```

思考与练习

1. 简答题

（1）数据处理的基本编辑操作有哪些？各种操作的含义是什么？

（2）什么是数据库的数据独立性？目前数据库技术的新进展有哪些？

（3）简述科学计算数据处理的含义，常用的数学软件有哪些？

2. 填空题

（1）文档文件的扩展名代表文件类型，其文件扩展名的默认值是指________。

（2）在任何应用程序文档中，可以支持的文件类型是________。

（3）三种主要的数据模型是层次模型、网状模型和________。

（4）关系代数中专门的关系运算包括选择、投影和________。

3. 选择题

（1）下面列举的应用程序属于数学软件的是（　　）。

A）PDF 阅读器　　B）Visio　　C）Photoshop　　D）MATLAB

（2）在创建磁盘文件时，保存文档的含义是指（　　）。

A）由外存到内存的读操作　　B）由内存到外存的写操作

C）一次 I/O 操作　　D）由外存到 CPU 操作

（3）通常，图形的两种表示方式为（　　）。

A）位图与图像　　B）图形与图像

C）PDF 与图片　　D）矢量图和点阵图

（4）下列给出的运行应用程序的方式中，不正确的是（　　）。

A）直接运行可执行文件　　B）通过文档文件关联

C）必须采用超链接方式　　D）应用程序的快捷方式

（5）下列不属于数据库特点的是（　　）。

A）数据共享　　B）数据完整性　　C）数据备份　　D）数据独立性

（6）反映现实世界中实体及实体间联系的信息模型是（　　）。

A）关系模型　　B）层次模型　　C）网状模型　　D）E－R 模型

（7）在 SQL 中，SELECT 语句的执行结果是（　　）。

A）属性　　B）表　　C）元组　　D）数据库

4. 应用题

【题目】已知某个电器销售企业要建立数据库管理系统，原始数据描述如下：

单位职员：编号、姓名、住址、邮编、电话、职称、基本工资、奖励工资、实发工资；

客户：编号、姓名、地址、邮编、电话、传真、订单号、数量、订单日期；

产品：编号、产品名、单价、总库存量、已销量。

【要求】使用任意办公数据处理应用程序撰写实验报告，内容如下：

（1）在文档前插入文档封面，页面具有标题“用户报告”、用户名等信息，无页码。

（2）画出该企业数据库管理系统的 E－R 模型。

（3）自学并利用 Access 创建该库所有的表，将其抓图插入到文档文件中。

（4）写出查询定购产品描述为“洗衣机”的所有订单的数量和定购日期的SELECT语句。

（5）写出查询所有销量大于 50 的产品编号，产品名和单价的 SELECT 语句。

5. 网上练习与课外阅读

（1）请在网上查询有关“关系型数据库”的设计原则。

（2）请在网上查阅设计成绩管理数据库的最佳方案，并描述出来。

第7章 算法与程序设计

电子教案

本章导读

利用计算机求解问题的关键是对问题的分析与算法描述，只有建立正确的算法才能够得到正确的结果。本章主要介绍算法与程序设计方法两部分内容，在算法部分，主要介绍什么是算法、算法描述方法与算法的主要特性。在程序设计部分，重点介绍结构化程序的设计方法和面向对象程序设计的思想，并详细介绍了程序的三种基本结构。学会算法设计与描述，掌握程序设计的基本思想与方法及问题求解过程，加强计算思维能力的训练。

本章学习导图

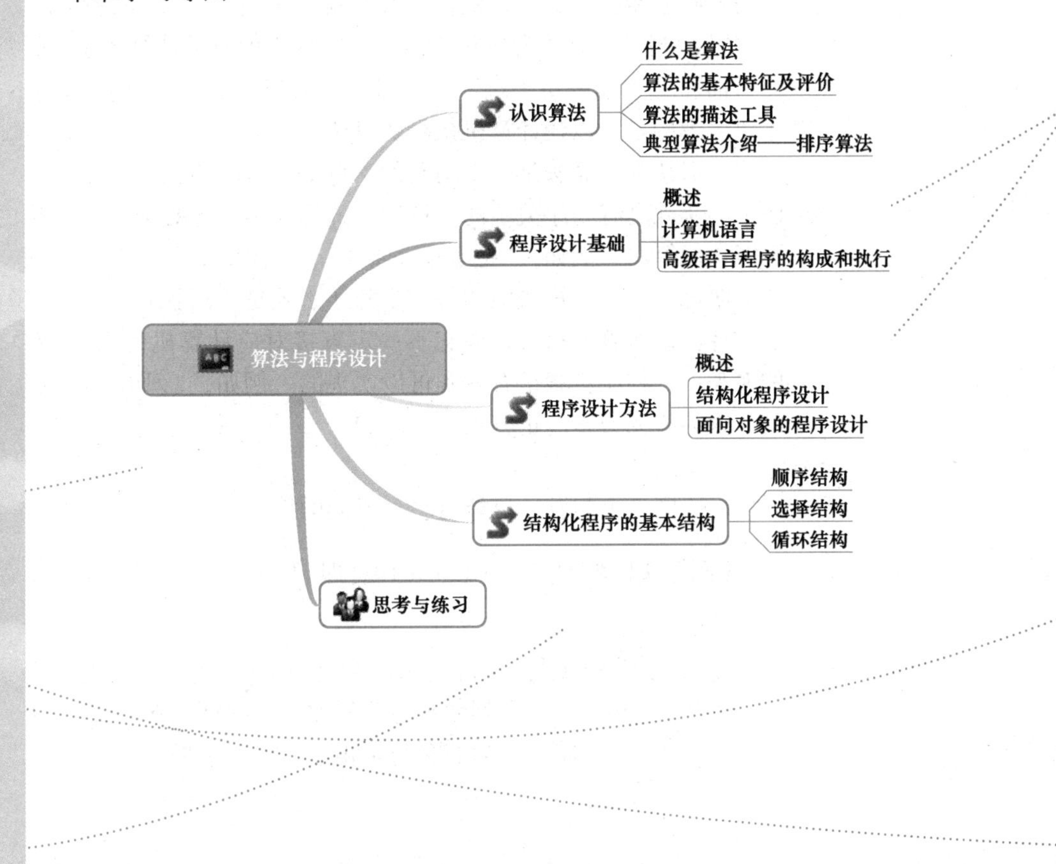

7.1 认识算法

在求解问题时，首先要找出解决问题的方法，通常是以非形式化的方法表述过程，然后再用过程化的程序语言编程实现该过程。这种解决特定问题的、由一系列明确而可执行的步骤组成的过程就称为算法（Algorithm）。也就是说，算法表达了解决问题的步骤，反映的是程序的解题逻辑。算法的选择与正确性直接影响到对问题求解的结果。早在两千多年前，古希腊数学家欧几里得就发明了一种求两个自然数的最大公约数的过程，这个过程被认为是历史上第一个算法。

设计算法是一种创造性的思维活动，通过学习运用会不断提高问题求解能力和想象力，并能从宏观视野上把握问题的求解逻辑。

7.1.1 什么是算法

1. 算法

做任何事情都有一定的步骤。例如，刚刚考上大学的同学一定都经历了这样的过程：填报高考志愿—交报名费—拿到准考证—参加高考—得到录取通知书—到学校报到注册等。这些步骤都是按一定顺序进行的，缺一不可，次序也不能乱。实际上，日常生活中人们有意无意都在按一定的算法执行和实施，如菜谱是烹饪菜肴的算法、乐谱是弹唱歌曲的算法。因此，广义地说，为解决一个问题而采取的方法和步骤就称为“算法”。当然，算法有执行主体，在计算机世界设计算法是让计算机可以执行，“打一瓶酱油”或“煎一份牛排”虽然是算法，但至少目前计算机还不能完成。因此，这里主要考虑的是可以让计算机执行的算法。

一般认为，算法是一组明确的、可以执行的步骤的有序集合。“有序集合”说明算法中的步骤是有顺序关系的。算法中的每一步骤还必须是“明确的”，模棱两可的步骤不能构成算法。例如，“把变量 x 加上一个不太大的整数”。这里“不太大的整数”就很不明确。另外，算法中的每一步骤还必须是“可执行的”。所说的可执行不是一定要能被计算机所直接执行，即它不一定直接对应计算机的某个指令，但至少对阅读算法的人来说，相应步骤是有效和可以实现的。例如，“列出所有的正整数”就是不可执行的，因为有无穷多的正整数。

2. 简单算法举例

对于同一个问题，可能有多种不同的算法。

【例 7–1】求 $1+2+3+\cdots+10$，即 $\sum_{n=1}^{10} n$。

方法一：

步骤 1：先求 1 与 2 的和，得到结果 3。

步骤 2：将步骤 1 得到的和与 3 相加，得到结果 6。

步骤 3：将步骤 2 得到的和与 4 相加，得到结果 10。

……

步骤 9：将步骤 8 得到的和与 10 相加，得到结果 55。

方法二：

步骤 1：分别求 1 与 9 的和，2 与 8 的和，3 与 7 的和，4 与 6 的和。

步骤 2：求 5 个 10 的和。

步骤 3：将步骤 2 得到的和与 5 相加，得到结果 55。

当然本题还可以有其他方法，有的方法只需很少的步骤，有的方法则需要较多的步骤，一般来说，人们希望采用方法简单、运行步骤少的方法。上述两种算法虽然是正确的，但较烦琐，如果要求 1 +2 +3 + ⋯ +1000，则步骤太多，显然不可取，应该能找到一种通用的表示方法。对于方法一可以总结出它的每一步都是求加数和被加数的和，只是每一步中加数和被加数的值不同，可以用两个变量，一个变量代表被加数，一个变量代表加数，不另设变量存放结果，而是直接将每一步骤的和放在被加数变量中。设变量 sum 为被加数，变量 i 为加数，用循环算法来求结果，可以将方法一改写如下：

步骤 1：使 sum 为 1，写成 1 => sum。

步骤 2：使 i 为 2，写成 2 => i。

步骤 3：将 sum 与 i 相加，结果仍放到变量 sum 中，写成 sum + i => sum。

步骤 4：使 i 的值加 1，即 i +1 => i。

步骤 5：如果 i 的值不大于 11（i≤10），返回重新执行第三步和其后的步骤 4 和步骤 5；否则算法结束，sum 即为所求的值。

如果计算 1 +2 +3 + ⋯ +1000，只要将步骤五中改为 i≤1000，反复多次执行步骤 3、步骤 4 和步骤 5，直到 i 超过指定的数值（i >1000）不返回步骤三为止。算法结束，变量 sum 的值即为所求解。由此可见，用这种方法表示的算法具有一般性、通用性和灵活性。

设计算法是掌握分析问题、解决问题的方法，也就是锻炼分析、分解问题，最终归纳整理出算法的能力。这是一个最基本、简单的对问题的求解思维方式。

7.1.2　算法的基本特征及评价

1. 算法的基本特征

为了能编写程序，必须学会设计算法，但不是随意写出一些执行步骤就能构成一个算法，一个有效算法应该具备以下特点。

（1）确定性

算法的确定性是指算法中的每一条规则、每一个操作步骤都应当是确定的，不允许存在多义性和模棱两可的解释。

（2）有穷性

算法的有穷性是指算法必须能在有限的时间内完成，即算法必须能在执行有限个步骤之后终止。数学中的无穷级数，在实际计算时只能取有限项，即计算无穷级数值的过程只能是有穷的。因此一个数的无穷级数表示只是一个计算公式，而根据精度要求确定的计算过程才是有穷的算法。

算法的有穷性还包括合理的执行时间的含义，如果一个算法需要执行千万年，显然失去了实用价值。

(3) 有 0 个或多个输入

在算法执行过程中，从外界获得的信息就是输入，一个算法可以有 0 个、1 个或多个输入。一个算法执行的结果总是与输入的初始数据有关，不同的输入将会产生不同的输出结果。当输入不够或输入错误时，会导致算法无法执行或执行错误。之所以可以有 0 个输入，是指算法的初始值已经由自身给出了（见例 7-1）。

(4) 有 1 个或多个输出

算法的目的是为了求解，“解”就是输出，一个算法所得到的结果就是该算法的输出。一个算法必须有 1 个或多个输出，否则该算法就没有实际意义了。

(5) 可执行性

算法的每一步操作都应该是可执行的。例如，当 $B=0$ 时，A/B 就无法执行，不符合可执行性的要求。

算法在执行过程中往往要受到计算工具的限制，使执行结果产生偏差。例如，在进行数值计算时，如果某计算工具具有 7 位有效数字（如程序设计语言中的单精度运算），则在计算“$A=10^{12}$，$B=1$，$C=-10^{12}$” 3 个量的和时，如果采用不同的运算顺序，就会得到不同的结果，即：

$$A+B+C=10^{12}+1+(-10^{12})=0$$
$$A+C+B=10^{12}+(-10^{12})+1=1$$

而在数学上，$A+B+C$ 与 $A+C+B$ 是完全等价的。因此，算法与计算公式是有差别的。在设计一个算法时，必须要考虑它的可行性，否则不会得到满意的结果。

2. 算法的评价

如果为同一个问题设计了多种算法，有必要评价哪个算法更好。通常，这种评价取决于用户更注重哪方面的性能。评价一个算法一般从正确性、时间复杂度、空间复杂度、可读性和健壮性 5 个方面考虑。

(1) 正确性

算法的正确性是指算法设计应当满足具体问题的需求，是评价一个算法优劣的最重要的标准。

(2) 时间复杂度（运行时间）

算法的时间复杂度是指执行算法在计算机上所花费的时间。算法所执行的基本运算次数与计算机硬件、软件因素无关，而是与问题的规模有关。一般来说，计算机算法是问题规模 n 的函数 $f(n)$，算法的时间复杂度可以记做：$T(n)=O(f(n))$。

因此，问题的规模 n 越大，算法执行的时间的增长率与 $f(n)$ 的增长率成正相关。对于一个固定的规模，算法所执行的基本运算次数还可能与特定的输入有关。

例如，在 $N\times N$ 矩阵相乘的算法中，整个算法的执行时间与该基本操作（乘法）重复执行的次数 $\boldsymbol{n}^3$ 成正比，也就是时间复杂度为 $\boldsymbol{n}^3$，表示为 $\boldsymbol{f(n)=O(n^3)}$

(3) 空间复杂度（占用空间）

算法的空间复杂度是指算法执行需要消耗的内存空间，主要包括算法程序所占用的存储空间、输入的初始数据所占用的存储空间以及算法执行过程中所需要的存储空间。其计算和表示方法与时间复杂度类似，一般都用复杂度的渐近性来表示。也就是说，一个算法的空间复杂度作为算法所需存储空间的量度，记作：$S(n)=O(f(n))$。其中 n 为问题的规模（或大小），空间复杂度也是问题规模 n 的函数。同时间复杂度相比，空间复杂度的分析要相对简单。

（4）可读性

算法的可读性是指一个算法可供人们阅读的容易程度，包括算法的书写、命名等应便于阅读和交流。

（5）健壮性

健壮性是指一个算法对不合理数据输入的反应能力和处理能力，也称为容错性。

7.1.3　算法的描述工具

1. 用自然语言描述算法

微视频 7-1
算法描述应用实例

用自然语言表示算法，就是用人们日常使用的语言来描述或表示算法的方法，可以是汉语、英语或其他语言。

【例 7-2】“从键盘输入 n 个整数，求其中的最大数”的算法，可以用自然语言表示如下：

步骤 1：声明整型变量 n、i、num、big。其中：n 代表整数的个数，i 代表已参与取值比较的整数个数，num 代表参与取值比较的整数，big 代表 n 个整数中的最大数。

步骤 2：从键盘输入一个整数给变量 num，再将 num 的值赋给变量 big，并使 i = 1。

步骤 3：如果 i < n，再从键盘输入一个整数给变量 num。

步骤 4：如果 num > big，将 num 的值赋给 big，即 big = num，否则 big 的值为原值。使 i 的值加 1，即 i = i + 1。

步骤 5：如果 i 仍小于 n，重复执行步骤 3 和步骤 4；否则输出 big 的值，即输出 n 个整数中的最大数，到此算法结束。

用自然语言表示算法方便且通俗易懂，但文字冗长，容易出现“歧义性”。自然语言表示的含义往往不太严格，要根据上下文才能判断其正确含义，描述包含分支和循环的算法时也不很方便。因此，除了那些很简单的问题外，一般不用自然语言描述算法。

2. 用流程图描述算法

流程图是一种传统的算法表示法，它利用几何图形的框来代表各种不同性质的操作，用流程线来指示算法的执行方向。美国国家标准化协会（ANSI）规定了一些常用的流程图符号，如图 7-1 所示。流程图可使用 visio 绘制，其使用可参见微视频 6-2。

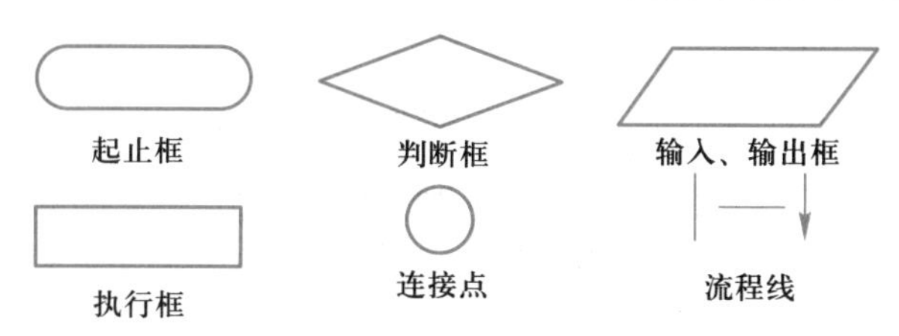

图 7-1　常见的流程图符号

例如，对例 7–2 中的算法，可以用流程图表示，如图 7–2 所示。

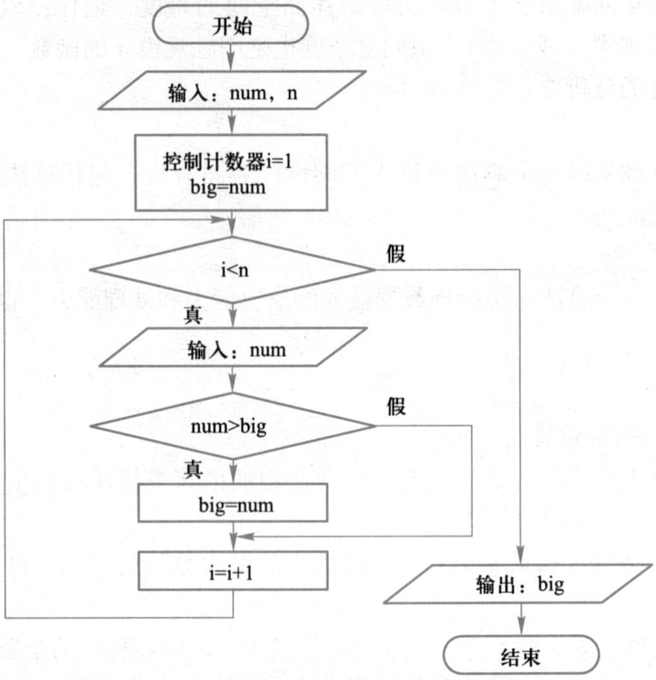

开始
输入：num，n
控制计数器i=1
big=num
i<n
假
真
输入：num
num>big
假
真
big=num
i=i+1
输出：big
结束

图 7–2　例 7–2 中算法的流程图表示

用流程图表示算法直观形象、易于理解，较清楚地显示出各个框之间的逻辑关系和执行流程，因此流程图成为程序员们交流的重要手段。当然，这种表示法也存在着占用篇幅大、画图费时等缺点。

3. 用 N – S 图描述算法

1973 年美国学者 I. Nassi 和 B. Shneiderman 提出了一种新的流程图形式。在这种流程图中，完全去掉了带箭头的流程线。全部算法写在一个矩形框内，在该框内还可以包含其他从属于它的框，或者说，由一些基本的框组成一个大的框。这种流程图又称 N – S 结构化流程图。

例如，对例 7–2 中的算法，可以用 N – S 结构化流程图表示，如图 7–3 所示。

输入n的值，i=1
输入num的值，big=num
当i<n
输入num
num>big
真
假
big=num
i=i+1
输出：big

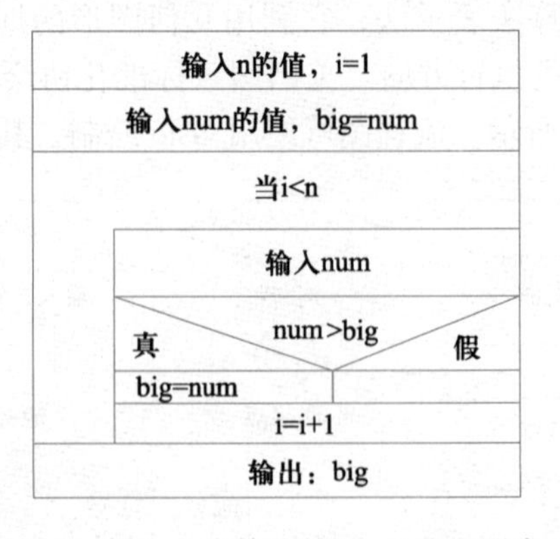

图 7–3　例 7–2 中算法的 N – S 流程图表示

用 N - S 流程图描述算法比文字描述直观、形象、易于理解，比传统流程图紧凑易画。尤其是它废除了流程线，整个算法结构是由各个基本结构按顺序组成的，N - S 流程图中的上下顺序就是执行时的顺序。

4. 用伪代码表示算法

伪代码是一种接近程序设计语言，但又不受程序设计语言语法约束的算法表示方法。

例如，对例 7-2 中的算法，用伪代码表示如下。

```
input n
input num
big = num
i =1
while i < n do
input num
if num > big then
    big = num
end if
i = i +1
end do
print big
```

可以看出，用伪代码表示算法，是自上而下用一行或几行代码形式表示一个基本操作，步骤清楚，功能明了，便于分析和修改，格式紧凑，也比较好懂，便于向计算机语言算法（即程序）过渡。

5. 用计算机程序表示算法

计算机是无法识别流程图和伪代码的，只有用计算机语言编写的程序才能被计算机执行。因此在用流程图或伪代码描述出一个算法后，还要将它转换成计算机程序。此时，必须严格遵循所用语言的语法规则，这是和伪代码不同的。

例如，对例 7-2 中的算法，用 Python 程序表示，其程序代码表示如下。

```
n = input("请输入求解个数:")          #输入数据总个数,并存放在 n 变量中
big = input("请输入第 1 个数:")       #输入第 1 个数,并假定其最大放到 big 变量中
for i in range(1,n):                  #循环,逐个遍历序列中的元素
    print "请输入第",i +1 ,"个数",    #提示要输入下一个数
    num = input()                     #继续输入下一个数,并存放到 num 变量中
    if num > big:                     #判断当前元素是否大于 big 元素中的值
        big = num;                    #将最大数存放在 big 变量中
print "最大数为:",big;                #打印出最大数
```

程序运行结果如图 7-4 所示。

图 7-4　求解最大数运行结果示意

通过上面的例子，可以看到程序是求解 n 个数中的最大值，在运行时给定了数值总个数为 5。假如不是 5 个数，而是要找出 50、500 甚至更多数值中的最大值，这时需要反复输入数值，显然很烦琐。这时，需要对程序算法进行优化，可以利用数组来解决这个问题，其程序代码如下。

```
numbers = [34,12,88,22,15,10]            #定义一个无序的整数序列(数组)并赋值
big = numbers[0];                        #假定第 1 个数最大
for  i  in  range(1,len(numbers)):       #逐个遍历序列中的元素
  if  numbers[i] > big:                  #判断当前元素是否大于下一个元素
    big = numbers[i];                    #将当前最大数存入 big 中,再次循环,直到结束
print  "最大值为:",  big;                #打印出最大数 big
```

在此例中，为方便理解，利用赋值语句直接给数组赋值，其数组的总个数取决于给定的数字序列，从左向右依次赋给 numbers[0]（第 1 个元素）、numbers[1]（第 2 个元素）……

写出了 Python 程序，仍然只是描述了算法，并未实现算法。只有运行程序后才是实现算法。所以说，用计算机程序表示的算法是计算机能够执行的算法。

微视频 7-2
递归算法

7.1.4　典型算法介绍——排序算法

1. 概述

日常生活中排序的例子屡见不鲜，如按职工编号排列数据、以学生身高排列座位、奥运会按英文字母顺序排列入场国家顺序，甚至玩纸牌游戏时按顺序码放纸牌也是排序。排序通常被理解为按规定的次序重新安排给定的一组对象。对数据进行排序后可便于检索，因此数据排序是计算机常用的算法之一。

所谓排序是把一系列无序的数据按照特定的顺序（如升序或降序）重新排列为有序序列的过程。排序的方法有很多，如交换排序、选择排序、插入排序、冒泡排序等，下面以选择排序为例，介绍其算法实现。

2. 选择排序

最简单的选择排序是直接选择排序。它的基本思想是：扫描整个序列，从中选出最小的元素，将它与序列的第一个元素交换；然后再在余下的元素中找出最小数据的元素，与序列的第二个元素相互交换位置，然后对剩下的序列采用同样的方法，直到序列空为止。

对于长度为 n 的序列，选择排序需要扫描 $n-1$ 遍，每一遍扫描均从剩下的子序列中选出最小的元素，然后将该最小的元素与子序列中的第一个元素进行交换。选择排序的示意如图 7-5 所示，图中有圆框的元素是每次扫描时被选出来的最小元素。

原始数据：	17	12	8	20	5	
第一轮排序后：	⑤	12	8	20	17	**5最小，与17进行对调**
第二轮排序后：	5	⑧	12	20	17	**8最小，与12进行对调**
第三轮排序后：	5	8	⑫	20	17	**12保持不动**
第四轮排序后：	5	8	12	⑰	20	**17最小，与20进行对调**

图 7-5　选择排序示意图

【例 7-3】 用选择法对 n 个数进行从小到大的排序。

【问题分析】

程序设计时经常利用数组对大量的数据进行处理，在此以 nums[5] = {17,12,8,20,5}；为例说明排序的过程。

第一轮：找到 5 个数据中（即待排序区域 nums[0] ~ nums[4]）的最小数 5，与第一个位置的数据 17 发生位置交换，交换后数据为 {5，12，8，20，17}。

第二轮：找到余下的 4 个数据中（即待排序区域 nums[1] ~ nums[4]）的最小数 8，与第二个位置的数据 12 发生位置交换，交换后数据为 {5，8，12，20，17}。

第三轮：找到余下 3 个数据中（即待排序区域 nums[2] ~ nums[4]）的最小数 12，最小数位置未变，不用交换，数据序列仍为 {5，8，12，20，17}。

第四轮：找到余下 2 个数据中（即待排序区域 nums[3] ~ nums[4]）的最小数 17，与第四个位置的数据 20 发生位置交换，交换后数据为 {5，8，12，17，20}。

至此，共进行 4（5 - 1）轮运算，全部数据排序完成。

用变量 k 表示数组元素的下标，最小数据的下标用变量 index 表达，每一轮中假设 index = k，即最小数据为 nums[index]，余下的数据分别跟 nums[index] 比较，如果有比 nums[index] 小的，index 重新赋值为最小数据的下标。这一轮结束时如果找到的最小数据下标 index 不是 k，那么与 nums[k] 发生交换。

算法流程如图 7-6 所示。

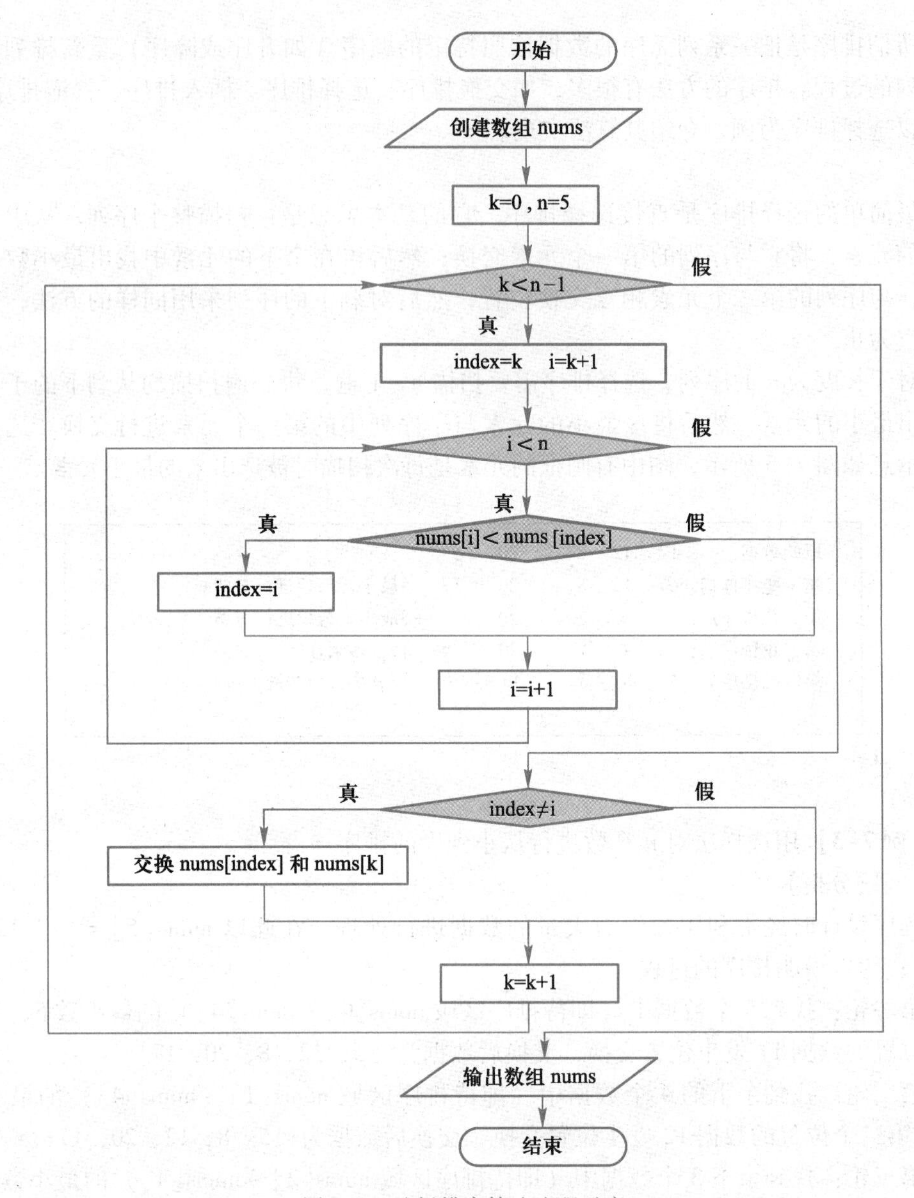

图 7-6 选择排序算法流程示意

用 Python 语言实现的程序代码如下。

```
import random                           #声明随机函数
def  selSort(nums):                     #自定义函数
    n = len(nums)                       #取数组的元素个数
    for index in range(n - 1):          #外循环(排列数据)
        k = index                       #取当前数组元素下标
        for i in range(index + 1, n):   #内循环(进行比较)
            if nums[i] < nums[k]:       #两两数进行比较
                k = i                   #记录最小数下标
```

```
        nums[index],nums[k] = nums[k],nums[index]    #内循环结束数据交换
    return nums                                      #函数结束

numbers = range(10)                                  #获取 10 个随机数存入 numbers 中
print numbers                                        #打印获取的随机数序列
random.shuffle(numbers)                              #将获取的随机数中的元素打乱
print numbers                                        #打印打乱数据的数组序列
print selSort(numbers)                               #调用函数并打印排列结果
```

程序运行结果如图 7-7 所示。

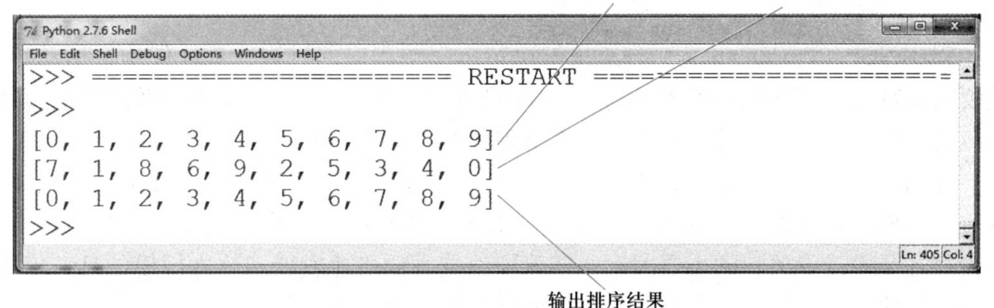

图 7-7　选择排序运行结果

为便于学习理解，本例采用自定义函数实现数据排序。在执行时，首先通过随机函数 range（10）自动生成一个从 0 到 9 的有序数字序列；然后利用 random. shuffle 函数将生成的数字序列元素打乱，生成要排序的无序数字序列；最后再调用排序函数进行排列。在排序函数程序中，在找每一轮的最小数时，先不急于交换而是记录本次最小数的下标（位置），然后在这一轮比较结束后再进行交换，这样可以减少交换的次数，提高运行效率。

微视频 7-3
八皇后算法

7.2　程序设计基础

在计算机中，一切信息处理都要受程序的控制，数值数据如此，非数值数据也是如此。因此任何问题求解最终要通过执行程序来完成。而程序设计则是给出解决特定问题的过程，主要包括对问题的分析，确定解决问题的具体方法和步骤，再利用程序设计语言编写一组可以让计算机执行的程序，最后输入到计算机中并执行得到最终计算结果。

7.2.1　概述

1. 什么是程序

在计算机领域，程序（Program）是为实现特定目标或解决特定问题而用计算机语

言编写的命令序列的集合，是人们求解问题的逻辑思维活动的代码化描述。程序表达了人的思想，体现了程序员要求计算机执行的操作。一个程序就像一个用中文（程序设计语言）写下的红烧肉菜谱（程序），用于指导懂中文和烹饪手法的人来做这道菜。

对于计算机来说，一组机器指令就是程序。当人们说机器代码或机器指令时，指的都是程序，它是按计算机硬件规范的要求编制出来的动作序列。

对于使用计算机的人来说，程序员用某种高级语言编写的语句序列也是程序。程序通常以文件的形式保存起来，所以源文件、源程序和源代码都是程序。

需要注意的是，算法与程序是不同的，算法是通过非形式化方式表述解决问题的过程，程序则是用形式化编程语言表述的精确代码，这个代码是计算机对问题求解的执行过程。

2. 程序设计

程序设计（Programming）是给出解决特定问题程序的过程，是软件构造活动中的重要组成部分。程序设计往往以某种程序设计语言为工具，给出这种语言下的程序。计算机程序设计是一门编写和设计计算机程序的科学和艺术。

任何设计活动都是在各种约束条件和相互矛盾的需求之间寻求一种平衡，程序设计也不例外。在计算机技术发展的早期，由于机器资源比较昂贵，程序的时间和空间代价往往是设计者关心的主要因素；随着硬件技术的飞速发展和软件规模的日益庞大，程序的结构、可维护性、复用性、可扩展性等因素日益重要。

程序设计过程包括分析、设计、编码、测试、排错等不同阶段，是一种高智力的活动。不同的人对同一件事物的处理可以设计出完全不同的程序，正因为如此，在计算机发展的早期，程序设计被认为是一个与个人经历、思想与技艺相关联的一种技艺与技巧，所以就需要探索出各种方法与技巧。经过多年的研究，在计算科学中已发展了许多程序设计方法与技巧。例如，自顶向下逐步求精的程序设计方法与技巧，自底向上的程序设计方法与技巧，基于程序推导的程序设计方法与技巧，基于程序变换的程序设计方法与技巧，面相对象的程序设计方法与技巧，函数式程序设计技术，逻辑程序设计技术，程序验证技术，约束程序设计技术，并发程序设计，等等。需要指出的是，不同的程序设计方法与技巧，都是从不同的角度对程序及其设计和产生的过程的特性和规律进行观察，经抽象、分析和总结之后得到的，其中，凡是有生命力的方法与技巧都在今后的发展中建立了比较坚实的数学理论基础，并在实践中被反复检验证明是有效的。

程序设计与程序编码不同，程序编码是在程序设计的工作完成后才开始的，它们的关系类似于建筑设计和建筑施工，在建筑设计阶段不涉及砌砖垒瓦的具体工作，完成了建筑设计，有了设计图纸之后，施工阶段才开始。同样在程序或软件的设计中，一定要先分析问题、设计解决问题的算法，然后再使用计算机语言（程序设计语言）进行具体的编码，即编写源程序代码。

7.2.2 计算机语言

人与人之间要交流就必须借助于媒体，也就是说必须保证进行交流的两个人能够听得懂对方的话，所以这就需要语言，如中文、英文、哑语等。同样人与计算机进行交流，人必须掌握计算机能够“听得懂”的语言，即计算机语言。

计算机语言（Computer Language）是指用于人与计算机之间通信的语言，是人与计算机之间传递信息的媒介。人类使用计算机辅助进行一定的逻辑思维所用的思维工具就是计算机语言，即计算机程序设计语言。

计算机程序设计语言的发展经历了从机器语言、汇编语言到高级语言的历程。

1. 机器语言

电子计算机所使用的是由“0”和“1”组成的二进制数，二进制是计算机语言的基础。计算机发明之初，人们只能“降贵纡尊”，用计算机的语言去命令计算机做事，一句话，就要写出一串串由“0”和“1”组成的指令序列交由计算机执行，这种由计算机能直接识别和执行的二进制形式指令称为“机器指令”。每种计算机都规定若干条指令以实现不同的操作。一种计算机指令的集合称为该计算机的机器语言。也就是说，“语言”是全部指令的总和。人们为了解决某一问题，可以从该计算机的语言中选择所需要的指令，组成一个指令序列。该指令序列被称为“机器语言程序”。

机器语言的指令是由 0 和 1 二进制代码按一定的规则组合而成的。一条指令代码格式如图 7-8 所示。

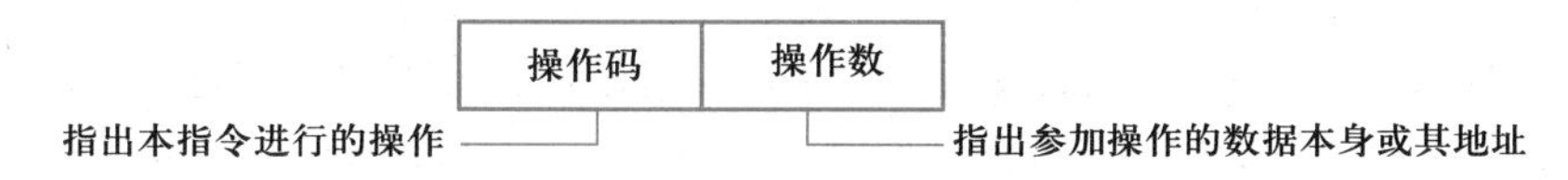

图 7-8　机器语言的指令代码格式

例如，计算 A = 15 + 10 的机器语言程序如下。

```
10110000  00001111    把 15 放到累加器 A 中
00101100  00001010    10 与累加器 A 中的值相加,结果仍放入 A 中
11110100              结束,停机
```

机器语言的优点是能被计算机硬件直接理解和执行，不需要翻译软件，占用空间少，效率高。

由于不同的计算机系统的逻辑电路是不同的，因此对不同的计算机，即便是同一种操作（如加法操作），它们的指令也是不同的，如计算机的字长有 8、16、32、64 之分，即使是字长相同，而生产厂家不同，它们的机器指令也不尽相同。也就是说，机器语言依赖于具体的计算机，它们是“面向机器”的语言。所以，机器语言不仅通用性与移植性差，而且编程工作量大，难学、难记，书写易出错。

2. 汇编语言

为了解决机器语言编程所带来的问题，人们进行了一种有益的改进，用一些简洁的英文字母、符号串来替代一个特定指令的二进制串，例如，用“ADD”代表加法，“MOV”代表数据传递等。这样一来，人们很容易读懂并理解程序在干什么，纠错及维护都变得方便了。这种由特定的助记符表示操作命令的语言就称为汇编语言，即第二代计算机语言，用汇编语言编写的程序称为汇编语言程序。

例如，计算 A = 15 + 10 的汇编程序如下。

```
MOV  A,15   把15放到累加器A中
ADD  A,10   10与累加器A中的值相加,结果仍放入A中
HLT         结束,停机
```

汇编语言在一定程度上克服了机器语言存在的一些缺点，但计算机不能直接识别和执行汇编语言源程序，在执行前需将它“翻译”成计算机能够直接识别和执行的二进制指令形式的目标程序，这个翻译的过程就叫“汇编”。

汇编语言同样十分依赖于机器硬件，仍然有通用性差和面向机器等缺点，但执行效率仍很高，针对计算机特定硬件而编制的汇编语言程序能准确发挥计算机硬件的功能和特长，程序精炼而质量高，所以至今仍是一种常用且强有力的软件开发工具，尤其是做底层的硬件开发。

由于机器语言和汇编语言是面向机器的，利用机器语言或汇编语言编写的程序都是指令的集合，都与具体的计算机（CPU）相关，贴近机器，所以这两种语言也被称为低级语言。

3. 高级语言

从最初与计算机交流的经历中人们意识到，应该设计一种这样的语言：这种语言接近于数学语言或人的自然语言，同时又不依赖于计算机硬件，编写的程序能在所有机器上通用。经过努力，第一个完全脱离机器硬件的高级语言——FORTRAN 于 1954 年问世了。60 多年以来，共有几百种高级语言出现。影响较大、使用较普遍的有：FORTRAN、ALGOL、COBOL、Basic、LISP、Pascal、C、PROLOG、C ++ 、Delphi、Java、Python 等。

这种人工创造的语言称为“高级语言”。所谓“高级”是指它更贴近人类的自然语言与数学语言，高级语言在各种计算机上是通用的。

高级语言的指令称为语句，由表达各种意义的英文单词和数学公式按照一定的语法规则构成，接近于自然语言。高级语言消除了机器语言的缺点，使得一般的用户容易学习和记忆，进而学会使用计算机。

用户用高级语言编写程序，一般不需要直接与计算机的硬件打交道。如前面提到的“计算 A = 15 + 10”，用高级语言可简单地表示为“A = 15 + 10”，即将 15 与 10 之和赋予 A，但其中的“A”不再表示 CPU 内部的累加器，而是表示内存变量。

计算 A = 15 + 10 的 Python 语言程序如下。

```
A =15 +10
print "A = ",  A
```

用高级语言编写的程序计算机硬件不能直接理解和执行，需要语言处理程序将其翻译成机器语言程序计算机方可执行。

通常，高级语言又可分为以下两类。

（1）面向过程的语言

此类语言的基本原理是：用计算机可以理解的逻辑来描述和表达待解决的问题与求解的过程。用这类语言编写程序时，不仅要在程序中告诉计算机“做什么”，还要告诉计算机

"如何做"，即在程序中要详细描述用什么动作加工什么数据，即解题的过程和细节。

典型的面向过程的语言有 Basic、FORTRAN、Pascal、C、Python 等。

（2）面向对象的语言

此类语言的基本原理是：将客观事物看作具有属性和行为的对象，通过抽象找出同一类对象的共同属性和行为，形成类。其思考问题的方法是以对象为主体，通过类的继承与多态可以很方便地实现代码重用，从而大大地提高程序的复用能力和程序的开发效率。

典型的面向对象的语言有 C++、Java、Python 等。

显然，Python 是既支持面向过程、又支持面向对象的语言。

高级语言的下一个发展目标是面向应用，也就是说，只需要告诉程序你要干什么，程序就能自动生成算法，自动进行处理，这就是非过程化的程序语言。

7.2.3 高级语言程序的构成和执行

1. 基本概念

著名计算机科学家沃思提出一个公式：数据结构 + 算法 = 程序，说明一个程序应该包括以下两方面的内容。

① 对数据的描述。在程序中要指定数据的类型和数据的组织形式，即数据结构。

② 对操作的描述，即操作步骤，也就是算法。

2. 程序的构成

下面通过一个例子，说明高级语言程序的结构。

【例 7-4】 编写一个程序，求一元二次方程 $ax^2+bx+c=0$ 的根。

【问题分析】

由数学知识可知，随着 a、b、c 的值不同，会产生不同的结果，当然 $a\neq0$。也就是说，可根据 b^2-4ac 的结果，得出如下 3 种可能的解：

① $b^2-4ac>0$，有一对不相等实根。

② $b^2-4ac=0$，有一对相等实根。

③ $b^2-4ac<0$，有一对共轭复根。

为便于理解，现假定：$a=3$、$b=5$、$c=1$。此时：$b^2-4ac>0$，所以有一对不相等实根，Python 程序如下。

【程序描述】

```
#求解一元二次方程 ax² + bx + c = 0 的根
import math                              #声明调用数学库函数
def main():                              #定义函数
    a,b,c = 3,5,1;                       #赋值结果,a = 3、b = 5、c = 1
    discRoot = math.sqrt(b * b - 4 * a * c);  #调用数学库函数
    root1 = ( - b + discRoot)/(2 * a);   #计算
    root2 = ( - b - discRoot)/(2 * a);
    print "\n ************************************************************ "
```

```
    print  "\tThe solutions are:","root1 =% 5.2f" % root1,"\troot2 =%
5.2f" % root2
    print "\n *********************************************************"
main()                                        #调用函数
```

运行结果如图 7-9 所示。

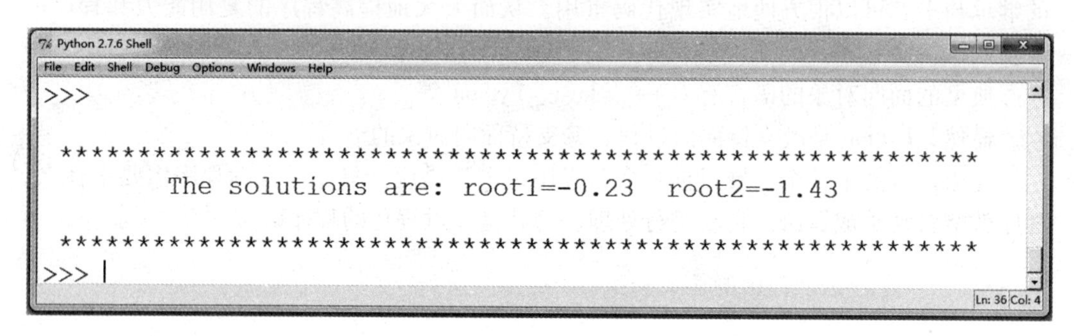

图 7-9　例 7-4 运行结果示意图

由例 7-4 可以看出，程序主要由以下两部分组成。

（1）说明部分

说明部分包括程序名、函数声明等，如程序中的第一个语句“import math”，声明在函数体中需要调用系统数学函数库，此例引用了开平方根函数——sqrt 函数，在 Python 中用 math. sqrt 表示。

（2）函数体

函数体为程序的执行部分。在程序执行部分按照事先的设计，完成对操作的描述，如函数体中的赋值语句、计算语句以及打印输出语句等。

打印输出语句中的“\n”和“\t”为转移字符，其中“\n”表示回车换行、“\t”表示横向自左向右推进一个制表位；“%5. 2f”表示带格式的实型数据输出。

拓展知识 7-1
循环结构程序

3. 程序的结构

通过上述的例子可以看出 Python 语言程序的结构有如下特点。

① 函数是程序的基本单位。函数由头部和函数体两部分组成，函数头主要用于函数的说明部分，函数体是由一系列可执行语句组成的。

② 程序中的每一个语句可以“;”结束，也可没有“;”，书写格式自由，即一行上可以写多条语句，但在实际编写程序时应注意可读性，建议一行一条语句。

③ 在 Python 语言中可以利用“#”作为注释，可以对程序的功能、变量的含义等信息进行简要说明，有助于阅读和理解程序，注释是不被执行的。

4. 数据描述

高级语言程序中的数据有两种：一种是在程序运行中不变的数值，称为常量；另一种是在程序运行中发生改变的数值，称为变量。这两种数据在程序编码中使用符号描述，并根据取值类型预先定义。就 Python 语言而言，不需要预先定义变量，可以直接为变量赋值，根据所赋的数据值类型，决定变量的类型。例如例 7-4 中的变量赋值语句，a、b、c 为 3 个整型变量，在程序中直接定义并赋值，即 a = 3、b = 5、c = 1。这里的数字 3、5、1 称为常量，a、b、c、discRoot、root1、root2 称为变量。在程序执行过程中，向变量赋值的含义就是向变量名所指明的存储单元保存数值。

在程序设计中常常遇到数据类型完全相同的数值序列，如一个等比数列或一个矩阵，这种数值序列不但数据类型一致且数据间位置固定，在计算机中通常使用数组来保存。所以数组是一组相同数据类型的变量集合。在程序中使用数组的最大好处是用一个数组名代表逻辑上相关的一组数据，用下标表示该数组中的各个元素。例如，例 7-3中的赋值语句“nums[5] = {17,12,8,20,5}”，表示定义了一个无序的整数数组，其中 nums[0] = 17、nums[1] = 12，以此类推。根据下标维数的不同，数组分为一维数组、二维数组等。

5. 高级语言程序的执行

用高级语言编写的程序叫源程序或源代码，是算法的描述，可以供程序员阅读。所编制的程序不能直接被计算机识别，这就需要一个“翻译”（两个不同语种的人进行交流也需要翻译，如国际会议），这个“翻译”工作不是由人来完成的，而是由一个称为语言处理程序的计算机软件来实现的，该软件有解释与编译两种工作方式。计算机程序的执行过程如图 7-10 所示。

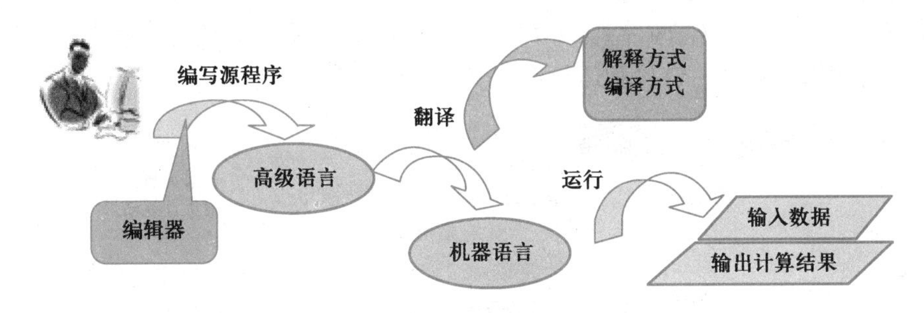

图 7-10 计算机程序的执行过程

在运行高级语言编写的源程序之前，必须先将这个翻译系统装入计算机系统，翻译系统才会将高级语言源程序翻译成机器语言程序，然后计算机执行机器语言程序得到计算结果。常见高级语言的翻译方式分为解释方式和编译方式两类。

（1）解释方式

解释方式是高级语言翻译程序的一种，它将高级语言（如 BASIC）书写的源程序作为输入，解释一句后就提交计算机执行一句，并不形成目标程序，类似于人们日常生活中的“同声翻译”，应用程序源代码一边由相应语言的解释器“翻译”成目标代码（机器语言），一边执行，因此效率比较低，而且不能生成可独立执行的可执行文件，应用程序不能脱离其解释器。但这种方式比较灵活，可以动态地调整、修改应用程序，很适宜初学者，如 QBASIC、脚本语言、JavaScript、Python 等都是典型的解释型高级语言，其工作流程如图 7-11 所示。

> 目前很多高级语言翻译系统自身都带有编辑器，也就是说源程序代码既可以通过专门的编辑软件建立，如 Windows 下的记事本、EditPlus，也可以通过翻译系统自带的编辑器建立，然后再对源程序代码进行调试运行。

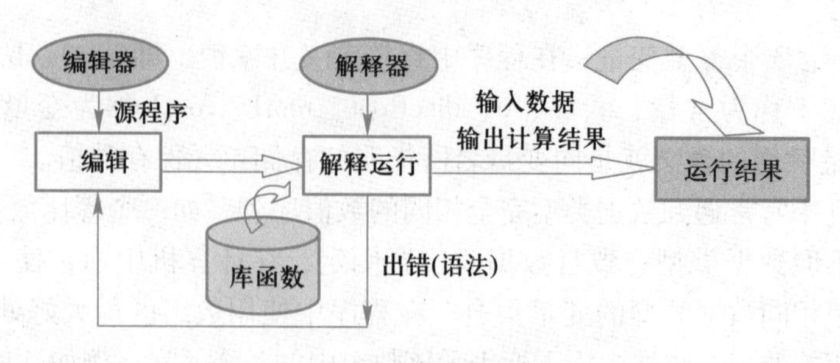

图 7-11 程序的解释方式运行过程

（2）编译方式

编译是指在运行源程序之前，先将程序源代码“翻译”成目标代码（机器语言），其可执行程序可以脱离语言环境独立执行，使用比较方便、效率较高。编译过程中如果发现源程序有语法错误，则不生成目标文件（*.OBJ），需要经用户修改后，再次进行编译，直到不出现语法错误为止，最后生成可执行程序（*.EXE）。

现在大多数的编程语言都是编译型的。编译程序将源程序翻译成可执行程序后保存在另一个文件中，该可执行程序可脱离编译程序直接在计算机上多次运行。大多数软件产品都是以可执行程序形式发行给用户的，不仅便于直接运行，同时又使他人难于盗用其中的技术，如 C、C++、FORTRAN、Pascal 等采用的都是编译方式，其工作过程可分为编辑、编译、链接和运行 4 个步骤，如图 7-12 所示。

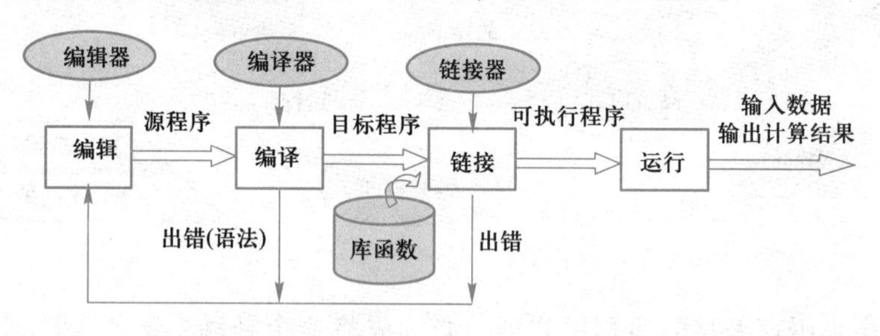

图 7-12 程序的编译方式运行过程

源程序是通过编辑器建立的 ASCII 码文件，文件扩展名随高级语言而定。例如，建立的 Python 语言源程序文件扩展名为 .py，建立的 C++语言源程序文件扩展名为 .CPP，这些源程序都是可读写的 ASCII 码文件。目标程序是通过编译程序翻译产生的目标文件，文件扩展名为 .OBJ，是不可读写的二进制代码文件。可执行程序是对目标文件通过连接程序产生的可执行程序文件，文件扩展名为 .EXE，也是不可读写的二进制代码文件，但可以脱离编译程序直接在计算机上反复运行。

7.3 程序设计方法

从 20 世纪 60 年代末到 70 年代初，由于大型软件系统（如操作系统、数据库管理系统等）的出现，给程序设计带来了一系列新的问题，出现了“软件危机”。人们开始重新思考程序设计的基本问题，即程序的基本组成、设计方法。荷兰科学家E. W. Dijkstra首先提出了结构化程序设计（Structured Programming）的概念，经过数十年的发展，被广泛用于程序设计中。

但是，如果软件系统达到一定规模，即使应用结构化程序设计方法，局势仍将变得不可控制。作为一种降低复杂性的工具，面向对象语言产生了，面向对象程序设计也随之产生。

7.3.1　概述

1. 基本概念

一般来讲，程序设计方法主要有结构化程序设计和面向对象程序设计两种，随着计算机程序设计方法的迅速发展，程序结构也呈现出多样性，如结构化程序结构、模块化程序结构和面向对象的程序结构。

2. 计算机程序设计的过程

计算机程序设计通常有问题分析、确定算法、编写源程序代码、测试程序、程序定稿 5 个步骤。

（1）问题分析

问题分析，即对实际问题进行需求分析，包括已知什么、求什么，需要哪些输入量以及输出结果，确定编程目标。

（2）确定算法

通过分析确定解决问题的方案，包括数学建模、算法描述，设计具体问题或任务的执行方案，构建问题求解算法流程图。

（3）编写源程序代码

根据程序设计的算法流程图，利用某一程序设计语言编写解题程序，即编写源程序代码。

（4）测试程序

调试源程序，利用翻译系统运行源程序代码，通过运行发现程序的语法和逻辑错误并将其消除，直到得出正确的运行结果。

这里需要注意的是：对于程序的语法错误，可以通过翻译系统直接检查到；但对于程序的逻辑错误，只能通过模拟试算检查发现并解决，关键是要检查算法设计的正确性。

（5）程序定稿

程序定稿后的最终程序文件主要由程序代码文件、程序说明文件和用户操作手册等组成。程序代码文件和程序说明文件便于以后程序的修改和维护，用户操作手册则使用户了解程序的使用以及正确地输入数据等。

7.3.2　结构化程序设计

1. 基本概念

结构化程序设计又称为面向过程的程序设计。在面向过程程序设计中，问题被看作一系列需要完成的任务，函数用于完成这些任务，解决问题的焦点集中在函数上。

函数是面向过程的，即它关注如何根据规定的条件完成指定的任务。

结构化程序设计是软件开发的重要方法，采用这种方法设计的程序结构清晰，易于阅读和理解，也便于调试和维护，同时可以提高编程工作的效率，降低软件开发成本。

2. 程序设计的主要原则

程序一般由若干分程序（函数或模块）构成，而分程序又是由若干语句构成的。对于一个程序员来说，程序设计的首要任务就是组织程序的结构。

结构化程序设计方法的根本思想是“分而治之”，即以模块化设计为中心，将待开发的软件系统划分为若干模块，使每一个模块的工作变得单纯而明确，为设计与开发一些大型软件打下了良好的基础。

结构化程序设计方法的主要原则可以概括为自顶向下、逐步求精、模块化和限制使用 GOTO 语句，也就是分阶段完成一个复杂问题的求解过程。首先考虑程序的整体结构而忽视一些细节问题，然后一层一层地细化，每个阶段处理的问题都控制在人们容易理解和处理的范围内，直到能够用程序设计语言完全描述每一个细节。

（1）自顶向下

自顶向下是指在进行程序设计时，应先考虑总体，后考虑细节；先考虑全局目标，后考虑局部目标。不要一开始就过多追求细节，先从最上层总目标开始设计，逐步使问题具体化。

（2）逐步求精

逐步求精是指对于复杂问题，应设计一些子目标作为过渡，逐步细化。也就是说，把一个较大的复杂问题分解成若干相对独立且简单的小问题，只要解决了这些小问题，整个问题也就解决了。

（3）模块化

一个复杂问题肯定是由若干简单问题构成的，要解决这个复杂问题，可以把整个程序分解为不同功能模块，即把程序要解决的总目标分解为分目标，每一个模块又由不同的子模块组成，最小的模块是一个最基本的结构。模块化的目的是为了降低程序复杂度，使程序设计、调试和维护等操作简单化。这样的程序一般拥有良好的书写形式和结构，容易阅读和理解，便于多人分工合作完成不同的模块。

一个模块可以是一条语句、一段程序、一个函数等，模块的基本特征是仅有一个入口和一个出口，即要执行该模块的功能时，只能从该模块的入口处开始执行，执行完该模块的功能后，从模块的出口转而执行其他模块的功能。

3. 模块划分的原则

① 功能的单一性。强调每一个功能模块完成单一的功能。

② 模块的有效性。有效的模块化软件比较容易开发出来，模块间的接口可以简化，有利于团队开发。

③ 模块的可维护性与可测试性。功能相对独立的模块易于程序的修改和测试。

4. 程序设计过程

结构化程序设计的基本思想包括“自顶向下，逐步求精”的程序设计方法与“单入口单出口”的控制结构，即从问题本身开始，经过逐步细化，将解决问题的步骤分解为由基本程序结构模块及其组合形成的程序结构。

结构化程序设计的工作过程是：首先，从给定的条件入手，研究要达到的目标，找出解决问题的规律，把客观世界的问题归结到某种基本模型上，如数学公式、图表等，这是建立模型；其次，确定实现问题的步骤（即算法），并将算法用各种形式进行描述，如结构化框图、伪代码等，以此为基础，进行进一步分析；第三，对框图中那些比较抽象的、用文字描述的程序模块做进一步的分析细化，每次细化的结果仍可用结构化框图表示；最后，根据这些框图直接写出相应的程序代码。这就是所谓的“自顶向下，逐步求精”和“模块化”的“分而治之”的程序设计方法。然后利用编程环境进行调试运行，最终得到运算结果。

用自顶向下、逐步求精、分而治之的程序设计方法设计程序，一般有如下几个步骤。

① 对实际问题进行全局性的分析，确定解决问题的数学模型。

② 确定程序的总体结构。

③ 将整个问题分解为若干相对独立的子问题。

④ 确定每一个子问题的具体功能及其相互关系。

⑤ 对每一个子问题进行分析和细化，确定每一个子问题的解决方法。

⑥ 用计算机语言描述，并最终解决问题。

按照结构化程序设计方法设计出的程序具有易于理解、使用和维护的优点，同时可以提高编程工作的效率，降低软件开发成本。

7.3.3　面向对象的程序设计

1. 基本概念

在面向过程的程序设计（Process - Oriented Programming，POP）中，函数（或过程）被用于描述对数据结构的操作。同时，函数与其所操作的数据又被分离开来。但函数与其所操作的数据是密切相关、相互依赖的，如果数据结构发生改变，则建立在此数据结构之上的函数也必须做相应的改变。这将使得用面向过程的程序设计方法编写大程序时面临难以编写、调试、维护以及移植等困难。

面向对象的程序设计方法（Object - Oriented Programming，OOP）是对面向过程的程序设计方法的继承和发展，它吸取了面向过程的程序设计方法的优点，同时又考虑到现实世界与计算机之间的关系。面向对象的程序设计方法将客观世界看成是由各种各样的实体组成的，这些实体就是面向对象方法中的对象。

在面向对象的程序设计中，引入了类、对象、属性、事件和方法等一系列概念以及前所未有的编程思想。这里仅对面向对象的程序设计中的几个基本概念做简要说明，不做详细讨论。

（1）对象

对象是面向对象方法中最基本的概念。对象可以用来表示客观世界中的任何实体，也就是说，应用领域中有意义的、与所要解决的问题有关系的任何事物都可以作为对象。总之，对象是对问题域中某个实体的抽象。

对象可以用来表示客观世界中的任何实体，如一本书、一个人、读者的一次借书、学生的一次选课、一只小猫、一只小狗都是对象。每个对象有各自的内部属性和操作方法，如小张同学具有姓名、年龄、性别等属性，可以执行的操作有跑步、跳高、游泳等。不同对象的同一属性可以具有相同或不同的属性值。

(2) 类

类是对具有共同特征的对象的进一步抽象。将属性和操作相似的对象归为类，也就是说，类是具有共同属性、共同方法的对象的集合。所以，类是对象的抽象，描述了属于该对象类型的所有对象的性质，而一个对象则是其对应类的实例。如杨树、柳树、枫树等是具体的树，抽象之后得到“树”这个类。类具有属性，属性是状态的抽象，如一棵杨树的高度是 10 米，柳树是 8 米，树则抽象出一个属性“高度”。类具有操作，它是对象行为的抽象。

通常来说，类定义了事物的属性和它可以做到的事（它的行为）。

(3) 消息

消息是一个实例与另一个实例之间传递的信息，它请求对象执行某一处理或回答某一要求的信息，统一了数据流和控制流。消息中包含传递者的要求，它告诉接受者需要做哪些处理，但并不指示接受者应该怎么样完成这些处理。消息完全由接受者解释，接受者独立决定采用什么方式完成所需的处理，发送者对接受者不起任何控制作用。一个对象能接受不同形式、不同内容的多个消息；相同形式的消息可以送往不同的对象，不同的对象对于形式相同的消息可以有不同的解释，能够做出不同的反应。一个对象可以同时往多个对象传递消息，两个对象也可以同时向某个对象传递消息。

消息是对象之间交互的唯一途径，一个对象要想使用其他对象的服务，必须向该对象发送服务请求消息。而接收服务请求的对象必须对请求做出响应。

例如，当人们向银行系统的账号对象发送取款消息时，账号对象将根据消息中携带的取款金额对客户的账号进行取款操作，验证账号余额，如果账号余额足够，并且操作成功，对象将把执行成功的消息返回给服务请求的发送对象，否则发送交易失败消息。

2. 面向对象程序设计特性

面向对象方法是以数据为中心，将数据和处理相结合的一种方法。它把对象看作是一个由数据及可以施加的操作构成的统一体。对象与数据有着本质的区别。传统的数据是被动的，它等待着外界对它施加操作；而对象是处理的主体，要想使对象实施某一操作，必须发消息给对象，请求对象主动地执行该操作，外界是不能直接对对象施加操作的。面向对象程序设计方法是迄今为止最符合人类认识问题的思维过程的方法，这种方法具有以下 4 个基本特征。

(1) 抽象性

抽象是人类认识问题的最基本手段之一。抽象就是不去了解全部问题，只选择其中的一部分，而忽略主题中与当前目标无关的那些细节，以便更充分地注意与当前目标有关的方面。例如，在设计一个学生成绩管理程序时，对于其中的任何一个学生，可以只关心其专业、班级、姓名、学号、成绩等，而可以忽略其身高、体重、业余爱好等大量与主题无关的信息。

（2）封装性

封装就是把数据和操作这些数据的代码封装在对象类里，对外界是完全不透明的，对象类完全拥有自己的属性。封装是一种信息隐蔽技术，目的在于将对象的使用者和对象的设计者分开。用户只看到对象封装界面上的信息，不必知道实现的细节。

例如，当用户计算机上需要一个声卡时，不需要用集成电路芯片和材料去制作一个声卡，而是购买一个他所需要的声卡，不必关心声卡内部的工作原理。声卡的所有属性都封装在声卡上，声卡的数据隐藏在电路板上，用户无须知道声卡的工作原理就能有效地使用它。

封装保证了类具有较好的独立性，防止外部程序破坏类的内部数据，使得维护、修改程序较为容易。对应用程序的修改仅限于类的内部，因而可以将修改应用程序带来的影响减少到最低限度。

（3）继承性

继承是使用已有的类定义作为基础来建立新类的定义技术。已有的类可当作基类来引用，则新类相应地可当作派生类来引用。面向对象程序设计中把类组成一个层次结构的系统：一个类的上层可以有父类，下层可以有子类。这种层次结构系统的一个重要性质是继承性，一个类直接继承其父类的描述或特性，子类自动地共享基类中定义的数据和方法。

继承关系模拟了现实世界的一般与特殊的关系。它允许人们在已有的类的特性基础上构造新类。被继承的类称之为基类（父类），在基类的基础上新建立的类称之为派生类（子类）。子类可以从它的父类那里继承方法和实例变量，并且可以修改或增加新的方法，使之更适合特殊的需要。

例如，“人”类（属性：身高、体重、性别等；操作：吃饭、工作等）派生出“中国人”类和“美国人”类，他们都继承人类的属性和操作，并允许扩充出新的特性。

继承性很好地解决了软件的可重用性问题，并且降低了编码和维护的工作量。

（4）多态性

多态性是指在一般类中定义的属性或行为，被特殊类继承之后，可以具有不同的数据类型或表现出不同的行为，即同样的消息被不同的对象接受时，可导致完全不同的行为。

例如，“动物”类有“叫”的行为。对象“猫”接收“叫”的消息时，叫的行为是“喵喵”；对象“狗”接收“叫”的消息时，叫的行为是“汪汪”。

多态性机制不仅增加了面向对象软件系统的灵活性，进一步减少了信息冗余，而且显著地提高了软件的可重用性和可扩充性。当扩充系统功能增加新的实体类型时，只需派生出与新实体类相应的新的子类，而无须修改原有的程序代码，甚至不需要重新编译原有的程序。利用多态性，用户能够发送一般形式的消息，而将所有的实现细节都留给接受消息的对象。

3. 面向对象程序设计过程

面向对象程序设计是将软件看成一个由对象组成的社会：这些对象具有足够的智能，能理解从其他对象接受的信息，并以适当的行为做出响应；允许低层对象从高层对象继承属性和行为。通过这样的设计思想和方法，将所模拟的现实世界中的事物直接映射到软件系统的解空间。

用面向对象方法建立拟建系统的模型的过程就是从被模拟现实世界的感性具体中抽象出要解决的问题概念的过程。这种抽象过程分为知性思维和具体思维两个阶段。知性思维是从感性材料中分解对象，抽象出一般规定，形成了对对象的普遍认识；具体思维是从知性思维得到的一般规定中揭示的事物的深刻本质和规律，其目的是把握具体对象的多样性的统一和不同规定的综合。

面向对象程序设计具有许多优点，如开发时间短，效率高，可靠性高，所开发的程序更强壮。由于面向对象编程的编码具有可重用性，因此可以在应用程序中大量采用现成的类库，从而缩短开发时间，使应用程序更易于维护、更新和升级。而继承和封装使得对应用程序的修改所带来的影响更加局部化。

7.4 结构化程序的基本结构

结构化程序设计思想将程序按流程分成三种基本结构：顺序结构、选择结构、循环结构。由这些基本结构按一定的规律可组成算法结构，理论上可以解决任何复杂的问题。

7.4.1 顺序结构

1. 基本概念

顺序结构顾名思义就是按照事情发生的先后顺序依次进行的程序结构，该结构最为简单，属于直线性的思维方式，其特点是每条语句只能是由上而下执行一次。在这种结构中，各程序块（块 A 和块 B）按照出现顺序依次执行，如图 7-13 所示。

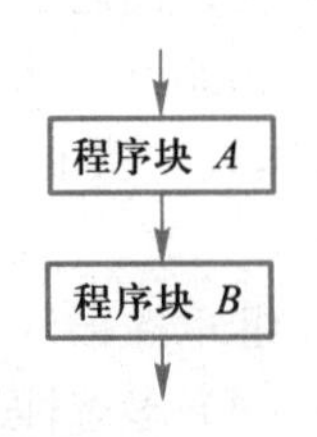

图 7-13 顺序结构

2. 应用案例分析

【例 7-5】 对例 7-4 进一步优化，求一元二次方程 $ax^2+bx+c=0$ 的根，要求随机输入 a、b、c 的值。

【问题分析】

前面的例 7-4 是一个典型的顺序结构的例子，这个程序是直接在程序中通过赋值语句直接给出了 a、b、c 的值。现根据题目要求，随机输入 a、b、c 的值。对这个程序进一步调整，在运行时随机输入 a、b、c 的值，且假定 $a=3$、$b=4$、$c=5$，即输入 3、4、5，此时程序会发生什么问题呢？这也是一个顺序结构程序。

随机输入数据的程序代码如下。

```
# 求解一元二次方程 ax² + bx + c = 0 的根
import math                                  #声明调用数学库函数
def main():                                  #定义函数
    a,b,c = input("请输入 a、b、c 三个数:");    #随机输入三个数据
```

```
    discRoot = math.sqrt(b * b - 4 * a * c);          #调用数学库函数
    root1 = ( - b + discRoot)/(2 * a);                #计算
    root2 = ( - b - discRoot)/(2 * a);
    print "\n ************************************************************ "
    print  " \tThe solutions are:","root1 = % 5.2f " % root1," \troot2 = %
5.2f" % root2
    print "\n ************************************************************ "
main()                                                #调用函数
```

在程序运行时，输入 3、4、5，其程序运行结果如图 7-14 所示。

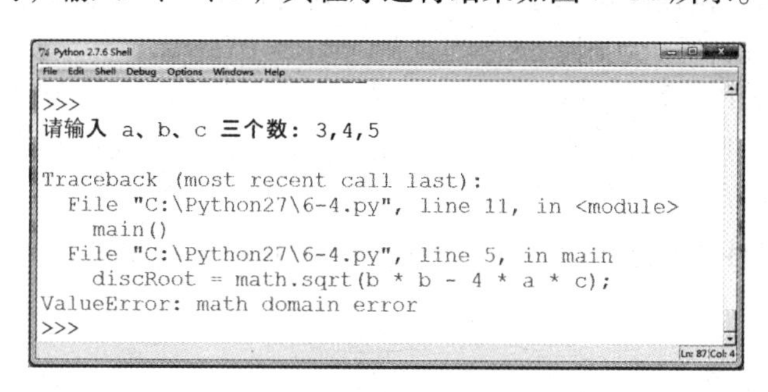

图 7-14　随机输入数据运行结果示意图

由运行结果可以发现，程序运行出错了。

分析其原因，原来的程序是直接赋值，其 3 个数据 $a=3$、$b=5$、$c=1$ 会使"$b^2-4ac>0$"，有一对不相等实根，正好满足该程序的设计，产生计算结果。但这次是在运行时随机输入 a、b、c 的值，对于输入的 3、4、5 这 3 个数，导致"$b^2-4ac<0$"，应该有一对共轭复根，而在程序中并没有考虑这种情况，所以出现错误。显然，需要对输入的数据进行判断，根据判断结果决定执行的操作，这样才能得到正确的运行结果，这就需要进一步完善程序，由此引出了选择结构。

注意，上面的例子出现的这种错误是典型的逻辑错误，是由于程序设计考虑问题的不全面而导致的程序运行出错。

7.4.2　选择结构

1. 基本概念

选择结构也称为分支结构，它包括简单选择和多分支结构，根据给定的条件判断选择哪一条分支，执行相应的程序块。例如，如果条件成立执行 A 模块，否则执行 B 模块，当然也允许两个分支中有一个分支没有实际操作的情况，即没有执行语句，如图 7-15 所示。

利用选择结构，可以对例 7-5 中的程序进一步优化，确保在执行时随机输入任意 a、b、c 的值都能满足一元二次方程的条件。

2. 应用案例分析

【例 7-6】 优化例 7-5，根据输入的数据，求一元二次方程 $ax^2+bx+c=0$ 的根。

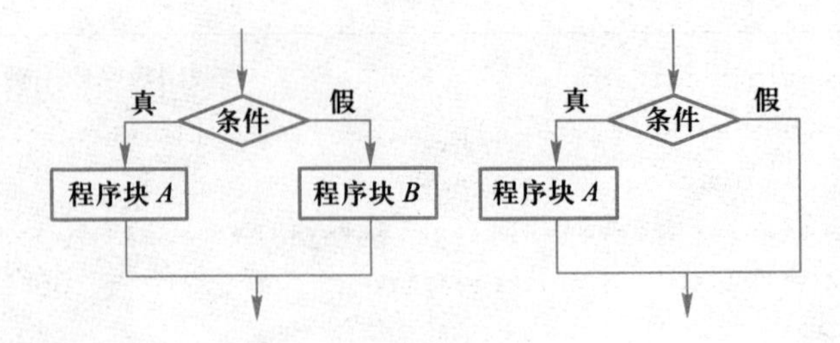

图 7-15　简单选择结构

【问题分析】

根据题目要求，在程序中增加了对输入数值的判断。分三种情况，一是当“$b^2-4ac>0$”，计算并输出两个实根；二是当“$b^2-4ac=0$”，计算并输出两个相等的实根；三是当“$b^2-4ac<0$”时，给出提示信息“有两个共轭复根”（本例不计算复根）。

编写程序时，可以发挥计算机的逻辑判断能力，让程序对数据判断后再决定是否计算。

可以通过对条件的判断控制程序是否执行，其程序流程如图 7-16 所示。

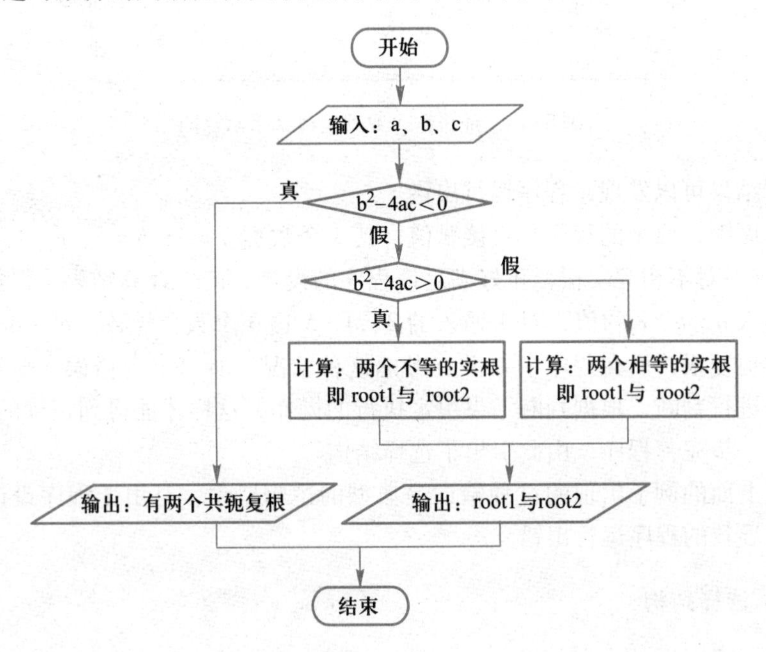

图 7-16　多分支选择结构

用 Python 语言实现的源程序代码如下。

```
# 求一元二次方程 ax² + bx + c = 0 的根
import  math
def  main():
    a,b,c = input("请输入 a、b、c 三个数:")
    if(b * b - 4 * a * c < 0):
        print "\n\t ************* 有两个共轭的复根(不计算) ************* "
```

```
    else:
        discRoot = math.sqrt(b * b - 4 * a * c);
        root1 = (-b + discRoot)/(2 * a);
        root2 = (-b - discRoot)/(2 * a);
        print "\n ******************************************************** "
        if(b * b - 4 * a * c >0):
            print "\tThe solutions are:","root1 = % 5.2f" % root1,"\troot2
= % 5.2f" % root2
        else:
            print "\tThe solutions are:","root1 = root2:% 5.2f" % root1
        print "\n ******************************************************** "
main()
```

3 次运行结果如图 7-17 所示。

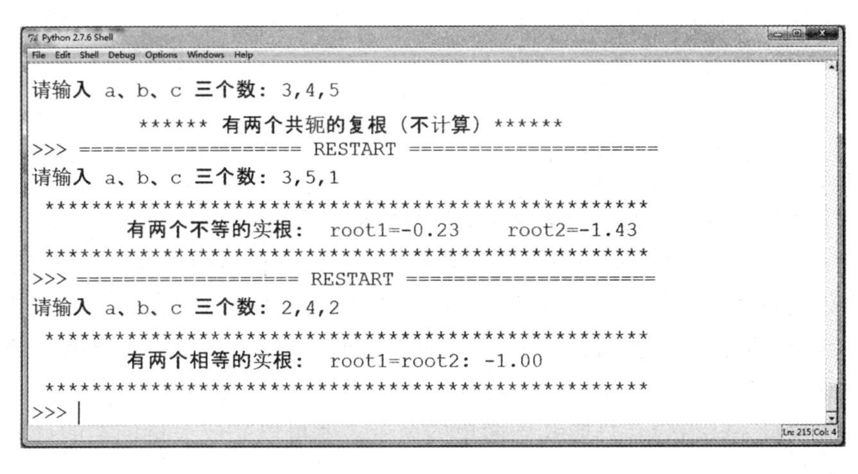

图 7-17　运行结果

从例 7-6 中可以看出，设计选择结构程序的关键要素是条件和实施的语句，要厘清条件与操作之间的逻辑关系。

请思考，如果输入的 a 值等于 0，运行程序又会如何?

在例 7-6 中，通过 3 次运行来检验程序的正确性，假如需要更多组数据呢? 这就需要反复运行程序，对每组数据一一进行验证，显然这也是很不方便的，由此引出了循环结构。

7.4.3　循环结构

1. 基本概念

循环结构表示程序反复执行某个或某些操作，直到某条件为假（或为真）时才终止循环。给定的条件称为循环条件，反复执行的程序段称为循环体。因此在循环结构中最主要的是什么情况下执行循环，哪些操作需要循环执行。

循环结构的基本形式有两种：当型循环和直到型循环。

（1）当型循环

当型循环是指先判断后执行。根据给定的条件，当满足条件时执行循环体，并且在循环终端处流程自动返回到循环入口；如果条件不满足，则退出循环体直接到达流程出口处。因为是“当条件满足时执行循环”，所以称为当型循环，如图 7-18 所示。

（2）直到型循环

直到型循环表示从结构入口处直接执行循环体，在循环终端处判断条件，如果条件不满足，返回入口处继续执行循环体，直到条件为真时再退出循环到达流程出口处，是先执行后判断。因为是“直到条件为真时终止”，所以称为直到型循环，如图 7-19 所示。

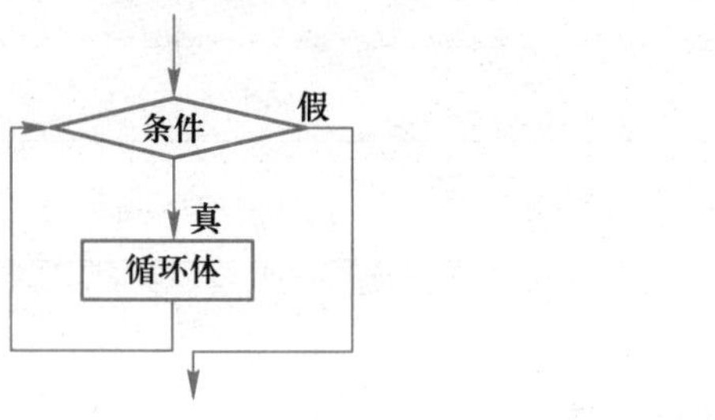

图 7-18　当型循环结构

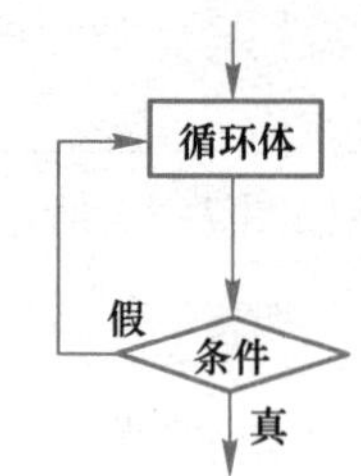

图7-19　直到型循环结构

在例 7-6 程序的执行时，如果要测试多组数据，用户就要反复进行运行 → 输入数据 →查看结果 → 退出程序的过程，这种有规律地重复进行的操作就是循环。循环在现实生活中处处可见，如学校每学期按周排课，每周一循环；运动会上，运动员绕着运动场一圈接着一圈跑步，直到跑完全程。类似这种在一段时间内会重复的事情就是循环，但不是简单地重复，每周的课表虽然一样，但每周学的内容却不尽相同。同样让计算机反复执行一些语句，只要几条简单的命令，就可以完成大量同类的计算，这就是循环结构的优势。

2. 应用案例分析

【例 7-7】进一步优化例 7-6，求解多组数据的一元二次方程 $ax^2+bx+c=0$ 的根，且要求 $a\neq0$。

【问题分析】

在例 7-6 的程序中，每执行一次程序，只能计算一组数据的解。现根据题目要求，要求解多组数据的结果，显然可以利用循环实现。在程序中，根据输入的数字 n 的值，来控制循环的次数，也就是对 n 组数据进行求解。

解决这类问题的关键有三点：一是确定循环的次数，即条件的变化方式，可以随机给定，也可以事先给出；二是构造一个适当的条件，当条件成立时，反复执行某程序段，直到不成立为止，称为循环控制条件；三是反复执行的动作是什么，并完成该动作，称为循环体。

针对本题的要求，首先设置一个控制循环的变量 n，通过随机输入 n 的值来决定循环的次数；二是设计一个循环控制变量 i，用来表示处理的是第几组数据，初始值为 1，当 i <= n 时继续进行，i > n 时结束；三是重复执行的动作，判断输入的数据是否满足一元二次方程的条件，如果满足则进行计算，否则不计算。这是一个选择结构作为循环体，每处理完一组后循环控制变量增值变化（i = i + 1），进入下一次处理过程。

再有，根据数学知识，求根公式中要求 a≠0，所有要对每一组输入的 a 值进行判断，满足条件才可以继续进行。

算法流程如图 7-20 所示。

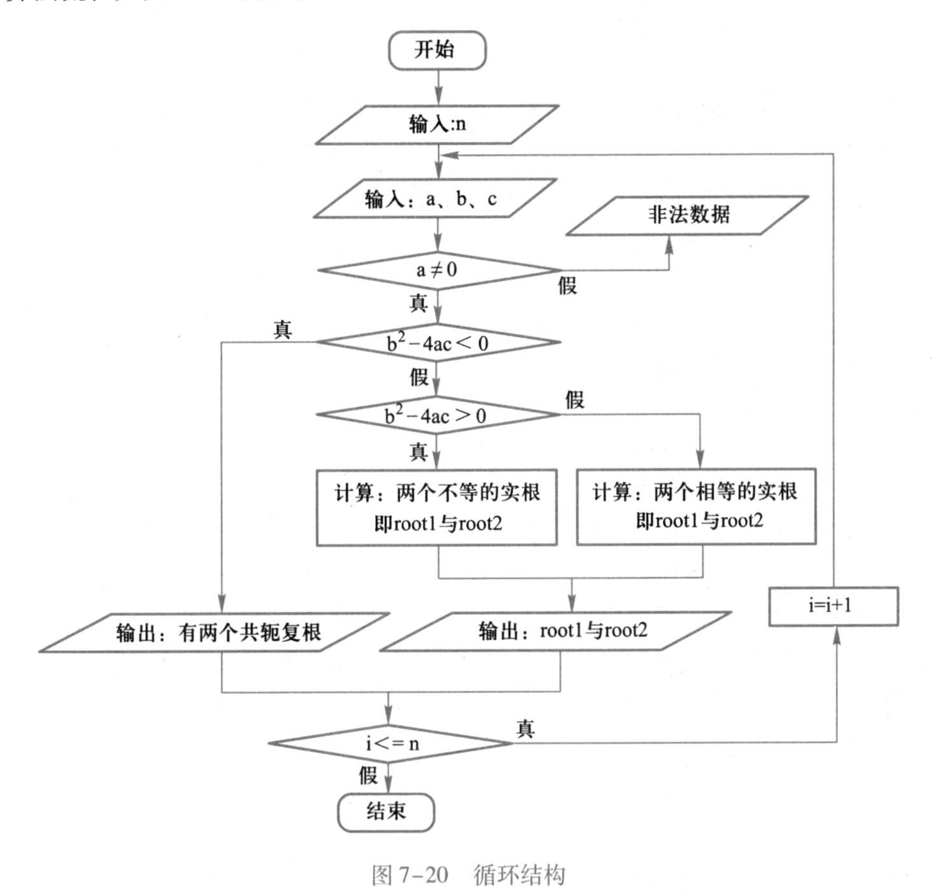

图 7-20　循环结构

由以上三种基本结构构成的程序，称为结构化程序。在一个结构化程序中，每一个程序块都只有一个入口和一个出口，不能有永远执行不到的语句，也不能无限制地循环（即死循环）。可以证明，任何满足这些条件的程序都可以用以上三种基本结构表示。

拓展知识 7-2
折半查找算法

思考与练习

1. 简答题

（1）简述计算机语言的发展过程，其主要特点有哪些。

（2）描述算法的基本方法有哪些？

（3）在描述算法中，为何可以有0个输入，至少有1个输出？

（4）在问题求解过程中，主要考虑的因素有哪些？

2. 填空题

（1）对于算法的基本特征，其确定性是指__________。

（2）计算机程序设计，通常有问题分析、确定算法、__________、__________和调试运行五个步骤。

（3）高级语言处理程序有两种工作方式，解释与__________。

3. 选择题

（1）结构化程序设计所规定的三种基本控制结构是（　　）。

A）输入、处理、输出　　B）树形、网形、环形

C）顺序、选择、循环　　D）主程序、子程序、函数

（2）结构化程序设计的基本思想主要强调的是（　　）。

A）自顶向下、逐步求精　　B）封装与继承性

C）对象概念　　D）抽象性

（3）下面对计算机语言解释方式的叙述中，正确的是（　　）。

A）需要生成目标文件

B）需要生成可执行文件

C）直接运行源代码程序产生计算结果

D）用来建立源程序代码文件

（4）在面向对象方法中，一个对象请求另一个对象为其服务的方式是通过发送（　　）。

A）命令　　B）参数　　C）调用语句　　D）消息

4. 应用题

（1）请上网查阅并学习递归算法，用递归算法描述求N！的基本思路与流程。

（2）编制求解乘法九九表算法。

5. 网上练习与课外阅读

（1）利用网络学习并深刻理解程序的顺序结构、选择结构和循环结构，举例说明其应用。

（2）陆朝俊．程序设计思想与方法［M］．北京：高等教育出版社，2013.

第 8 章
Python 程序设计基础

电子教案

本章导读

程序设计（Programming）是利用计算机求解问题的一种方式，是程序员为解决特定问题而利用计算机语言编制相关软件的过程，是软件构造活动中的重要组成部分。本章以 Python 语言为程序设计工具，通过介绍 Python 语言的基本语法，使读者学会应用这些知识解决简单的问题，体会程序设计的基本思想和方法，掌握简单程序的编写。

本章学习导图

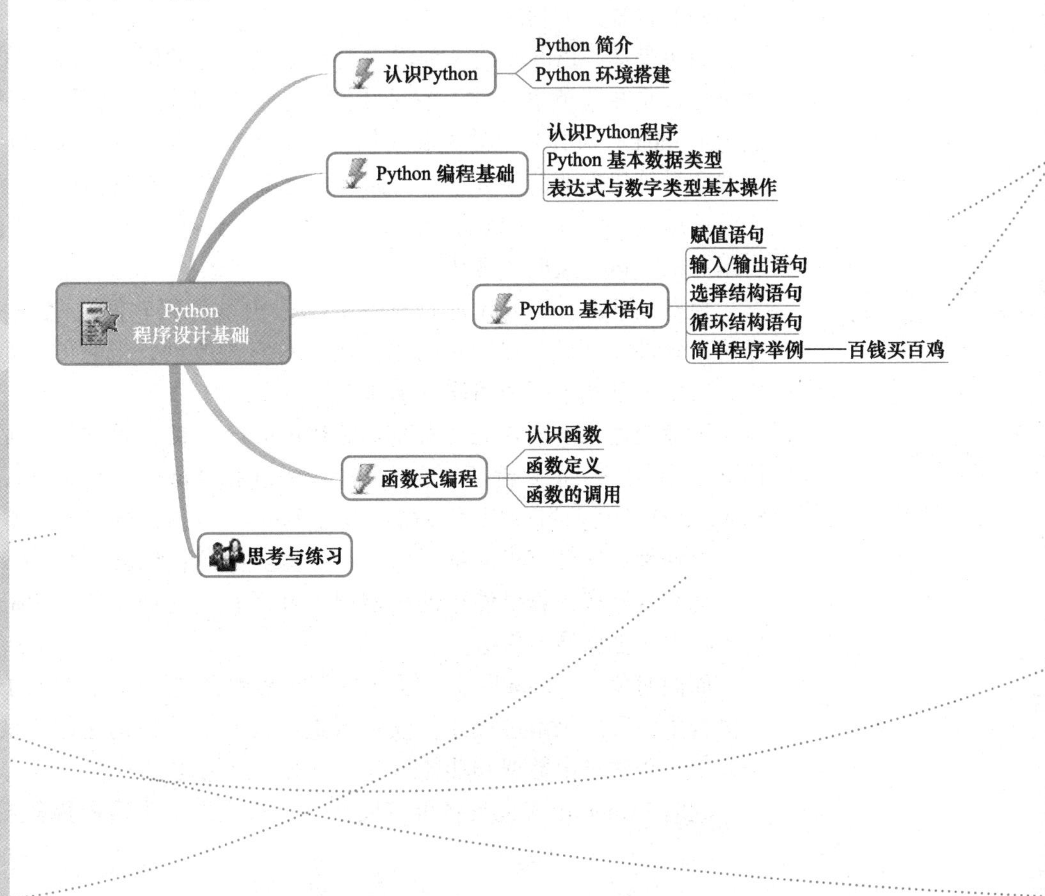

8.1 认识 Python

Python 语言是一种面向对象、解释型的计算机程序设计语言，也是一种功能强大而完善的通用型语言，已具有二十多年的发展历史，成熟且稳定。Python 语言注重的是如何解决问题而不是编程语言的语法和结构。

Python 的创始人为吉多·范罗苏姆（Guido van Rossum）。在 1989 年圣诞节期间的阿姆斯特丹，吉多为了打发圣诞节的无趣，决心开发一个新的脚本解释程序，作为 ABC 语言的一种继承。之所以选中 Python（大蟒蛇的意思）作为程序的名字，是因为他是一个蒙提·派森（Monty Python）的飞行马戏团的爱好者。他希望这个新的叫作 Python 的语言能符合他的理想：创造一种 C 和 Shell 之间的功能全面、易学易用、可拓展的语言。

8.1.1 Python 简介

1. Python 语言的特点

吉多·范罗苏姆给 Python 的定位是“优雅”、“明确”、“简单”，所以 Python 程序看上去总是简单易懂，初学者学习 Python 不但入门容易，而且随着学习深入，可以编写那些非常复杂的程序。

简单易学：Python 是一种代表简单主义思想的语言。阅读一个良好的 Python 程序就感觉像是在读英语一样。它使用户能够专注于解决问题而不是去搞明白语言本身。因为 Python 有极其简单的说明文档，因此容易上手，对于那些从来没有学习过编程或者并非计算机专业的编程学习者而言，Python 是最好的选择之一。

速度快：Python 的底层是用 C 语言编写的，很多标准库和第三方库也都是用 C 语言编写的，运行速度非常快。

免费、开源：Python 是 FLOSS（自由/开放源码软件）之一。使用者可以自由地发布这个软件的拷贝，阅读它的源代码，对它做改动，把它的一部分用于新的自由软件中。FLOSS 是基于一个团体分享知识的概念。

可移植性：由于它的开源本质，Python 已经被移植在许多平台上（经过改动使它能够工作在不同平台上）。这些平台包括 Linux、Windows、FreeBSD、Macintosh、Solaris、OS/2 Symbian 以及 Google 基于 Linux 开发的 Android 等平台。

解释性：在计算机内部，Python 解释器把源代码转换成为字节码的中间形式，然后再把它翻译成计算机使用的机器语言并运行。这使得使用 Python 更加简单，也使得 Python 程序更加易于移植。

面向对象：Python 既支持面向过程的编程也支持面向对象的编程。在“面向过程”的语言中，程序是由过程或仅仅是可重用代码的函数构建起来的。在“面向对象”的语言中，程序是由数据和功能组合而成的对象构建起来的。

同时 Python 语言也具备可扩展性、可嵌入性、丰富的库等特点，这些特点使得它经常被当作脚本语言用于处理系统管理任务和 Web 编程，然而它也非常适合完成各种高层任务，几乎可以在所有的操作系统中运行。

Python 的主要参考实现是 CPython，它是一个由社区驱动的自由软件，目前由 Python 软件基金会管理。基于这种语言的相关技术正在飞速发展，用户数量急剧扩大，相关的资源非常多。

2. Python 的应用

Python 功能涉及应用程序开发、网络编程、网站设计、图形界面编程等，应用广泛。一些大公司如 Google（实现 Web 爬虫和搜索引擎中的很多组件）、Yahoo（管理讨论组）、NASA、YouTube（视频分享服务大部分由 Python 编写）等对 Python 都很青睐。而国内豆瓣网的前、后台也都有 Python 的身影。

众多开源的科学计算软件包都提供了 Python 的调用接口，例如著名的计算机视觉库 OpenCV、三维可视化库 VTK、医学图像处理库 ITK。而 Python 专用的科学计算扩展库就更多了，例如 3 个十分经典的科学计算扩展库：NumPy、SciPy 和 matplotlib，它们分别为 Python 提供了快速数组处理、数值运算以及绘图功能。因此 Python 语言及其众多的扩展库所构成的开发环境十分适合工程技术、科研人员处理实验数据、制作图表或是开发科学计算应用程序。

8.1.2　Python 环境搭建

1. 下载并安装 Python

要用 Python 编写程序，必须先安装一个 Python 的解释器。它可以在大多数平台上应用，包括 Macintosh、UNIX 和 Windows。

目前 Python 主要有 Python 2.x 和 Python 3.x 两个版本。Python 2.0 于 2000 年 10 月发布，开启了 Python 应用的新时代，目前稳定的版本是 2.7.9，且不再更新。Python 3.0 在 2008 年 12 月发布，是对 Python 早期版本的较大升级，且不向下兼容。由于目前大部分的第三方库能更好地支持 Python 2.x 系列而暂时无法在 3.x 上使用，所以本章以 Python 2.7 作为开发环境，操作系统采用 Windows 7 系统。

进入 Python 的官方网站下载页面（http://www.python.org/download/），单击 Download Python 2.7.9 下载适合自己系统的软件包 Python-2.7.9.msi，双击安装包按照向导提示安装，安装过程中如不更换路径即按默认路径安装，如 C:\python 27\，其他均可默认，直到安装完成。

微视频 8-1
Python 安装

测试是否安装成功：在“开始”菜单中选择“所有程序”→Python 27→Python command line 进入 Python 命令行方式，然后输入：print "Hello World"，如果输出"Hello World"，就表明安装成功了。

如果希望在 Windows 的命令行模式下输入 Python 就可启动 Python，需要更改环境变量。右击“我的电脑”（或“计算机”），依次选择“属性”命令，在弹出的窗口中单击“高级系统设置”，在弹出的对话框中单击“环境变量”按钮，在“系统变量”列表框中单击“Path”变量，单击“编辑”按钮，把“;C:\Python 27\”也就是 Python 的安装路径，加到变量值的末尾，然后确定完成。

2. Python 运行方式

在顺利安装后有几种方式可以启动 Python。

方式一：Python 程序是由解释器来执行的，通常只要在命令行窗中输入“python”命令即可启动解释器。

命令行是指以逐条命令的方式执行程序；一行可以有一条语句、也可以有多条语句，之间用“;”隔开。

方式二：在“开始”菜单中选择“所有程序”→Python 27→Python command line，也可进入命令行方式。

进入命令行方式的解释程序环境后，解释程序处于交互状态。这种状态下在命令行提示符 >>> 后面可直接输入语句，如“print"Hello World"”，一条语句输入完成按回车键，显示如图 8-1 所示。在 >>> 提示符后面输入“exit( )”或者“quit( )”即可退出 Python 运行环境。

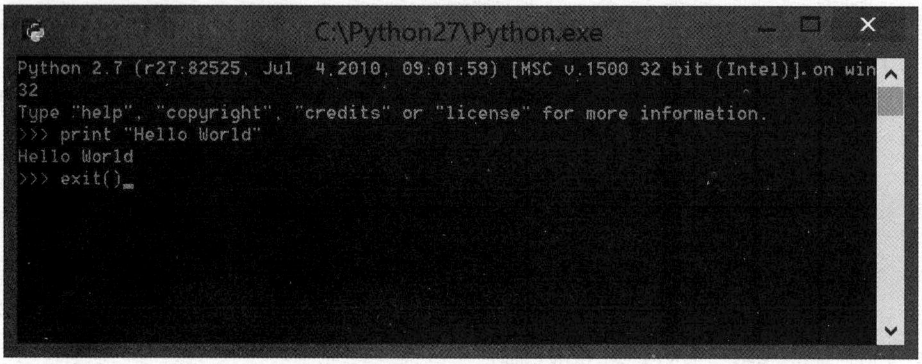

```
C:\Python27\Python.exe
Python 2.7 (r27:82525, Jul  4 2010, 09:01:59) [MSC v.1500 32 bit (Intel)] on win
32
Type "help", "copyright", "credits" or "license" for more information.
>>> print "Hello World"
Hello World
>>> exit()
```

图 8-1　命令行方式运行 Python

在命令行交互模式下，可以输入多个 Python 命令，每个命令在按回车键后都立即运行。只要不重新开启新的解释器，输入的命令都在同一个会话中运行，因此，前面定义的变量，后面的语句都可以使用。一旦关闭解释器，会话中的所有变量和输入的语句将不复存在。

使用命令行交互模式有以下优点。

① 无须创建文件。

② 可立即看到运行结果。

③ 适用于语句功能测试。

方式三：利用 IDE（Integrated Development Environment，集成开发环境）运行 Python。Python 自带了一款 IDE，叫做 IDLE，IDLE 是开发 Python 程序的基本集成开发环境，具备基本的 IDE 的功能，是非专业开发人员的良好选择。随 Python 安装后，IDLE 就自动安装好了，不需要再安装。启动 IDLE 后，可以在提示符后面输入语句，如图 8-2 所示。

方式四：将 Python 代码保存为文件。为了能够永久保存程序，并且能够被重复执行，必须将代码保存在文件中，因此，就需要用编辑器来进行代码的编写。Python 源代码文件就是普通的文本文件，只要是能编辑文本文件的编辑器都可以用来编写Python

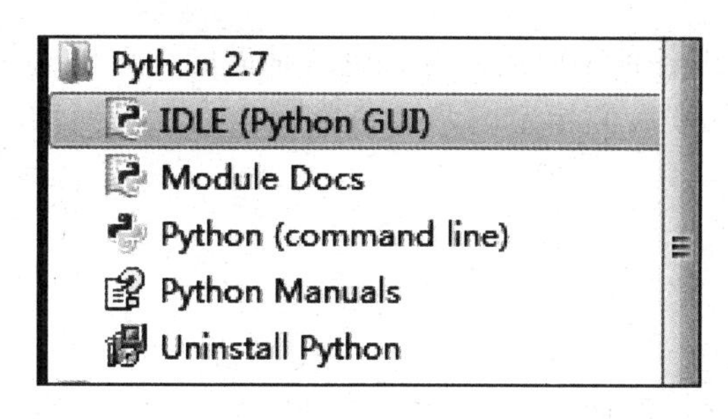

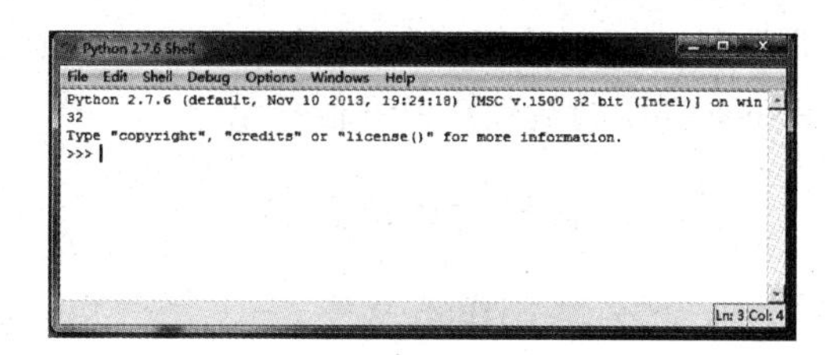

图 8-2　启动 IDLE 环境

程序，如 Notepad、Word 等。

在 IDLE 环境中选择窗口上方菜单栏的 File→New Window 命令，打开文本编辑器窗口，在此可以输入 Python 程序，如输入上面的"print"Hello World!""，保存为 hello. py（. py 是 Python 代码文件的扩展名），选择 Run→Run Module 命令，或者直接按快捷键 F5 可运行该程序，如图 8-3 所示。

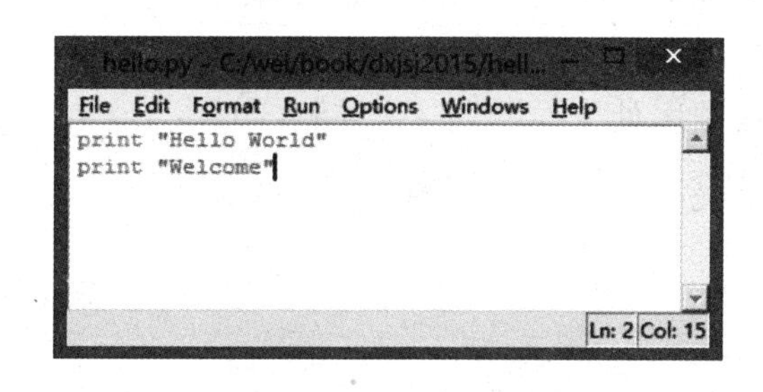

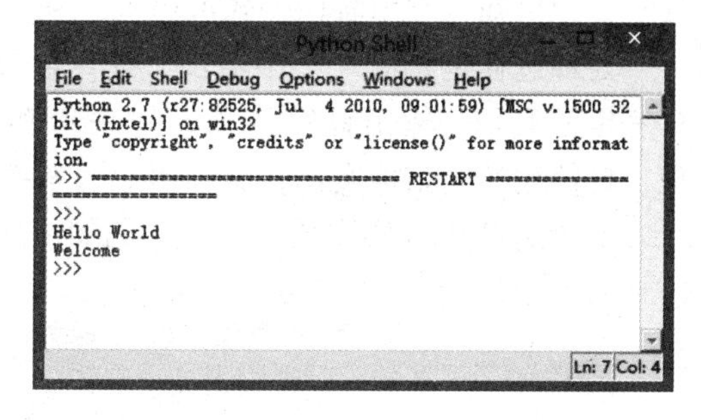

图 8-3　IDLE 环境下运行 Python

以后想再次编辑或运行刚才的代码，只要在 IDLE 里选择 File→Open... 命令，打开刚才保存的 . py 文件即可。

也可以在命令行方式中输入"python hello. py"运行该文件。

使用文件方式有以下优点。

① 反复运行。

② 易于编辑。

③ 适用于编写大型程序。

当然，还有很多第三方的集成开发环境可以编辑、运行 Python 程序，有兴趣的读者可查阅相关资料，本书中不做介绍。

8.2　Python 编程基础

在计算机中，一切信息处理都要受程序的控制，数值数据如此，非数值数据也是如此。因此任何问题求解最终要通过执行程序来完成。

人们使用计算机，就是要利用计算机处理各种不同的问题，也就是借助计算机语言编制一组让计算机执行的指令，让计算机按人们指定的步骤有效地工作。下面对Python程序的基础知识进行介绍。

8.2.1 认识 Python 程序

1. 什么是 Python 程序

【例 8-1】 已知三角形的三个边 a、b、c，根据以下公式计算三角形的面积。

$$area = \sqrt{s(s-a)(s-b)(s-c)}$$

其中 $s=(a+b+c)/2$，a、b、c 是三条边长。

【问题分析】

假设输入的三角形的3条边长是a、b、c，符合构成三角形的条件，即任意两边之和大于第三边。由数学知识可知，利用海伦公式可以求得三角形面积。

处理过程是先输入三条边长，计算半周长s，计算三角形面积，输出计算结果，每一步都按顺序处理，自然用顺序结构实现，流程图如图8-4所示。

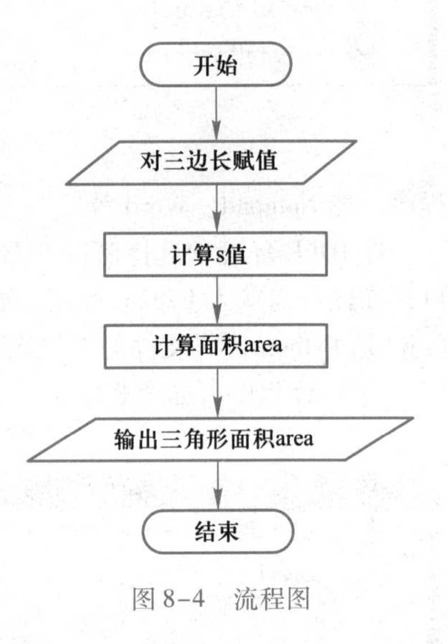

图 8-4 流程图

如果用Python实现该算法，代码如下。

```
1 #calculate the area of triangle
2 '''
3     step 1: input three sides
4     stpe 2:apply the area formula
5     step 3:print out the result
6 '''
7 import math
8
9  a = 6
10 b = 4
11 c = 5
12
13 s = (a + b + c)/2.
14 area = math.sqrt(s * (s - a) * (s - b) * (s - c))
15
16 print  "area = " ,area
```

程序说明：程序的第1~6行是程序的注释，用来说明程序的功能，单行注释以“#”开始，包含在'''……'''之间的是多行注释信息，有助于自己和他人阅读和理解程序，提高程序的可读性。注释可以是任何可显示的文字，在程序编译时忽略这些信息，不影响程序的编译和运行。

第7行导入math模块，模块就是一个Python文件，包含解决特定问题的代码段。

math 模块中包含了常见数学问题的处理代码，如本例中要用到 sqrt 函数。

第 9 ~ 11 是给 a、b、c 变量赋值的赋值语句，变量不需提前声明，根据所赋的值决定其类型，本例中 a、b、c 的值都是整型。

第 13 行计算后面表达式(a + b + c)/2. 的值，然后赋给变量 s，因为表示计算后的结果是实型，所以 s 变量的类型为实型。

第 14 行调用 math 模块中的 sqrt 函数，对表达式进行开平方根运算，将值赋给 area 变量。

第 16 行利用 print 语句输出计算结果，输出字符串和变量的值，它们之间以“,”逗号隔开。

第 8、12、15 是空白行，起到分隔作用。

2. Python 程序的组成

程序由一组指令集组成，按照输入的顺序逐条执行指令。部分指令可以组成一个模块存放在文件系统中。在 Python 解释器中导入该模块，通过执行模块中的指令来实现程序的运行。分析上述程序可以看到一个 Python 程序的结构由以下部分组成。

（1）模块

当程序较大时，可以将程序划分成多个模块编写，每个模块用一个文件保存，模块之间可以通过导入（import）互相调用。

模块用法如下：

import 模块名

如例 8-1 中 import math 就是导入 math 模块。标准 Python 包带有 200 多个模块，除导入系统自带模块以外，还可以导入自定义的模块。

（2）表达式和语句

Python 的代码分为两类：表达式和语句。表达式是值和运算符的组合，如“(a + b + c)/2.”，产生新的值 7.5。语句执行一些任务，如赋值语句“a = 6”，语句没有返回值，不能输出语句。

（3）缩进

Python 用逻辑行首的空白（空格和制表符）来确定逻辑行的缩进层次，从而确定语句的分组。对于需要组合在一起的语句或表达式，Python 用相同的缩进来区分。利用缩进可以增强程序的可读性。

不要混合使用制表符和空格来缩进，因为这会使程序在跨越不同的平台时无法正常工作，在编写程序时应统一选择一种风格。

Python 以垂直对齐的方式来组织程序代码，让程序更一致，更具可读性，因而具备了重用性和可维护性。

（4）注释

在“#”符号后的内容在程序执行时将被忽略，起到注释的作用，可以对程序的功能、变量的含义等信息进行简要说明，有助于阅读和理解程序。

注释多行使用 '''...... '''。

总之，Python 程序由模块构成，模块包含语句，语句包含表达式，表达式建立并处理对象。

Python 程序语法有如下特点。

① 动态语言特性，即可在运行时改变对象本身（属性和方法等）。

② Python 使用缩进而不是一对花括号{}来划分语句块。

③ 多条语句在一行使用“;”分隔。

④ 如果一条语句的长度过长，可在前一行的末尾放置“ \ ”指示续行。

⑤ 注释符是#，多行注释使用 '''......'''。

⑥ 变量无须类型定义。

⑦ 表达式内或语句内的空白将被忽略，一行开始的空白表示缩进。

8.2.2 Python 基本数据类型

一个程序的运行过程实际上是处理各种各样的数据，例如例 8-1 的程序中用到了整型、实型、字符串等不同类型的数据，这些数据有的是常量，有些是变量，还有一些是对数据计算的表达式，这些通常是程序的基本元素。

1. 常量、变量与命名

在程序执行过程中，其值不发生改变的量称为常量，其值可变的量称为变量。在例 8-1 中 6、4、5、2.0 都是常量，a、b、c 则是变量。

在 Python 中，变量的使用环境非常宽松，没有明显的变量声明，而且类型不是固定的。可以把一个整数赋值给变量，如果觉得不合适，也可以再把字符串赋值给它，如下面的代码。

```
>>>x =100
>>>print x
100
>>>x = "China"
>>>print x
China
```

变量的值可以变化，即可以使用变量存储任何东西。变量只是计算机中存储信息的一部分内存。与字面意义上的常量不同，需要一些能够访问这些变量的方法，因此要给变量命名。

在计算机高级语言中，变量、函数等在使用时需要一个有效的名字，统称为标识符，Python 语言在命名标识符时要遵循以下规则。

① 只能是字母（A ~ Z，a ~ z）、数字（0 ~ 9）、下划线（_）组成的字符串，并且其第一个字符必须是字母或下划线。例如，x3、BOOK_1、_my_name 等是有效标识符名称，可以用作变量名，而 3s、s * T、my-name 则是无效的标识符名称。

② 标识符名称是对大小写敏感的。例如，myname 和 myName 不是一个标识符。

③ Python 语言的保留字不能用作变量名，如不能把变量命名为 for。Python 的保留字如表 8-1 所示。

④ 命名标识符时应尽量有相应的意义，以便于阅读理解，做到“顾名思义”。

表 8-1 Python 的保留字

and	def	for	is	raise
as	del	from	lambda	return
assert	elif	global	not	try
break	else	if	or	while
class	except	import	pass	with
continue	finally	in	print	yield

2. 对象和类型

在现实生活中所有的对象都有类型，分类是为了有条理，清楚地表示各种不同的事物，就如生物要分为动物、植物、细菌、真菌、病毒一样。计算机中存储的数据也有不同类型。不同类型的对象在计算机内表示的方式不同，如 3 和 3.0，在数学中含义相同，但在计算机中存储时一个按定点整数存储，一个按浮点数存储；同时数据描述的范围也不同，如同样是 4 字节存储，整型数据的存储范围是 $-2^{31} \sim 2^{31}-1$，而浮点数的数据范围是 $10^{-38} \sim 10^{+38}$；不同类型对象运算规则不同，如整数的加法和字符串的加法含义不同。

Python 程序中的一切数据都是对象，对象包括自定义对象及基本的数据类型，如数值、字符串、列表等。每个对象都有 3 个基本属性，即标识、类型、值。

Python 有 5 种基本对象类型，分别是整数、浮点数、复数、布尔数、字符串。

（1）整数

整数（integer），简记为 int。整型常量即整数，在 Python 语言中整数可以使用三种进制形式表示：十进制数、八进制数、十六进制数，每种进制形式的数据都有特殊标记。

十进制数整数同数学上的表示方式，如 168、-60、0 等。

八进制数整数以 0 开始，由数字 0 ~ 7 组成。例如 0125 代表八进制数 125，即十进制数 85。

十六进制数整数以 0x 或 0X 开始，后跟 0 ~ 9、a ~ f 或 A ~ F 组成的数。例如 -0x12a 代表十六进制数 -12a，即十进制数 -298。

任何一个整数都可以用三种形式表示，例如十进制数值是 10 的整数，可以采用 10、012 或 0xa 表示，在计算机中的存储方式是一样的，只是三种不同的表现形式而已。

整型常量的基本类型是 int 型，在 32 位系统上，整型的位宽为 32 位，取值范围为 $-2^{31} \sim 2^{31}-1$；在 64 位系统上，整型的位宽为 64 位，取值范围为 $-2^{63} \sim 2^{63}-1$。如果一个整型数超过了 int 类型的范围就会被当成一个长整型，记为 long；或者直接在整数后面加字母“l”或“L”也表示长整型，如 123456789L。

（2）浮点数

浮点数（float）表示带有小数的数值，简称浮点类型。浮点数有十进制小数形式和指数形式两种表示形式。

十进制小数形式由正、负号、数字 0 ~ 9 和小数点组成，当整数或小数部分为 0 时可以省略，但小数点不能省略。如 125.0、.125、12.5、-125.、0.0 等都是合法的。十进制小数形式适合于表示不太大或不太小的数。

指数形式由三部分组成：尾数、字符 e（或 E）、阶码。e 之前必须有数字，且 e 后面的阶码必须为整数。如 128e2 或 12.8E3 都代表 128×10^2。指数形式适用于表示较大或较小的数，如普朗克常数 6.026×10^{-27} 表示为 6.026E-27 或 0.602e-26 等。

（3）复数

Python 支持相对复杂的复数类型。复数（complex）由实数部分和虚数部分组成，一般形式为 x+yj，其中的 x 是复数的实数部分，y 是复数的虚数部分，这里的 x 和 y 都是浮点数。注意，虚数部分的字母 j 大小写都可以，如 5.6+3.1j 与 5.6+3.1J 是等价的。

对于复数类型变量 n，可以用 n.real 来提取其实数部分，用 n.imag 来提取其虚数部分，用 n.conjugate()返回复数 n 的共轭复数，例如：

```
>>>n=2+3j
>>>n.real
2.0
>>>n.imag
3.0
>>>n.conjugate()
(2-3j)
```

（4）布尔数

布尔数（boolean），简记为 bool，在 Python 中，布尔值为 True 和 False，需注意首字母为大写。

（5）字符串

字符串（string）简记为 str，是字符的序列。字符串基本上就是一组单词。几乎在每个 Python 程序中都要用到字符串，在 Python 中有 3 种方式表示字符串，即单引号、双引号、三引号。单引号和双引号的作用是相同的，三引号中可以输入单引号、双引号或换行等字符。

使用单引号（'）：可以用单引号指示字符串，如 'this is string'，所有的空白，即空格和制表符都照原样保留。

使用双引号（"）：用双引号表示字符串与单引号完全相同，如"What's your name?"。

使用三引号（'''或"""）：利用三引号，可以指示一个多行的字符串。可以在三引号中自由地使用单引号和双引号。例如：

```
'''This is a multi-line string. This is the first line.
This is the second line.
"What's your name?," I asked.
He said "Bond,James Bond."
'''
```

转义符：如果想要在一个字符串中包含一个单引号（'），例如，这个字符串是“What's your name?”，如果用 'What's your name? '来表示，Python 会无法确定这个字符串从何处开始，何处结束。所以，需要指明其中的单引号不是字符串的结尾，这就需要通过转义符来完成。用\'来指示单引号，上述字符串可以表示为 'What\'s your name? '。

与此类似，要在双引号字符串中使用双引号本身时，也可以借助于转义符\。另外，可以用转义符\\来指示反斜杠本身。

值得注意的是，在一个字符串中，行末的单独一个反斜杠\表示字符串在下一行继续，而不是开始一个新的行。例如：

```
"This is the first sentence. \
This is the second sentence."
```

等价于

```
"This is the first sentence. This is the second sentence."
```

如果两个字符串按字面意义相邻放着，它们会被 Python 自动级连。例如，'What\'s''your name? '会被自动转为"What's your name?"。

3. 类型查看

如果不能确定变量或数据的类型，可以用内置函数 type( ) 来查询数据的类型，例如：

```
>>>type("Hello,World!")
(type'str')
>>>type(18)
(type'int')
>>>x = "QHD"
>>>type(x)
<type'str'>
```

“Hello，World!”属于字符串类型，变量 x 也是字符串类型，18 属于整数类型。

带有小数点的数是浮点数。只要是用双引号或单引号括起来的值，都属于字符串。例如：

```
>>>type(3.0)
(type'float')
>>>type("31")
(type'str')
>>>type("2.5")
(type'str')
>>>type("P001")
<type'str'>
```

4. 类型转换

上述各数据类型可以利用 Python 提供的一些内置函数进行转换，如 int( )、long( )、float( )、complex( )、str( )、bool( )等。例如：

```
int('123')          #将字符串'123'转换为整数123
str(123)            #将整数123转换为字符串'123'
float('123.6')      #将字符串'123.6'转换为浮点数123.6
float(123)          #将整数123转换为浮点数123.0
complex(12.3)       #将浮点数12.3转换为复数12.3+0j
bool(123)           #将整数123转换为布尔数True(非0值均转换为True)
bool(0)             #将整数0转换为布尔数False
```

在数据进行转换时需注意以下几点。

① 数值型数据可以在整数、长整数和浮点数之间自由转换，当浮点数转换为整数或长整数时，自动舍弃小数部分。

② 整数、长整数和浮点数可以利用函数 complex( )转换为复数，但复数不能转换为其他类型。

③ 并不是所有的值都能做类型转换，如 int('abc')会报错，python 无法将它转成一个整数。

④ 在 bool 类型的转换时，以下数值会被认为是 False：

为 0 的数字，包括 0，0.0；

空字符串，包括 ''、""；

表示空值的 None；

空集合，包括()，[]，{}。

其他值都认为是 True。

None 是 Python 中的一个特殊值，表示什么都没有，它和 0、空字符、False、空集合都不一样。

所以使用 bool('False')转换后，就得到 True，因为 'False'是一个不为空的字符串。同样 bool(' ')的结果是 True，因为一个空格也不是空字符串。

8.2.3 表达式与数字类型基本操作

变量用来存放数据，运算符则用来加工处理数据。运算符是表示某种操作的符号，操作的对象叫操作数，用运算符把操作数连接起来形成一个有意义的式子叫表达式。

1. 算术运算符

Python 语言为了加强对数据的表达、处理和操作能力，提供了大量的运算符和丰富的表达式类型，对于数值型数据，常见的算术运算有加法、减法、乘法、除法以及求幂和取模等，这些运算所对应的运算符如表 8-2 所示。

在使用算术运算符时应注意以下几点。

① 两个整数相除，其商为整数。例如 5/2 的值是 2，不是 2.5。要得到 2.5，则要写成 5/2.0 或 5.0/2。

表 8-2　算术运算符

运 算 符	名　　称	示　　例
+	加法运算符	3 +5 得到 8 'a' +'b'得到 'ab'
-	减法运算符	30 - 24 得到 6
*	乘法运算符	2 * 4 得到 8 'la' * 3 得到 'lalala'(重复 3 次的字符串)
**	幂运算符	3 ** 4 得到 81
/	除法运算符	4/3 得到 1（整数的除法得到整数结果） 4. 0/3 或 4/3. 0 得到 1. 3333333333333333
//	取整除运算符	4 // 3. 0 得到 1. 0（返回商的整数部分）
%	求余运算符	8 % 3 得到 2 -25. 5%2. 25 得到 1. 5

② 注意表达式中各种运算符的运算顺序，必要时应加括号。例如 $(a+b)/(c+d) \neq a+b/c+d$。

2. 算术表达式的计算顺序

可以用算术运算符和括号将操作数连接起来，以组成算术表达式。操作数可以是常量、变量和函数等。Python 语言中，算术表达式的计算顺序是由圆括号、运算符的固定的优先级和结合性决定的，它们的使用规则跟代数中的规定基本一致。

首先，计算圆括号中的表达式。所以可以根据需要，用圆括号强制按指定的顺序进行计算。这是因为，在所有运算符中，圆括号的优先级最高。如果圆括号出现嵌套，那么求值顺序，即圆括号的结合方向或结合性是由内而外计算。

然后是求幂运算。如果表达式中出现多个求幂运算，那么就按从右向左的顺序进行求值，换句话说，求幂运算的结合方向是从右向左。然后是乘法、除法和取模运算。如果一个表达式中连续出现多个乘法、除法和取模运算，那么按照从左向右的顺序求值，即它们的结合方向是从左向右。最后进行加法、减法运算。如果连续出现加法、减法运算，则按照从左向右的方向计算，即它们的结合方向是从左到右。算术运算符的优先级如表 8-3 所示。

表 8-3　算术运算符的优先级

运 算 符	求 值 顺 序
**	先求值，如果有多个，则从右向左求值
*，/，//，%	其次求值，如果有多个，则从左向右求值
+ 或 -	最后求值，如果有多个，则从左向右求值

按照算术运算符的优先级从大到小排列为：

圆括号 > 求幂运算符 > 乘、除、取模运算符 > 加、减运算为了便于记忆，各种算术运算符的结合性可总结为：圆括号的结合性为由内而外，求幂运算符的结合性为从右向左，其余的算术运算符的结合性都是从左向右。

对于下面的表达式：

```
>>> (2 +3) *3 /2 +2 **3 **1
15
```

计算顺序为：

① 计算圆括号中的 2 +3，得到计算结果 5。

② 然后计算 2 **3 **1，先计算 3 **1，即 3 的 1 次方，计算结果为 3。然后计算 2 **3，即 2 的 3 次方，计算结果为 8。

③ 然后计算 5 *3，结果为 15，再计算 15/2，结果为 7。

④ 最后计算 7 +8，得到最终计算结果 15。

因为幂运算符的右结合性，计算表达式：2 **3 **1 等价于：2 ** （3 **1）。

由此可见，可以在算术表达式中添加额外的圆括号，这样能使代码更加容易阅读和维护。

编写程序时，应能将代数表达式用正确的算术表达式表示出来。例如：

（1）求三个数的算术平均值

代数表达式： $\frac{a+b+c}{3}$

算术表达式： (a + b + c)/3

这里必须使用括号改变运算的次序，如果不使用括号，根据运算符的优先级 a + b + c/3 的计算结果为 $a+b+\frac{c}{3}$。

（2）华氏至摄氏温度转换

代数表达式： (5/9)(F − 32)

算术表达式： 5 * (F − 32)/9

3. 不同数值型数据间的混合运算

在 Python 中，不同的数值型数据是可以混合运算的，如下面以交互方式在整型、浮点型、复数型的数据进行运算：

```
>>>5 +.67 + (2 +3.2j)
(7.67 +3.2j)
```

上述表达式得到的结果是一个复数，这是因为在不同数值型数据间进行混合运算时，不同类型的数据会首先转换成同一类型，然后进行运算。转换的过程是，如果两个数字的类型不同，首先检查是否可以把一个数字转换为另一个数字的类型。如果可以，则进行转换，结果返回两个数字，其中一个是经过类型转换得到的。

注意，不同的类型之间的转换必须遵守一定转换方向，如不可以把一个浮点数转换为一个整数，也不能把一个复数转换为其他数值类型。正确的转换方向是：整数向长整数转换，长整数向浮点数转换，非复数向复数转换。由于算术运算符是双目运算符，即有两个操作数参加运算，当参加运算的两个操作数的类型不一致时，具体转换流程为：如果参加算术运算的两个操作数中有一个是复数，则把另一个也转换为复数；否则，如果两个操作数中有一个是浮点数，则把另一个也换成浮点数；否则，如果两个操作数中有一个是长整数，则把另一个也转换成长整数；否则，这两个操作数肯定都是整数，无须进行转换。

下面以一个实例来讲解不同数值型数字运算时进行的类型转换：10 + 789L + 6.68 + (3.3 − 6J)

上式运算过程为：

① 进行 10 + 789L 的运算，先将整数 10 转换为长整数 10L，计算结果为 799L。

② 进行 799L + 6.68 的运算，先将长整数 799L 转换为浮点数 799.0，计算结果为 805.679999999999。

③ 进行 805.679999999999 + (3.3 − 6J) 的运算，先将浮点数 805.679999999999 转化为复数（805.679999999999 + 0J），计算结果为（808.9799999999999 − 6J）。

4. 数学库及应用

在用计算机编程解决问题的过程中，数学运算是很常用的。Python 内建函数中有一些是与计算相关的，下面介绍几个常用函数。

abs 函数：返回参数的绝对值，如 abs(−10)返回 10。

divmod 函数：把除数和余数运算结果结合起来，返回一个包含商和余数的元组。如 divmod(2.5,10)返回值为(0.0,2.5)，0.0 是商，2.5 是余数。

round 函数：用于对浮点数进行四舍五入运算，如给出第 2 个参数，则代表舍入到小数点后的位数。如 round(3.4999,1)返回值为 3.5。

pow 函数：进行指数运算，如 pow(1 + 1j,3)返回(−2 + 2j)。

除此之外 Python 自带了一些基本的数学运算函数及常量，包含在 math 模块中，无须安装即可使用这些函数，如表 8−4 所示。

表 8−4　math 库中数学函数及常量

常量	math.pi	圆周率 π：3.141592...（15 位）
	math.e	自然常数：2.718281...（15 位）
数值运算	math.ceil(x)	对 x 向上取整，例如 x = 1.2，返回 2
	math.floor(x)	对 x 向下取整，例如 x = 1.2，返回 1
	math.pow(x,y)	指数运算，得到 x 的 y 次方
	math.exp(x)	返回 e 的 x 次幂（e^x），如 math.exp(1)返回 2.718281828459045
	math.log(x[,base])	对数运算，返回 x 的以 base 为底的对数，默认基底为 e。例如 math.log(100,10)
	math.sqrt(x)	返回数字 x 的平方根，返回类型为实数
	math.fabs(x)	绝对值
三角函数	math.sin(x)	返回 x 弧度的正弦值
	math.cos(x)	返回 x 弧度的余弦值

续表

三角函数	math. tan(x)	返回 x 弧度的正切值
	math. asin(x)	返回 x 的反正弦弧度值
	math. acos(x)	返回 x 的反余弦弧度值
	math. atan(x)	返回 x 的反正切弧度值
角度和弧度互换	math. degrees(x)	弧度转角度
	math. radians(x)	角度转弧度

在使用这些函数之前，需要先导入 math 模块，方法如下：

```
import math
```

例如：

```
>>>import math
>>>math.pow(2,3)
8.0
```

（1）根据三角形三边计算三角形面积

代数表达式：$\sqrt{s(s-a)(s-b)(s-c)}$。

```
import math
```

算术表达式：math. sqrt(s * (s - a) * (s - b) * (s - c))。

表达式中使用开平方根函数 sqrt( )，使用函数时后面必须使用一对括号，把所有参数括进去，括号可以嵌套，但要保证配对正确。

（2）根据半径计算圆的周长

代数表达式：2πr。

```
>>>import math
>>>2 * math.pi * r
```

8.3 Python 基本语句

Python 的语句比较简单，主要包括顺序结构的赋值语句、输入输出语句及控制结构语句。Python 语句的写法上采用独特的缩进格式，建议用 4 个空格或 Tab 键来达到缩进的目的，同一语句块中的语句具有相同的缩进量。Python 默认将新行作为语句的结束标志，可以使用“\”将一个语句分为多行显示，同一行的多条语句用分号“;”分隔。

8.3.1 赋值语句

Python 中的变量不需要声明，变量的赋值操作既是变量声明也是变量定义的过程。每个变量在使用前都必须赋值，变量赋值以后该变量才会被创建。每个变量在内存中创建，都包括变量的标识、名称和数据这些信息。

等号（=）用来给变量赋值。

等号（=）运算符左边是一个变量名，右边是存储在变量中的值。

基本格式：<变量>=<表达式>

例如：

```
counter =100              # 整型
miles =1000.0             # 浮点型
name = "John"             # 字符串
```

100，1000.0 和"John"分别赋值给 counter、miles、name 变量。

Python 允许同时为多个变量赋值，如 a = b = c = 10 创建一个整型对象，值为 10，a、b、c 3 个变量被分配到相同的内存空间上。

可以为多个对象指定多个变量，例如：

```
a,b,c =1,2,"john"
```

两个整型对象 1 和 2 分配给变量 a 和 b，字符串对象"john"分配给变量 c。

8.3.2 输入/输出语句

一般的程序都会有输入/输出，这样可以与用户进行交互。用户输入一些信息，程序对他输入的内容进行一些适当的操作，然后再输出给用户想要的结果。Python 中可以用 input 进行输入，print 进行输出，这些都是简单的控制台输入/输出。

1. 输出语句

经程序加工处理后的数据应该以某种可见的形式表示出来，就是数据的输出。Python 语言中数据的输出是由 print 语句实现的。

基本输出语句的形式为：

```
print data1,data2,…
```

例如：

微视频 8-2
Print 语句使用

```
a =2
print a,"hello"
```

结果为：

```
2 hello
```

print 语句有个默认特性：在输出时自动会加一个换行符。但是，只要在输出时添加一个逗号，就可以改变它这种自动换行的特性，变为自动添加一个空格。

其实在 Python 命令行下，print 是可以省略的，默认就会输出每一次命令的结果。如下面的示例：

```
>>>'MyName!'
'MyName!'
>>>2 +13 +150
165
>>>5 <50
True
```

print 语句使用很简单，但是不能直接对输出进行格式控制，需要通过字符串格式化操作符%来实现。其使用格式如下：

```
print "格式字符串" % (  data1,data2,…)
```

其中，% 左边部分的"格式字符串"包含普通字符串和% 开头的特殊字符序列，如%d 表示输出十进制整数，常见的格式字符如表 8-5 所示。% 右边的输出对象如果有两个及以上的值则需要用小括号括起来，中间用短号隔开。表明输出格式化字符串，普通字符原样输出，遇到% 开始的格式字符用输出表列中的数据替换，如：

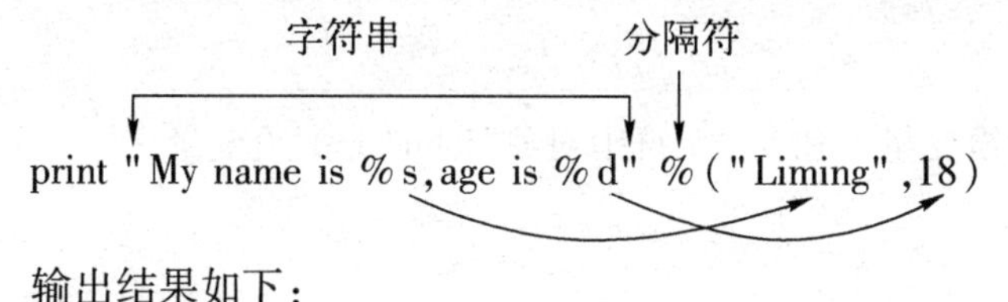

输出结果如下：

```
My name is Liming,age is 18
```

表 8-5　常用格式字符

格式字符	含　义
%d	十进制整数
%f	浮点小数
%s	字符串
%u	无符号整数
%o	八进制整数
%x %X	十六进制整数
%e	浮点数指数形式

就如前面所说的用\进行转义一样，这里用% 作为格式字符的标记，如果要在“格式字符串”中输出% 本身，可以用%% 来表示。

格式符还可以带限定符，如可以指定输出字段的宽度或控制小数点的位数。

例如：

```
>>>print "% d,% 10d,% 10.8d" % (4,5,6)
4,         5,  00000006
```

说明：%d 表示输出一个整数；%10d 表示输出一个整数，最少占 10 个字符的宽度，不足时左边补空格；%10.8d 表示输出一个整数，最少占 10 个字符的宽度，不足时左边补空格，8 的意思是最少要输出 8 个数字，不足时左边补 0。

再如：

```
>>>s = "% f,% 20f,% -20.8f" % (4.7,5.1,6.2)
>>>print(s)
4.700000,5.100000             ,          6.20000000
```

说明：%f 表示输出的是一个浮点数；%20f 表示输出一个浮点小数，最少占 20 个字符宽度，-表示不足时右边补空格；%20.8f 表示输出一个浮点小数，最少占 20 个字符宽度，不足时左边补空格，8 的意思是最少要输出 8 位小数。

再如：

```
>>>print "% .2s% 10s% 10.3s" % ("MyName","is","Liming")
My        is       Lim
```

说明：%.2s 表示输出字符串中前 2 个字符，%10s 表示的字符串最少占 10 个字符的宽度，不足时左边补空格；%10.3s 表示输出一个字符串，总字符宽度为 10，不足时左边补空格，3 的意思是输出字符串中前 3 个字符。

2. 输入语句

使用 Python 的内建函数 raw_input 和 input，可以通过读取控制台的输入与用户实现交互。

微视频 8-3
input 和 raw_input

raw_input 输入语句的格式为：

```
<变量>=raw_input(<提示性文字>)
```

它的功能是：读取键盘输入，将所有输入作为字符串看待。在获得用户输入之前，可以输出一些提示性文字。

例如：

```
>>>name = raw_input('input your name:')
input your name: Liming
>>>name
'Liming'
```

input 语句的用法与 raw_input 相似，不同之处在于 input 语句以表达式的方式对待用户输入，而 raw_input 以字符串方式对待。

其格式为：

```
input(<提示性文字>)
```

例如：

```
>>>age = input("Input your age:")
Input your age:18 +2
>>>age
20
```

而当使用 raw_input 语句时，结果如下：

```
>>>age = raw_input("Input your age:")
Input your age:18 +2
>>>age
'18 +2'
```

也就是说，当输入为纯数字时，input 返回的是数值类型，如 int、float，raw_inpout 返回的是字符串类型，即 string 类型；当输入字符串为表达式时，input 会计算在字符串中的数字表达式，而 raw_input 不会，如示例中输入 18 +2，input 会得到整数 20，而 raw_input 会得到字符串 '18 +2'。

分析例 8-1 的程序可以看出，该程序只能计算边长是 6、4 和 5 这样的一个三角形面积，用户如果想计算不同边长的三角形面积，每次都要修改程序中的数据，程序缺乏通用性。如果希望程序能计算用户自行输入三条边长的三角形面积，只要将

```
a =6
b =4
c =5
```

三条赋值语句改为一条输入语句，即可实现上述功能，见例 8-2。

【例 8-2】 输入三角形的 3 条边长，计算三角形的面积。

源程序如下：

```
#calculate the area of triangle
'''
     step 1: input three sides
     stpe 2:apply the area formula
     step 3:print out the result
'''
import math
a,b,c = input("Please enter 3 sides of a triangle:")
s = (a + b + c)/2.
area = math.sqrt(s * (s - a) * (s - b) * (s - c))
print "area = " ,area
```

运行结果：

```
Please enter 3 sides of a triangle:4.5,3.5,4.5
area =   7.2551167289
```

【例 8-3】根据用户输入的圆半径，求解并输出圆的面积。

【问题分析】

本题根据数学公式：

$$area = \pi r^2$$

即可容易算出圆的面积，π 是常量，半径是变量，命名为变量 radius，其值由用户输入，面积命名为变量 area，计算后输出在屏幕上。

Python 实现的源代码如下：

```
#计算圆的面积
import math
radius = float(raw_input('Radius:'))
area = math.pi * radius **2
print "area = %7.2f" % area
```

运行结果：

```
Radius:3
area =   28.27
```

8.3.3 选择结构语句

例 8-2 中的程序在执行时，如果将三角形的三条边长值输入为 3、5、1，会出现下面的结果：

```
Please enter 3 sides of a triangle:3,5,1

Traceback(most recent call last):
  File "C:/wei/book/dxjsj2015/area-2.py",line 13,in <module>
    area = math.sqrt(s * (s - a) * (s - b) * (s - c))
ValueError: math domain error
```

程序运行出错，原因是输入数据时没有确保输入的数据能构成三角形，3、5、1 作为三角形的三边长不满足构成三角形的要件——任意两边之和大于第三边（3 + 1 <5），出现了对 -11.8125 进行开平方。编写程序时可以利用计算机的逻辑判断能力，让程序对数据判断后再决定是否计算。可以通过条件的判断控制程序执行的情况，称为程序的控制结构，包括选择结构和循环结构。

1. 选择结构示例

选择结构也称为分支结构，包括简单选择和多分支结构，它根据给定的条件判断选择哪一条分支，执行相应的程序块。图 8-5 是在两个可能的分支中选择一个执行的选择结构，如果条件成立执行 A 模块，否则执行 B 模块。选择结构的两个分支中也可以有一个分支没有实际操作的情况。

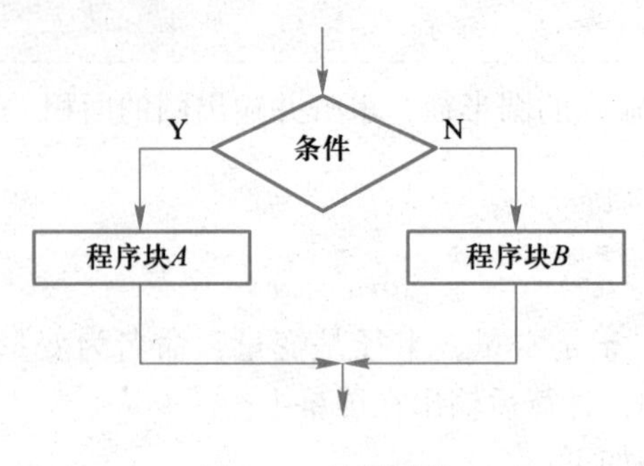

图 8-5　选择结构

【例 8-4】 输入三角形的 3 条边长，如果能构成三角形则计算三角形的面积，否则输出“不能构成三角形”。

【问题分析】

本例在例 8-2 的基础上增加了对是否构成三角形的判断，如果能构成三角形，则计算面积，否则输出其他信息。这种根据某种条件的成立与否而采取不同的程序段进行处理的程序结构称为选择结构，对应流程图如图 8-6 所示。

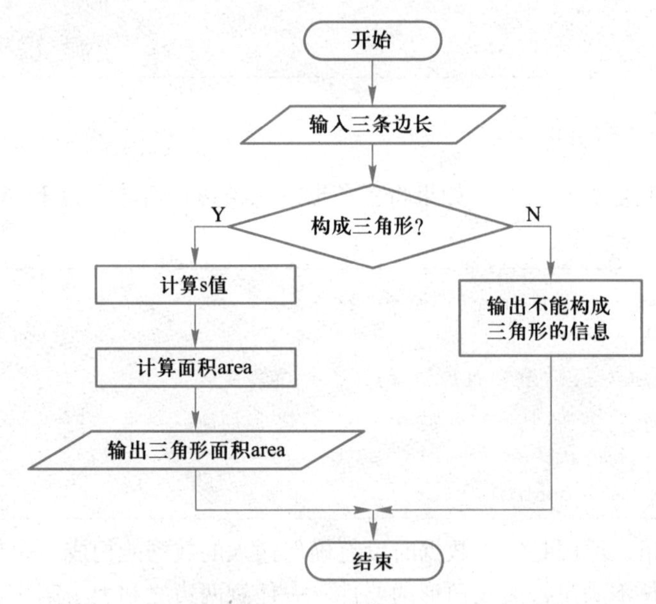

图 8-6　三角形判断选择结构

用 Python 语言实现的源程序代码如下：

```
import math
a,b,c = input("请输入三个边长:")
if(a + b > c and a + c > b and b + c > a):
    s = (a + b + c)/2
```

```
    area = math.sqrt(s * (s - a) * (s - b) * (s - c))
    print "area = % 5.2f" % area
else:
    print "不能够成三角形"
```

第一次运行结果：

请输入三个边长：3,4,5

area =　 6.00

第二次运行结果：

请输入三个边长：3,5,1

不能够成三角形

从上例中可以看出设计选择结构程序的要素是条件和实施的语句，关键要厘清条件与操作之间的逻辑关系。

选择结构程序设计中是根据条件进行选择的，条件的计算结果将决定程序下一步的执行顺序。条件通常用关系表达式或逻辑表达式表示，关系运算和逻辑运算的结果都是逻辑值，即“真”和“假”，分别用 True 和 False 表示。Python 语言中在进行逻辑判断时，将“非 0”视为 True，“0”视为 False。因此实际上任何表达式都可以作为选择结构中的条件。

2. 关系表达式

关系运算也称比较运算，通过对两个量进行比较，判断其结果是否符合给定的条件，若条件成立，则比较的结果为 True，否则就为 False。数值比较按代数值进行，字符串比较按字典序。例如，若 a = 8，则 a > 6 条件成立，其运算结果为 True；若 a = -8，则 a > 6 条件不成立，其运算结果为 False。

Python 语言提供了 6 种关系运算符，如表 8-6 所示，以下假设变量 a 为 10，变量 b 为 20。

表 8-6　关系运算符

运 算 符	含　义	示　例	结 合 性
<	小于	(a < b) 返回 True	左结合
<=	小于或等于	(a <= b) 返回 True	
>	大于	(a > b) 返回 False	
>=	大于或等于	(a >= b) 返回 False	
==	等于	(a == b) 返回 False	
!= 或 <>	不等于	(a <> b) 返回 True (a!= b) 返回 True	

关系表达式是用关系运算符将两个表达式连接起来的式子。关系表达式的运算量可以是整型、浮点型、字符串和布尔型量，但结果只能是布尔值，即 True 或 False。

例如，若 a = 1，b = 2，c = 3，则：

关系表达式 a > b 的值为 False；

关系表达式(a + b) <= (c + 8)的值为 True；

关系表达式“ABc” < “abc”的值为 True。

Python 中可以形成关系运算符链，含义与数学表示方式相同。例如：

```
>>>a =5
>>>0 <=a <=5
True
>>>0 <=a <=2
False
```

这两个表达式表示：

a 大于或等于 0 且小于或等于 5，第一个表达式结果为真；

a 大于或等于 0 且小于或等于 2，第二个表达式结果为假。

3. 布尔表达式

关系表达式通常只能表达一些简单的关系，对于一些较复杂的关系则不能正确表达。例如，数学表达式：x < -10 或 x > 0 就不能用关系表达式表示了。利用布尔运算可以实现复杂的关系运算，如例 8-4 中 a + b > c and a + c > b and b + c > a。

Python 语言提供了三种布尔运算符，“布尔与”运算符（and）通常用来表示两个条件同时成立，“布尔或”运算符（or）通常用来表示两个条件中任一条件成立，“布尔非”运算符（not）表示对条件取反，含义如表 8-7 所示。

表 8-7 布尔运算符

运算符	含义	结合性	优先级
not	布尔非，表示相反，单目运算符	左结合性	高 ↑ 低
and	布尔与，表示并且，双目运算符	右结合性	
or	布尔或，表示或者，双目运算符		

用布尔运算符将表达式连接起来的式子称为布尔表达式。例如下面都是合法的逻辑表达式：

(x > 0) and (x < 10)，and 操作符连接两个关系表达式，只有 x 大于 0，并且 x 小于 10 的时候，整个表达式才为真。

(n%2 == 0) or (n%3 == 0)，or 连接两个判断是否等于 0 的表达式，只要 n 能够被 2 整除，或是被 3 整除，这两个表达式就至少有一个为真，整个表达式就为真。

not(x > y)，如果 x 大于 y，取反后整个表达式的值为假；否则，为真。

布尔表达式中各种运算符（即前面介绍的各种基本运算符）的优先级顺序如下：

()（圆括号）→ **（幂）→ +、-（正、负）→ *、/、%（乘、除、求余）→ +、-（加、减）→ >、>=、<、<=、!=、==（关系运算符）→ not（布尔非）→ and（布尔与）→ or（布尔或）

例 8-4 中 a + b > c and a + c > b and b + c > a 在 a = 3，b = 5，c = 1 时的计算顺序是：

```
a+b>c    and    a+c>b    and    b+c>a
 8>1     and     4>5     and    6>3
 True    and     False   and    True
                False
```

严格来说，布尔操作符的操作数应该为布尔表达式，但 Python 对此处理得比较灵活，即使操作数是数字，解释器也把它们当成表达式。非 0 数字的布尔值为 1，0 的布尔值是 0。

4. 选择结构语句

根据描述构造好选择结构的条件后，即可选择 Python 语言提供的控制语句来实现。例 8-4 中采用了 if - else 语句实现，一般形式为：

```
if(条件):
    表达式 1
else:
    表达式 2
```

if - else 结构在执行时首先对条件表达式进行求值，若值为真则执行 if 后的表达式 1，执行内容可以是多行，以缩进来区分不同的范围；若值为假则执行 else 后的表达式 2。if - else 结构的执行流程如图 8-7 所示。

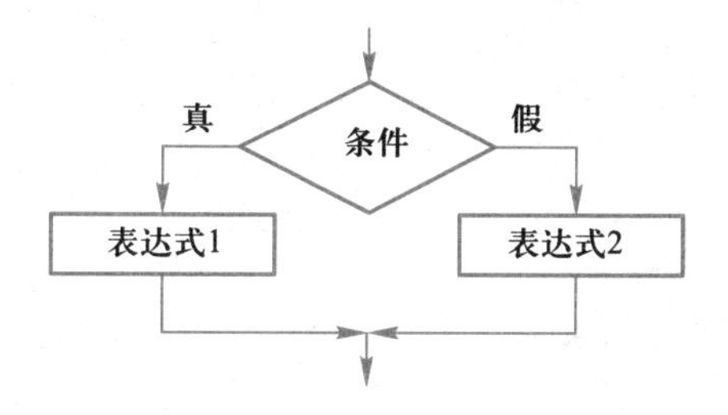

图 8-7　if - else 执行流程

例如：

```
if(x>0):
    print x
else:
    print -x
```

else 为可选语句，当在条件不成立时无相关执行内容则可省略该语句。

例如：

```
if(x>0):
    print x
```

当 x 大于 0 时，执行 print 语句；若 x 小于或等于 0，print 语句不被执行。

如果程序的分支不止两个，可能是三个或更多，此时就需要 elif 语句引出更多的分支。格式为：

```
if <条件1>:
    <表达式1>
elif <条件2>:
    <表达式2>
⋮
elif <条件N-1>:
    <表达式N-1>
else:
    <表达式N>
```

“elif” 是 “else if” 的缩写，每一个 elif 语句为程序引出一个分支。elif 语句的数量没有限制。else 语句是可选语句，并且 else 语句只能是最后一个程序分支。

从上例中可以看出，设计选择结构程序的要素是条件和实施的语句，关键要厘清条件与操作之间的逻辑关系。

下面通过一个例子来学习选择结构语句的用法。

【例 8-5】 输入两个数，输出两个数之间的比较关系。

【问题分析】

两个数分别存入变量 x、y，x、y 分别有小于、大于和等于的关系。这里需要用到多选的 elif 语句。

源程序如下：

```
x,y = input()
if(x<y):
    print x,"小于",y
elif x>y:
    print x,"大于",y
else:
    print x,"等于",y
```

运行结果 1：

请输入 2 个数：3,4

3 小于 4

运行结果 2：

请输入 2 个数：5.1,4

5.1 大于 4

运行结果 3：

请输入 2 个数：5,5

5 等于 5

在测试选择结构的程序时，应尽量多设计几组数据，以便测试到每个分支的执行情况。

8.3.4　循环结构语句

例 8-4 中的程序在执行时，如果要测试多组数据，用户就要反复进行运行 → 输入数据 →查看结果 → 退出程序的过程，这种有规律地重复进行的操作就是循环。其实循环在现实生活中随处可见，如大学生每学期按周排课，每周一循环；运动会上，运动员绕着运动场一圈接着一圈跑步。类似这种在一段时间内会重复的事情就是循环。但这种重复不是简单的重复，每周的课表虽然一样，但每周学的内容却不尽相同。同样让计算机反复执行一些语句，只要几条简单的命令，就可以完成大量同类的计算，这就是循环结构的优势。

循环结构表示程序反复执行某个或某些操作，直到某条件为假（或为真）时才可终止循环。给定的条件称为循环条件，反复执行的程序段称为循环体。因此在循环结构中最主要的问题是：什么情况下执行循环？哪些操作需要循环执行？

1. 循环结构示例

【例 8-6】输入 3 组三角形的 3 条边长，对每组数据进行判断，如果能构成三角形则计算三角形的面积，否则输出“不能构成三角形”。

【问题分析】

例 8-4 中的程序每执行一次，只能计算一个三角形的面积，计算 3 组数值需要执行 3 次程序，可以用循环结构来处理多组数据的情况。解决这类问题的关键是：

① 构造一个适当的条件，当条件成立时，反复执行某程序段，直到不成立为止，称为循环控制条件。

② 反复执行的动作是什么，并完成该动作，称为循环体。

③ 条件的变化方式。

针对本题的要求，可以设计一个变量 i 来表示处理的是第几组数据，i 的取值范围由 range 内置函数生成序列，从 1 到 3，变化步长为 1；重复执行的动作是判断输入的数据能否构成三角形，如果能构成三角形，则计算面积，否则输出相应信息，使用一个选择结构作为循环体，每处理完一组后进行 i = i + 1 的变化，进入下一次处理过程，流程图如图 8-8 所示。

程序源代码如下：

```
import math
for i in range(1,4,1):
    print "求解第 ",i," 组三角形面积"
    a,b,c = input("请输入三个边长：")
    if(a + b > c and a + c > b and b + c > a):
        s = (a + b + c)/2.
        area = math.sqrt(s * (s - a) * (s - b) * (s - c))
        print  "area = % 5.2f"  % area
    else:
        print "不能构成三角形"
    print "------------------------------"
```

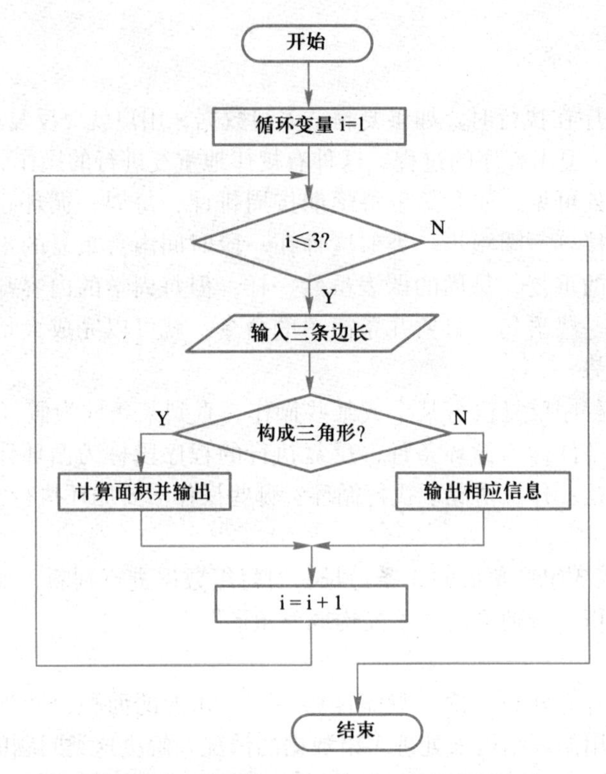

图 8-8　计算 3 组三角形面积流程图

运行结果：

求解第　1　组三角形面积
请输入三个边长：3,4,5
area =　 6.00

求解第　2　组三角形面积
请输入三个边长：3,3,3
area =　 3.90

求解第　3　组三角形面积
请输入三个边长：1,4,1
不能构成三角形
----

2. for 语句

(1) for 语句格式

for 语句基本上是一种遍历型的循环，因为它会依次对某个序列中的全体元素进行遍历，遍历完所有元素之后便终止循环。其格式为：

```
for 控制变量　in　可遍历的表达式:
    循环体
```

这里的关键字 in 是 for 语句的组成部分，“可遍历的表达式”被遍历处理，每次循环时，都会将“控制变量”设置为“可遍历的表达式”的当前元素，然后在循环体开始执行。当“可遍历的表达式”中的元素遍历一遍后，即没有元素可供遍历时，退出循环。

例如：

```
for integer in range(10):
    if integer % 2 ==0:
        print integer
```

该程序的执行过程是：首先，for 语句开始执行时，range( ) 函数会生成一个由 0 ~ 9 这十个值组成的序列；然后，将序列中的第一个值即 0 赋给变量 integer，并执行循环体。在循环体中，将变量 integer 除以 2，如果余数为零，则打印该值；否则跳过打印语句。执行循环体中的选择语句后，序列中的下一个值将被装入变量 integer，如果该值是序列中的，那么继续循环，以此类推，直到遍历完序列中的所有元素为止。

（2）range( ) 函数

如果需要循环执行一定次数，可以使用内建的 range( ) 函数。该函数会产生一个含有逐步增加数字的序列，例如：

```
>>>range(10)
[0,1,2,3,4,5,6,7,8,9]
```

range(10)产生 10 个数值由 0 到 9。

在这个函数中所传入的参数是代表终值，而且这个终值不在产生的序列之中。

range 函数格式为：

```
range(起始值,终值,步长)
```

其产生一个从起始值到终值的半开区间序列，不包含终值。如缺少起始值，默认起始值为 0。终值是必需的参数，终值本身不包含在序列中。步长值是序列中元素之间的差值，如果缺省，默认值为 1。如果只提供一个参数，该参数就是终值；如果提供两个参数，第一个是起始值，第二个是终值。例如：

```
>>>range(1,20,4)
[1,5,9,13,17]
>>>range(5,10)
[5,6,7,8,9]
>>>range(5)
[0,1,2,3,4]
>>>range(-10,-100,-30)
[-10,-40,-70]
```

需要注意，当步长为正值时，起始值必须小于终值；当步长为负值时，初始值必须大于终值，否则 range( ) 函数将返回一个空表。

3. while 语句

Python 的 while 语句的功能是：当给定的条件表达式为真时，重复执行循环体（即内嵌的语句），直到条件为假时才退出循环，并执行循环体后面的语句。while 语句的格式为：

```
while 表达式:
    循环体
```

while 语句的执行过程为：当条件表达式为 True 时，就去执行 while 内部的循环体，循环体执行完后，控制语句回到条件表达式部分，重新进行判断；当条件为 False 时，退出循环，继续执行程序的其余部分。

在使用 while 语句时应注意：

① 如果循环体由多条语句组成，各语句应该在同一层次的缩进块中。

② 循环体中要有使循环趋向于结束（即使表达式的值为假）的代码，否则会造成无限循环。

【例 8-7】 计算并输出 30 到 50 之间是 3 的倍数的数。

【问题分析】

本题用 while 语句实现，判断的数用变量 number 表示，循环从 30 开始，当小于或等于 50 时，输出该数。3 的倍数即对 3 求余为 0。

源程序如下：

```
number = 30
while number <= 50:
    if number % 3 == 0:
        print number
    number = number + 1
```

运行结果：

30 33 36 39 42 45 48

前面简单介绍了 Python 的基本知识，下面通过案例综合应用所学内容。

8.3.5 简单程序举例——百钱买百鸡

【例 8-8】 公元五世纪，我国数学家张丘建在其《算经》一书中提出了“百鸡问题”：鸡翁一，值钱 5，鸡母一，值钱 3，鸡雏三，值钱 1。百钱买百鸡，问鸡翁、母、雏各几何？

【问题分析】

显然这是个不定方程，适用于穷举法求解。依次取 Cock（公鸡）值域中的一个值，然后求其他两个数，满足条件就是一个解。

含义：穷举法也称为枚举法，其基本思路是根据题目的部分条件确定答案的大致范围，并在此范围内对所有可能的情况逐一验证，直到全部情况验证完毕。若某个情况验证符合题目的全部条件，则为本问题的一个解；若全部情况验证后都不符合题目的全部条件，则本题无解。

假设公鸡、母鸡和小鸡的个数分别为 Cock、Hen、Chick，那么买公鸡的钱数为 5 * Cock，买母鸡的钱数为 3 * Hen，买小鸡的钱数为 Chick/3；再由题意，Cock、Hen 和 Chick 的和为 100，因此可以得到该问题的数学模型如下：

$$Cock + Hen + Chick = 100$$

$$5 * Cock + 3 * Hen + Chick/3 = 100$$

因为鸡的个数只能是整数，所以问题可以归结为求这个不定方程的整数解。不定方程的求解途径一般是打出各变量的数值取值范围，再用穷举法找到所有可能的解。

已知：每种鸡的价格、鸡的总数量和总价格。

求：满足要求的解决方案。

设公鸡、母鸡和小鸡的个数分别为 Cock、Hen、Chick，则满足方程：

$$Cock + Hen + Chick = 100$$

$$5 * Cock + 3 * Hen + Chick/3 = 100$$

Cock 的取值范围为 0 ~ 100。

Hen 的取值范围为 0 ~ 100。

Chick 的取值范围为 0 ~ 100。

用 Python 语言实现的关键代码如下：

```
for Cock in range(100):
    for Hen in range(100):
      for Chick in range(100):
        if Cock + Hen + Chick ==100 and 5 * Cock + 3 * Hen + Chick /3 ==100:
          print "Cock:% 3d" % Cock, "Hen:% 3d" % Hen,"Chick:% 3d" % Chick
```

运行结果：

Cock：0 Hen：25 Chick：75

Cock：3 Hen：20 Chick：77

Cock：4 Hen：18 Chick：78

Cock：7 Hen：13 Chick：80

Cock：8 Hen：11 Chick：81

Cock：11 Hen：6 Chick：83

Cock：12 Hen：4 Chick：84

结果分析：

对结果进行分析可以看到，带下划线的三组数据小鸡的数量不是三的整数倍，因此需增加条件 Chick%3 ==0，或者循环时 Chick 的步长为 3，程序修改如下：

```
for Cock in range(100):
  for Hen in range(100):
    for Chick in range(100):
      if Cock + Hen + Chick ==100 and 5 * Cock + 3 * Hen + Chick /3 ==100 and
Chick% 3 ==0:
        print "Cock:% 3d" % Cock, "Hen:% 3d" % Hen,"Chick:% 3d" % Chick
```

微视频 8-4
百钱买百鸡优化

运行结果为：
Cock：0 Hen：25 Chick：75
Cock：4 Hen：18 Chick：78
Cock：8 Hen：11 Chick：81
Cock：12 Hen：4 Chick：84

8.4 函数式编程

Python 的程序是由一个个模块组成的。模块把一组相关的函数或代码组织到一个文件中，一个文件即是一个模块。模块由代码、函数和类组成。

8.4.1 认识函数

前面列举的例子都是比较小的程序，所有功能都放在一个模块中，当要求完成的功能比较复杂时，程序的规模就会比较大，此时如果还把所有功能放在一个模块，就会使程序变得庞杂，阅读和维护程序变得困难。因此人们在求解一个复杂问题时，通常采用的是逐步分解、分而治之的方法，也就是把一个大问题分解成若干比较容易求解的小问题，然后分别求解。程序员在设计一个复杂的应用程序时，往往也是把整个程序划分为若干功能较为单一的程序模块，然后分别予以实现，最后再把所有的程序模块像搭积木一样装配起来。

在实际开发软件时，项目组有多人参与，有些功能大家都需要，如果每人都编写一个会造成人力、物力的浪费，程序也会变得冗长。这时可以把程序中普遍用到的一些计算或操作过程编成通用的模块，以供随时调用，这样可以大大地减轻程序员的代码工作量，提供了工作效率。

因此模块化程序设计降低了程序复杂度，使程序设计、调试和维护等操作简单化。同时模块化便于多人分工合作，各人完成不同的模块，提高代码的利用率，增强了团队协作。

在 Python 语言中，函数为应用程序和代码重用提供了很好的模块化特性。通俗地说，函数就是完成特定功能的一个语句组，这组语句可以作为一个单位使用，并且给它取一个名字，这样，就可以通过函数名在程序的不同地方多次执行（通常称为函数调用），却不需要在所有地方都重复编写这些语句。另外，每次使用函数时可以提供不同的参数作为输入，以便对不同的数据进行处理；函数处理后，还可以将相应的结果反馈回来。

系统也自带了一些函数，如前面用过的内建函数 range( ) 和 math 模块中的函数 sqrt( )，还有一些第三方编写的函数，如其他程序员编写的一些函数，这些统称为预定义的 Python 函数，对于这些现成的函数用户可以直接拿来使用。

有些函数是用户自己编写的，通常称之为自定义函数。本节重点介绍自定义函数。

8.4.2 函数定义

函数是一个命名的程序代码块，是完成某些操作的功能单位。程序员根据具体问题设计自己的函数模块时，应该先定义函数，然后就可以像使用库函数一样使用自定义函数了。

到目前为止，程序中用的都是 Python 定义的函数。这些 Python 内置的函数，其定义部分对用户来说是透明的。因此，用户只需关注这些函数的用法，而不必关心函数是如何定义的。

当自己定义一个函数时，通常使用 def 语句，其语法形式如下：

```
def 函数名(参数列表):
    函数体
```

其中，函数名可以是任何有效的 Python 标识符；参数列表是调用该函数时传递给它的值，可以由多个、一个或零个参数组成，当有多个参数时各个参数由逗号分隔；圆括号是必不可少的，即使没有参数也不能没有圆括号；函数体是函数每次被调用时执行的代码，可以由一条或多条语句组成，函数体一定要注意缩进。此外，初学者经常忘记圆括号后面的冒号，这会导致语法错误。

在前面的示例中，多次计算三角形面积，可以将其定义为如下函数：

```
#定义计算三角形面积的函数
import math
def area(x,y,z):
    s = (x + y + z)/2.0
    a =math.sqrt(s * (s - x) * (s - y) * (s - z))
    return a
```

其中，在定义函数时函数名后面圆括号中的变量名称叫作“形式参数”，或简称为“形参”；在调用函数时，函数名后面圆括号中的变量名称叫作“实际参数”，或简称为“实参”。

return 语句的作用是结束函数调用，并将结果返回给调用者。不过，对于函数来说，该语句是可选的，并且可以出现在函数体的任意位置。如果没有 return 语句，那么该函数就在函数体结束位置将控制权返回给调用方，这时相当于其他编程语言中的“过程”。在本例中，return 语句是将变量 a 的值传递给调用者。

在命令行方式下测试该函数，如图 8-9 所示。

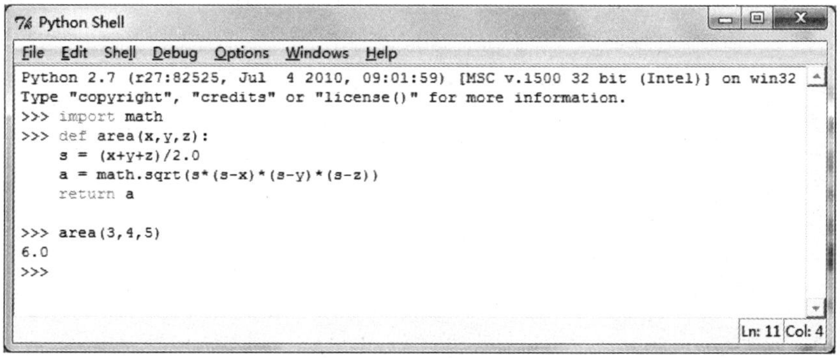

```
Python Shell
File  Edit  Shell  Debug  Options  Windows  Help
Python 2.7 (r27:82525, Jul  4 2010, 09:01:59) [MSC v.1500 32 bit (Intel)] on win32
Type "copyright", "credits" or "license()" for more information.
>>> import math
>>> def area(x,y,z):
    s = (x+y+z)/2.0
    a = math.sqrt(s*(s-x)*(s-y)*(s-z))
    return a

>>> area(3,4,5)
6.0
>>>
                                                              Ln: 11 Col: 4
```

图 8-9　函数示例

微视频 8-5
函数的缺省参数

8.4.3 函数的调用

调用一个函数就是执行该函数的函数体的过程。

函数调用的一般形式是：

```
函数名(实参列表)
```

图 8-9 中 area(3,4,5)就是函数调用。

如果调用的是无参函数，实参列表为空，不用写，但一对圆括号不能没有，这与函数定义是一致的。另外，实参的个数、出现的顺序及类型应与被调函数定义中的形参表一致。实参将与形参一一对应进行数据传送。实参列表包括多个实参时，各参数间也是用逗号隔开。实参把它的值传递给形参，函数内的语句对形参进行各种操作，而实参不会被改变。

Python 有一个主函数 main，其他函数都是在这个函数内执行，或者说 main 调用用户的程序及程序内的函数。在任何函数外创造的变量都属于 main 函数。当调用函数时形参才分配内存，函数调用结束即可释放所分配的内存，因此形参只在函数内部有效。

主程序本身也可以定义为函数，这样做的好处是，加载程序后它并没有立即开始执行，而是直到用户调用该函数时才开始运行。

【例 8-9】 编写函数计算阶乘，然后输出 1 ~5 之间阶乘值。

【问题分析】

计算 n!，形式参数设为 n，函数计算后需得到一个值，函数名为 fact。在主函数中对 fact 函数进行调用。

源程序如下：

```
def fact(n):                          # 定义求 n!的函数
    p =1
    for i in range(1,n +1):           # 循环 n 次,计算 n!
        p =p * i
    return p                          # 结果返回主函数

def main():                           # 主函数
    for m in range(1,6):
        print "% d!=% d" % (m,fact(m)) # 调用 fact(m)计算 m!并输出

main()                                # 调用主函数
```

运行结果：

1!=1

2!=2

3!=6

4!=24

5!=120

本程序中用到两个函数 main 和 fact，fact 函数实现 n！的计算，程序从 main 函数开始执行，进入循环，当 m 等于 1 时，进入循环调用 fact 函数，把 1 传递给 n，计算 1!，结果为 1 返回主函数，退出函数 fact，主函数继续循环，计算 2!，再次调用 fact 函数，以此类推，共调用 5 次 fact 函数。

思考与练习

1. 简答题

（1）简述 Python 语言的发展过程，其主要特点是什么。

（2）举例说明求解问题的全过程。

（3）根据自己的理解，简要叙述函数式编程的主要特点。

2. 填空题

（1）若 s=6，则表达式 s%2+(s+1)/2 的值为________。

（2）设 a,b,c=3,4,5，表达式 a+b>c and b!=c 的值为________。

（3）Python 中"3"+"5"的结果是________。

（4）表示“x≥10 或 y+z≥6”的 Python 表达式是________。

（5）下面程序的输出结果是________。

```
import math
for i in range(10000):
    x=int(math.sqrt(i+100))
    y=int(math.sqrt(i+268))
    if(x*x==i+100)and(y*y==i+268):
    print i
```

3. 选择题

（1）下列四组选项中，均是不合法的用户标识符的是（　　）。

A）W　P_0　in　　B）b-a　for　int

C）float　la0　_A　　D）-123　abc　TEMP

（2）不能正确判断变量 ch 是否为大写字母的表达式是（　　）。

A）'A'<=ch<='Z'　　B）(ch>='A')&&(ch<='Z')

C）(ch>=65)&&(ch<=90)　　D）('A'<=ch)and('Z'>=ch)

（3）下面不是合法字符串是（　　）。

A）'abc'　　B）"ABC"

C）'can't　　D）'He said:"good"'

（4）以下函数定义形式正确的是（　　）。

A）define fun(x,y)
　　z=x+y

B）def fun(x;y)
　　z=x+y

C) def fun(x,y=2):

```
    z = x + y
```

D) def fun(x=2,y=2):

```
    z = x + y
    return z
```

4. 上机操作题

(1) 已知某位同学的数学、英语和计算机课程的成绩分别是 87 分、72 分和 93 分，编写程序计算该生 3 门课程的平均分。

(2) 编写程序判别某一年是否为闰年。闰年的条件是符合下面二者之一：

条件 1：能被 4 整除，但不能被 100 整除，如 2008；

条件 2：能被 400 整除，如 2000。

(3) 一个农夫养了一对兔子，兔子从出生后第 3 个月起每个月都生一对兔子。小兔子长到第 3 个月后每个月又生一对兔子。假设所有兔子都不死，那么一年以后农夫有多少对兔子？请编写程序计算。

5. 网上练习与课外阅读

(1) 利用网络学习并理解运行程序的解释方式与编译方式的区别。

(2) William F Punch，Richard Enbody. Python 入门经典［M］. 张敏，等译. 北京：机械工业出版社，2013.

第 9 章

问题求解综合应用

电子教案

本章导读

本章结合前面所学的知识，进行相关应用案例分析，主要包括数据库建立、典型算法应用与数据查询，同时增加图形处理的应用，介绍 Python 的简单图形制作。通过综合应用使读者更加深入地理解和掌握所学知识，掌握问题求解基本过程，理解图形程序的编写，逐步提升计算思维能力，为后续计算机课程的学习奠定良好的基础。

本章学习导图

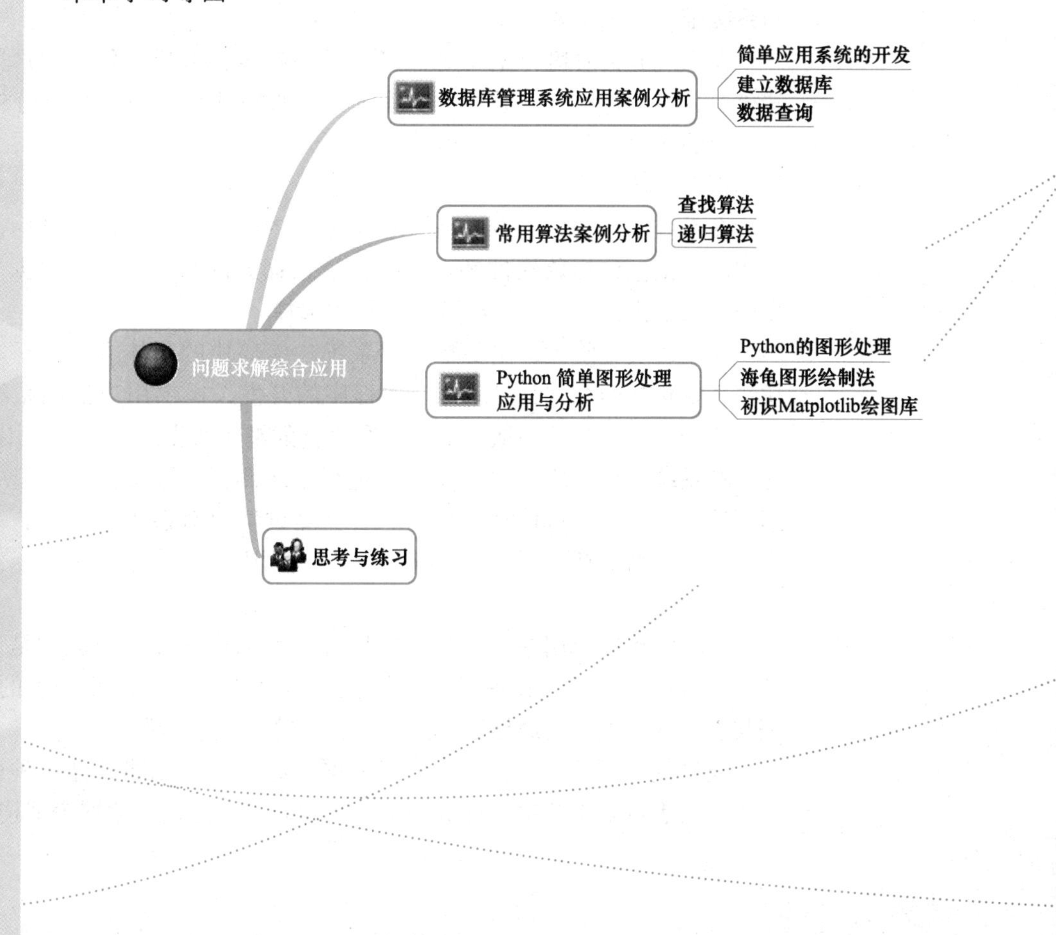

9.1 数据库管理系统应用案例分析

在第6章中，已经初步介绍了什么是数据库、数据库管理系统与数据库系统以及数据库建立与查询等知识。下面以 Access 为例，综合介绍数据库的建立、管理与维护以及 SQL 数据查询。

Microsoft Access 是 Microsoft Office 应用软件包中的一个重要组成部分，是一种小型的关系数据库管理系统。随着其版本的不断升级，其通用性和实用性大大增强，集成性与网络性也更加强大，可以通过 Access 提供的开发环境及工具方便地构建数据库系统应用程序。目前，Access 已成为广为流行的关系数据库管理软件。Access 提供直观的可视化的环境，操作简单，易学易用，无需编写程序代码就可以建立一个完整的数据库应用系统，是一种使用方便、功能较强的数据库开发工具。尤其是对初学者，是学习并掌握数据处理与管理的得力助手。

9.1.1 简单应用系统的开发

1. 基本思路

对于任何一个完整的应用系统，其开发一般包括系统分析、系统设计、系统实施与系统维护4个主要阶段。

在系统分析阶段，主要是针对实际问题进行分析，包括用户需求、数据采集、算法确定、数学建模等。通过分析确定系统总体建设目标，系统分析的好坏程度决定系统建设的成败，系统分析越完善，系统开发的过程就越顺利，系统的漏洞就会降低到最小程度，甚至没有。

在系统设计阶段，主要是针对系统分析设计的总体建设目标，确定解决问题的具体实施方案。包括软硬件环境的搭建、数据库的总体规划、数据模型、功能模块、数据的输入输出以及应用系统开发工具的选择。

在系统实施阶段，主要是针对系统功能模块的具体方案，开发系统的各个功能模块，主要包括两个部分，一是应用程序的开发，提供用户访问系统应用的接口；二是数据库的建立与维护，从而形成一个完整的基于数据库系统的应用管理系统。

在系统维护阶段，主要任务是进行系统测试，通过模拟少量的数据，对系统可能遇到的各种情况进行检测与分析。根据测试情况对系统进行更新维护、纠正系统中的漏洞，增加新的功能等，使系统最终达到实用程度。

2. 如何设计与建立数据库

一个完整的应用系统，其首要任务是数据库的设计，也就是说，对系统中要用到的各种数据进行组织管理。设计的主要内容包括：各种数据表的结构，字段的属性、表与表之间的关系，原始数据的输入，等等。

通过建立原始数据表，就可以依据原始数据表创建其他各种所需的数据表，如各种输出报表或基于关键字查询产生的数据表等，由这些数据表就构成了数据库。

数据表既可以通过专门的表处理应用程序创建，如 Excel，也可以通过数据库管理系统开发工具中的数据库功能实现，如 Access、MySQL、Oracle、DB2 等。目前，大部分数据库管理软件都具有与 Excel 数据表转换的接口。也就是说，利用 Excel 建立的电子表格，基本上都可以导入到数据库管理软件中。由于 Excel 简单易学，对于原始数据量较大的情况，应用 Excel 建立初始数据表是最佳选择。

3. 如何设计系统应用页面

开发一个完整的应用系统，主要包括应用程序和数据库两部分。从功能上讲数据库主要实现对数据的维护、查询与打印报表等功能，应用程序主要实现系统的组织与管理。而系统应用页面是指最终用户使用的应用窗口，即应用程序的首页面，一般是以交互方式呈现。从技术实现上，应用程序主要由开发工具实现，如 C ++ 、C#、Java、Python、PHP 等，用户通过应用程序的操作界面实现对数据的维护与查询。而数据库系统由数据库、数据库管理系统组成，实现数据库的创建，包括各种数据表的结构与原始数据的建立、表与表之间的关联关系等，为应用程序访问数据提供支撑，如图 9-1 所示。

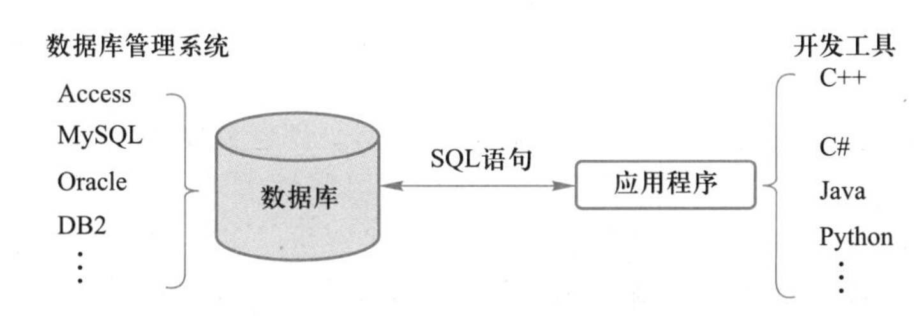

图 9-1　简单数据库应用系统架构示意图

所以说，开发应用系统需要掌握开发工具，而系统应用页面的设计主要以用户操作方便、数据检索效率高、数据易维护、系统易管理等几个方面为原则。

9.1.2　建立数据库

1. 基本概念

在 Access 中，一个数据库包含的对象主要有表、查询、窗体、报表、宏、模块等，所有这些都存放在一个数据库文件中，其文件扩展名为“. accdb”。也就是说，在一个数据库中，可以存放多个表，便于数据库文件的组织与管理。

（1）数据库窗口

运行 Access 后，即进入数据库窗口，由于 Access 是基于 Windows 系统的一个应用程序，所以窗口格式继承了 Windows 样式，只是根据应用程序不同或自身版本不同，提供的功能菜单和页面信息会有所不同。通过该窗口可以实现数据库表的建立、查询、报表等一系列数据库操作。

（2）表

表用来存储数据库中的数据，是数据库的核心。创建表主要有两个过程，一是建立表的结构，包括字段名、字段值的类型、主键等；二是添加表数据，这些数据需满足表结构的属性定义。

(3) 查询

查询主要是对表数据进行分类和筛选，找出满足条件的记录，从而方便地对数据进行查看、更新和分析。查询是 Access 中的精华，它提供了强大的数据检索功能，既可以针对一个表中的一个字段或多个字段设定条件进行查询；也可以针对多个表中的一个字段或多个字段设定组合条件进行查询；甚至可以在筛选出符合条件的记录所构成的查询文件的基础上再次进行查询。

(4) 窗体

窗体是指由用户自己设计的对话框界面。窗体的作用比较广泛，最常用的是作为数据输入和显示的控制界面。它可以对表中的数据进行添加、修改、删除等编辑操作，也可以使显示数据的方式更适合用户的工作习惯。

(5) 报表

报表是对数据库中的数据进行统计分析后的显示形式。报表中的数据来源于原始表或查询的结果，它是以打印格式展示数据的有效方式。Access 提供了许多默认的报表格式模板，可以以它们为基础建立自己需要的各种显示或打印格式的报表。

2. 表的基本元素

(1) 字段与字段名

字段是构建表结构的主体，字段值就是表数据。创建数据表的过程就是设置表的结构，包括给字段命名、设置字段数据类型与字段属性等。字段名称可以包含汉字、字符、数字、空格和一些特殊符号，但不能出现句号“。”、感叹号“!”和方括号“[ ]”。字段名不能以空格和控制字符开头，长度不能超过64 个字符。在同一个数据表中不能出现相同的字段名。

(2) 字段属性

字段的属性用于定义字段的数据存储、处理和显示方式。每个字段都有一个属性集合，例如，可以通过设置“文本”字段的“字段大小”属性控制允许输入的最大字符数，在“必填字段”属性上选择“是”或“否”，在“默认值”属性上填写字段的默认值。每个字段的可用属性取决于为该字段选择的数据类型。

常用的字段属性如下。

“字段大小”属性：仅对文本和数字类型的字段有效。对于文本字段，该属性定义了可存储的最大字符数；对于数字字段，该属性定义了字节、整型、长整型、单精度型、双精度型等数字类型。

“格式”属性：用于定义显示字段的数据样式，它仅影响数据值的显示和打印时的形式，不存入表中。Access 为“数字”、“日期/时间”、“货币”、“自动编号”、“是/否”5 种数据类型定义了格式。

“小数点位数”属性：用于定义数字的小数点部分的位数，默认值为“自动”。设置的范围是 0 ~ 15。

“默认值”属性：用于为字段指定一个数值，该数值在新建记录时将自动填写到字段中。例如，在“地址”表中可以将“城市”字段的默认值设置为“北京”，当用户在表中添加记录时，记录直接接受默认值，也可以进行更改输入其他城市的名称。这样做的好处是减少用户的数据输入，尤其是对一些很有规律的数据序列，将其固有的、且重复出现的数据定为默认值。

"索引"属性：用于设置单一字段索引。索引可加速对索引字段的查询，还能加速排序及分组操作。例如，要在"姓名"字段中搜索某一学生的姓名，可以创建此字段的索引，以加快搜索具体姓名的速度。

（3）数据类型

在 Access 中提供的数据类型主要有 8 种，其数据类型与常用使用方法如表 9-1 所示，详细的说明请参考相应网站或其他教科书。

表 9-1　数据类型及常用使用方法

数据类型	用　法	大　小
文本（Text）	文本或文本与数字的组合，如地址、电话号码、学号、邮编等	最多 255 个字符
备注（Memo）	长文本信息，如备注或说明	最多 64 000 个字符
数字（Number）	可用来进行算术运算的数字数据，如字节、整型、长整型、单精度型、双精度型等	1、2、4 或 8 个字节
日期/时间（Date/Time）	存储日期和时间	8 个字节（系统固定值）
货币（Currency）	存储货币值，在显示时会在数据前面出现货币符号"¥"，在数据中出现逗号","和小数点"."。货币类型数据可以参加算术运算，自动四舍五入	8 个字节（系统固定值）
自动编号（AutoNumber）	在添加记录时自动插入的唯一顺序号（每次递增 1）或随机编号。该数据可视为记录编号，其内容永远是只读的	4 个字节（系统固定值）
是/否（Yes/No）	字段中只包含两个值中的一个，如"是/否"、"真/假"、"开/关"等，存储逻辑型数据	1 个字节（系统固定值）
OLE 对象（OLE Object）	存储在其他程序中使用 OLE 协议创建的对象，如图像、声音、演示文稿等	最多 1 GB

3. 建立数据表

利用 Access 建立数据表一般采用设计视图、数据表视图、导入表或链接表等方式。

设计视图是最常用的创建表的方法。在打开的表窗口中，为表输入字段名，确定数据类型，并且对每个字段的属性进行描述。这种方法可以对表的定义进行最大限度的控制，如为字段确定默认值、明确该字段是否为必填字段、该字段是否允许是空字符串、建立索引是否可以有重复等，如果是数字型字段，还要明确是整型还是实型，以及小数点后保留几位。这些详细的描述为以后对表的各种处理带来极大的好处。

数据表视图是一种以自由的、电子表格的方式创建表的方法。这种方法的优点是直接在表格中输入数据，而不是先定义表的结构。Access 在保存表的同时，自动识别每个字段的数据类型，建立表的结构；缺点是不能指定字段的大小和默认值等参数，因此还需要在"设计视图"中修改表的结构。

导入表是从外部数据库或者是已有的电子表数据文件引入数据，然后对其进行编辑，从而建立新表。新表仅仅是原数据表载体的副本，引入后对数据所做的任何修改只影响该表。这种方式不需要建立数据表的结构，其结构由原始数据表的结构直接产生，这也是非常提倡的一种创建表的方式。尤其对于大量有规律的原始数据，可以直接由电子表格应用程序创建，然后导入到数据库中，进行维护、查询与使用。例如，Excel 就是目前功能强大、简单易学的电子表格应用程序。

链接表与导入表类似，也要指定数据源。不同之处在于该数据表要与原有数据源建立一个动态的链接关系。对于链接表的数据所做的任何修改都会在数据源中反映出来。也就是说，修改链接表的同时，数据源中的数据也随之改变。

4. 向表中输入数据

当创建好数据表结构后，就可以向该数据表中添加数据记录了。添加数据的主要操作如下。

（1）为空表添加记录

打开一个空表后，光标停在第一条记录的第一个字段上。输入完一个字段的数据后按回车键，光标自动跳到下一个字段上；当输入完一条记录后按回车键，光标会跳到下一条记录的第一个字段上。在输入的过程中，记录最左边的星号“*”总是指向等待输入的记录。一旦开始输入，记录最左边的星号变成笔形标记，表示此记录是当前记录，逐项输入即可。

（2）保存记录

数据输入完成后，单击表窗口右侧的 × 按钮，关闭表窗口，表中的记录自动保存。如果在输入的过程中调整了字段所占列的宽度，关闭表窗口前会弹出一个 Access 消息框，询问是否保存对表布局的改动，单击“是”按钮，关闭表窗口并保存记录和表的布局。

（3）追加记录

追加记录是指对已有的数据表进行数据添加操作。当打开一个数据库后，在窗口的左侧给出已有的数据表清单。双击某个数据表，即可打开一个包含记录的表，这时光标定位在第一条字段的第一个字段上，等待操作。在数据表的最后一行左边有一个“*”号，它是表尾的结束标记。追加记录只需将光标移到“*”号所在行的第一个字段上即可。可以直接用鼠标单击这个字段，随着数据的输入，“*”号标记会变成笔形标记，并自动将“*”号标记移到下一条空白记录上。

利用 Access 2013 添加记录窗口如图 9-2 所示。

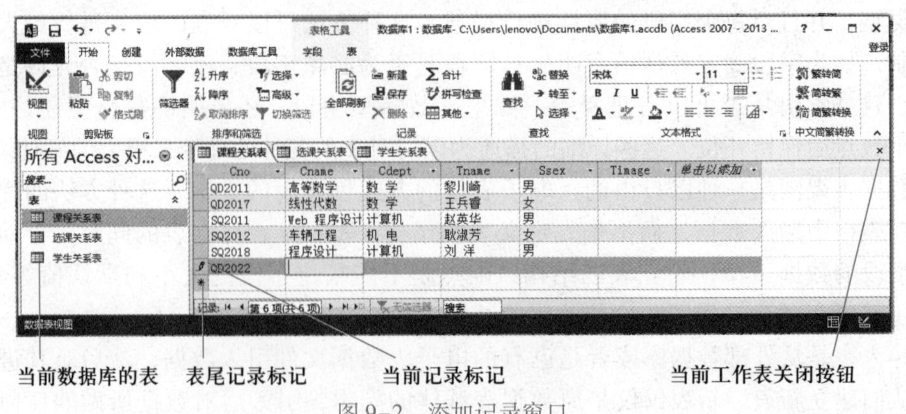

图 9-2　添加记录窗口

5. 表的维护

表的维护是指对已有的表进行编辑操作，包括对表结构和对表数据记录的维护两部分。

在 Access 中，修改表结构很方便，只要启动数据库，打开要修改的表，进入表的设计视图即可。

同样，在 Access 中，对表数据的维护也很方便，打开要维护的数据表，然后直接在要修改的字段记录上进行编辑即可。

6. 应用案例分析

【例 9–1】 建立学生管理数据库，在此主要讨论如何利用 Access 建立数据库。

【问题分析】

假定，"学生"用 Student 表示，"课程"用 Course 表示，"选修"用 SC 表示，则学生选课系统的关系模式集为：

学生关系模式 Student（Sno，Sname，Ssex，Sbirth，Sdept，Simage）。

课程关系模式 Course（Cno，Cname，Cdept，Tname）。

选课关系模式 SC（Sno，Cno，Grade，Rank）。

3 个关系的数据表清单如表 9–2、表 9–3 和表 9–4 所示。

表 9–2　学生关系（Student）

Sno	Sname	Ssex	Sbirth	Sdept	Simage
14152011	赵鸿	男	1997-1-10	软件工程	
14152031	王晓伟	男	1996-8-15	计算机	
14162065	刘伟	女	1997-7-20	国际贸易	
13121205	李昂	男	1996-9-22	法语	
14163111	康玉洁	女	1996-8-17	国际贸易	
14141218	蔡金良	男	1998-4-18	计算机	

表 9–3　课程关系（Course）

Cno	Cname	Cdept	Tname	Ssex	Timage
QD2011	高等数学	数学	黎川崎	男	
QD2017	线性代数	数学	王兵睿	女	
SQ2012	车辆工程	机电	耿淑芳	女	
SQ2018	程序设计	计算机	刘洋	男	
SQ2011	Web 程序设计	计算机	赵英华	男	

表 9–4　选课关系（SC）

Sno	Cno	Grade	Rank
14152011	QD2011	92	
14152031	QD2017	92	

续表

Sno	Cno	Grade	Rank
14162065	SQ2011	68	
13121205	QD2011	85	
14163111	QD2017	65	
14141218	SQ2012	80	
14163111	SQ2018	72	
14162065	QD2011	73	
13121205	QD2017	90	
14152031	SQ2011	80	
14152011	SQ2012	75	
13121205	SQ2011	75	

【操作步骤】

（1）启动数据库

运行 Access 2013，进入 Access 工作窗口，该窗口由两部分组成，窗口左侧是常用的有关文件操作的工具按钮，包括：最近使用的文档、打开其他文件等；窗口右侧给出了一系列系统提供的可用模板，根据需要进行选择即可。

选择“空白桌面数据库”模板，弹出“空白桌面数据库”窗口，如图 9-3 所示。单击“新建”按钮，进入数据库操作窗口。

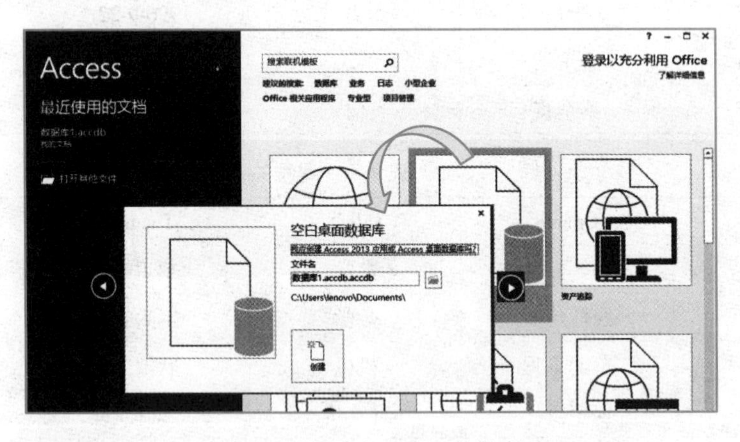

图 9-3　新建空白桌面数据库

（2）创建数据表

方式 1：利用设计视图创建表。将鼠标指向图 9-4 所示的窗口左侧的“表 1”并右击，在弹出的快捷菜单中，选择“设计视图”，弹出“另存为”对话框，输入“学生信息表”，如图 9-4 所示。

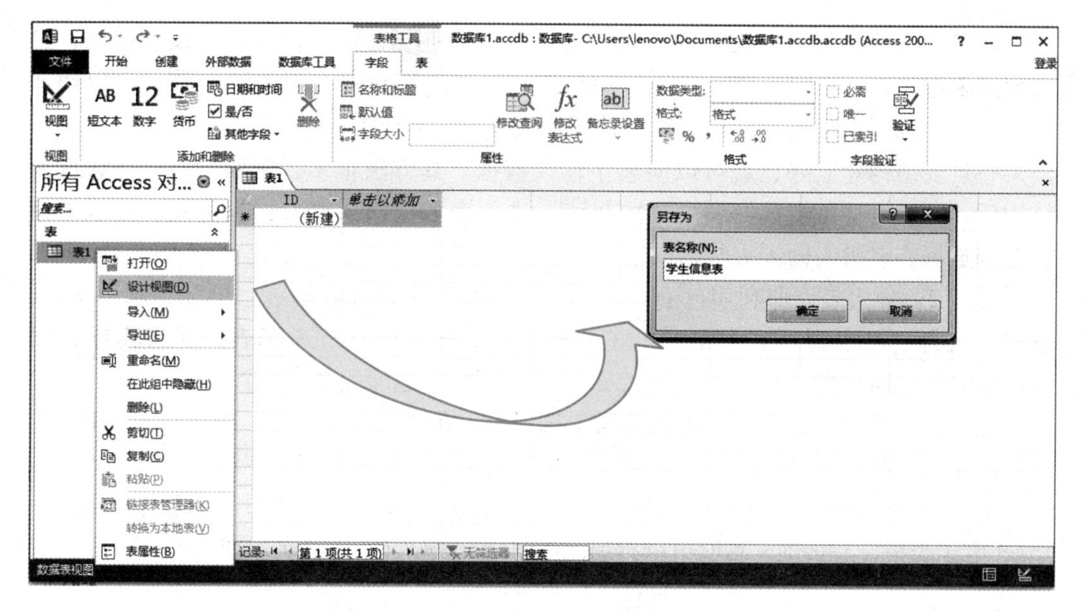

图 9-4 基于设计视图创建表窗口

单击“另存为”对话框的“确定”按钮，进入创建表结构窗口，这时便可以按照数据表关系，建立表的字段名及其属性。随着字段名的建立，可通过“数据类型”下拉列表选择该字段的属性，系统根据所选类型，自动给出属性的常规值供用户定义。例如，创建的学生信息表结构如图 9-5 所示。

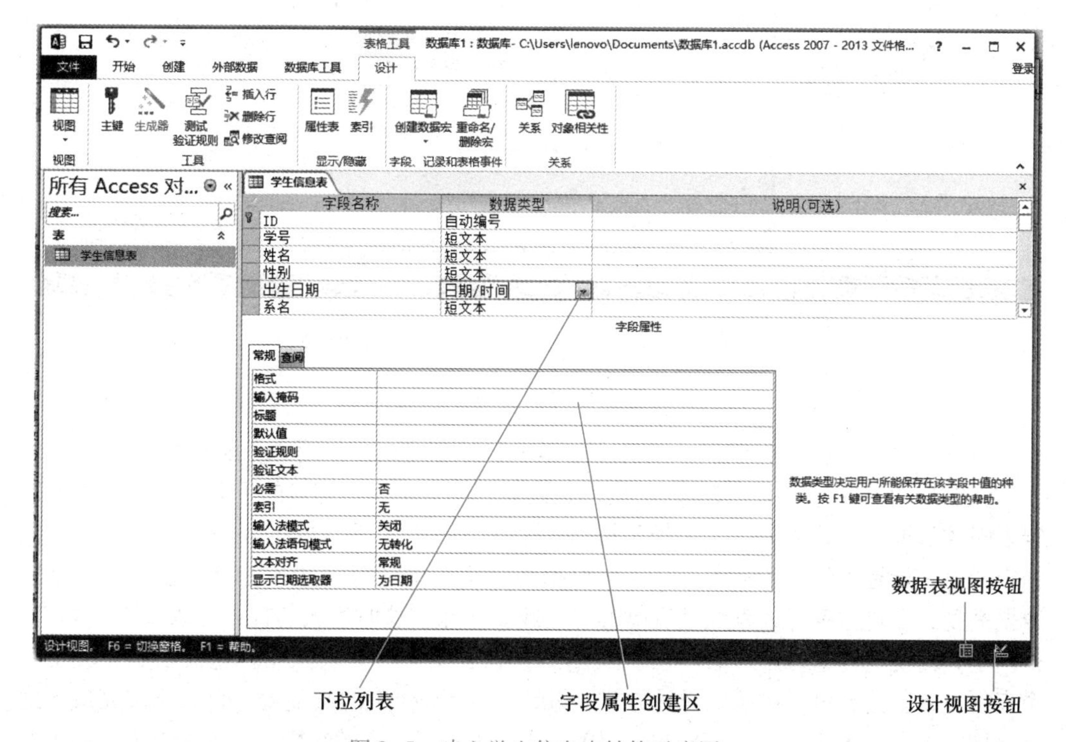

图 9-5 建立学生信息表结构示意图

窗口右下角有两个快捷按钮，利用设计视图按钮，可以快速启动设计视图，进入数据表结构设计视图窗口，建立或编辑表结构。利用数据表视图按钮，可以快速启动数据表视图，进入数据表视图窗口，输入或编辑表数据。

一旦表结构建立好，就可以向表中输入数据。其方法很多，例如，建立好数据表结构后，可以直接单击数据表视图按钮，进入表数据输入窗口；也可以直接双击窗口左侧数据表名进入输入表数据窗口等。

方式2：导入表，即利用已有的 Excel 电子表文件导入数据表。例如，利用 Excel 创建了名为“学生管理数据库”电子文档文件，该文件具有 3 张表，现将其导入到 Access 中，分别生成“学生关系”、“课程关系”和“选课关系”3 个表。

在 Access 窗口中，选择“外部数据”选项卡，在“导入并链接”组中单击“Excel”按钮，弹出“获取外部数据 - Excel 电子表格”对话框；再通过单击“浏览”按钮，进入“打开”文件选择窗口，选择好文件后，单击“打开”按钮，返回到“获取外部数据 - Excel 电子表格”对话框，这时可以看到已选的电子表格文档文件名，如图 9-6 所示。

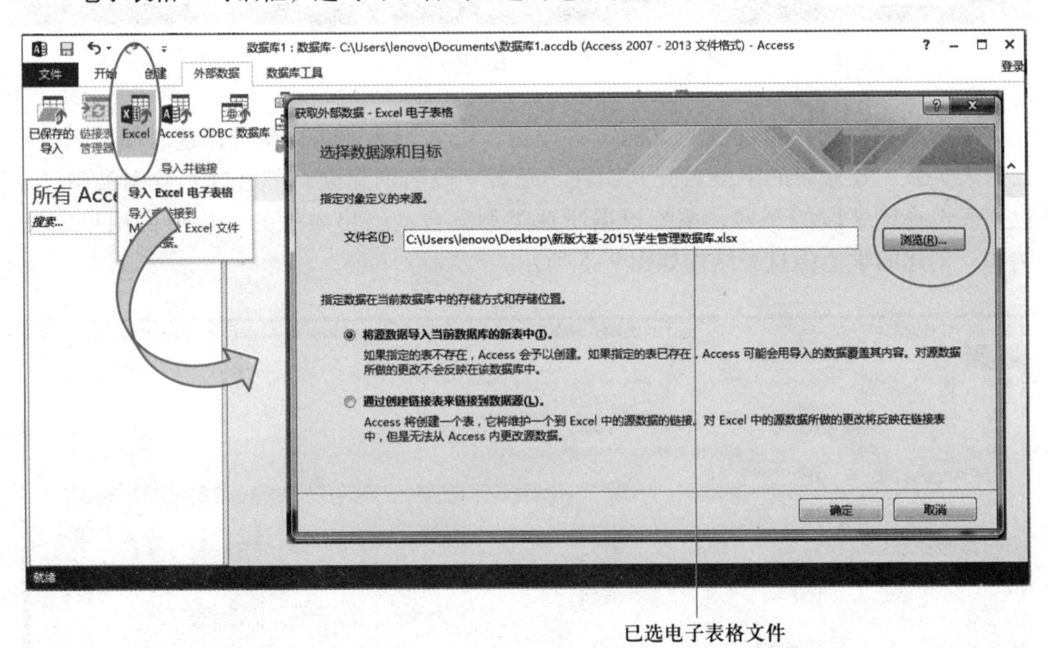

图 9-6　导入表示意图

单击“确定”按钮，即进入“导入数据表向导”窗口，如图 9-7 所示。

在窗口的上方，给出了 Excel 已有的表及其表的名字。在窗口的下面，给出了当前选定表中的数据。接着单击“下一步”按钮，进入下一项“导入数据表向导”窗口，询问指定的第一行是否包含列标题；就这样根据系统提示，进行设置或选择，包括更改字段数据类型、设置主键等，直到最后单击“完成”按钮。这时进入“保存导入步骤”窗口，根据个人需要选择即可，最后单击“关闭”按钮，结束导入表操作。这仅仅是完成了一个表的导入，接着可以按照同样的方式，继续导入 Excel 中的其他表，直到全部完成。此例共导入了学生关系、课程关系和选课关系 3 个表，每个表的结构与数据记录值依赖于源电子表中的数据。

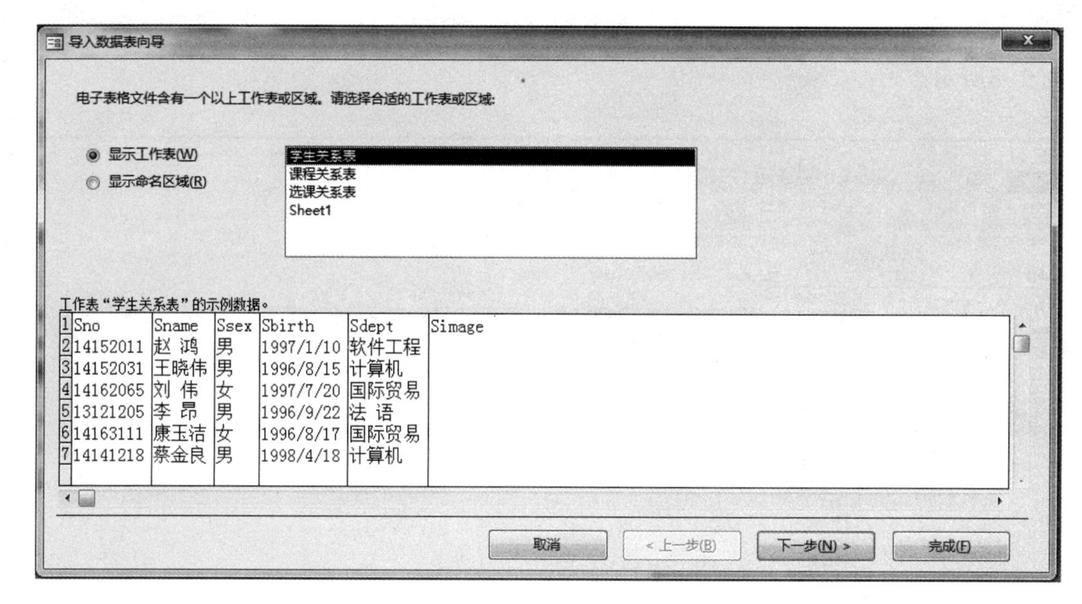

图 9-7　导入 Excel 表示意图

注意，对于导入生成的 Access 数据表，其字段属性会与实际数据有差异，也就是说不满足实际要求，这时就需要进行调整或修改。实现方法很简单，进入到 Access 的表操作窗口，选择“设计视图”显示表结构，根据需要进行修改即可。

在 Access 中，不仅可以导入表，也可以将 Access 中的表导出供其他数据库使用。

【例 9-2】 维护表应用。

要求：修改学生管理数据库中的学生关系表结构，更改性别字段增加有效性规则，使得在输入新记录时，其性别字段能自动在“男”或“女”两者间进行选择；设置校对查阅功能，当输入非“男”或“女”值时给出值范围提示；增加新记录。

【问题分析】

通过学生关系（见表 9-2）可以看出，性别字段“Ssex”只能由“男”或“女”两者之一组成，为了减少用户的输入量与数据的有效性，对该字段增加限制条件；另外，从表 9-2 中也可以看出，该表男性多于女性，所以可以设定该字段数据的初始值为“男”。

【操作步骤】

(1) 启动数据库

运行 Access 2013，进入 Access 工作窗口，在窗口左侧最近使用的文档列表中选择“学生管理数据库 . accdb”，即可进入到学生管理数据库窗口。

(2) 选择学生关系表

选中窗口左侧的“学生关系表”右击，在弹出的快捷菜单中选择“设计试图”，进入数据表结构维护窗口。

(3) 维护数据表结构

第一步，为字段增加有效性规则。选中要修改的“Ssex”字段，然后选中字段属性区的“常规”选项卡，在“默认值”文本框中输入“男”；在验证规则文本框中输入“男” or “女”；在验证文本框中输入“只能输入‘男’或‘女’”，如图 9–8所示。

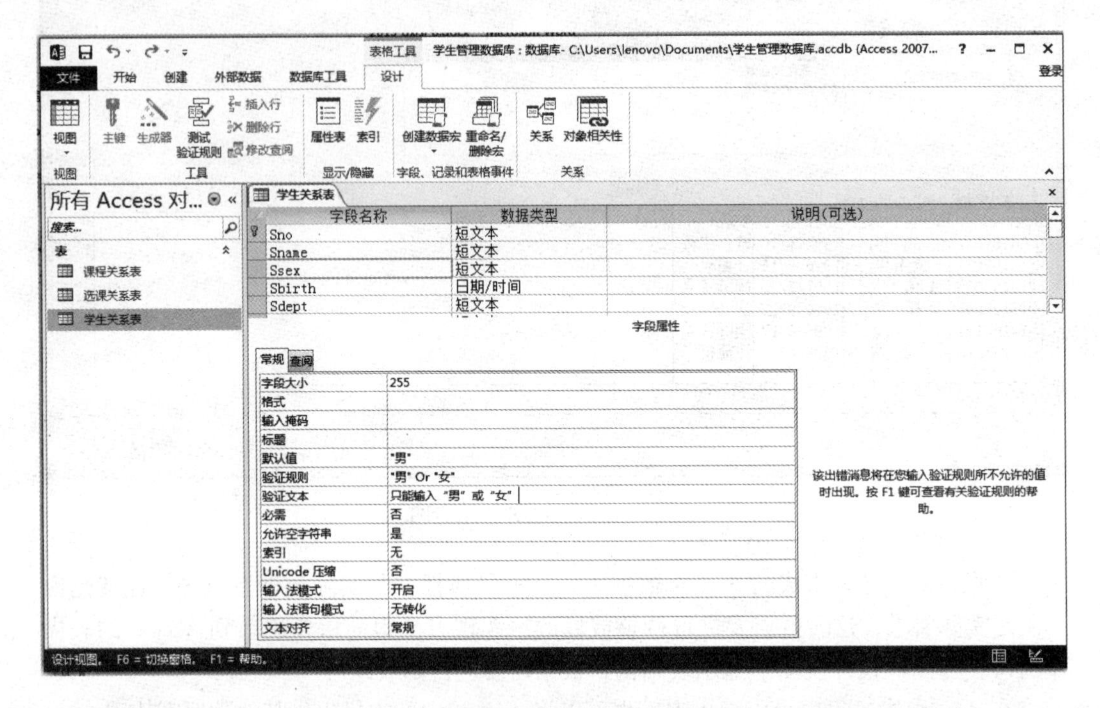

图 9–8　为性别字段增加有效性规则

第二步，为字段增加校对查阅条件。当前字段仍然在性别“Ssex”，选中字段属性区的“查阅”选项卡，选择“显示控件”值为“列表框”；选择“行来源类型”值为“值列表”；在“行来源”文本框输入：“男”或“女”等，如图 9–9 所示。

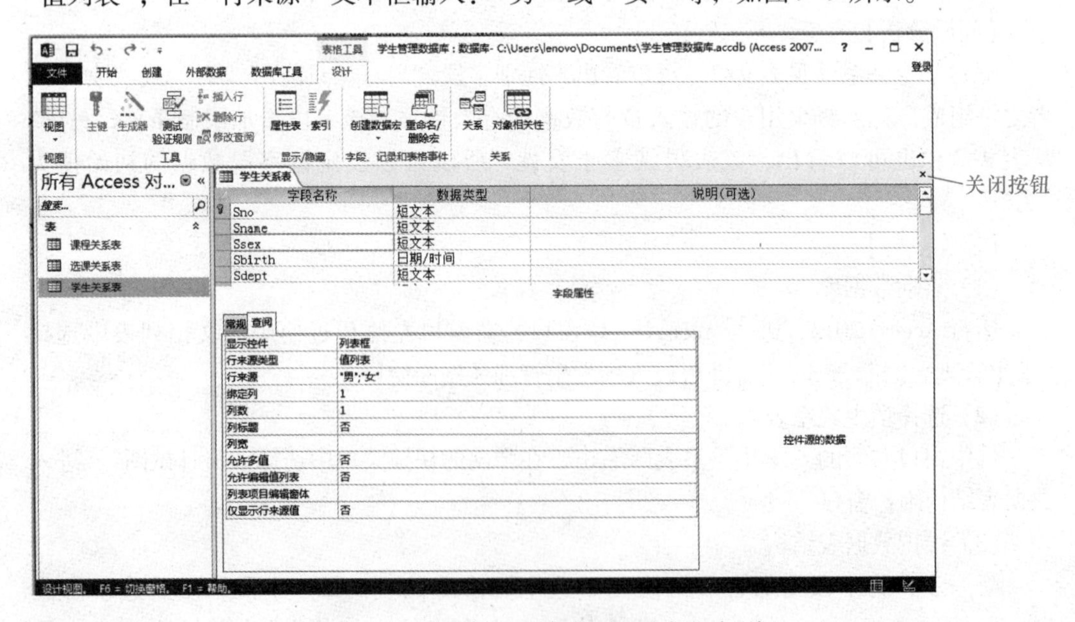

图 9–9　为性别字段增加校对“查阅”规则

单击表结构维护窗口右侧的关闭按钮，保存并结束表结构更新操作。

(4) 增加记录

在学生管理数据库窗口中，双击窗口左侧的“学生关系表”，进入数据表记录维护窗口，即可对已有的数据记录进行编辑，包括修改某个字段值、删除某条记录，也可以增加新记录。

增加新记录，鼠标定位在行标识为“ * ”的记录最左端的字段位置上，输入学号，输入完成后按 Tab 键进入下一个字段位置上接着输入。就这样依次输入各个字段值，直到该记录的所有字段输入完成。再继续按 Tab 键，进入下一条记录的第一个字段位置上，继续输入直到全部完成，保存并关闭数据表。

在输入过程中，当进入到性别“Ssex”字段时，根据该字段在设计视图建立的有效性规则，系统会自动显示默认值“男”，同时以下拉列表方式显示该字段。此时，可根据需要进行选择。其操作结果示意如图 9-10 所示。

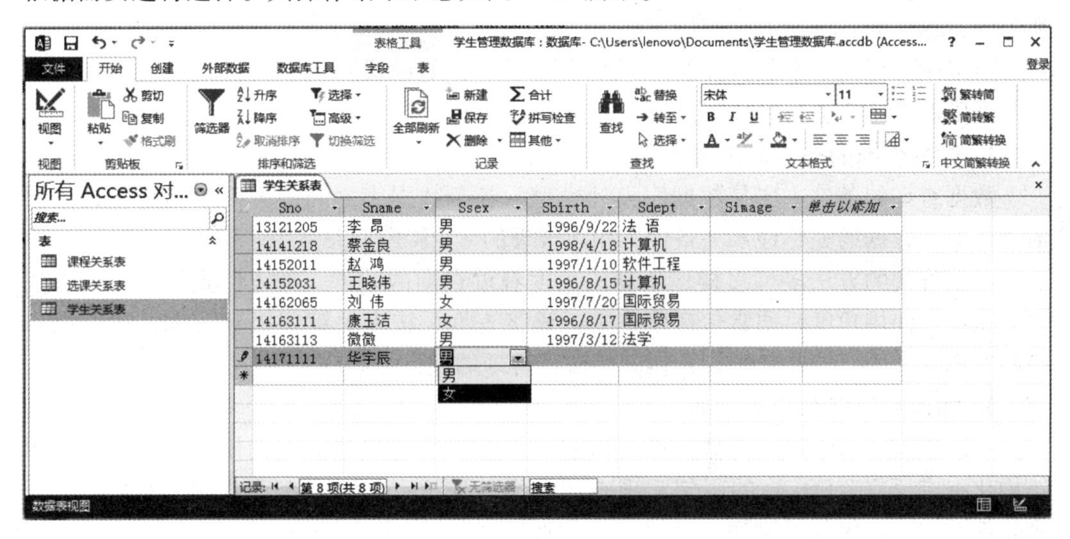

图 9-10　增加新记录示意图

如果此时输入了一个非下拉列表中给出的值，系统会按有效性“验证文本”规则给出提示，如图 9-11 所示。

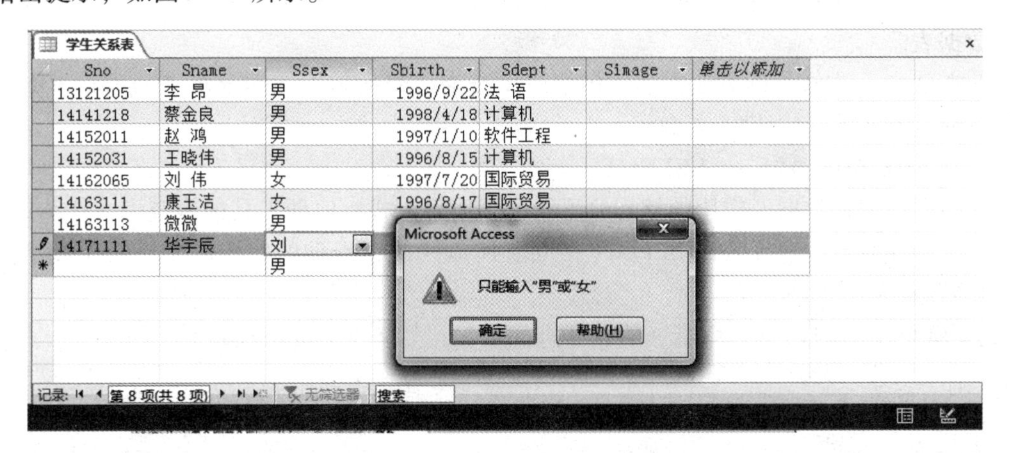

图 9-11　有效性规则应用示意图

9.1.3 数据查询

1. 数据查询的重要性

任何数据库管理系统都离不开查询功能，在人们周围到处都可以看到查询的应用，时时处处感受到查询功能应用的重要性。例如，出行前可以通过网络查询机票或火车票的销售情况；在图书馆，查询图书的信息或借阅的状态；在各大商场一进门的大厅中，也会提供商场购物的查询路线图；了解本单位职工的信息、学生的学业完成的状况；甚至是各个企事业单位的生产链、销售链；等等。所有这些都充分体现了数据库中数据查询的重要性。也可以这样讲，建立数据库的主要目的就是为了查询。

当然，人们也会在使用中发现，各个单位或企事业机构提供的查询方式与功能是不一样的。有的系统简单快捷，也有的使用起来很不方便，甚至也会遇到查询不到所需结果的情况。发生这些情况主要是因为不同的数据库管理系统所提供的使用方式有所不同，提供的查询功能强弱也不同。

所以说，任何一个数据库管理系统都要具有良好的设计与完善的用户功能，尤其是数据库的设计，会直接影响到用户的查询等应用。

2. 数据查询的条件与方法

数据查询的条件主要是数据库设计模型，各个数据表之间的关系结构是否合理与清晰，原始数据的完整性和完备性，构建合理的 E－R 模型关系等。

数据查询的方法多种多样，从算法角度看重查询的效率，如线性查询、二分查找等。从用户使用角度，通常包括按单一关键字查询、按多关键字组合查询，还可以有模糊查询等。所有这些要根据具体问题进行合理的设计并实现。

3. 如何实现查询

一般来讲，对于一个完整的数据库管理系统，应通过建立查询模块应用程序，用结构化查询语言（SQL）的语句实现查询操作，Access 也是支持 SQL 的关系数据库管理软件。在此，仅仅讨论如何用 SQL 语句直接对数据表进行查询。

查询是指根据用户指定的一个或多个条件，在数据表中查找满足条件的记录，并将其显示出来或作为新文件保存起来。在 Access 中，查询是一种特殊的文件，它是数据库中的一种组件，根据用户提供的条件进行查询，并将查询结果反馈给用户形成新的数据表。

在 Access 中查询的方法很多，包括简单查询、交叉表查询和 SQL 查询等。SQL 查询是通过 SQL 语句创建的查询。

4. SQL 查询语句——SELECT

数据查询是数据库应用的核心，不管采用何种方式、何种工具创建查询，在Access 中，都会在后台构造等效的 SELECT 语句。所以说执行查询的实质就是运行了相应的 SELECT 语句。

SELECT 语句是 SQL 中唯一的一条查询语句，其基本语法格式如下：

```
SELECT | * |DISTINCT | <目标列表达式>   FROM <表名或视图名>
        |WHERE 条件表达式|
```

```
|GROUP  BY <分组列名 >  |HAVING  <过滤表达式 > | |
|ORDER  BY <排序选项 >  |ASC|DESC| |
```

其中带有“[]”的，表示该项是可有可无的，称为子句。

语句功能是：根据 WHERE 子句中的条件表达式，从 FROM 子句指定的表或视图中寻找满足条件的记录；再根据 SELECT 子句中的目标列表达式显示数据，目标列表达式可以有多个，之间用逗号分开。如果有 GROUP BY 子句，则按分组列名的值进行分组，值相等的记录分在一组，每一组产生一条记录。如果有 GROUP BY 子句再带有 HAVING 短语，则只有满足过滤表达式的组才予以输出。如果有 ORDER BY 子句，则查询结果按排序选项的值进行排序，其中 ASC 指查询结果按某一列值的升序排列，DESC 指按降序排列。

5. 应用案例分析

在 Access 中，利用 SQL 语句实现查询，首先要进入到 SQL 设计视图窗口，然后才可以输入查询语句。

当运行 Access 并选择某个数据库后，即进入数据库窗口中。选择“创建”选项卡，这时可以看到在“查询”组中有两个功能按钮，即 Access 提供的“查询向导”和“查询设计”两类查询方法，如图 9-12 所示。

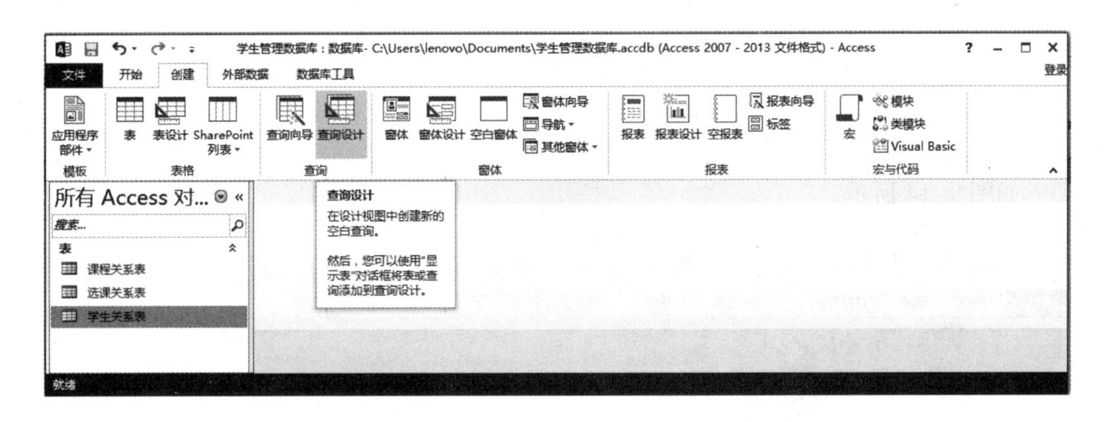

图 9-12　启动 Access 查询窗口

单击“查询设计”按钮，进入“查询工具”窗口，同时弹出“显示表”对话框，如图 9-13 所示。

在此仅讨论 SQL 查询的使用，所以单击“显示表”对话框中的“关闭”按钮继续停留在“查询工具”窗口。

注意，窗口上方左侧的结果区有两个按钮，一个是 SQL 查询视图按钮（“SQL 视图”按钮）、一个是执行查询按钮（“运行”按钮）。单击“SQL 视图”按钮，即可进入 SQL 查询窗口。接着就可以根据需要在查询窗口中输入相应的查询语句了。

【例 9-3】 利用 SQL 语句实现简单查询。

题目 1：从学生关系表中，查询出所有性别为“男”的记录。

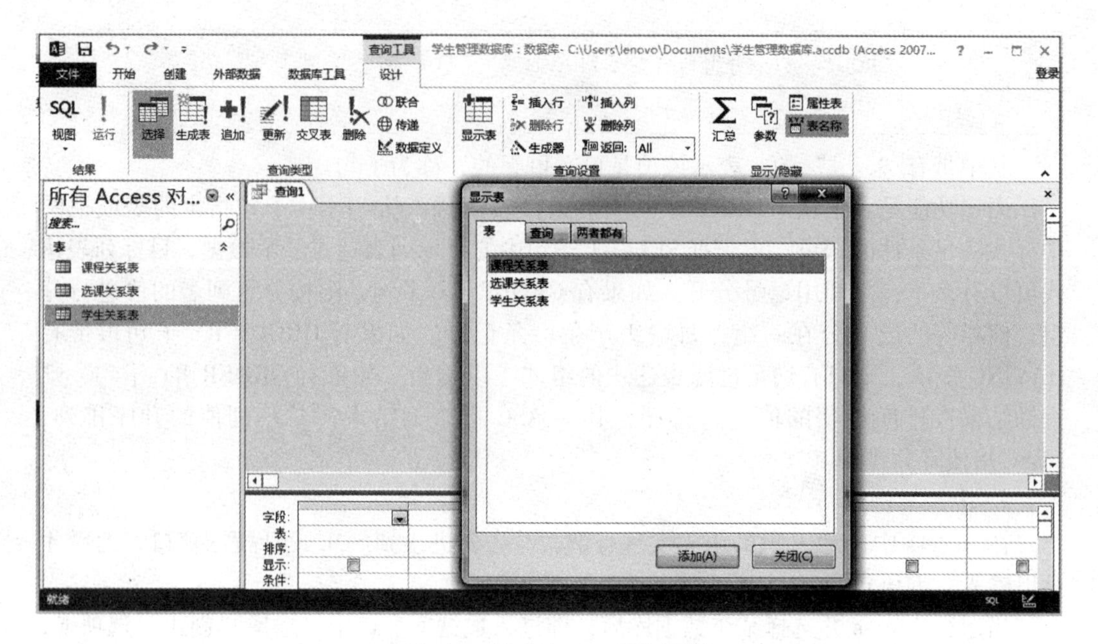

图 9-13　启动 Access SQL 视图

【操作步骤】

(1) 输入查询语句

在 Access 的 SQL 视图窗口中输入如下语句：

```
SELECT  *  FROM 学生关系表  WHERE ssex = "男"
```

如图 9-14 所示。

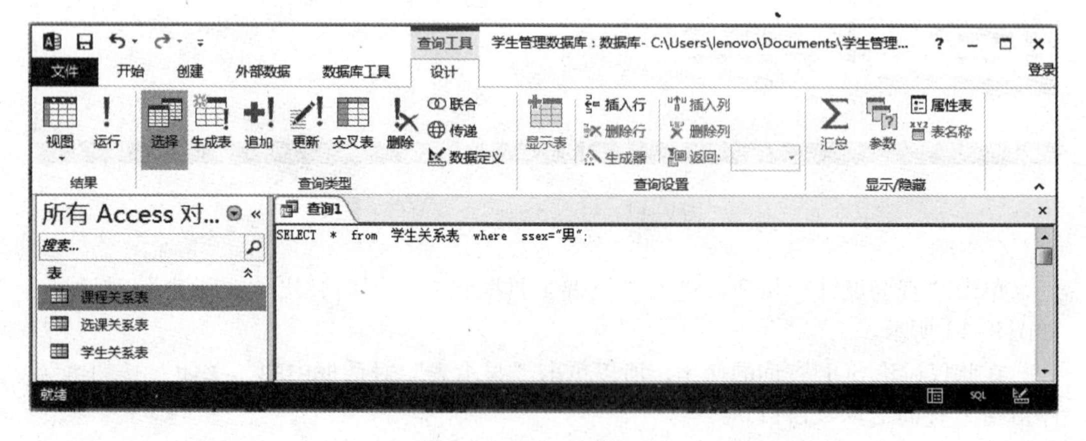

图 9-14　SQL 查询窗口

(2) 执行查询语句

单击“运行”按钮，产生运行结果，如图 9-15 所示。

(3) 保存查询结果

创建查询后，要将其作为一个新表文件保存起来，以备使用。选择 Access 窗口的

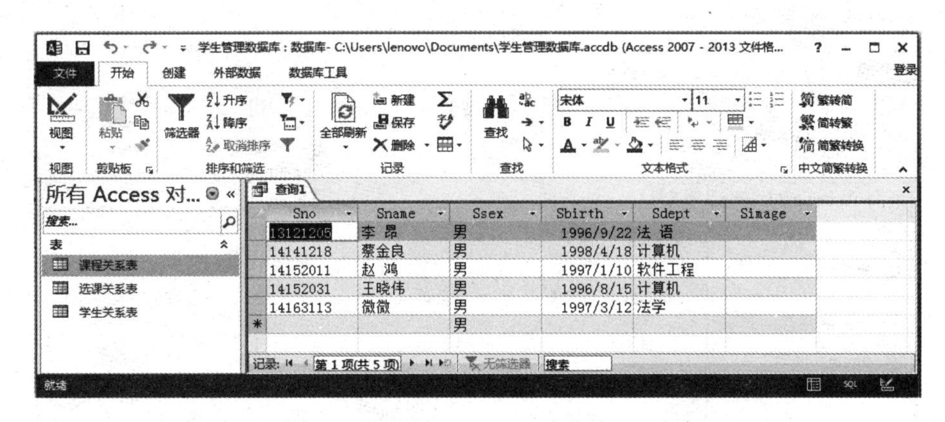

图 9-15　SQL 查询结果

“文件”→“保存”命令，在“另存为”对话框的“查询名称”文本框内输入查询文件名称，单击“确定”按钮，生成查询文件。也可以关闭此查询窗口，系统会弹出是否保存此查询结果询问窗口，根据需要进行保存。

接着，可以用同样的方法，查询性别为女的学生记录，并保存查询结果。

查询语句为：

SELECT　*　FROM 学生关系表　WHERE ssex = "女"。这时就会在数据库窗口的左侧数据表显示区增加了查询结果生成的两个表。

题目 2：从选课关系表中，查找分数在 80 ~ 90 之间的学生，然后生成满足条件的查询结果数据表。要求查询结果分别显示选课关系表中的“Sno”和“Grade”字段，再从学生关系表中查询出对应的学生名字“Sname”一起输出到新表。

【问题分析】

这是一个基于两个表的连接应用，所以在引用字段时需要指出该字段来源于哪个表，同时还要进行关键字匹配，既要满足“Grade”的取值范围，还要保证查询结果只取满足“Grade”条件的两个表中相同学号的记录。

【操作步骤】

（1）输入查询语句

在 Access 的 SQL 视图窗口中输入如下命令：

```
SELECT 选课关系表.Sno,学生关系表.Sname,选课关系表.Grade  FROM 选课关系表,学生关系表 WHERE  选课关系表.Grade >=80 AND  选课关系表.Grade <=90 AND  选课关系表.Sno =学生关系表.Sno
```

（2）执行查询语句

单击“运行”按钮，产生运行结果，如图 9-16 所示。

（3）保存查询结果

单击查询表窗口右侧的关闭按钮，在弹出的是否保存询问窗口，单击“确定”按钮，生成查询文件。

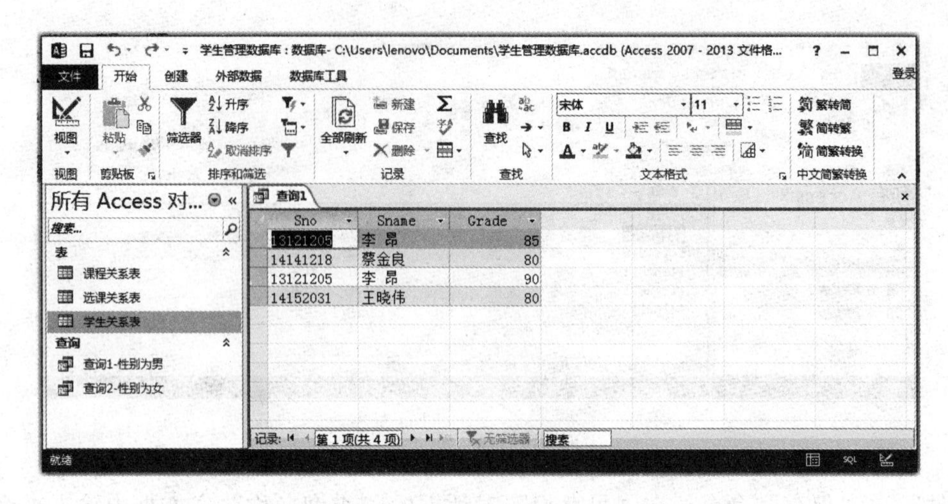

图 9-16　基于两表连接的查询表示意图

9.2　常用算法案例分析

解决某一问题的计算方法称为算法。在日常生活与工作中，人们经常会遇到一些算法问题。例如有这样一个游戏：猜一件物品的价格。先假定这个物品的价格在 3000 至 6000 元之间。这时有人说一个值，其他人则根据这个人猜出的价格提示“高了”或是“低了”，这样反复进行，直到猜对为止。这个问题的关键是如何猜，怎么猜可以快一点呢？这里面有什么技巧吗？其实这就是一个算法问题，在这个游戏的背后是一个经典的应用——查找算法。

9.2.1　查找算法

1. 何谓查找

查找是计算机应用中的一种最常用的运算。其算法思想是根据给定的值，在一组数据中查找一个其数值等于给定值的数据元素，若存在这样的数据元素说明查找成功，否则查找不成功。例如，从学生信息数据库中查找某个学生的资料，从图书数据库中查找某一本书的资料，或者从历史资料数据库中查找某个历史资料等。现在大多数应用软件都具有查找功能，只是提供的查找方法不同。

查找的方法取决于数据中数据元素的组织方式，按照数据元素的组织方式决定查找方式，主要有顺序（线性）查找、二分（折半）查找、哈希表查找等。

2. 顺序查找

顺序查找也称为线性查找，其基本思想是：将待查找的数依次顺序地与数列中的每一个数进行比较，如果相等，说明找到，查找成功，算法结束；如果不相等，说明没有找到，此时应判断是否还有剩余的数据，如果还有剩余的数据则继续和剩余的数据比较，如果没有剩余的数据，则宣布查找失败，算法结束。顺序查找法的平均查找

长度是 $n/2$，其查找效率较低，适合于数据量较小的情况。

【例 9-4】给定一组数据，然后根据随机输入的数据 x 进行查找，如果找到，输出该数据所在的相应位置，否则输出“Not Found”。

【算法分析】

首先，将这组数据存放在一个给定的数组“array”中，然后在程序运行中输入要查找的数据，并将其存放到变量 x 中。key 表示 x 所在位置，i 为循环控制变量，n 为数组元素总个数。将 x 值分别与给定的数组元素按顺序一一进行比对，直到 i > n 比对结束。可参见拓展知识 7-2。

【算法描述】

算法流程如图 9-17 所示。

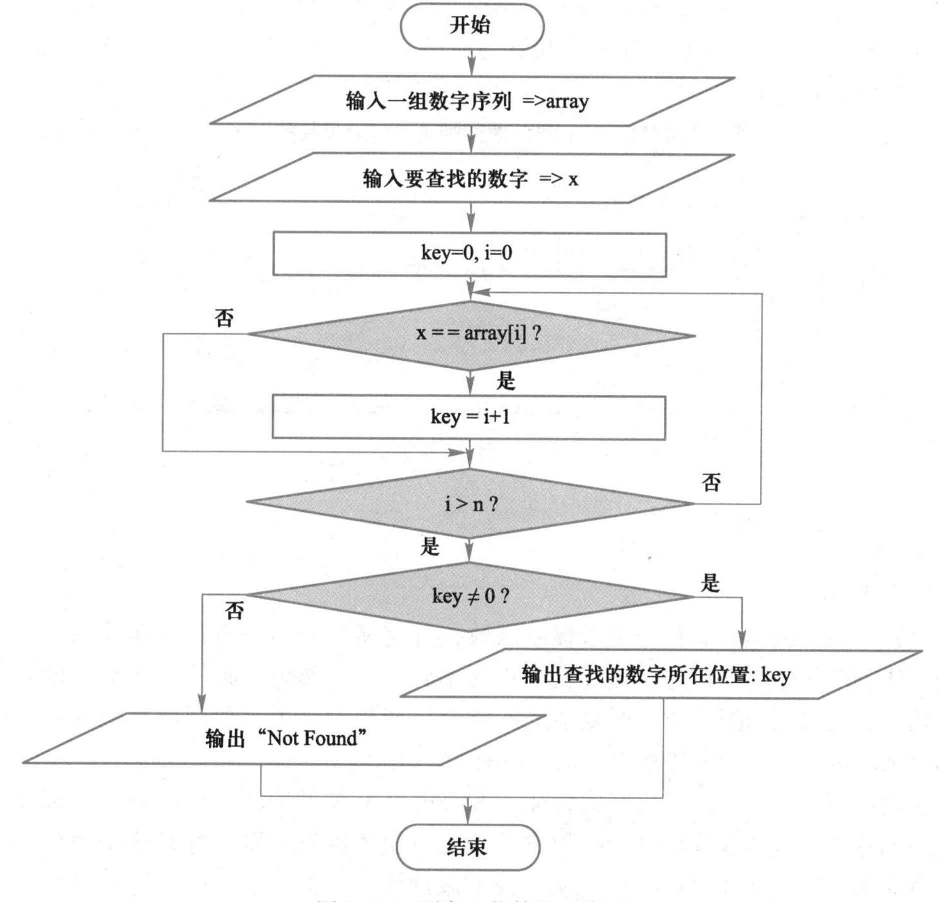

图 9-17　顺序查找算法示意图

设置 key 变量的目的，是用于判定要找的数据是否存在，且规定当 key =0 时，表示不存在，否则为该数字所在的位置值。

【算法实现】

Python 语言程序代码如下：

```
array = [3,2,1,6,5,4,22,15,21,9]                # 给定一组数字序列
n = len(array);                                 # 取这组数字序列的长度
x = input("请输入要查找的数据:")                   # 输入要查找的数字
key = 0                                         # 设置 x 数字所在位置初始值
for i in range(0,n):                            # 循环进行一一查找
    if array[i] == x:                           # 比较
        key = i                                 # 记录找到数据所在下标
if key <> 0:                                    # 判断是否找到
    print "\n its position is: ", key +1        # 找到后输出该数字所在位置
else:
    print "\n Not Found "                       # 输出提示信息"Not Found"
```

请思考：程序中输出该数字所在位置为何是“key + 1”？

运行结果如图 9-18 所示。

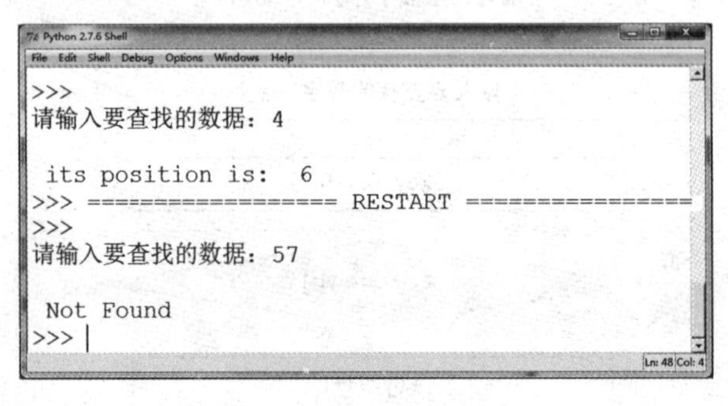

图 9-18　顺序查找运行结果

9.2.2　递归算法

拓展知识 9-1
用递归算法求解汉诺塔

1. 何谓递归

递归（Recursion）是指一个过程或函数在其定义或说明中直接或间接调用自身的一种方法，即程序调用自身的编程技巧称为递归。递归作为一种算法在程序设计中广泛应用，它通常用于把一个大型复杂的问题层层转化为一个与原问题相似的规模较小的问题来求解，是设计和描述算法的一种有力的工具。

采用递归描述的算法应具有的特征：求解规模为 N 的问题，设法将它分解成规模较小的问题，然后从这些小问题的解方便地构造出大问题的解，并且这些规模较小的问题也能采用同样的分解和综合方法，分解成规模更小的问题，并从这些更小问题的解构造出规模较大问题的解，特别是当规模 $N=1$ 时，能直接求解。

递归是计算机科学的一个重要概念，递归算法是程序设计中有效的方法，采用递归算法描述问题能使程序变得简洁和清晰。

2. 算法思想

递归的基本思想是把规模大的问题转化为规模小的相似的子问题来解决，通常用函数实现。因为解决大问题的方法和解决小问题的方法往往是同一个方法，所以就产生了函数调用它自身的情况。当然，这个解决问题的函数必须有明显的结束条件，这

样就不会产生无限递归的情况。

递归之所以在程序中广泛应用是因为递归可以产生无限循环体，也就是说有可能产生 100 层、1000 层，甚至更多层的 for 循环。尤其是对一些问题，正常情况下很难解决的，甚至是无解的，但通过递归就能够解决。例如，著名的汉诺塔问题就是通过递归实现的。

递归策略的特点是：只需少量的程序就可描述出解题过程所需要的多次重复计算问题，大大减少了程序的代码量。递归的能力在于用有限的语句来定义对象的无限集合。一般来说，递归需要有边界条件、递归前进段和递归返回段。当边界条件不满足时，递归前进；当边界条件满足时，递归返回。

3. 递归的执行

递归算法的执行过程分递推和回归两个阶段。

在递推阶段，把较复杂的问题（规模为 n）的求解推到比原问题简单一些的问题（规模小于 n）的求解。例如，计算斐波那契数列，在解 $f(n)$ 时，先把它推到求解 $f(n-1)$ 和 $f(n-2)$。也就是说，为计算 $f(n)$，必须先计算 $f(n-1)$ 和 $f(n-2)$，而计算 $f(n-1)$ 和 $f(n-2)$，又必须先计算 $f(n-3)$ 和 $f(n-4)$。以此类推，直至计算 $f(1)$ 和 $f(0)$，分别能立即得到结果 1 和 0。在递推阶段，必须要有终止递归的情况。例如在函数 $f(n)$ 中，当 n 为 1 和 0 的情况。

在回归阶段，当获得最简单情况的解后，逐级返回，依次得到稍复杂问题的解，例如得到 $f(1)$ 和 $f(0)$ 后，返回得到 $f(2)$ 的结果……在得到了 $f(n-1)$ 和 $f(n-2)$ 的结果后，返回得到 $f(n)$ 的结果。

在编写递归函数时要注意，函数中的局部变量和参数只是局限于当前调用层，当递推进入“简单问题”层时，原来层次上的参数和局部变量便被隐蔽起来。在一系列“简单问题”层，它们各有自己的参数和局部变量。

4. 应用案例分析

【例 9-5】 用递归算法实现求解斐波那契数列（Fibonacci Sequence）。

【算法分析】

斐波那契数列（Fibonacci Sequence）又称黄金分割数列，指的是有这样一个数列：0，1，1，2，3，5，8，13，21，34，...

这个数列具有这样特点：第 1 项为 0，第 2 项为 1，从第 3 项开始，每一项都等于前两项之和。为便于理解，可以进一步描述其关系，如图 9-19 所示。

第1项	第2项	第3项	第4项	第5项	第6项	第7项	第8项	第9项	…	第n项
↓	↓	↓	↓	↓	↓	↓	↓	↓		
0	1	0+1	1+1	1+2	2+3	3+5	5+8	8+13	…	
↓	↓	↓	↓	↓	↓	↓	↓	↓		
0	1	1	2	3	5	8	13	21	…	

图 9-19　斐波那契数列示意图

斐波那契数列是典型的递归算法案例，其递归关系就是实体自己和自己建立关系。其中：$f(1)=0$，$f(2)=1$，对所有 $n>1$ 的整数：$f(n)=f(n-1)+f(n-2)$

（递归定义）。

【算法描述】

假定$f(n=5)$，算法执行过程如图 9-20 所示。

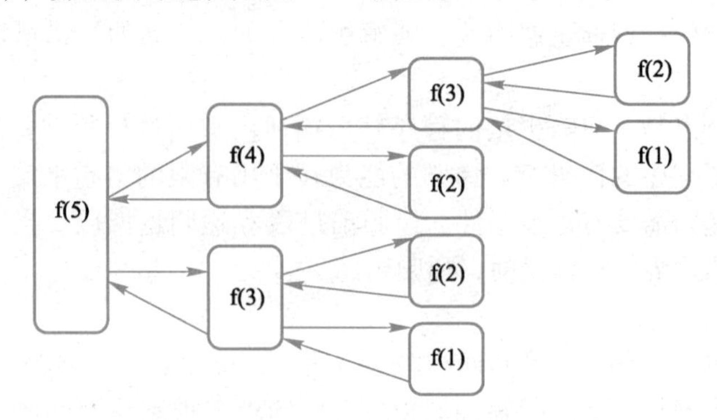

图 9-20　斐波那契数列算法执行过程

【算法实现】

Python 语言程序代码如下：

```
def f(n):
    if(n==0):
        return 0
    if(n==1 or n==2):
        return 1
    else:
        return f(n-1)+f(n-2)

m=input("请输入斐波那契数列终值：")
print "斐波那契数列终值为",m,"的序列数如下:"
for i in range(m):
    print f(i)                    #注意:m 可以为任意正整数
```

结果分析：通过上面的例子，可以看出递归算法主要用于解决三类问题：

① 数据的定义是按递归定义的，如 fibonacci 函数。

② 问题解法按递归算法实现，其问题本身没有明显的递归结构，但用递归求解比迭代求解更简单，如汉诺塔问题。

③ 数据的结构形式是按递归定义的，如二叉树、广义表等，由于结构本身固有的递归特性，它们的操作可递归地描述。

9.3　Python 简单图形处理应用与分析

本节将通过几个应用案例介绍 Python 的图形处理，包括海龟图形绘制法、Matplotlib 图形库的使用。通过学习初步掌握简单的图形编辑，了解图形处理的含义，掌握如何以程序的方式绘制图形。

9.3.1　Python 的图形处理

1. 基本概念

提到图形处理，人们通常想到的工具是 MATLAB，它提供了一个强大的图形处理工具箱。但是，对于简单的图形处理任务而言，采用高级语言也能起到事半功倍的效果，Python 就是实现这一功能的理想选择。Python 的面向对象、弱数据类型等特性都使得用它来进行简单的图形处理非常简洁方便。

很多应用程序都具有图形用户界面（Graphical User Interface，GUI），它提供了可视化元素，如窗口、菜单、图标和按钮等。这些图形用户界面应用程序是通过专门的图形编程框架开发的。Python 也提供了创建这些图形界面应用程序的方法，而且简单易学，尤其有利于初学者入门。

2. Python 中的图形图像处理

Python 也具有功能强大的图形图像处理软件包，有四种处理图形图像的方法：一是通过自带的函数库 Tkinter 实现图形窗口的制作，由于其函数库是 Python 自带的，所以应用时不需要其他组件；二是应用海龟绘图（Turtle Graphics）法绘制各种图形，它是一个简单的图形绘制方法；三是利用 Matplotlib 绘图库实现复杂的图形处理（二维或三维图形），Matplotlib 是 Python 最著名的绘图库，使用时需要下载安装；四是利用 Imaging 库来进行图像处理，使用时也需要下载安装。

总之，利用 Python 可以方便地对图形图像进行处理。下面先通过几个简单的小例子体验一下 Python 绘图功能及其应用的乐趣。

3. 应用案例

【例 9-6】 简单图形绘制。

【知识学习】

利用 Tkinter 中的图形库 Graphics 模块，可以绘制直线、圆形、椭圆、正方形等。例如，在 Python 窗口中以命令行方式输入如下命令，可以看到各种结果。

```
>>>from  graphics import *     #导入图形库Graphics.py
>>>win = GraphWin()
    #创建一个新窗体,窗体的标题为系统默认值"GraphicsWindow"
>>>p = Point(100,100)          #定义变量p的坐标,x与y的值均为100.
>>>p.getX()                    #获取点值
100
>>>p.draw(win)                 #输出对象P点
```

其中，GraphWin( )是 Python 图形库中的一个构造函数，函数 GraphWin( )在屏幕上创建一个新窗体，窗体的标题为默认值“Graphics Window”。为了对该窗体进行操作，将它赋给了变量 win，这样便可以通过变量 win 操作窗体了。

一个图形窗口其实就是一些点的集合，这些点称为像素。GraphWin 窗体对象默认值为（200，200）。显然，窗体对象具有 40 000 个像素点。在 Python 中，通过使用图形库绘制各个对象。

通常，图形编程中默认屏幕左上角的坐标为（0,0），x 轴正方向为从左到右，y 轴正方向从上到下，窗体屏幕右下角坐标值为（199,199），窗口大小为 200 * 200。在窗口中画一点，就是设置窗口上相应像素的颜色，默认值为黑色。

通过上面的讲解可以发现，在 Python 中绘图是很简单的，绘图的关键就是要掌握绘图函数所提供的对象方法。下面通过一个程序，综合绘制几种图形，使读者进一步理解图形的应用。程序代码如下：

```
from graphics import *
win = GraphWin('MyShapes',400,400)

rect = Rectangle(Point(70,70),Point(200,200))  }
rect.setFill('blue')                            } 绘制一个正方形
rect.draw(win)                                  }

line = Line(Point(50,150),Point(250,150))  }
line.setFill('red')                        } 绘制一条横线
line.draw(win)                             }

center = Point(280,260)        }
circ = Circle(center,100)      }
circ.setFill('yellow')         } 绘制一个以点(280,260)为中心、半径为 100 的圆形
circ.draw(win)                 }

label = Text(Point(285,250),"hello World!")  }
label.draw(win)                              } 在圆上添加文字
```

程序运行结果如图 9-21 所示。

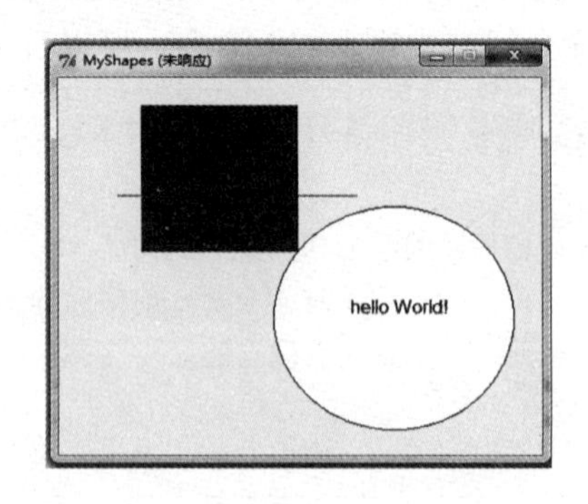

图 9-21 简单绘图示意图

在上面的例子中，通过使用图形库绘制各类对象，其对象基本格式简单归纳如表 9-5 所示。

表 9-5　图形库对象使用方法

序　号	对　　象	说　　明
1	GraphWin('text',x,y)	绘制一个图形窗口，窗口标题为 text 值，窗口大小取 x 与 y 值
2	Point(x,y)	x 值表示点的横坐标，y 值表示点的纵坐标
3	Rectangle(x,y)	绘制一个方形
4	Line(x,y)	绘制一条直线，例如：Line(Point(30,80),Point(80,100))
5	Circle(x,y)	绘制一个圆
6	setFill('RGB')	为窗体对象添加颜色
7	draw(win)	输出对象

【例 9-7】 创建消息框。

利用 Tkinter 中的 tkMessageBox 模块创建消息框，弹出“你好，Hello World!”。

【知识学习】

Tkinter 中的 tkMessageBox 模块用于创建应用程序窗口中的消息框。这些功能包括 showinfo、showwarning、showerror、askquestion、askokcancel、askyesno 和 askretry-ignore 等。

语法格式：

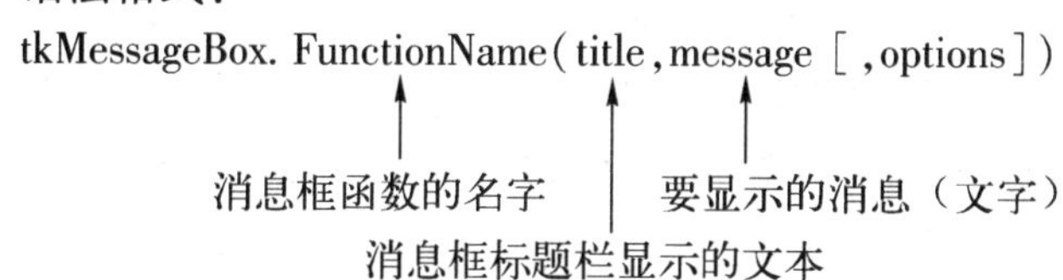

options：是可选项，用来定制一个标准的消息框。默认选项是用来指定默认的按钮。

【算法实现】

Python 程序代码如下：

```
# coding = utf - 8
Import Tkinter
import tkMessageBox
top = Tkinter.Tk()
def hello():
    tkMessageBox.showinfo("消息框","你好,Hello World!")
B1 = Tkinter.Button(top,text = "消息框", command = hello)
B1.pack()
top.mainloop()
```

程序运行结果如图 9-22 所示。

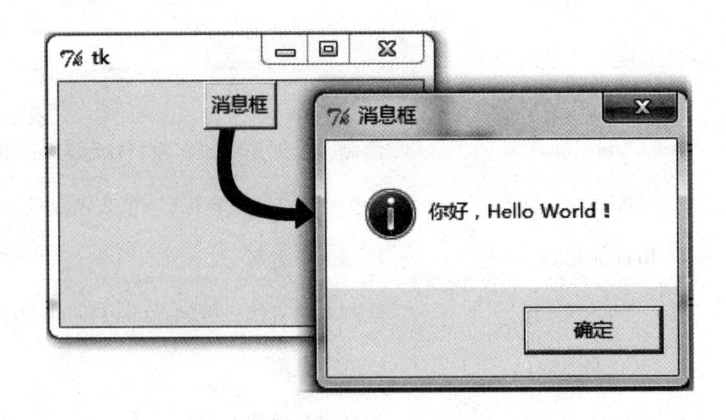

图 9-22　消息框示意图

微视频
简单图形处理应用案例

9.3.2　海龟图形绘制法

1. 何谓海龟图形

在 Python 2.6 版本中引入了一个简单的绘图工具，称为海龟绘图，它是一个简单的图形绘制方法。“海龟”意思是一个光标，可以控制它的移动在屏幕上绘制图形。海龟绘图创建于20 世纪60 年代，一直深受大家的喜爱，尤其是对初学者，通过想象控制海龟运动绘制图形是很好的绘图方法。

绘制原理：有一只海龟握着一支笔，可以根据命令向上（前）、向下或向右移动。如果笔向上，则海龟移动，但不会在图纸上留下痕迹。如果笔向下，则海龟移动时会随着移动轨迹绘制出一条线。假如，现在要绘制一个简单的正方形。海龟开始时位于屏幕中间、朝向右，默认情况下开始时笔是向下（绘图）的。那么只要循环 4 次，每次都先前进，并右转 90° 即可绘制一个正方形，其 Python 程序代码如下：

```
import turtle                              # 导入 turtle 模块
def f():
    for i in range(4):
        turtle.forward(200)
        turtle.right(90)
    return "~OK~"

print f()
```

2. 海龟绘图属性

海龟有 3 个属性，即位置、方向和画笔，画笔的属性包括颜色、画线的宽度等。

3. 海龟绘图命令

操纵海龟绘图的命令主要分为两种：一是运动命令，如表 9-6 所示；二是画笔控制命令，如表 9-7 所示。

表 9-6　海龟运动命令

序　号	命 令 格 式	功 能 简 介
1	forward(degree)	沿当前方向向前移动 degree 距离
2	backward(degree)	沿与当前方向相反的方向（向后）移动 degree 距离
3	right(degree)	向右移动 degree 单位（度）
4	left(degree)	向左移动 degree 单位（度）
5	goto(x,y)	将画笔移动到坐标为（x，y）的位置
6	stamp( )	在当前位置复制一个海龟形状
7	speed(speed)	将海龟绘制速度设为 speed（0 ~ 10 之间的整数）

表 9-7　海龟控制命令

序　号	命 令 格 式	功 能 简 介
1	pendown( )	画笔向下，移动时绘制图形（缺省时也为绘制）
2	up( )	画笔向上，移动时不绘制图形
3	pensize(width)	设置线条粗细为 width 宽度（width 为正整数）
4	pencolor(colorstring)	设置画笔颜色，如“red”、“yellow”……
5	pencolor(r,g,b)	设置画笔颜色为 RGB 值
6	color(colorstring)	绘制图形时的颜色
7	fillcolor(colorstring)	设置图形的填充颜色
8	fillcolor(r,g,b)	设置填充颜色为 RGB 值
9	fill(Ture)	在要填充图形前调用
10	fill(False)	在要填充图形后调用

4. 应用案例

【例 9-8】 利用海龟绘制正方形，要求对正方形边线粗细、颜色和绘图速度进行控制，同时设置绘图起始点与结束后画笔移动到指定位置。

【算法实现】

Python 程序如下：

```
import turtle                      # 调入海龟绘图模块
turtle.color("red")                # 定义绘制时画笔的颜色
turtle.pensize(8)                  # 定义绘制时画笔线条的宽度
turtle.speed(10)                   # 定义绘图的速度
turtle.goto(0,0)                   # 以(0,0)为起点进行绘制

for i in range(4):                 # 绘制正方形的四条边
    turtle.forward(100)            # 绘制长度(每条边 100)
```

```
    turtle.right(90)                    # 向右移动 90 度

  turtle.up()                           # 画笔移动到点(-100,-80)时不绘图
  turtle.goto(-100,-80)
  turtle.color("blue")                  # 再次定义画笔颜色
  turtle.write("~OK!~")                 # 在(-150,-120)点上打印"~OK!~"
```

【例 9-9】 利用海龟绘图法绘制五角星。

【问题分析】

在此例中，仍然是画直线，难点是确定每次转弯需要转多大的角度。对于五角星，其星形的中心是正五边形。五边形的每个内角为 180°，5 个等腰三角形连接在五边形外部。因为五边形的一侧成三角形延伸，每个三角形的底角为 72°（补角：180° - 108°）。等腰三角形的两个底角度数相同，加起来为 144°（72° + 72°），所以第三个角必须为 36°（由三角形内角和公式得到 180° - 144°）。为了实现急转弯，在星形的每个顶点需要转 144°（180° - 36°）。因此，在每个顶点有 turtle. right(144)。

【算法实现】

Python 程序与运行结果如图 9-23 所示。

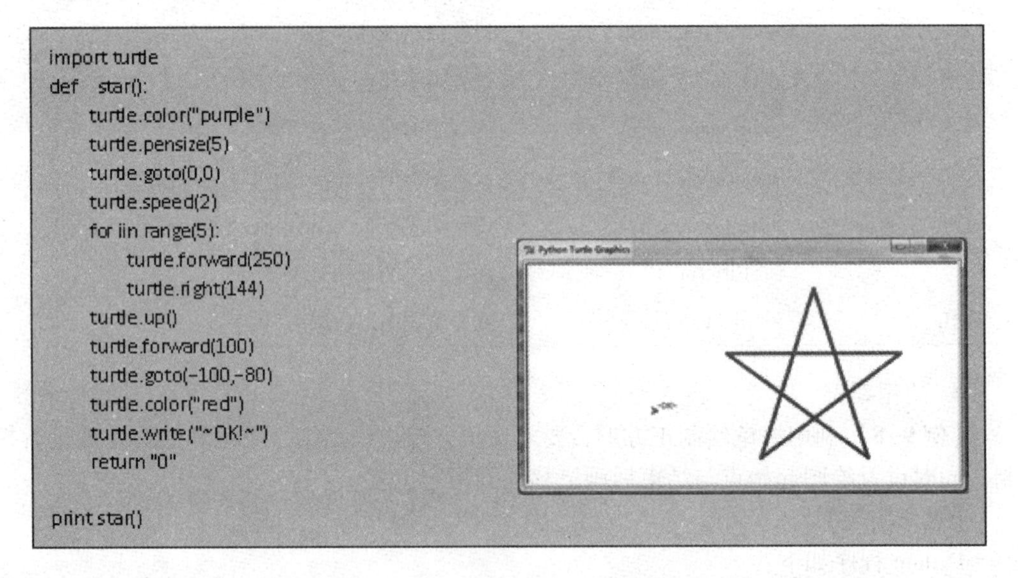

图 9-23　绘制五角星程序与运行结果示意图

通过上面给出的这两个简单的实例，读者可将解题思路与方法进一步拓展，绘制出一些更复杂的图形。

9.3.3　初识 Matplotlib 绘图库

1. 认识 Matplotlib

Matplotlib 是 Python 最著名的绘图软件包，类似于 MATLAB，是 Python 的二维绘图库，部分支持 3D。它提供了一整套和 MATLAB 相似的命令 API，十分适合交互式地绘

制图形，而且也可以方便地将它作为绘图控件，嵌入到GUI应用程序中。它的文档相当完备，并且在Gallery页面中有上百幅缩略图，打开之后都有源程序。使用Matplotlib时，需要先下载和安装该应用软件包，然后才可以利用Matplotlib创建图表。

Pylab是Matplotlib面向对象绘图库的一个接口，它的语法和MATLAB十分相近。也就是说，它主要的绘图命令和MATLAB对应的命令有相似的参数。

Matplotlib简单易学，可以让使用者很轻松地将数据图形化，并且提供多样化的输出格式，对初学者来说很容易入门。

2. Matplotlib命令

（1）plot命令

利用plot命令，可以绘制二维图形，它是最基本、常用的绘图命令。

基本语法格式：

```
plot(x,y[,格式字符串])
```

其中，格式字符串由颜色与标记两部分组成。

颜色：用一个小写字母表示，如“r”为红色、“b”为蓝色、“g”为绿色、“k”为黑色，基本上取自英文单词的首字母。

标记：用一个单字母标记类型，如“o”为圆圈标记、“.”为点标记、“x”为X标记、“+”为加号标记。

例如：“ro”表示红色的圆圈，“bx”表示蓝色的叉号。

（2）刻度标记

Matplotlib可以为每个x轴或y轴设置方向和标记，称为“刻度”（tick），标签命令为：xticks和yticks。

3. 应用案例

【例9-10】绘制简单的从0到4pi正弦波。

拓展知识9-2
绘制正弦波与余弦波

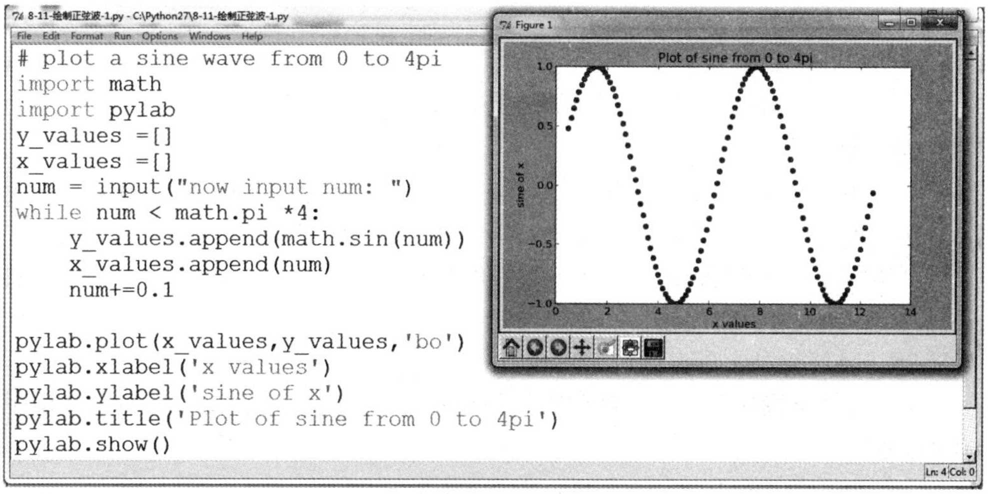

【算法实现】

程序运行时，输入num为0.5，其源程序与程序运行结果如图9-24所示。

```
# plot a sine wave from 0 to 4pi
import math
import pylab
y_values =[]
x_values =[]
num = input("now input num: ")
while num < math.pi *4:
    y_values.append(math.sin(num))
    x_values.append(num)
    num+=0.1

pylab.plot(x_values,y_values,'bo')
pylab.xlabel('x values')
pylab.ylabel('sine of x')
pylab.title('Plot of sine from 0 to 4pi')
pylab.show()
```

图9-24　绘制从0到4pi的正弦波

思考与练习

1. 简答题

（1）为何要建立数据库？举例说明构建数据库管理系统的基本过程。

（2）与机器语言相比，高级编程语言有哪些优点？

（3）举例说明二分查找算法的解题思路。

（4）举例说明应用海龟绘图法绘图的关键点。

2. 填空题

（1）SQL 的查询语句是________。

（2）在 Access 中，建立数据表主要包括建立表的结构和________。

（3）从已知数字序列中查找某个数字，采用二分查找算法的前提是________。

（4）定义字段的有效性规则是在________中进行的。

3. 选择题

（1）关于数据表与查询之间的关系，下列说法正确的是（　　）。

A）数据表是基于查询存在的　　B）查询的结果只能是一个新数据表

C）查询是基于已有数据表进行的　　D）不允许对数据表进行查询

（2）计算机算法必须具备输入、输出和（　　）5 个特性。

A）可执行性、可移植性和可扩充性　　B）可执行性、确定性和有穷性

C）确定性、有穷性和稳定性　　D）易读性、稳定性和安全性

（3）在画程序流程图时，某一个条件有多种不同执行结果，应采用（　　）。

A）顺序结构　　B）选择结构

C）循环结构　　D）不确定的结构

（4）从未排序序列中挑选元素，并将其依次放入已排序序列一端的方法称为（　　）法。

A）希尔排序　　B）冒泡排序

C）插入排序　　D）选择排序

4. 应用题

（1）描述求解最大公约数的解题全过程，包括问题分析、构建数学模型、算法描述、算法实现（Python 语言）到程序运行求解结果。

（2）假定楼梯有 n 阶台阶，上楼可以一步上 1 阶，也可以一步上 2 阶，利用递归算法计算共有多少种不同的走法。

5. 网上练习与课外阅读

（1）请上网查找并学习有关排序算法的思想，思考选择、交换和冒泡三种排序算法有何不同。

（2）请上网查找并下载有关 Python 的视频教程。

附录 A　ASCII 字符编码表

ASCII 值	控制字符	ASCII 值	字符	ASCII 值	字符	ASCII 值	字符
0	NUL	32	空格	64	@	96	、
1	SOH	33	!	65	A	97	a
2	STX	34	”	66	B	98	b
3	ETX	35	#	67	C	99	c
4	EOT	36	$	68	D	100	d
5	ENQ	37	%	69	E	101	e
6	ACK	38	&	70	F	102	f
7	BEL	39	’	71	G	103	g
8	BS	40	(	72	H	104	h
9	HT	41	)	73	I	105	i
10	LF	42	*	74	J	106	j
11	VT	43	+	75	K	107	k
12	FF	44	,	76	L	108	l
13	CR	45	–	77	M	109	m
14	SO	46	.	78	N	110	n
15	SI	47	/	79	O	111	o
16	DLE	48	0	80	P	112	p
17	DC1	49	1	81	Q	113	q
18	DC2	50	2	82	R	114	r
19	DC3	51	3	83	X	115	s
20	DC4	52	4	84	T	116	t
21	NAK	53	5	85	U	117	u
22	SYN	54	6	86	V	118	v
23	ETB	55	7	87	W	119	w
24	CAN	56	8	88	X	120	x
25	EM	57	9	89	Y	121	y
26	SUB	58	:	90	Z	122	z
27	ESC	59	;	91	[	123	{
28	FS	60	<	92	\	124	|
29	GS	61	=	93	]	125	}
30	RS	62	>	94	^	126	~
31	US	63	?	95	—	127	DEL

ASCII 值为十进制数，控制字符的含义如下表所示。

NUL	空	VT	垂直制表	SYN	空转同步
SOH	标题开始	FF	走纸控制	ETB	信息组传送结束
STX	正文开始	CR	回车	CAN	作废
ETX	正文结束	SO	移位输出	EM	纸尽
EOT	传输结束	SI	移位输入	SUB	换置
ENQ	询问字符	DLE	空格	ESC	换码
ACK	承认	DC1	设备控制 1	FS	文字分隔符
BEL	报警	DC2	设备控制 2	GS	组分隔符
BS	退一格	DC3	设备控制 3	RS	记录分隔符
HT	横向列表	DC4	设备控制 4	US	单元分隔符
LF	换行	NAK	否定	DEL	删除

附录 B　教学安排参照表

教学安排表（48 学时）

序号	教学内容	基础理论学时	实践学时	实践内容（配套辅导书）	课外实践学时
1	计算文化	2	2	基础实验：实验 1、创新实验 18	2
2	计算基础	2	2	基础实验 2	2
3	计算机硬件	2	2	基础实验 3	2
4	计算机软件	2	2	基础实验 4、拓展实验 11、12	2
5	计算机网络	2	2	基础实验 5、6、7，拓展实验 14、15	2
6	数据处理与管理	4	4	基础实验 8、9、10 拓展实验 13	4
7	算法与程序设计	4	4	拓展实验 16	4
8	Python 程序设计基础	4	4	基础实验：实验 11、12 拓展实验：实验 17	4
9	问题求解综合应用	2	2	创新实验：实验 19、20	2
总　计		24	24		24

① 在课堂教学时，要注重基础知识与实际应用的结合，达到融会贯通。

② 对于实验中涉及的应用软件，建议在实验中结合学生的实际需求进行示范讲解和指导。

③ 课外实践学时是指计划教学时数之外的上机时数，有条件的应增加更多的实践机会。

○ 参考文献

[1] 陈国良．计算思维导论［M］．北京：高等教育出版社，2012.

[2] Timothy J O' Leary. 计算机科学引论（影印版）［M］．北京：高等教育出版社，2000.

[3] JuneJamrich Parsons Dan Oja. 计算机文化［M］．北京：机械工业出版社，2003.

[4] 王移芝，等．大学计算机基础［M］．4 版．北京：高等教育出版社，2012.

[5] 唐朔飞．计算机组成原理［M］．2 版．北京：高等教育出版社，2008.

[6] 张尧学，等．计算机操作系统教程［M］．北京：清华大学出版社，2002.

[7] Andrew S Tanenbaum. 现代操作系统［M］．陈向群，等译．北京：机械工业出版社，2009.

[8] 胡明庆，高巍，钟梅．操作系统教程与实验［M］．北京：清华大学出版社，2007.

[9] 新设计团队 . Linux 内核设计的艺术［M］．北京：机械工业出版社，2011.

[10] 何钦铭 . C 语言程序设计［M］．北京：高等教育出版社，2012.

[11] Al Kelley，Ira Pohl . C 语言教程［M］．徐波，译 . 4 版．北京：机械工业出版社，2007.

[12] 裘宗燕．从问题到程序——程序设计与 C 语言引论［M］．北京：机械工业出版社，2007.

[13] 王洪．计算机网络应用基础［M］．北京：机械工业出版社，2007.

[14] 塔嫩鲍姆，等．计算机网络［M］．5 版．北京：机械工业出版社，2011.

[15] 陈杰华，张庆．计算机网络应用基础［M］．北京：清华大学出版社，2011.

[16] 贾卓生，等．互联网及其应用［M］．北京：机械工业出版社，2011.

[17] 吴功宜，等．计算机网络应用技术教程［M］．北京：清华大学出版社，2011.

[18] William F Punch Richard Enbody . Python 入门经典［M］．张敏，等译．北京：机械工业出版社，2013.